Historia, lengua y ciencia: una red de relaciones

Studien zur
romanischen Sprachwissenschaft
und interkulturellen Kommunikation

Herausgegeben von Gerd Wotjak

Band 88

PETER LANG
EDITION

Gloria Clavería / Cecilio Garriga / Carolina Julià /
Francesc Rodríguez / Joan Torruella (eds.)

Historia, lengua y ciencia: una red de relaciones

PETER LANG
EDITION

Bibliografische Information der Deutschen Nationalbibliothek
Die Deutsche Nationalbibliothek verzeichnet diese Publikation in der Deutschen Nationalbibliografie; detaillierte bibliografische Daten sind im Internet über http://dnb.d-nb.de abrufbar.

La publicación de este volumen ha sido posible gracias a la financiación recibida de las siguientes instituciones, grupos y proyectos de investigación:

Generalitat de Catalunya
Departament d'Economia i Coneixement
Secretaria d'Universitats i Recerca

Ayuda ARCS (2011ARCS00151) concedida por la *Secretaria d'Universitats i Recerca del Deapartament d'Economia i Coneixement* de la Generalitat de Catalunya.
«Grup de lexicografia i diacronia» (2009SGR167).
«Grup de recerca en llengua de la ciència i de la tècnica» (2009SGR937).

GOBIERNO DE ESPAÑA
MINISTERIO DE ECONOMÍA Y COMPETITIVIDAD

Acción complementaria (FFI2011-13755-E) concedida por la *Secretaría de Estado de Investigación, Desarrollo e Innovación* del Ministerio de Economía y Competitividad.
Proyecto «Portal de léxico hispánico: documentación y morfología derivativa» (FFI2011-24183). Proyecto «Diccionario histórico del español moderno de la ciencia y de la técnica (Fase avanzada)» (MICINN FFI2010-15240).

Library of Congress Cataloging-in-Publication Data

Historia, lengua y ciencia : una red de relaciones / Gloria Clavería, Cecilio Garriga, Carolina Julià, Francesc Rodríguez, Joan Torruella (eds.).
p. cm. — (Studien zur romanischen Sprachwissenschaft und interkulturellen Kommunikation ; Band 88)
ISBN 978-3-631-62622-1
1. Science—Language—History. 2. Science—Spain—Language—History. 3. Communication in science—History. 4. Communication in science—Spain—History. 5. Scientific literature—History and criticism. 6. Spanish language—History. 7. Spain—Intellectual life. I. Clavería, Gloria, editor of compilation.
Q226.H58 2013
501'.4—dc23
2013018776

ISSN 1436-1914
ISBN 978-3-631-62622-1

www.peterlang.de

Índice

Presentación

El desarrollo de la ciencia tiene como uno de sus aspectos fundamentales la codificación lingüística por cuanto la lengua se constituye en la base de su expresión. Así, pues, tomando como punto de partida la importancia del sistema lingüístico como vehículo de comunicación de la ciencia, la Red Temática «Lengua y ciencia» reúne 28 grupos de investigación de 6 países diferentes (Alemania, Austria, Canadá, España, Italia y Portugal) que desde las más diversas perspectivas comparten en sus líneas de estudio la intersección entre estos dos parámetros.

Esta monografía recoge distintos trabajos de varios de estos grupos; encuentra, por tanto, en su diversidad, una sólida unidad temática y muestra varias novedosas tendencias de análisis que se están desarrollando actualmente en torno a este tema. Aparecen en estos estudios las cuestiones más importantes que plantea el análisis de la lengua de la ciencia de manera que la obra ofrece varios recorridos posibles.

Desde el punto de vista cronológico, permite conocer el desarrollo de la lengua de la ciencia en las lenguas iberorrománicas desde la Edad Media (González de Herrero y Vázquez de Benito, Gutiérrez Rodilla, Arrizabalaga) hasta el siglo XXI (Ciro y Vila) pasando por el Renacimiento (Mancho Duque y Molina Sangüesa) y los progresos lingüístico-científicos desde la Ilustración hasta nuestros días (Peset, Gómez de Enterría *et al.*, Pinilla *et al.*, Díez de Revenga Torres y Puche, Cotelo, Cuenca, Pérez Pascual, Garriga *et al.*, Clavería *et al.*).

Desde el punto de vista temático, los estudios reunidos en esta monografía se suelen especializar en un área técnica determinada de manera que se ven representadas las ciencias de la salud con especial atención a la medicina (González de Herrero y Vázquez de Benito, Gutiérrez Rodilla, Arrizabalaga, Pérez Pascual) y la psiquiatría (Peset), la matemática (Mancho y Molina), la economía (Sinner), la mecánica (Pinilla *et al.*), la minería (Díez de Revenga Torres y Puche), la informática (Ciro y Vila); las relaciones interdisciplinares (Cuenca); y algunos estudios se refieren a varias áreas científicas (Gómez de Enterría *et al.*, Garriga *et al.*, Clavería *et al.*).

Las dos vertientes lingüísticas fundamentales que intervienen en la conformación de la ciencia se hallan, por un lado, en el léxico y la terminología, y, por otro, en el texto y el discurso. En el léxico por cuanto gran parte de la especificidad de las distintas disciplinas científicas toma cuerpo en el sistema terminológico, una cuestión presente en casi todos los trabajos de esta monografía. Desde el punto de vista textual y discursivo interesa la difusión de la ciencia y de la lengua de la ciencia por medio de traducciones (González de Herrero y Vázquez de Benito, Pinilla *et al.*), prensa (Pérez Pascual), obras lexicográficas (Garriga *et al.*, Clavería *et al.*) y las características inherentes del discurso científico (Garcés). Asimismo, estas dos grandes perspectivas de análisis convergen, en muchos de los capítulos, en un punto de interés común y en una línea de trabajo orientada hacia un mismo objetivo: el estudio histórico de la lengua de la ciencia y de su proceso de consolidación en época moderna, un estudio que en algunos casos se relaciona con las tareas de elaboración del macroproyecto del *Nuevo Diccionario Histórico del Español* (*NDHE*) de la Real Academia Española.

Además de los trabajos monográficos, la publicación incluye una breve reseña de los grupos de investigación que participan en la Red Temática con el objetivo de ofrecer un panorama de las líneas de análisis que se están desarrollando actualmente.

Los nombres del «mal francés» en la Castilla de finales del siglo XV*

Jon Arrizabalaga
CSIC-IMF, Barcelona

«Mal francés» (*mal francese*, *morbus gallicus*) fue la designación más popular de una enfermedad, aparentemente desconocida, que irrumpió en Europa a mediados de la década de 1490. Tradicionalmente identificada con la actual sífilis venérea, esta afección perduró durante siglos en este continente y su difusión por el resto del mundo estuvo posiblemente acompasada con la expansión europea. Percibida como repugnante e incurable, la nueva enfermedad se caracterizaba por pústulas que habitualmente aparecían primero en las partes genitales pero que acababan por cubrir todo el cuerpo, y por intensos dolores en huesos y articulaciones. En medio de una atmósfera crecientemente milenarista a medida que se acercaba el año 1500, para muchos contemporáneos el mal francés no era sino una más de las múltiples calamidades inundaciones, terremotos, epidemias, hambres y guerras) con las que el Creador castigaba a la cristiandad –y particularmente a Italia– por la corrupción de los príncipes cristianos, sus luchas intestinas y su falta de unidad frente al Islam (Arrizabalaga, Henderson y French 1997: 38-55, 293-298).

Las fuentes italianas relacionaron esta enfermedad con la invasión militar del rey Carlos VIII de Francia. Las primeras noticias sobre ella se retrotraen a la Italia a finales de 1495 y comienzos de 1496 y, aparentemente, se difundieron siguiendo el itinerario del ejército francés en su precipitada retirada del reino de Nápoles. La rápida extensión de la nueva afección por Europa se ha relacionado tradicionalmente con la disolución de un ejército mercenario de orígenes muy dispares. Por lo demás, la notoriedad que la expresión *mal francese* cobró pronto en toda Italia estuvo estrechamente asociada a las trágicas consecuencias que para el frágil equilibrio político de la Península itálica tuvo la invasión de estos *barbari stranieri*. De modo similar, el posterior desembarco y la continuada presencia invasora en ella de los tercios españoles, contribuyó no poco a que en el transcurso del siglo XVI, los italianos situaran el primer origen de la nueva enferme-

* Este trabajo inédito en castellano fue presentado en el Seminario de la Red "Lengua y ciencia" que se celebró en Salamanca en octubre de 2007. Se ofrece una versión revisada y actualizada del original inglés "The changing identity of the French Pox in early renaissance Castile", publicado en el volumen de Florence Eliza Glaze y Brian K. Nance (eds.), *Between text and patient. The medical enterprise in medieval and early modern Europe* (Florencia, SISMEL – Edizioni del Galuzzo [Micrologus' Library nº 39], 2011), pp. 397-417.

dad en el Nuevo Mundo. El prestigio del Renacimiento italiano y su hegemonía cultural en toda Europa aseguraron la rápida popularización de ambas teorías en un relato único y bien trabado.

Antes de que la designación *mal francese* / *morbus gallicus* cobrara un dominio aplastante en la Europa renacentista, y de que su trasmisión venérea fuera admitida de modo general, a la nueva enfermedad se le asignaron otros nombres y muy dispares identidades dentro y fuera de Italia. Dado que las discusiones entre los médicos castellanos sobre los orígenes, naturaleza, nombre y causas de la nueva enfermedad reproducen en gran medida las de los médicos contemporáneos de otros lugares de Europa, que ya han sido estudiadas (Arrizabalaga, Henderson y French 1997; Arrizabalaga 2005), en esta ocasión me centraré en aquellas percepciones médicas del mal francés más específicas de la Castilla de finales del XV, con particular atención a los debates relativos a la cuestión de si esta enfermedad afectaba más al pueblo llano que a la nobleza, o al contrario; una cuestión importante y largamente debatida durante siglos, para el estudio de cuyos orígenes se suministran nuevas pruebas en este trabajo.

1. Los testigos médicos

Mi discusión histórica sobre la cambiante identidad del mal francés en la Castilla de finales del siglo XV se apoya en seis testimonios médicos. Cuatro de ellos proceden de médicos bien asentados en círculos cortesanos (Nicolò Scillacio, Juan de Fogeda, Gaspar Torrella y Giovanni Elisio), mientras los dos restantes son obra de dos jóvenes médicos (Francisco Núñez de la Yerva y Francisco López de Villalobos) que entonces ejercían su profesión en sendas ciudades leonesas. Antes de explorar sus dispares concepciones y eventuales disputas en torno a la nueva enfermedad, presentaré brevemente a las *dramatis personae*.

Nicolò Scillacio (*fl.* 1482-1496) era un médico siciliano natural de Messina, que había pasado sus primeros años en los entornos cortesanos de la Monarquía hispánica antes de situarse en la corte ducal milanesa. Desde 1482 residió en Pavía en cuya universidad había estudiado artes y medicina, obtenido el doctorado en ambas facultades (en 1486 y 1492, respectivamente), y enseñado filosofía durante diez años (1486-1495). La carta *De morbo qui nuper e Gallia defluxit in alias nationes* redactada en Barcelona el 18 de junio de 1495 –y que se publicó en sus *Opuscula* (Pavía, J.A. de Boscho, 9 March 1496)– constituye el testimonio más temprano de los seis aquí examinados (Merkel 1901; Sudhoff 1912: 27-28 y tablas xxiii-xxiv; F. Orlando-Salinas 1931; Gerbi 1978: 41-45). Estaba dirigida a Ambrogio Varese (1437-1522) –médico, astrónomo, profesor de filosofía y medicina en la universidad de Pavía, senador ducal, conde de Rosate, e influyente consejero del Gran Duque de Milán Lodovico Sforza– a quien Scillacio pedía consejo sobre la identidad y tratamiento de la nueva enfermedad cuya presencia en Barcelona atestiguaba. Si su carta estaba escrita en las mismas fechas en que el ejército francés de Carlos VIII se retiraba de Nápoles bajo la amenaza de intervención de las tropas españolas al mando de Gonzalo Fernández de Córdoba, la presencia de Scillacio en Barcelona obedecía a su condición de miembro de la embajada del arzobispo Guido Antonio Arciboldi, que el duque de Milán –quien primero había ayudado a los invasores franceses– había enviado a España dos meses antes (marzo o abril de 1495) con el fin de animar a los Reyes Católicos a invadir Francia como parte del ataque combinado de la *Liga Santa* con la República de Venecia y el Gran Ducado de Milán.

Natural de Valencia, Gaspar Torrella (*ca.* 1452-*ca.* 1520) había estudiado artes y medicina en las universidades de Siena y Pisa en la década de 1470 antes de establecerse en la corte romana del cardenal Rodrigo de Borja –desde 1492, el nuevo papa Alejandro VI. Torrella fue uno de sus arquiatras, además de médico personal de su hijo César Borja a quien dedicó sus dos trabajos publicados sobre el mal francés: uno en 1497 (vuelto a editar hacia 1498) y el otro en 1500 (Torrella 1497, *ca.* 1498, 1500; Arrizabalaga, Henderson y French 1997: 113-144). Como destacado residente en la primera corte de la cristiandad desde la década de 1480, Gaspar Torrella estaba también al tanto de las novedades en otras cortes dentro y fuera de Italia. Además, su hermano Jeroni Torrella (*ca.* 1450-*post* 1508), médico primero en Nápoles y en Valencia de la reina Juana de Aragón (1455-1517) y luego de Fernando el Católico en Valladolid, debía de facilitarle noticias de la corte real hispana (Weill-Parot 2002 y 2008: 11-16), donde también mantenía buenas relaciones con otros destacados miembros, como el influyente médico real Fernando Álvarez Abarca (*ca.* 1456-1526) (Arrizabalaga 1985-1986: 66-67; García Ballester 2001: 235).

El napolitano Giovanni Elisio (*fl.*1487-1519), otro de los testigos médicos cortesanos, estuvo al servicio de la reina Juana de Nápoles hasta la muerte de esta en 1517. Elisio debió de acompañarla durante su largo viaje por la Península ibérica (1499-1506) y, a todas luces, estaba sirviendo a ella y al cardenal Luis de Aragón –primo de su hijo Ferrante II de Nápoles– en Granada en 1500, cuando redactó el *Apollineus nature clipeus in horribile flagellum morbi gallici*, su trabajo sobre la nueva enfermedad, por más que esta obra no se publicara hasta 1519 (Elisio 1519; Corradi 1885; Fuiano 1973: 81-126; Martínez Ortiz 1978-1984).

Juan de Fogeda, el cuarto y último de nuestros testigos médicos cortesanos, había estudiado en la década de 1480 artes y medicina en la universidad de Bolonia donde obtuvo su doctorado en 1488, y dedicó su trabajo sobre la nueva enfermedad a Juan Téllez Girón (*ca.* 1456-1528), conde de Ureña y presumiblemente su señor. Este noble castellano había sido uno de los más significativos oponentes del partido de Isabel la Católica durante la guerra civil castellana de mediados de la década de 1470. Firmado en Sevilla a comienzos de 1496 e impreso en Salamanca poco después, el *Tractatus de pustulis que sahaphati nominantur* de Fogeda es, a todas luces, el más temprano estudio médico sistemático sobre la nueva enfermedad, impreso en la Corona de Castilla (Fogeda *ca.* 1496; Pérez Martín 1979: I, 414-415).

Como veremos, las opiniones de Fogeda sobre el mal francés fueron refutadas por Francisco Núñez de la Yerva (*ca.* 1460-*post* 1504) y por Francisco López de Villalobos (*ca.* 1473-*ca.* 1549), dos jóvenes y ambiciosos médicos formados en la universidad de Salamanca y que ejercían su profesión en sendas ciudades del reino de León: el primero como médico municipal de Ciudad Rodrigo, el segundo por libre en Zamora. Mientras Núñez de la Yerva parecía buscar notoriedad en el ámbito universitario de Salamanca, donde seguramente cifraba sus expectativas profesionales (Flórez Miguel, García Castillo y Albares 1990: 43-47; García Ballester 2001: 244-248), López de Villalobos podía ya tener sus miras puestas en un cargo cortesano, que a partir de 1506 ocuparía sucesivamente en las cortes castellanas de los duques de Alba, el rey Fernando el Católico y el emperador Carlos V (Arrizabalaga 2002).

Bajo el título *Tractatus de saphati*, Núñez de la Yerva redactó una obra en dos partes, bien diferenciadas en su estructura y, probablemente, también en su fecha de escritura, que se ha preservado manuscrita hasta nuestros días (Núñez de la Yerva 1496). La primera parte (fols. 69r-73r), escrita en forma de diálogo entre dos individuos –llamados «el Cordobés» (*Cordubensis*) y «el Saguntino» (*Saguntinus*)– y concluida en abril de 1496, constituye una refutación sistemática, casi punto por punto, del contenido del tratado de Fogeda sobre la nueva enfermedad, mientras que Núñez de la Yerva dedicó la segunda parte (fols. 73r-78v), firmada en mayo de 1504, a suministrar su propia interpretación de esta «molesta enfermedad». El *Tratado sobre las pestíferas buvas* del converso López de Villalobos, que fue impreso como un apéndice de su compendio del *Canon* de Avicena bajo el título *El sumario de la medicina* (López de Villalobos 1498), también incluye una refutación de la opinión de Fogeda[1]. Expresamente dirigido no solo a otros prácticos, sino también a profanos[2], este tempranísimo impreso fue escrito en

1 Esta refutación se recoge en su discusión sobre la naturaleza y nombre de la nueva enfermedad (*Pone la opinión de un dotor cerca el ser y nombre destas postillas*) y en algunos pasajes posteriores sobre los signos y el tratamiento de las *buvas* (López de Villalobos 1498: #377ss, 397, 412-413). Fogeda aparece mencionado como un anónimo "sabio dotor" (*ibíd.*: #377).

2 «Otrosi es muy útile y provechoso para los señores y para letrados de otras facultades que quieren saber algo en la medecina para hablar con los médicos preguntar y esperementar y también si estos deprenden a entender el dicho Sumario alcançarán harto y aun se podrán por algu-

verso castellano, conteniendo 439 estrofas de diez líneas en «romançe trovado», cuatro quintas partes de las cuales están dedicadas al *Sumario* (#9-365) y el resto al *Tratado* (#366-439). Se trata de un género literario nada excepcional entre los médicos prácticos bajomedievales, quienes empleaban el verso como modo no solo de facilitar la asimilación y el recuerdo de los conocimientos médicos adquiridos, sino también de potenciar la popularización de sus saberes.

2. Orígenes y difusión

Nuestros testigos médicos percibieron, de modo casi unánime, el mal francés como una enfermedad desconocida, surgida hacía poco y que se propagaba con rapidez por diferentes lugares de Europa. Solo Fogeda la identificaba plenamente con una afección ya descrita por las autoridades médicas. Para el resto, la enfermedad era «nueva», por más que el sentido que cada cual asignaba a esta novedad se vio modulado por el recurso a distintas fuentes de autoridad en busca de afecciones similares o afines. Scillacio, Torrella y Elisio suscitaron la cuestión de los orígenes geográficos de la nueva enfermedad, que los dos primeros situaron en Francia, mientras Elisio no iba más allá de sostener vagamente su carácter exógeno.

En su carta de junio de 1495, Scillacio informaba haber visto en Barcelona –ciudad que calificaba como la «más floreciente de las Españas»– mucha gente infectada por el nuevo mal (*vicium*), poniendo en guardia a su destinatario frente a esta nueva *lues* que a su juicio se había extendido a España y otras regiones vecinas «desde la amenazadora Francia» (*ex truculenta Gallia*) y, más en concreto, la región de Narbona, que de modo exclamativo tildaba de «tan monstruosa y pestilente provincia» (*tam monstruosa et pestilens provincia*). Su imputación de Francia como el lugar de origen de la nueva enfermedad, no parece ajena a su presunto descontento hacia el estado de los asuntos italianos a resultas de la invasión armada francesa. Con todo, debe tenerse también en cuenta que la región de Narbona ya había sido referida por Plinio el Viejo como el lugar originario del temido carbunco (*carbunculum*) (*Naturalis historia*: XXVI, iv.5). Por otra parte, el empleo del término *lues* subraya la percepción contemporánea de la nueva enfermedad como un mal contagioso y calamitoso desde un punto de visto físico e incluso moral, a la vez que enfatiza sus efectos licuefactivos de la piel[3].

nos días aprovechar en tanto que viene el físico do uviere falta dél» (López de Villalobos 1498: signat. a2v).

3 Según Grmek (1991: 195-214), el término latino *lues* pasó en la Antigüedad de significar inicialmente «disolución» a remitir genéricamente a cualquier afección que disuelva o licue la carne. Desde el siglo XVI, junto al calificativo *venerea*, este sustantivo se utilizó de modo creciente como una designación alternativa para el mal francés (Grmek 1991: 195-214).

En 1497, dos años después que Scillacio, Torrella volvía a situar los orígenes de la nueva enfermedad en Francia, datándolos en 1493. De nuevo, resulta tentador imaginar que él también estaba deseoso de alimentar la idea de inculpar a Francia por la nueva enfermedad en el contexto de la crisis general en que su invasión militar había sumido a Italia y de la que había sido testigo privilegiado en Roma. De hecho, en 1500 precisó que la enfermedad se había detectado primero en Nápoles, poco después de la ocupación de su reino por el ejército francés, de modo que los italianos la juzgaron como una afección consustancial a los franceses (*Gallis connaturalem*). Por otra parte, ya en 1497 Torrella había sostenido que la difusión del mal francés, «por contagio», desde Francia a España, así como a «las Islas» (en referencia a las del Mediterráneo occidental), Italia, el resto de Europa y, finalmente, todo el orbe[4]. Y un año después (*ca.* 1498), situaba, de forma más precisa, el verdadero origen de la nueva enfermedad en la región central francesa de la Alvernia[5], cuya estructura geológica volcánica sugiere con fuerza la asociación por Torrella del lugar original del mal francés con las exhalaciones telúricas de carácter mefítico a través de las cuales los médicos galenistas acostumbraban explicar el estallido de algunas enfermedades infecciosas.

Para Elisio, finalmente, el *morbus gallicus* era un «flagelo horrible contra el género humano» (*flagellum horribile contra mortale genus*) y un «mal nefando» (*nefandum morbum*) de carácter epidémico cuyo nombre atribuía, como Torrella, al hecho de tratarse de una enfermedad desconocida «por nuestros antepasados antes de que los franceses vinieran a Italia». Según afirmaba, después de invadir Italia, el nuevo mal se había difundido por toda Europa y casi todo el mundo, primero «las Españas» (*Hispaniarum*), sobre todo «sus partes más occidentales», y luego «las Galias, Dalmacia, Grecia, Asia, Siria y Egipto»[6].

---

4 «Incepit ut aiunt hec maligna egritudo anno mccccIxxxxiii in Francia. Et sic per viam contagionis pervenit in Hispaniam, ad insulas, in Italiam, et finaliter serpendo totam Europam peragravit, et si fas dicere est totum orbem» (Torrella 1497: signat. a3v).

5 «Incepit ut aiunt hec maligna egritudo anno mccccIxxxxiii in Alvernia ...» (Torrella, *ca.*1498: signat. a3v).

6 «Hoc novum quodam morbi genus quod Francicum appellant ignotum fuerat ante adventum Gallorum in Italia maioribus nostris; quod ideo quidam Gallicum alii Galleticum afferunt. Constat peregrinum esse et antiquo carere simplici nomine. Appellet quisque ut libet: fatentur fere omnes neminem legisse qui huius morbi memineri[n]t. Heu quot calamitates nos miseros quotidie involvunt ac si innumerabiles non essent morbi. Hic novus non solum Italiam immo Europam totam ac universum orbem occupavit. Hispaniarum ut ferunt et eas presertim partes quae magis ad occidentem vergunt deinde Gallias, Dalmatiam, Greciam, Asiam et ut retulere Syriam atque Egyptum. Adeo hodie vulgatus et ut dicunt epidemicus est hic morbus ut nulla mundi pars nobis cognita illius expers sit. Hic novus [morbus] non solum Italiam immo Europam totam ac universum orbem occupavit. Hispaniarum ut ferunt et eas presertim partes quae magis ad occidentem vergunt deinde Gallias, Dalmatiam, Greciam, Asiam et ut retulere Syriam atque Egyptum» (Elisio 1519: signat. A2v).

3. Naturaleza y nombre

Buena parte de los debates médicos en toda Europa sobre la naturaleza y el nombre más apropiado para el mal francés tuvieron como centro de atención la afección cutánea conocida como *sahaphati*. Rhazes (*Continens*, lib. XXV, cap. xxiii [Venecia, 1529, fol. 524r]) y Avicena (*Canon*, lib. IV, fen VII, tract. iii, cap. 1 [Venecia 1527, fol. 385r]) la habían definido como un afeamiento de la piel de la cara y el cuerpo con pústulas secas o húmedas que derivaban de la melancolía adusta o de la flema salada y eran expulsadas desde las partes interiores a la piel. Ahora bien, solo Fogeda entre los testigos médicos aquí contemplados, defendía esta identidad para la nueva enfermedad; y lo hacía tras haber descartado su identificación con otras afecciones cutáneas descritas por Avicena tales como *essere*, *verruce et porre*, *scabies* e *impetigines*.

Scillacio estaba de acuerdo con Fogeda en enfatizar las lesiones cutáneas entre los signos clínicos de la nueva enfermedad. Las describía como «pústulas purulentas de tamaño mayor que un altramuz» que sucesivamente se tumefactaban, esponjaban, secaban y, antes de un año, desaparecían dejando marcas. Ahora bien, asociaba también a la nueva afección otros signos como prurito y dolor severo en las articulaciones, y fuertes accesos de fiebre. De ahí que, tras haber mencionado su posible identificación con el *sahafati* de Avicena y con la afección conocida en Francia como mal de San Meno [Main, Méen, Mein, Meinus, Men, Menno, Menus, Minus, Miniato] (*malum sancti Menti*), no podía ocultar su perplejidad ante la cuestión y ponía punto final a su carta reclamando de su destinatario el médico ducal milanés una opinión más experta sobre la misma (Scilacio 1496).

Los cuatro médicos restantes, tras haber rechazado la identificación de la nueva enfermedad con el avicénico *sahafati*, propusieron etiquetas clínicas alternativas, sea de variedades peculiares de enfermedades ya conocidas – el caso de la «lepra pestilencial o epidémica» de Núñez de la Yerva (1496: 73v) – o compuestas, bajo la común premisa de que los signos clínicos del mal francés no se limitaban a la piel. Para Elisio, por ejemplo, se trataba de una enfermedad «crónica» (*cronicus*), «pertinaz» (*difficilis*) y «no simple» (*nec simplex*), que corroía la piel, los músculos y las articulaciones (Elisio 1519: A2r-A2v). Mientras sus dolores fuertes y que temporalmente remitían se asemejaban a los de la *podagra* y *artetica*, sus «grandes y repugnantes úlceras», se parecían a las de la lepra y el «mal muerto» (*mali moris*). Los casos de Torrella y López de Villalobos requieren algo mayor atención.

En 1497, Gaspar Torrella rechazó la identificación del mal francés con la afección conocida en griego por *lichines*, en latín por *mentagra* y en árabe por *asafati*. Lo definía, por el contrario, como «una especie de sarna» (*scabies*) que, bajo la inspiración de Plinio el Viejo y apelando al juicio aprobatorio de Galeno de denominar las enfermedades según diferentes criterios (causas, efectos, otros rasgos específicos, etc.), optó por rebautizar como *pudendagra* (Torrella 1497: a3v-a4v). Torrella hizo mención de diversos nombres asignados a la enfermedad en diferentes lugares: «mal de Nápoles» (*morbus Neapolitanus*, *mal de Naples*) en Francia, «mal de la corte» (*morbus curialis*) en Castilla, «mal de la semilla» (*morbus sementi*, *mal de sement*) en la Corona de Aragón, y *grosse vérole* (*grossa variola*) en París y otras grandes ciudades francesas[7]; sin ocultar su desacuerdo con las dos últimas etiquetas clínicas mencionadas porque, en su opinión, la *pudendagra* no podía identificarse con ninguna especie de *variole* como tampoco con el «mal muerto» (*malum mortuum*) –según él, una vieja enfermedad común en el reino de Francia, también conocida como «enfermedad de san Senén» (*morbus sancti Sementi*)–, y que Francesc Eiximenis (*ca.* 1330-1409) llamaba *mal de sent Ment*[8].

Para López de Villalobos, finalmente, el mal francés, al que se refería como *bubas*, era una «pestilencia no vista jamás», que calificaba de «muy mal y perversa y cruel sin compás, muy contagiosa y muy suzia en demás, muy brava y con quien no se alcança vitoria». Sostenía que esta afección «haze el hombre indispuesto y gibado, ... en mancar y doler tiene extremos, ... escuresce el color aclarado, es muy gran vellaca y así a començado, por el más vellaco lugar que tenemos»[9]. Su rechazo a identificar las *bubas* con el *sah[a]fati* avicénico se ba-

7 «... hec pestifera egritudo ab aliquibus nominata morbus sancti Sementi, a Gallis morbus Neapolitanus seu grossa variola, ab Italis morbus Gallicus ...» (Torrella *ca.*1498: signat. a2r); «In Gallia vero quia in reversione regis Karoli cum suis in Galliam hic morbus apparere incepit credentes eum ex Neapoli apportasse hanc ob causam morbum Neapolitanum vocarunt. Valentini, Catalani et Aragonenses post longam librorum indagationem ipsum morbum Sementi vocarunt ... In ulteriori vero Hyspania morbum curialem vocant ...» (Torrella 1500: signats. a4r-a4v).

8 «... Sed isti [Valentini, Catalani et Aragonenses] non parum a veritate deviant, nam hic morbus de quo in supradicto libro fit mentio [mal de sent Ment] in regno Francie et usitatus et antiquus est nam ... Galli malum mortuum morbum sancti Sementi appellant ; eo quia auxilio implorato complurimi curantur et presertim si ad eius corpus perveniunt, pedes ambulando et elemosinam querendo huius sancti corpus in Britania existit in maxima veneratione. Peregrini hoc morbo infecti ut ab aliis evitentur duas manus ex panno laneo confectas et magnas portant unam in capite aliam in pectore. Nihilominus non parum ab hoc crudelissimo morbo differt. (...) Parisius et in aliquibus magnis civitatibus Francie a litteratis grossa variolla hic morbus apellabatur qui devios fore demostravi non solum auctoritatibus sed rationibus et experimento... » (Torrella 1500: signats. a4r-a4v). Sobre las designaciones *morbus sementi* y *morbus sancti Sementi*, véase Colón Doménech 1998.

9 «pestilencia no vista jamás / en metro ni en prosa ni en sciencia ni estoria / muy mala y perversa y cruel sin compás / muy contagiosa y muy suzia en demás / muy brava y con quien no se alcança vitoria / la qual haze al hombre indispuesto y gibado / la qual en mancar y doler tiene extremos / la qual escuresce el color aclarado / es muy gran vellaca y así a començado / por el más vellaco lugar que tenemos» (López de Villalobos 1498: #368).

saba en la inexistencia de formas pestilenciales de esta última afección, en la diferente localización inicial, distribución corporal y coloración de las pústulas en ambas enfermedades, en la presencia de dolores solo en las *bubas*, en sus distintos tratamientos, y en el argumento de autoridad de que resultaba inimaginable atribuir el silencio de Avicena acerca de tantos signos nuevos de las *bubas* en comparación con el *sah[a]fati*, a que al persa le hubieran pasado desapercibidos (López de Villalobos 1498: #377-387).

Tras descartar esta etiqueta para las *bubas*, López de Villalobos también se hizo eco de la opinión que identificaba la nueva enfermedad con el «mal muerto» (*mal muerto*); y, en contraste con Fogeda y Torrella, que previamente habían rechazado de plano esta identidad, apreciaba bastantes similitudes entre ambas –de hecho, sostenía que el «mal muerto» era una especie de sarna– por más que él también acabó rechazando esta etiqueta clínica (López de Villalobos 1498: #387-391).

Finalmente, López de Villalobos optó por caracterizar las *bubas* como otra especie de sarna o «escabie» caracterizada por un gran afeamiento con postillas en la piel de la cara y del todo el cuerpo, que se acompañaba de grandes dolores en las articulaciones y que podía asociarse a la alteración de uno o varios humores (López de Villalobos 1498: #393-396). Tras relacionarla con la afección enviada por Dios al Faraón como castigo por su pecado de lujuria con Sara, la mujer de Jacob, la rebautizó como «sarna egipcíaca» o «sarna de Egipto» (López de Villalobos 1498: #403), por considerar que la nueva enfermedad también había sido «enbiada de Dios por castigo y por pena» (López de Villalobos 1498: #373-374, 392-393).

4. Las causas del nuevo azote

El relato de Fogeda nos sirve nuevamente de punto de partida para examinar las diversas opiniones de los testigos médicos castellanos sobre las causas del mal francés. En concordancia con su identificación de la nueva enfermedad con el *sahaphati*, la consideraba una afección causada por una alteración del aire, desencadenada por «influjos celestes» específicos –dos eclipses solares y una conjunción planetaria de Marte y Saturno– y que afectaba a los humanos de diversas regiones de la tierra, sobre todo las occidentales y septentrionales. Era contagiosa y transmisible por contacto con las pústulas a través tanto de «una cierta humedad gruesa» que fluía de ellas y se adhería a la superficie de la piel sin evaporarse rápidamente, como de un «vapor agudo salobre» (*vaporem acutum salsuginosum*) que se desprendía de esta humedad y que corroía la piel que tocaba. Para Fogeda, la nueva enfermedad tenía no pocas similitudes con la *scabies* y la *lepra*; y, por su afinidad con esta última, sugería su posible condición «hereditaria» (*hereditaria*) (Fogeda *ca.* 1496: b3r). Aunque hacía observar que las pústulas de la nueva enfermedad aparecían primero en las partes genitales masculinas y femeninas, no relacionó este hecho con ninguna forma de contagio venéreo, sino con la idea procedente de la anatomía complexional galénica de que estas partes correspondían a los emuntorios del hígado (Fogeda *ca.* 1496: a8r). Además, argüía, al ser «una enfermedad muy seca» (*passio valde sicca*), afectaba menos frecuentemente a los niños y ancianos –etapas vitales, en ambos casos, muy húmedas, «sustancialmente» en el caso de la infancia y «accidentalmente» en el de la vejez– que a otros grupos de edad como, por ejemplo, la juventud (Fogeda *ca.* 1496: b1v).

Scillacio también advertía que las pústulas de la nueva enfermedad habitualmente aparecían primero en las «partes indecentes» (*obscenis*), para luego extenderse a todo el cuerpo. Ahora bien, en contraste con Fogeda, esta circunstancia le llevó a concluir que el mal francés infectaba sobre todo «por contacto de la mujer y el varón» (*id malum maxime femine et viri contactu inficit*); una inferencia que sugería la noción de contagio venéreo. De modo similar, Elisio observaba que las úlceras repugnantes propias de la nueva enfermedad acostumbraban afectar primero a las partes pudendas masculinas y femeninas (*pudenda virorum mulierumque*), infiriendo que se trataba principalmente de una afección contagiosa a través del coito. Con todo, añadía, en aquellas raras ocasiones en que el mal atormentaba a muchachos, muchachas y niños, las úlceras se extendían por sus frentes, caras y cabezas (Elisio 1519: A2r-A2v).

Al igual que Fogeda, Núñez de la Yerva sostenía que la conjunción planetaria entre Marte y Saturno estaba en el origen de las *vuvas*, pero cuestionaba que la influencia de tal conjunción siguiera operativa años después. De hecho, pronosticaba que esta «molesta enfermedad» de difícil cura y que infectaba a «muchos hombres» (*plures hominum*) habría comenzado declinar a partir de 1503, y se extinguiría a partir de 1504 por ausencia de nuevos casos (Núñez de la Yerva 1496: fols. 76r-v). Asimismo, anotaba su contagiosidad a través de vías similares a la lepra –con mención expresa a su transmisibilidad por cohabitar, compartir lecho o copular con personas leprosas. En Núñez de la Yerva llama especialmente la atención, además, su interpretación de las *vuvas* en clave fuertemente moral y misógina, puesto que atribuía su difusión sobre todo a «mujeres ejercitantes de actos indecentes» y consideraba que el paso de la enfermedad «de uno a otro» facilitaba su mutación a lepra– en plena concordancia con la difundida idea galénica de que unas enfermedades podían metamorfosearse en otras en el transcurso del tiempo[10].

10 «... nam principalis causa propter quam egritudo fuit exparssa non est nisi quia femine turpes actus exerantes illam [egritudinem] ab uno in alium mutaverunt in lepra ... » (Núñez de la Yerva 1496: fol. 75r). Una idea similar aparece reflejada en los diarios de Marino Sanudo cuando este informaba que los médicos estaban muy preocupados por el estado de las manos de Alfonso de

Aparte de Torrella[11], fue López de Villalobos quien mayor atención prestó a las causas de la nueva enfermedad. Sus interpretaciones al respecto ilustran expresivamente el sistema causal abierto propio del galenismo médico, desde las causas remotas, tanto teúrgicas (un flagelo divino, que optó por enfatizar) como astrales (conjunciones planetarias), a las causas próximas cuyo conocimiento era propiamente dominio de los médicos. Villalobos aludía a dos causas teúrgicas de las *bubas*: el castigo de Dios a través de un «ángel ... percuciente» en razón los «nuevos pecados de las cristiandades» que habían sumido en el «cisma y la gran disensión» a los cristianos en lugar de querer «pelear contra infieles»; y la punición divina por la «luxuria en que oy peca la gente». Para refrendar su acuerdo con ambas interpretaciones causales, recurrió a la autoridad de tres pasajes del Antiguo Testamento: las plagas de Egipto (Ex 7 14 a 11 10) y el castigo del rey David y Betsabé con la muerte del hijo nacido de su relación adúltera (2 Sam 11 1-27 y 12 1-25), en relación a la primera causa teúrgica; y el castigo de Dios al Faraón por haber sucumbido a la belleza de Sara, la mujer de Jacob (Gen 12, 9-20) y haberla seducido, para la segunda (López de Villalobos 1498: #369-374). Más brevemente, López de Villalobos refirió las causas astrales de las *bubas* recogiendo –como Fogeda y Núñez de la Yerva– la opinión de los astrólogos de que una conjunción entre Marte y Saturno había constituido el desencadenante inicial de esta afección (López de Villalobos 1498: #375).

Desde un punto de vista estrictamente médico (*la opinión de los físicos*), López de Villalobos sostenía que las *bubas* se debían a una asociación entre «el ayre dañado» y un mal régimen de vida causante de una gran destemplanza del hígado. A resultas de esta asociación, el hígado se había vuelto seco y cálido, lo que había hecho que la bilis negra y la flema salada proliferaran en todos los miembros del cuerpo[12]. Distinguía tres grandes grupos de causas médicas de las *bubas* (López de Villalobos 1498: #394-396). En primer lugar, sus causas «universales y equívocas», a saber, una impresión perniciosa de los cuerpos celestes causante de una infección en el aire dañado como resultado de la cual se había producido corrupción en los cuerpos humanos[13]. En segundo lugar, sus «causas inferiores y extrínsecas», que incluían el «ayre dañado» un «melancónico mantenimiento»,

---

Este –víctima del mal francés– concluyendo que acabarían siendo presa de «lepra o cáncer» (*lepra o cancharo*) (Sanudo 1879: II, 399; Arrizabalaga, Henderson y French 1497: 46).

11 Sobre las causas de la pudendagra según Torrella, véase Arrizabalaga 1987-1988.

12 «Los médicos dizen que fue de abundança / de humor melancónico y flema salado / que en todos los miembros a hecho su estança / la qual se fundó en una gran destemplança / que al hígado seco y caliente a tornado / y aquesta fundóse del ayre dañado / y malas costumbres y mantenimiento / y junto con esto lo ya processado / an hecho este daño ser tan porfiado / que no basta cura ni buen regimiento» (López de Villalobos 1498: #376).

13 «mal impressión de los cuerpos celestes / que hizo en ell ayre dañada infeción / por do en nuestros cuerpos causó corrupción» (López de Villalobos 1498: #394).

una dieta favorecedora de la flema salada, la «flaqueza en los cuerpos de usar con mujer» y, de forma general, las causas internas o predispositivas de la pestilencia conforme a Avicena. Y finalmente, sus «causas antecedentes y conjuntas», que podían estar relacionadas con un único humor o con la mezcla de dos o más, entre los que López de Villalobos listaba «la gran cantidad de humores adustos en hígado y venas, y flema salado y alguna humidad, que haga correr su subtilidad, los gruessos humores por partes agenas» (López de Villalobos 1498: #396).

Para López de Villalobos, la *sarna egipciaca* solía comenzar por las partes pudendas (*por aquestos miembros que son vergonçosos*), si bien asociaba este hecho a su proximidad a los supuestos emuntorios a través de los cuales el hígado evacuaba sus superfluidades: en este caso, un «humor corrosivo» que ulceraba la «carne tierna y que presto se altere» (López de Villalobos 1498: #401-402). Así pues, de modo similar a Fogeda, no parece que Villalobos contemplara la posibilidad de que la nueva enfermedad se transmitiera mediante contagio venéreo. Corrobora la misma apreciación el inespecífico régimen basado en las seis cosas no naturales que prescribía a sus pacientes, aconsejándoles huir de platos de «mal nutrimento», de mujeres, de malos pensamientos y de la ira, el furor y la tristeza[14].

5. Vulgares versus proceres: enfermedad del común de la población o de la nobleza?

Al igual que la peste y otras enfermedades infecciosas, el mal francés afectó a todos los estratos sociales. Había, sin embargo, una diferencia peculiar entre aquellas afecciones y esta: mientras las pestilencias se cebaron en los sectores sociales más humildes, el mal francés se difundió rápidamente también entre las elites sociales (papas, reyes, nobleza civil y eclesiástica). Este hecho alimentó entre los contemporáneos la singular percepción de que podía haber alguna clase de conexión entre la nueva enfermedad y el mundo socio-cultural de la corte. De hecho, ya en 1500 Gaspar Torrella refería que «mal de la corte» (*morbum curialem*) era el nombre asignado al mal francés en la *ulterior Hyspania*, en razón de que esta enfermedad «sigue a la corte»[15]. Como es bien sabido, esta designación territorial corresponde a la provincia romana occidental de Iberia, pronto subdividida en *Baetica* y *Lusitania*. El recurso de Torrella a ella evoca en primera instancia la imagen de la corte castellana itinerante de los Reyes Católicos, quie-

14 «que huya manjares de mal nutrimiento / que huya mujeres y mal pensamiento / que huya la yra, furor y tristura» (López de Villalobos 1498: #434).

15 «... in ulteriori vero Hyspania morbum curialem vocant eo quia curiam insequitur» (Torrella 1500: signats. a4r-v; Torrella, *ca.*1498: signat. a3v).

nes entonces –su obra está firmada el 1 de marzo y acabada de imprimir el 31 de octubre de 1500– se movían entre Sevilla y Granada, donde el rey Fernando aplastaba una insurrección morisca; por más que pudiera hacerse extensiva a la portuguesa del rey Manuel I.

La asociación del mal francés con los entornos cortesanos en los debates médicos acerca de la nueva enfermedad se retrotrajo en Castilla al menos a 1496; y de una u otra forma, la mayor parte de nuestros testigos abordaron la cuestión de si la nueva enfermedad era más frecuente entre la nobleza o entre el pueblo llano. Aparentemente, fue Juan de Fogeda el primero en suscitar el tema al sostener que en el momento del estallido de la nueva enfermedad sus pústulas habían afectado principalmente a «hombres de condición común» (*hominibus vilis conditionis*), y preguntarse, muy significativamente, el porqué de esta circunstancia. La atribuía tanto a la peculiar significación de los eclipses solares que había mencionado y que, a su entender, comportaban «multitud de enfermedades en siervos, criadas y hombres comunes», como al régimen de vida habitualmente desordenado del pueblo llano. De hecho, contrastaba la dieta seguida por el común de la población y que se basaba en alimentos gruesos y melancólicos, como las carnes porcina y vacuna, los pescados y los vinos recios, con la mejor alimentación de que gozaban los «hombres de condición más noble» (*hominibus nobilioris conditionis*) (Fogeda 1496: a8r-v). Fogeda parecía tornar –al menos implícitamente– a la misma idea cuando, entre sus prescripciones dietéticas relativas a la tercera «cosa no natural», desaconsejaba los ejercicios o movimientos violentos y recomendaba los ejercicios suaves, como pasear tranquilamente por lugares llanos, montar a caballo, darse fricciones suaves o bañarse esporádicamente en agua dulce (Fogeda 1496: b4r-v); actividades todas ellas perfectamente ajustadas a las expectativas del régimen de vida de población acomodada de mediana edad como su propio patrón, y muy lejos de las demandas de la vida diaria de los varones humildes que debían trabajar muy duro para sobrevivir.

Como de costumbre, las opiniones de Fogeda sobre esta cuestión fueron refutadas abiertamente poco después por Núñez de la Yerva. A su juicio, «los hombres acostumbrados a un ejercicio intenso, como los campesinos y los trabajadores, son en su mayoría inmunes a esta enfermedad», mientras que «aquellos poco acostumbrados a trabajar suelen incurrir en ella» (Núñez de la Yerva 1496: 71v). Además, sostenía que los médicos admitían la existencia de «enfermedades similares» (*similes egritudines*) en el pasado, y –quizás deseoso de exhibir su erudición humanista latina– evocó conocido el pasaje de la *Historia Natural* (libro XXVI, capítulos 1-3) donde Plinio el Viejo se refirió a la aparición en la Roma de Tiberio Claudio, de una nueva enfermedad conocida como *mentagra* en latín y como *lichenas* en griego. Siempre con el apoyo en la autoridad de Plinio, Núñez de la Yerva recordaba que la *mentagra*, una afección muy repugnante procedente de Egipto y que se contagiaba solo a través del beso, se había extendido entre la nobleza romana, sin afectar ni a las mujeres, ni al pueblo llano, ni a la servidumbre (Núñez de la Yerva 1496: 73r-v). Curiosamente, a ella se refirió también Torrella un año después entre los precedentes del mal francés (Torrella 1497: A3v-a4r).

La opinión de Elisio acerca de si el mal francés era una enfermedad de ricos o de pobres tendía a reconciliar la de Fogeda y la de Núñez de la Yerva. Como Fogeda, Elisio observaba que la nueva enfermedad había afectado primero al pueblo llano (*ignobile vulgus*), aunque, significativamente, admitía que desde hacía tiempo estaba también alcanzando de forma sensible a las elites sociales (*proceres*) (Elisio 1519: A2r-A2v). Y, de hecho, sus observaciones sobre el régimen de vida más adecuado para mantenerse libre del mal francés se centraban en vivas recomendaciones a sus lectores, para que evitaran el coito, los esfuerzos físicos (*laboribus*) y el frío, y para que hicieran uso de alimentos que generen sangre loable y templada, y que impidan la adustión y malicia humoral (*adustioni malitieque*) (Elisio 1519: A3r) – similares todas ellas a los consejos con sesgo de clase de Fogeda.

Finalmente, el punto de partida de López de Villalobos a este respecto difería sustancialmente del resto de nuestros testigos castellanos. Todos ellos (incluso él mismo) eran deudores de concepciones propias del galenismo avicenista y que se sustentaban en la autoridad de los médicos árabes y sus seguidores medievales latinos. Ahora bien, mientras la imaginación de la mayoría a la hora de buscar en el pasado afecciones similares que permitieran asignar un nombre apropiado a la nueva enfermedad parecía haber sido capturada, en mayor o menor medida, por Plinio el Viejo, López de Villalobos encontró su fuente de inspiración en el Antiguo Testamento. Y la rebautizó como *sarna egipcíaca* porque entendía que era muy similar, si no idéntica, a la que (*daquesta passión o de otra como ella*), según el *Génesis*, Dios había enviado al faraón «en su natura» como castigo por su pecado de lujuria con la mujer del pío patriarca Jacob. Muy significativamente, de los tres pasajes bíblicos que evocó para ilustrar las opiniones teúrgicas circulantes sobre el origen de las *bubas*, este era el único en el que el castigo divino consistía en una enfermedad individual que recaía en el propio pecador. En este caso, además, el mal no golpeó al pueblo llano, sino al hombre más poderoso del pagano Egipto, el Faraón. Para López de Villalobos, el castigo de Dios se adecuaba plenamente al mandato bíblico de hacer justicia al pecador con una penitencia impuesta en el mismo miembro con que había infringido el pecado[16]. Y de forma consistente añadía:

16 «muy justa sentencia / qual es el pecado tal la penitencia / la parte pecante es la parte paciente / por este pecado en la sacra escritura» (López de Villalobos 1498: #373).

> Y así hallareys ya los más que rehusan / aqueste pecado bevir sin dolor / y aquellos que aquesto contino más usan / daquesta passión por miraglo se excusan / por justa sentencia del justo señor; / tanbién hallareys ya los hombres tornados tan castos que no osan llegar a mujer / o alto misterio que somos forçados / hacer penitencia de nuestros pecados / pues no la quesimos de grado hazer (López de Villalobos 1498: #374).

6. A modo de conclusión

Los seis testimonios médicos sobre el mal francés en la Castilla de finales del siglo XV, en los que se sustenta este trabajo, fueron de los más tempranos de Europa a este respecto; y tres de ellos (los de Fogeda [1496], Núñez de la Yerva [1496] y López de Villalobos [1498]) están estrechamente relacionados entre sí. La impresión de cuatro de las obras examinadas antes de acabar el siglo XV (las de Scillacio, Fogeda, Torrella y López de Villalobos) sugiere el interés que la nueva enfermedad despertó entre los médicos y otros integrantes de las elites contemporáneas. Además, el hecho de que López de Villalobos escribiera su tratado sobre las buvas en castellano y a modo de apéndice a su síntesis versificada del *Canon* de Avicena –la enciclopedia médica más difundida en la Europa medieval y renacentista– revela el alto grado de demanda social de información que el mal francés suscitaba en la Castilla de finales del siglo XV.

Todos los testimonios corroboran la perplejidad que la nueva enfermedad causó entre los médicos prácticos universitarios durante los primeros años de su presencia en Europa; y que el hecho de que compartieran un único sistema médico –el galenismo avicenista– no fue óbice para que sus opiniones sobre los orígenes, causas y sesgo social de la nueva enfermedad fueran notablemente dispares. En mi discusión histórica me he esforzado por destacar cuestiones como las peculiaridades del sistema causal galenista (sobre todo, su carácter abierto y equívoco); el fuerte influjo del criterio de autoridad (de Plinio el Viejo y las fuentes paleotestamentarias, sobre todo) en la modelación de las percepciones de los médicos prácticos castellanos de finales del siglo XV sobre el mal francés; y el discurso fuertemente misógino que a menudo se desprende de sus concepciones acerca del modo de difusión de la nueva enfermedad.

He prestado particular atención al modo cómo la supuesta condición exógena del mal francés afectó a las interpretaciones castellanas tempranas sobre la nueva enfermedad. Como en el caso de otras afecciones horribles y estigmatizantes, nuestros médicos atribuyeron los orígenes de esta a otros lugares y pueblos, pero subrayaron sobre todo la mayor proclividad a ella de otros grupos sociales: mientras Fogeda acusaba a los «hombres de condición común» como principales transmisores de la nueva enfermedad, Núñez de la Yerva y López de Villalobos señalaban a los nobles, apreciándose en el transcurso del tiempo un declive gradual entre los médicos de corte de la posición aparentemente «defensiva» de Fogeda hacia la posición de compromiso que refleja Elisio.

Cuarenta años después, el cirujano sevillano Ruy Díaz de Isla destacaba (*fl.* 1493-1542), cuya carrera profesional había transcurrido sobre todo en Lisboa, en el seno del Real Hospital de Todos os Santos, en el prólogo de su *Tractado contra el mal serpentino, que vulgarmente en España es llamado bubas* (Sevilla, 1539) que, si bien esta enfermedad es «universal» y «a ninguna condición ni calidad de personas ni de estados huye», progresa más rápidamente ("[a]ntes ... estiende sus fuerças") «en los hombres delicados por la nobleza de su sangre y condición ... muchos de los quales por no ser su enfermedad conoscida, otros por no ser bien curados, otros por no se curar en el tiempo que deven mueren o quedan próximos a la muerte» (Díaz de Isla 1539: 2v).

Y para mediados del siglo XVI, la percepción alternativa de que el mal francés estaba íntimamente relacionado con el mundo socio-cultural de la corte era tan prevalente en la Corona de Castilla que el médico personal del emperador Carlos V, Luis Lobera de Ávila (*c.* 1480-1551) , en su *Libro de las quatro enfermedades cortesanas* (Toledo, 1544), optó por incluir las *bubas* entre las «enfermedades cortesanas» (en realidad cinco, no cuatro) por él estudiadas, junto al «catarro o rheuma», la «gota o dolor de junturas», la «piedra de riñones e bexiga», y la «cólica y dolor de hijada» (Lobera de Ávila 1544: IIIv, XIXv, XLIr, LXIv, LXXXIIIv). Su prologuista De Bargas recomendaba vivamente el tratado de Lobera, calificándolo de «obra muy necessaria y utilíssima, mayormente para cortesanos por estar más cerca de correr peligro en estas quatro enfermedades de que trata»[17].

El relato de Lobera para justificar por qué consideraba las *bubas* como una enfermedad cortesana resulta decepcionantemente inexpresivo, pero de ningún modo puede pasarse por alto la excepcionalidad de su testimonio en el contexto de la medicina europea renacentista puesto que, en términos estrictos, el concepto de enfermedad cortesana no aparecería consolidado en la medicina europea culta hasta finales del siglo XVIII[18].

---

17 «obra muy necessaria y utilíssima, mayormente para cortesanos por estar más cerca de correr peligro en estas quatro enfermedades de que trata» (Lobera de Ávila, 1544: fol. IIr).

18 Sobre las enfermedades cortesanas en la Europa de la primera modernidad, véase W.F. Kümmel 1990. Sobre el mal francés en las cortes italianas de finales del siglo XV, véase Arrizabalaga, Henderson y French 1997: 38-144, 293-317.

Referencias bibliográficas

ARRIZABALAGA, Jon (1985-1986): «El *Consilium de modorrilla* (Roma y Salamanca, 1505): una aportación nosográfica de Gaspar Torrella», *Dynamis,* 5-6, pp. 59-94.

ARRIZABALAGA, Jon (2002): «Francisco López de Villalobos (*c.*1473-*c.*1549), médico cortesano», *Dynamis*, 22, pp. 29-58.

ARRIZABALAGA, Jon (2005): «Medical responses to the "French Disease" in Europe at the turn of the sixteenth century», en Kevin Siena (ed.): *Sins of the flesh. Responding to sexual disease in early modern Europe*. Toronto: CRRS (Victoria University in the University of Toronto), pp. 33-55.

ARRIZABALAGA, Jon (2011): «The changing identity of the French Pox in early renaissance Castile», en Florence Eliza Glaze y Brian K. Nance (eds.), *Between text and patient. The medical enterprise in medieval and early modern Europe*, Florencia: SISMEL/Edizioni del Galuzzo [Micrologus' Library n.º 39], pp. 397-417.

ARRIZABALAGA, Jon, John HENDERSON y Roger FRENCH (1997): *The Great Pox. The French Disease in Renaissance Europe*. New Haven and London: Yale University Press.

COLÓN DOMÉNECH, Germà (1998): «Filología y sífilis. Sobre el "mal de simiente" o "mal de sement"», *Revista de Filología Española*, 7/3-4, pp. 275-308.

CORRADI, Alfonso (1885): «Un libro raro di sifilografia e un'edizione ignota del Benivieni», *Annali Universali di Medicina e Chirurgia (Milano)*, 271/813, pp. 228-240.

DÍAZ DE ISLA, Ruy (1539): *Tractado contra el mal serpentino, que vulgarmente en España es llamado bubas*. Sevilla: Dominico de Robertis.

ELISIO, Giovanni Battista (1519): *Apollineus nature clipeus in horribile flagellum morbi Gallici*. Nápoles: A. Friza Corinaldensis.

FLÓREZ MIGUEL, Cirilo, Pablo GARCÍA CASTILLO y Roberto ALBARES ALBARES (1990): *La ciencia de la tierra: cosmografía y cosmógrafos salmantinos del Renacimiento*. Salamanca: Caja de Ahorros y Monte de Piedad de Salamanca.

FOGEDA, Juan de (*ca*. 1496): *Tractatus de puestulis que sahaphati nominantur*. Salamanca: Impresor de la *Gramática* de Nebrija.

FUIANO, Michele (1973): *Maestri di medicina e filosofia a Napoli nel Quattrocento*. Nápoles: Libreria scientifica editrice.

GARCÍA BALLESTER, Luis (2001): *La búsqueda de la salud. Sanadores y enfermos en la España medieval*. Barcelona: Península.

GERBI, Antonello (1978): *La naturaleza de las Indias Nuevas. De Cristóbal Colón a Gonzalo Fernández de Oviedo*. México: Fondo de Cultura Económica.

GRMEK, Mirko D. (1991): «La dénomination latine des maladies considerées comme nouvelles par les auteurs antiques», en Guy Sabbah (ed.), *Le latin médical: la constitution d'un langage scientifique. Realités et langage de la médecine dans le monde romain*. París: Université de Saint-Etienne, pp. 195-214.

KÜMMEL, Werner-Friedrich (1990): «*De morbis aulicis*: On diseases found at court», en Vivian Nutton (ed.), *Medicine at the courts of Europe, 1500-1800*. Londres-Nueva York: Routledge, pp. 15-48.

LOBERA DE ÁVILA, Luis (1544): *Libro de las quatro enfermedades cortesanas*. Toledo: Juan de Ayala.

LÓPEZ DE VILLALOBOS, Francisco (1498): *El sumario de la medicina con un tratado sobre las pestíferas buvas*. Salamanca: Tips de la *Gramática* de Nebrija a expensas de Antonio de Barreda.

MARTÍNEZ ORTIZ, José (1984): «Valencia y la reina de Nápoles», en *La Corona de Aragón y el Mediterráneo. Aspectos y problemas comunes desde Alfonso el Magnánimo a Fernando El Católico (1416-1516). IX Congreso de Historia de la Corona de Aragón (Nápoles, 11-15 abril1973)*. Vol. IV. Nápoles: Società Napolitana di Storia Patria – Palermo: Accademia di Scienze, Lettere e Arti – Zaragoza: Institución Fernando el Católico, pp. 37-60.

MERKEL, Carlo (^{2}1901): l'*opuscolo De insulis nuper inventis del messinese Nicolò Scillacio, confrontato colle altre relazioni del secondo viaggio di Cristoforo Colombo in America*. Milán: Tipografia Editrice L.F. Cogliati.

NÚÑEZ DE LA YERVA, Francisco (1496): *Tractatus de saphati*. Madrid: BRAH, ms. 9/443, fols. 69*r*-78*v*.

ORLANDO-SALINAS, Federico (1931): «Notizie di Niccolò Squillaci messinese e della sua epistola "De morbo qui nuper e Gallia defluxit in alias naciones" (1495)», *Bolletino dell'Istituto Storico Italiano dell'Arte Sanitaria*, 11/6, pp. 283-303.

PÉREZ MARTÍN, Antonio (1979): *Proles Aegidiana*. 4 vols. Bolonia: Publicaciones del Real Colegio de España.

SANUDO, Marino (1879): *I Diarii*. t. II. Venecia: F. Visentini [Edición de G. Berchet].

SCILLACIO, Nicolò (1496): «De morbo qui nuper e Gallia defluxit in alias nationes», en Nicolò Scillacio et al.: *Opuscula*. Pavía: J.A. de Boscho, signats. l3v-l4r.

SUDHOFF, Karl (1912): *Graphische und typographische Erstlinge der Syphilisliteratur aus den Jahren 1495 und 1496*. Munich: C. Kuhn.

TORRELLA, Gaspar (1497): *Tractatus cum consiliis contra pudendagram seu morbum gallicum*. Roma: Petrus de la Turre.

TORRELLA, Gaspar (*ca.* 1498): *De morbo gallico cum aliis*. Roma: Johannes Besicken.

TORRELLA, Gaspar (1500): *Dialogus de dolore cum tractatu de ulceribus in pudendagra evenire solitis*. Roma: Johannes Besicken & Martinus de Amsterdam.

WEILL-PAROT, Nicolas (2002): *Les «images astrologiques» au moyen âge et à la renaissance: Spéculations intellectuelles et practiques magiques (XII-XV siècle)*. París : H. Champion.

WEILL-PAROT, Nicolas (ed.) (2008): *Jérôme Torrella (Hieronymus Torrella), Opus praeclarum de imaginibus astrologicis*. Édité, présenté et annoté par … Florencia : SISMEL-Edizioni del Galluzzo.

La resemantización en el léxico de la informática e Internet en español[1]

Lirian Ciro[2]
Neus Vila Rubio[3]
Universidad de Lleida

1. Introducción

Los términos de la ciencia y la técnica surgen en la comunidad científica que crea estas realidades; como es sabido, los países de habla hispana no son los más desarrollados desde el punto de vista tecnológico y científico, convirtiéndose en receptores y consumidores de dichas realidades, pero no tanto en productores de las mismas. En el ámbito de la informática, ha sido la lengua inglesa la que ha tomado la delantera, razón por demás para que en este tipo de léxico predominen los anglicismos, por cuanto los avances científicos se producen y divulgan, en su gran mayoría, en esa lengua.

La gran rapidez con la que la informática se ha extendido en los últimos años ha posibilitado que «una nueva tecnología, con un lenguaje técnico específico, creado por unos especialistas de origen estadounidense, se [convierta] en un instrumento de masa indispensable en todo el mundo» (Devís 2004: 71). Al comparar su extensión y desarrollo con otras lenguas de especialidad, es evidente que la informática ha tenido un crecimiento y difusión constantes y ha logrado traspasar, en algunos casos, el ámbito especializado. Por su parte, la difusión a gran escala ha permitido la creación de «una jerga informática paralela que [necesita] adaptarse a un público no anglófono y no profesional», según afirma Devís (2004: 72); ello conlleva que muchos neologismos que no se traducen tan rápidamente como surgen o que no disponen de términos idóneos en español, sean adaptados en su mayoría por el préstamo lingüístico. Al respecto, Lara en su texto *Lagunas y debilidades de la lexicografía hispánica* señala que no se ha evidenciado un interés «por la formación de nuestro vocabulario científico y técnico» (1986: 236).

---

1 Este trabajo ha contado con el apoyo de una beca de COLCIENCIAS "Generación del Bicentenario" (Modalidad Doctorados en el Exterior; convocatoria 2009, Colombia), así como del Grupo de Investigación en Mediación Lingüística (GIML) de la Universidad de Lleida, grupo consolidado, reconocido y financiado por la Generalitat de Catalunya (SGR2009-680).

2 Investigadora del GIML (Universidad de Lleida) y del Grupo de Estudios Lingüísticos Regionales (Universidad de Antioquia, Colombia).

3 Investigadora Principal del Grupo de Investigación en Mediación Lingüística (GIML) y profesora de la Universidad de Lleida.

Cabe añadir un factor importante con respecto a la lengua española, que es el hecho de que esta presenta muchas realizaciones, en función de su distribución geográfica y sus diferentes registros, pues los países de habla hispana comparten, básicamente, el nivel estándar. Moreno de Alba (2001) no duda de las diferencias existentes en la lengua española, debidas a su extensión geográfica y al número de hablantes. Esto se materializa en los términos neológicos que designan realidades nuevas, como el caso de la informática.

En este sentido, Belda indica dos consecuencias de esta falta de unidad en la traducción al español de los términos informáticos que proceden del inglés; «en primer lugar», acota, «la aparición de términos de significado idéntico o similar para un mismo concepto en español; y en segundo lugar, la profusión de términos para un mismo concepto entre las diferentes variedades del español» (2000: 670), ambas muy evidentes en los términos informáticos en español que circulan por la Red. Planteado de esta manera, lo anterior requiere un estudio detallado que ponga de manifiesto las diferentes realizaciones de este tipo de léxico.

Ahora bien, si se plantea para los términos de la Internet y la informática en español una cierta homogeneidad, en aras de las pretendidas características básicas de las lenguas de especialidad (precisión, universalidad, objetividad y neutralidad, estabilidad y adaptación), no podemos dar por real tal uniformidad. Observemos, simplemente, el contraste entre las variedades peninsular y americana, confirmado por términos como *ordenador/computador/computadora*, *ratón/mouse*, *fichero/archivo* y tantos otros. De ahí que se hagan necesarios estudios cuyo objeto sea este tipo de variaciones, a la par que describan, inicialmente, el uso de estos términos con el ánimo de establecer, posteriormente, las bases de dicha homogeneidad[4].

Además, en el caso del español, hay que tener en cuenta, asimismo, aspectos que otras lenguas, con menor variación geográfica y cultural no presentan. Se trata, como apunta Álvarez Catalá (2007), de hallar las claves para resolver la problemática de lograr la unidad en la diversidad, aun dentro de una misma lengua, así como de articular dialécticamente dos tendencias antagónicas como son la búsqueda de una comunicación universal más eficaz y la necesidad de asegurar simultáneamente el respeto por las identidades nacionales o regionales.

Por otra parte, no ha existido una política lingüística sólida en este ámbito desde los poderes hispanohablantes, pese a las acciones que instituciones como la Real Academia Española de la Lengua, el Instituto Cervantes, la Fundación del Español Urgente (FUNDEU) y la Asociación de Academias de la Lengua

4 Creemos que tal trabajo correspondería tanto a lingüistas e informáticos, como, sin lugar a dudas, a las Academias e institutos oficiales encargados de velar por la divulgación y unidad de la lengua española.

Española están emprendiendo, en pos de mantener la unidad lingüística; pero, en general, se tiende al descuido del vocabulario científico y técnico, y más aún del que aquí nos interesa: el informático.

En este mismo sentido, Devís señala que habría que aspirar a que el español fuera una lengua que permitiese el intercambio y la comunicación «entre usuarios no especialistas de Internet en los diferentes países hispanos, aparentemente una banalidad que no es tal si observamos la gran dispersión que se ha creado en el lenguaje de la Informática utilizada por usuarios no especializados» (2004: 78).

Entre otras cuestiones que cabe analizar dentro de este repertorio léxico, nos referiremos a los límites entre este y el léxico general, tanto a nivel sincrónico como diacrónico. Así lo hacía saber Fernández-Sevilla hace ya algunos años:

> La historia de cualquier lengua muestra que ciertos términos que nacieron como técnicos pasaron luego a funcionar como unidades del lenguaje ordinario, dando lugar a las mismas implicaciones, connotaciones, etc. Y, por el contrario, es muy frecuente el hecho de que ciertas palabras del léxico ordinario en un momento dado pasen a funcionar como tecnicismos. Aún cabe una tercera posibilidad que complica todavía más las cosas y es que una misma palabra funcione simultáneamente en las dos series. La dinámica de la lengua y de la sociedad presenta un equilibrio inestable también en este campo (1974: 118).

Quizá en estos momentos no quepa enfocar la cuestión como un 'problema', puesto que este fenómeno es muestra del dinamismo de la lengua y, al fin, de los diversos procedimientos de creación léxica que se dan en cualquiera de ellas. Es, además, la evidencia de cómo el ser humano recurre a lo conocido, ya sea en forma de uso metafórico o metonímico, para la ampliación léxica. De ahí que lo consideremos un aspecto digno de estudio en un ámbito como el hispanohablante, amplio y diverso, especialmente, en aras de un determinado grado de unidad de la lengua en el aspecto terminológico.

Y, por ello, en este trabajo abordaremos este aspecto, la llamada resemantización[5], ya que es un hecho que una de las características principales de la terminología informática en español reside en la creación de significados nuevos a partir de significantes ya existentes, tanto en la lengua general como en otras lenguas de especialidad. Nuestro objetivo será, pues, la descripción de este fenómeno en el léxico de la informática e Internet en español para, a su vez, realizar un análisis contrastivo de los usos de tal léxico en diversas comunidades hispanohablantes.

5 Existen muchos otros términos para denominar a este fenómeno, tales como: terminologización (Cabré 1993; Gutiérrez 2005; Contreras 2008), especialización (Belda 2000 y 2003; Vitoria 2005), neología de sentido (Cabré 2006), neología semántica (Cabré 2006; Estopà 2010), reciclaje léxico (Estopà 2010), resignificación (Estopà 2010), neología científica de sentido, calco semántico (Mas i Fossas 2001), neología de contenido (Santamaría 2006).

2. Aspectos metodológicos

Nuestra metodología se ha basado en la constitución de un corpus para el estudio conformado a partir de textos de artículos de periódicos en línea, sobre temas informáticos, aparecidos entre 2006 y 2010, y pertenecientes a siete países de habla hispana: Argentina, Colombia, Costa Rica, Ecuador, España, México y Paraguay.

El análisis abarca tres aspectos:

- Los trasvases de la lengua general a la lengua de especialidad.
- Los realizados de lengua de especialidad a lengua de especialidad.
- Los creados según el proceso de eponimia.

Asimismo, pretendemos determinar, mediante datos cuantitativos, si en los países citados se presentan los mismos procesos o si se dan prevalencias, con el fin de poner de manifiesto el grado de coincidencia o divergencia en los usos léxicos del lenguaje de especialidad referido a los campos de la informática y de Internet en el ámbito hispanohablante.

2.1 Selección de las fuentes

En primer lugar, hemos realizado una búsqueda de términos informáticos, que tienen su origen en algún tipo de resemantización, en los siguientes catálogos léxicos:

a) Diccionarios generales: *DRAE* (vigésima segunda edición, 2001, versión en línea), *CLAVE* (2006, versión en línea).
b) Diccionario Enciclopédico *VOX* (2009, versión en línea).
c) Glosarios específicos del léxico de la informática e Internet: Glosario básico inglés-español para usuarios de Internet[6], Vocabulario técnico de marketing e Internet[7], Diccionario informático[8], Glosario de informática e Internet[9].

Después de tener un listado inicial se procedió a contrastar su presencia en el corpus[10] que elaboramos. Seguimos esta metodología, puesto que «la neología

6 Disponible en http://www.ati.es/novatica/glosario/glosario_internet.html
7 Disponible en http://www.mixmarketing-online.com/entrada.html
8 Disponible en http://www.glosarium.com/list/14
9 Disponible en http://www.panamacom.com/glosario/
10 Para el procesamiento del corpus hemos empleado el programa TLCorpus de TshwaneDJe, que posibilita observar los datos estadísticos de las unidades léxicas analizadas, además de poder buscar los términos en un microcontexto.

semántica [...] suele ser difícil de detectar por cuanto no presenta evidencia formal alguna de una modificación de sentido. Los neologismos semánticos deben identificarse sobre todo mediante el contexto» (Cabré 2006: 240).

Respecto a dicho corpus, señalamos que está conformado por ventiún países[11], pero en el presente trabajo lo hemos delimitado a los siete ya enunciados, puesto que queremos profundizar en los que tienen un mayor número de *types* (ocurrencias únicas por palabra) y *tokens* (total de palabras) y mayor número de textos periodísticos. Este corpus también está conformado por textos tomados de páginas universitarias, pero, con el fin de poder realizar un análisis más específico, en el presente trabajo únicamente nos centraremos en la prensa.

Por otra parte, la selección únicamente de fuentes periodísticas[12], para este tema en particular, se justifica, puesto que los medios de comunicación han favorecido la divulgación de las materias especializadas y la difusión de las terminologías correspondientes, es así que un hablante medio está familiarizado, en cierta medida, con términos científicos (Santamaría 2006).

Cambiando de perspectiva, para determinar el número de fuentes por país se partió del número de habitantes de dichos países[13]. El número de textos periodísticos varía de acuerdo con lo que se halló en las secciones relacionadas con Internet e informática de los periódicos seleccionados, es así que en no todos los países se encuentran las mismas cantidades de estos, debido, entre otros aspectos, a la tasa de penetración de Internet o al enfoque e interés periodístico, que no siempre se centra en estos temas; de ahí que el número de textos por cada país sea diferente según estas variantes.

En la tabla 1 se presenta una síntesis de las fuentes seleccionadas por país y el número total de textos periodísticos tomados:

11 Estos son: Argentina, Bolivia, Chile, Colombia, Costa Rica, Cuba, Ecuador, El Salvador, España, Guatemala, Guinea Ecuatorial, Honduras, México, Nicaragua, Panamá, Paraguay, Perú, Puerto Rico, República Dominicana, Uruguay y Venezuela. Esta aportación se enmarca en otra de mayor calado que estamos realizando y que esperamos pueda ver la luz a finales de 2013.

12 En lo que respecta a la selección de los periódicos, hemos recurrido a las siguientes páginas índices y de clasificación de los principales periódicos a nivel mundial: http://www.wan-press.org/ article15389.html, http://www.prensaescrita.com/, http://periodicos.ws/, http://www.mediatico.com/ es/periodicos/america%2Dlatina/, http://www.alexa.com/topsites/countries y http://www.infoamerica.org.

13 Los datos del número de habitantes por países de habla hispana se han consultado en Worldgazetteer [http://world-gazetteer.com/] y corresponden al año 2010.

País	Número de hablantes de Español	Periódicos digitales	Total de artículos periodísticos	*Types*	*tokens*
Argentina	40 724 269	Clarín http://www.clarin.com/ La Nación http://www.lanacion.com.ar/ La Prensa http://www.laprensa.com.ar/	981	34.468	567.556
Colombia	45 469 397	El Tiempo http://www.eltiempo.com/ El Espectador http://www.elespectador.com/ EL Heraldo http://www.elheraldo.com.co/	947	27.712	471.037
Costa Rica	4 707 751	La Nación http://www.nacion.com/	1.137	27.422	434.920
Ecuador	14 333 771	El Universo http://www.eluniverso.com/	2.008	37.064	724.896
España	47 208 363	El País http://www.elpais.es El Mundo http://www.elmundo.es ABC http://www.abc.es	1.786	40.742	850.954
México	109 561 057	El Universal http://www.eluniversal.com.mx Proceso http://www.proceso.com.mx/ El Sol de México http://www.oem.com.mx/elsolde mexico/ Excélsior http://www.excelsior.com.mx/ La Jornada http://www.jornada.unam.mx/ ultimas/ Milenio http://www.milenio.com/	818	27.339	412.675
Paraguay	6 608 137	ABC Color http://www.abc.com.py/	1.210	27.354	439.597

Tabla 1. Fuentes y número de artículos periodísticos por país

3. Cuestiones teóricas básicas acerca de la resemantización en el léxico informático en español

En lo que atañe a la terminología informática, Belda (2000 y 2003) señala la existencia de, básicamente, dos tipos de léxicos: el técnico (*byte*, *chip*, *CPU*), y el semitécnico (*mouse*, *window*). Es así que en este tipo de léxico coexisten dos niveles: uno más especializado y otro más cercano a la lengua común[14].

Por otra parte, este autor asevera que la vertiginosa propagación de la terminología informática, además de ser el resultado de una revolución tecnológica, se ha convertido en una revolución lingüística. De ahí resulta que una de las características principales de esta terminología es la facilidad con la que pasa de la lengua general a la de especialidad; es decir, posee una gran capacidad "denotativa" que posibilita la creación de significados nuevos, a partir de significantes ya existentes. Lo mismo ocurre en el sentido contrario, esto es, términos que se acuñan inicialmente en esta especialidad y que pasan fácilmente a ser parte del léxico general, situación que ha favorecido, sobre todo, la penetración de anglicismos al idioma español provenientes de esta terminología. De esta manera «tecnolectos y neologismos pasan incesantemente de las lenguas especializadas a la común, siendo los trasvases de léxico una característica general de todo acto comunicativo» (Carpi 2002: en línea). Esto lleva a evidenciar que las fronteras entre la lengua general y las lenguas de especialidad son poco nítidas, tal y como lo expresa Contreras: «es complicado [...] trazar una línea divisoria clara y precisa que establezca el límite entre el léxico especializado y el léxico general. Además, esta labor se complica si tenemos en cuenta el hecho de que entre ambos grupos se produce un continuo trasvase» (2008: 43).

De otro lado, en términos generales, se puede señalar que las características básicas del procedimiento de la resemantización que más sobresalen en el léxico de la informática e Internet en español son las siguientes:

a) Belda (2000 y 2003) indica que una de las principales razones por las que abunda el procedimiento de la resemantización en el léxico de la informática y la Internet tiene que ver con el aspecto económico, es decir, se trata de comercializar productos y servicios informáticos, de esta manera se «ha impulsado en parte a los profesionales a hacer más sencillo y accesible el lenguaje de la informática para el usuario que no es experto en este ámbito, por lo que muchos vocablos del léxico general han adquirido un nuevo significado más específico, mediante su especialización» (Belda 2000: 662).

De ahí que el tipo de receptor también condiciona que este léxico tenga un gran caudal de vocablos que se ubican en un nivel bajo de especialización, específicamente en la divulgación, lo cual, claro está, también se determina por el medio, en este caso, la prensa (Cabré 1993; Santamaría 2006).

b) La resemantización predomina en los lenguajes de especialidad de reciente constitución. Estopà (2012) señala que, aunque no es una hipótesis muy estudiada,

---

14 Además de palabras de la lengua general que adquieren un uso especializado (*portal, escritorio*), también se presentan ejemplos de híbridos (raíz inglesa y desinencia en español), tales como *surfear, postear*.

«en los primeros años de existencia de un área de conocimiento se suele potenciar la neología de sentido»[15]. Esto se puede aplicar perfectamente al léxico de la informática y la Internet, pues, a pesar del desarrollo y abundancia de términos para nombrar productos y servicios, son relativamente pocos los años que se ha tomado tal desarrollo, siendo la configuración del campo de la informática más bien reciente. De ahí que sea lógico que se presente como un mecanismo abundante en la prensa, ya que nos hallamos ante un tipo de léxico que, al ser fácilmente asimilable, se ajusta más a la función divulgativa.

c) La gran mayoría del léxico formado mediante resemantización es producto de un calco semántico del inglés (Belda 2000 y 2003; Mas i Fossas 2001 y 2003; Estopà 2010).

d) El carácter metafórico de este tipo de procedimiento. Es evidente que en este proceso se presenta un mecanismo de analogía o metáfora (Belda 2000 y 2003; Mas i Fossas 2001 y 2003; Posteguillo 2002; Santamaría 2006; Vivanco 2009; Estopà 2010), es así que se establece una relación semántica parcial entre dos conceptos, puesto que «a pesar de las diferencias de significados, es posible reconocer entre ellos una relación conceptual, dado que todas las acepciones comparten algunas características fundamentales del concepto original» (Santamaría 2006). Por otro lado, en este proceso de analogía, la resemantización puede darse mediante reducción, ampliación o cambio de significado (Cabré 2006: 248).

De esta forma se resalta el uso de metáforas en esta terminología, en particular, y en las lenguas de especialidad, en general. Es así que en el campo informático, la resemantización tiene una fuerte base metafórica, si bien procedente, generalmente, de un calco, ya que en esta terminología no se puede negar – tal como ya se ha afirmado – la fuerte influencia de la lengua inglesa, la cual, en la mayoría de las ocasiones, da paso al neologismo en español.

Por otra parte, «una unidad [puede] ser al mismo tiempo [...] una metáfora y un préstamo», señala Cabré, «por cuanto incluye la posibilidad de combinación de tipos» (2006: 246). De ahí que la metáfora, la resemantización y el préstamo sean mecanismos de formación conceptual y léxica que se encuentran íntimamente ligados en el ámbito de la informática e Internet en español.

3.1 Ventajas de la resemantización

La resemantización es un procedimiento de alto rendimiento a la hora de crear nuevos términos, como muchos autores han destacado (Santamaría 2006; Vivanco 2009; Estopà 2010). Algunas de sus bondades son:

15 Aspecto también destacado por Santamaría (2006).

- Fomentar la economía lingüística, puesto que «el reciclaje de las palabras de la propia lengua es un mecanismo de creación de términos que contribuye al desarrollo sostenible de una lengua» (Estopà 2010).
- Permitir que el hablante construya una ontología léxica partiendo de categorizaciones previas.
- Posibilitar la difusión de conocimientos científico-técnicos no únicamente entre especialistas, sino también entre usuarios no expertos, cumpliendo, pues, un papel didáctico; de ahí la importancia de las relaciones metafóricas y analógicas que se establecen con los conceptos originales (Gutiérrez 1998; Estopà 2010).
- Finalmente, «los neologismos semánticos creados en inglés y copiados (calcados) en nuestras lenguas son muchas veces [...] viables porque la analogía sigue funcionando en la estructura lingüística y no crea ninguna contradicción en la lengua» (Estopà 2010).

3.2 Desventajas de la resemantización

Por el contrario, también se dan ciertos menoscabos en el procedimiento. Uno de los principales "inconvenientes", es que va en contra de la univocidad del léxico científico, pues da cabida a la polisemia (Aguado 1994: 350; Calsamiglia 1997; Vaquero 1999; Santamaría 2006; Vivanco 2009: 96; Estopà 2010).

Por otra parte, tengamos, asimismo, en cuenta que, quizá, la principal desventaja de la resemantización como proceso de formación «es la complejidad en establecer el vínculo semántico entre el original y el nuevo sentido especializado; puesto que para ello hay que conocer muy bien las características del nuevo concepto a denominar» (Estopà 2010), de ahí que no se justifica que, en ciertas ocasiones, los conceptos así formados sean menospreciados tanto por mediadores como por organismos encargados de la normalización terminológica, pues se tiende a considerar que los términos resultantes de este procedimiento son «poco precisos, demasiado difusos, y poco transparentes semánticamente» (Estopà 2010).

Como se puede entrever en lo presentado anteriormente, el procedimiento de formación por resemantización es muy interesante, puesto que brinda claves para entender los mecanismos de concepción y divulgación de realidades científicas.

4. Del léxico general al léxico de la informática y de Internet

Entre los recursos más empleados para la creación del léxico informático, está «la especialización de ciertos vocablos procedentes del léxico general» (Belda 2000: 668). Esto se refiere a la utilización de palabras de la lengua general con un nuevo sentido en el ámbito específico (Aguado 1994 y 2006; Gómez 1996;

Calsamiglia 1997; Mas i Fossas 1997 y 2001; Cruz Piñol 1999; Vaquero 1999; Marcos 2000; Belda 2000 y 2003; Carpi 2002; Gutiérrez 2005; Santamaría 2006; Vivanco 2009; Romero 2011), es el caso de términos como *ventana*, *ratón*, *nube*, *archivo*, *navegar*, *subir*, *enlace*, *sitio*… entre muchos otros.

En estos casos es evidente la relación metafórica entre la acepción de la lengua común y la acepción especializada: «muchos términos del lenguaje diario o bien pertenecientes a otros campos han pasado a designar, por uso figurado, basado en la metáfora o en la metonimia, operaciones o procesos en el campo informático» (Aguado 1994: 350).

Así, comprobamos cómo en esta terminología prevalece el "aspecto cotidiano"; esto es, aquel que posibilita a un usuario no especializado la comprensión de este tipo de léxico, de ahí que abunden las metáforas para designar estas realidades. Esto, sin lugar a dudas, es vital para la difusión de esta terminología:

> El encuentro de la temática científica con el mundo de la experiencia social cotidiana obliga a un cambio de registro. El léxico pasa a ser el común, y por tanto sujeto a todas las características de ambigüedad y polisemia propias del lenguaje ordinario. También se ve expuesto a la expresividad de los usos comunes y a los recursos para hacer más fácil, amena e inteligible la transmisión y la representación de los saberes (Calsamiglia 1997: en línea).

Esto es muy evidente en el corpus que hemos recolectado, de ahí que no se pueda negar que palabras de la lengua general abundan en la terminología informática. Desde este punto de vista, este tipo de léxico se diferencia de otros léxicos específicos, pues su conocimiento no se restringe únicamente a los profesionales en este campo del saber:

> la terminología de Internet traspasa los límites del área de especialidad (a la que se circunscribe por definición el léxico científico y técnico) e irrumpe en la lengua de uso general, siendo utilizada tanto por los usuarios heterogéneos de la red (de cualquier o ninguna especialidad) como por las personas que leen la prensa o están atentas a los medios de comunicación (Mas i Fossas 1997: en línea).

De otro lado, en este apartado es en el que más ejemplos se presentan. En total, tenemos un listado de más de 105 términos, recolectados de las fuentes lexicográficas; en este trabajo, por motivos prácticos, únicamente hemos tomado una muestra de 24 términos[16].

A continuación, incluimos los ejemplos hallados en las fuentes consultadas de cada país, respecto a palabras que han pasado de la lengua general al campo informático:

---

16 El doble del procedimiento de lengua de especialidad a lengua de especialidad –con 12 casos–, el que al mismo tiempo también es el doble de la eponimia –con 6 casos–.

PAÍS TÉRMINO	Argentina	Colombia	Costa Rica	Ecuador	España	México	Paraguay
aplicación	523 (0.09)	554 (0.12)	295 (0.07)	540 (0.07)	580 (0.07)	111 (0.03)	239 (0.06)
araña	1 (0.00)	1 (0.00)	------	------	2 (0.00)	------	------
bucle	------	------	------	------	6 (0.00)	------	------
buscador	408 (0.07)	123 (0.03 %)	184 (0.04)	311 (0.04)	569 (0.07)	86 (0.02)	147 (0.03)
caché	2 (0.00 %)	1 (0.00 %)	2 (0.00 %)	------	6 (0.00 %)	------	------
cargar[17]	11 (0.00 %)	12 (0.00 %)	7 (0.00 %)	5 (0.00 %)	6 (0.00 %)	4 (0.00 %)	8 (0.00 %)
	12 (0.00 %)	10 (0.00 %)	16 (0.00 %)	15 (0.00 %)	21 (0.00 %)	1 (0.00 %)	1 (0.00 %)
clic	90 (0.02 %)	358 (0.08 %)	52 (0.01 %)	87 (0.01 %)	65 (0.01 %)	18 (0.00 %)	15 (0.00 %)
colgar[18]	26 (0.00 %)	11 (0.00 %)	25 (0.01 %)	43 (0.01 %)	59 (0.01 %)	2 (0.00 %)	22 (0.01 %)
	5 (0.00 %)	2 (0.00 %)	-----	------	1 (0.00 %)	------	------
controlador	2 (0.00 %)	10 (0.00)	2 (0.00)	3 (0.00)	5 (0.00)	------	------
desplegable	5 (0.00)	5 (0.00)	4 (0.00)	4 (0.00)	3 (0.00)	------	8 (0.00)
enlace	71 (0.01)	137 (0.03 %)	81 (0.02)	83 (0.01 %)	177 (0.02)	17 (0.00)	42 (0.01)
explorador	4 (0.00 %)	18 (0.00 %)	10 (0.00 %)	10 (0.00 %)	9 (0.00 %)	5 (0.00 %)	7 (0.00 %)
gusano	26 (0.00)	14 (0.00)	34 (0.01)	42 (0.01)	31 (0.00)	1 (0.00)	13 (0.00)
interactivo	34 (0.01)	39 (0.01)	35 (0.01)	80 (0.01)	42 (0.00)	25 (0.01)	46 (0.01)
navegador	242 (0.04 %)	247 (0.05 %)	247 (0.06 %)	175 (0.02 %)	561 (0.07 %)	107 (0.03 %)	119 (0.03 %)
periférico	3 (0.00)	12 (0.00)	2 (0.00)	3 (0.00)	6 (0.00)	------	2 (0.00)
pestaña	34 (0.01)	64 (0.01)	21 (0.00)	8 (0.00)	38 (0.00)	9 (0.00)	4 (0.00)

17 La primera fila de este término corresponde a la siguiente acepción: «En informática, poner una información o un contenido en internet: *Acabo de cargar unas ofertas de empleo en mi página web.* → subir, colgar» (*CLAVE*). La segunda fila, a la siguiente: «tr. *Inform.* Almacenar en la memoria principal de un ordenador el programa o programas que se vayan a utilizar» (*DRAE*).

18 Los datos de la primera fila de este término corresponde a la siguiente acepción: «tr. *Inform.* Introducir una información en una página web para su difusión» (*DRAE*), los datos de la segunda, a esta: «prnl. *Inform.* Dicho de un ordenador: *bloquearse*. U. t. c. tr.» (*DRAE*).

programador	26 (0.00)	30 (0.01 %)	40 (0.01)	60 (0.01 %)	29 (0.00 %)	7 (0.00)	23 (0.01)
protocolo	19 (0.00)	34 (0.01)	27 (0.01)	24 (0.00)	77 (0.01)	22 (0.01)	26 (0.01)
puerto	14 (0.00)	58 (0.01)	21 (0.00)	27 (0.00)	10 (0.00)	4 (0.00)	13 (0.00)
ratón	5 (0.00 %)	113 (0.02 %)	16 (0.00 %)	58 (0.01 %)	23 (0.00 %)	5 (0.00 %)	6 (0.00 %)
servidor	99 (0.02)	97 (0.02)	100 (0.02)	107 (0.01)	224 (0.03)	62 (0.02)	79 (0.02)
tableta	78 (0.01 %)	14 (0.00 %)	47 (0.01 %)	59 (0.01 %)	213 (0.03 %)	6 (0.00 %)	72 (0.02 %)
virtual	249 (0.04)	278 (0.06)	150 (0.03)	344 (0.05)	212 (0.02)	173 (0.04)	196 (0.05)

Tabla 2. De la lengua general a la lengua de especialidad

En la tabla 2 observamos que, en este primer ámbito de resemantización, el país que más utiliza este procedimiento es España (con ejemplos en 24 casos de los 24 presentados), seguido por Colombia y Argentina, con ocurrencias en 23 casos cada uno. En último lugar están las fuentes paraguayas con ejemplos en 20 casos y las mexicanas con 18.

Por otra parte, es evidente que poco a poco en algunos términos va predominando la acepción de la especialidad, es decir, se convierten en términos propios de este ámbito, de esta forma su acepción especializada tiene más fuerza que la de la lengua general. En la mayoría de los casos esto se evidencia en el alto número de ocurrencias, y en que tienen ejemplos en todas las fuentes periodísticas de los países seleccionados, esto es lo que ocurre con términos como: *buscador*, *clic*, *explorador*, *interactivo*, *navegador*, *programador*, *servidor*, *tableta*, *virtual*. De otro lado, tanta es su difusión, que en algunos casos aparecen en los diccionarios generales sin marcas diatécnicas. Veamos algunos ejemplos de ello:

> **programador, ra**
> 2. m. y f. Persona que elabora programas de ordenador (*DRAE*).
> **tableta**
> 4. f. Dispositivo electrónico portátil con pantalla táctil y con múltiples prestaciones (*DRAE*).
> **virtual**
> 2 Que tiene existencia aparente y no real: *memoria virtual*; *realidad virtual* (*CLAVE*).

Cambiando de perspectiva, diremos que en el aspecto morfológico se observa la predominancia de sustantivos que se especializan en el campo informático únicamente en su forma masculina: *controlador*, *servidor*.

También predomina la recategorización de adjetivo a sustantivo en algunos términos, es decir, que actúan únicamente como sustantivos en esta parcela léxica, pero que en la lengua general se comportan como adjetivos. En la mayoría de ellos también se presenta una restricción morfológica de género, en únicamente, masculino, es el caso de *buscador*, *explorador*, *desplegable*[19], *navegador*, *programador*[20], *periférico*[21].

Es evidente que la categoría gramatical que predomina en este caso de resemantización es el sustantivo; a pesar de ello, los dos únicos verbos que ejemplificamos (*colgar* y *cargar*) son interesantes porque son polisémicos –tal y como ocurre en la lengua general con estos mismos verbos–, presentando dos acepciones cada uno en el ámbito de la informática e Internet. Claro está que no todas las acepciones tienen la misma representatividad en las fuentes y en los países.

19 También se usa como adjetivo en el campo informático.

20 Admite, según el *DRAE*, el femenino, pero en la lengua general actúa como adjetivo y en la específica, como sustantivo.

21 Otros ejemplos presentes en las fuentes lexicográficas pero que todavía no hemos rastreado en el corpus: *desarrollador*, *compilador*, *descodificador*, *ordenador* y *portátil*. En algunas ocasiones, ello ocurre debido a que el término es la elipsis de un sintagma; es el caso de *portátil* (elipsis de *computador portátil*) que como palabra especializada es sustantivo, pero en la lengua general actúa como adjetivo.

Por ejemplo, en el caso de *colgar*, la primera acepción –«tr. *Inform.* Introducir una información en una página web para su difusión» (*DRAE*)– es la predominante en todos los países, mientras que la segunda –«prnl. *Inform.* Dicho de un ordenador: *bloquearse.* U. t. c. tr.» (*DRAE*)–, presenta unos pocos ejemplos únicamente en fuentes de Argentina, Colombia y España. En cuando a *cargar*, se observa que ambas acepciones tienen una distribución más uniforme, aunque la segunda –«tr. *Inform.* Almacenar en la memoria principal de un ordenador el programa o programas que se vayan a utilizar» (*DRAE*)– presenta algunos casos significativos en donde se evidencian más ocurrencias frente a la primera acepción en fuentes de Costa Rica, Ecuador y España. La primera acepción –«En informática, poner una información o un contenido en internet» (*CLAVE*)– únicamente sobresale en fuentes mexicanas y paraguayas.

En lo que corresponde a los dos únicos adjetivos que hemos presentado (*interactivo* y *virtual*), es evidente que tienen un gran peso semántico en el léxico de la informática e Internet, sobre todo *virtual*, lo que se evidencia por su alta frecuencia de aparición en todos los países.

Por otra parte, partiendo de la clasificación de metáforas en el lenguaje científico-técnico propuesta por Trup y Tallová (2004), en los ejemplos que hemos presentado se pueden observar: metáforas por la similitud de la forma (*ratón*); metáforas por la similitud de la propiedad, acción o función (*ventana*); metáforas por la coincidencia de la colocación (*periférico*). Otras clasificaciones de los autores corresponden a términos profesionales creados según la parte del cuerpo (*pestaña*) y términos que atienden a nombres de animales (*ratón, araña, gusano*, por ejemplo). Es así que se puede comprobar que el número de ocurrencias y frecuencia de las palabras arroja datos sobre los campos léxicos más frecuentes en el léxico de la informática e Internet en español.

Finalmente, a partir de los ejemplos se puede inferir que la especialización de una palabra del español general al ámbito informático, se debe, principalmente, a una traducción literal de un término procedente del inglés, por ejemplo: aplicación (*application*), gusano (*worm*), protocolo (*protocol*), servidor (*server*), cargar (*upload*).

5. De otras lenguas de especialidad a la de la informática e Internet

Como es habitual en los lenguajes de especialidad, la resemantización de ciertos vocablos en el léxico de la informática e Internet en español no solo procede de la lengua general, sino también de otras especialidades (Cabré 1993: 214; Gutiérrez 2005: 72; Santamaría 2006; Romero 2011: 260). Seguidamente presentamos algunos ejemplos de ello, en los cuales se hace evidente la relación semántica entre sentidos diversos de los varios campos de especialidad:

PAÍS TÉRMINO	Argentina	Colombia	Costa Rica	Ecuador	España	México	Paraguay
arroba (física)	-------	2 (0.00)	1 (0.00)	3 (0.00)	--------	4 (0.00)	--------
nodo (física)	2 (0.00)	5 (0.00)	-------	3 (0.00)	6 (0.00)	6 (0.00)	1 (0.00)
virus (biología)	76 (0.01)	164 (0.03)	133 (0.03)	224 (0.03)	157 (0.02)	15 (0.00)	71 (0.02)
bitácora (marina)	25 (0.00)	6 (0.00)	29 (0.01)	19 (0.00)	43 (0.01)	7 (0.00)	4 (0.00)
gigahertz (física)	4 (0.00)	4 (0.00)	2 (0.00)	1 (0.00)	-------	2 (0.00)	1 (0.00)
Variante: **gigahercio**	1 (0.00)	1 (0.00)	--------	1 (0.00)	1 (0.00)	--------	--------
megahertz (física)	--------	--------	1 (0.00)	--------	--------	5 (0.00)	--------
Variante: **megahercio**	1 (0.00)	--------	--------	--------	2 (0.00)	--------	--------
terminal (electrónica)	6 (0.00)	15 (0.00)	11 (0.00)	16 (0.00)	95 (0.01)	1 (0.00)	12 (0.00)
clúster (economía)	--------	1 (0.00)	1 (0.00)	--------	--------	1 (0.00)	--------
cortafuegos (agricultura y arquitectura)	15 (0.00)	--------	9 (0.00)	5 (0.00)	14 (0.00)	--------	6 (0.00)
filtro (electrónica)	45 (0.01)	24 (0.01)	48 (0.01)	30 (0.00)	67 (0.01)	16 (0.00)	12 (0.00)
bus (electrónica)	--------	1 (0.00)	--------	1 (0.00)	--------	--------	--------
densidad (física)	--------	7 (0.00)	--------	3 (0.00)	--------	--------	--------

Tabla 3. De lengua de especialidad a lengua de especialidad

La anterior tabla nos permite afirmar que en este caso de resemantización las fuentes de Ecuador y Colombia sobresalen con ocurrencias en 10 de los 12 casos presentados, en último lugar están las fuentes de Paraguay con ejemplos en 7 casos.

Por otra parte, es evidente que la especialidad de la que más se toman nuevas acepciones es la física (con ocurrencias en 5 casos de los 12 propuestos; casi todos correspondientes a unidades de medida o a magnitudes), seguida de la electrónica con 3 casos, y, por último, de la biología, la marina, la economía y la agricultura y arquitectura, con únicamente un caso cada una[22].

Cambiando de perspectiva, las palabras con ejemplos en todos los países son, a su vez, las que más ocurrencias y alta frecuencia presentan, estas son: *virus, bitácora, terminal, filtro.*

De otro lado, en casos como *terminal, filtro, bus* y *densidad*, la lengua de especialidad de la que proviene la acepción parte de un significante de la lengua general, pero se toma de la lengua de especialidad correspondiente, pues es de esta que toma su sentido la acepción de la informática o con la que tiene una mayor relación semántica.

Finalmente, la presencia de variantes en las muestras –*gigahertz*/*gigahercio* y *megahertz*/*megahercio*– también resalta otra característica del léxico informático en español, el cual es rico en estas variaciones y en la sinonimia, además de la continua pugna entre el anglicismo y una variante o intento de traducción del término al español.

6. Los epónimos

Otro de los recursos de la resemantización es la eponimia, esta «facilita la utilización de nombres propios procedentes de diversas áreas» (Belda 2000: 669). A continuación, unos ejemplos de esto:

22 Además de estas lenguas de especialidad, en los repertorios léxicos hemos observado que la informática también toma sentidos de otras, como la música (*octeto*) y la lingüística (*metalenguaje*), pero en las fuentes periodísticas de los países seleccionados, no se han hallado muestras de estos ejemplos.

PAÍS TÉRMINO	Argentina	Colombia	Costa Rica	Ecuador	España	México	Paraguay
avatar	6 (0.00)	14 (0.00)	7 (0.00)	23 (0.00)	3 (0.00)	3 (0.00)	4 (0.00)
Java	9 (0.00)	6 (0.00)	7 (0.00)	17 (0.00)	13 (0.00)	--------	7 (0.00)
troll	1 (0.00)	3 (0.00)	--------	1 (0.00)	2 (0.00)	9 (0.00)	1 (0.00)
Variante: **trol**	--------	--------	--------	4 (0.00)	--------	--------	--------
troyano	12 (0.00)	6 (0.00)	39 (0.01)	16 (0.00)	36 (0.00)	2 (0.00)	20 (0.00)
Variante: **trojano**	--------	--------	1 (0.01)	--------	--------	--------	--------
Apache	--------	--------	--------	--------	8 (0.00)	--------	--------
hertz	1 (0.00)	-------	-------	-------	--------	--------	--------

Tabla 4. Epónimos

En la tabla 4 se observa que en este caso de resemantización predominan las fuentes de España y de Argentina con ocurrencias en 5 casos (de 6) cada uno y en último lugar están las de Costa Rica y México, con ocurrencias en 3 casos.

Entre los epónimos[23] sobresalen aquellos relacionados con religión (*avatar*), mitología (*troll*), gentilicios (*troyano*, *Apache*), nombres propios (*hertz*)[24] y lugares geográficos (*Java*).

Al igual que en el caso de lengua especial a lengua especial, se presentan ejemplos de variación: *troll*/*trol* y *troyano*/*trojano*.

Por otra parte, los casos que tienen una mayor representatividad, en lo que corresponde al número de ocurrencias, son, a la vez, los que manifiestan una mayor relación semántica con el término original, es decir, el aspecto metafórico es explícito: *avatar*, *troyano* y *troll*. Estos términos son, al mismo tiempo, los que empiezan a imponer su acepción informática. Al respecto señalamos que de estos tres vocablos, únicamente uno, *troyano*, funciona en otra lengua de especialidad: la astronomía y hace referencia a un tipo de asteroide.

Comparado con los otros dos tipos de resemantización, este es el que presenta, en términos generales, un menor número de ocurrencias.

7. Conclusiones

Somos conscientes de que los datos de este trabajo, a la hora de extraer conclusiones, pueden parecer algo escasos, por lo que las deducciones o resultados que reflejaremos seguidamente, han de verse completados en un estudio de mayor envergadura que seguiremos llevando a cabo[25]. Sirva, pues, lo que se menciona a continuación como indicio o adelanto de tal trabajo en elaboración. En cualquier caso, podemos aproximar las siguientes ideas:

7.1 Desde el punto de vista contrastivo

Teniendo en cuenta la presencia de ejemplos de los casos que hemos enunciado en cada tipo de resemantización, en síntesis se observa lo siguiente:

- Del léxico común al de la informática e Internet: este procedimiento predomina en las fuentes españolas, siguiendo muy de cerca las argentinas y co-

23 Generalmente se presentan en mayúscula, por ejemplo Java, pues se identifican con un nombre propio, pero no siempre eso ocurre.

24 En las fuentes lexicográficas también se registra *baudio* como proveniente de un nombre propio, pero en las fuentes textuales y en los países seleccionados no encontramos ejemplos de este término.

25 Véase nota 11.

lombianas. Las fuentes de Costa Rica ocupan una posición intermedia en este procedimiento. En última posición se hallan las fuentes ecuatorianas, las paraguayas y las mexicanas, por este orden.
- De otros léxicos especializados al de la informática e Internet: aquí predominan numéricamente las fuentes colombianas y las ecuatorianas. Las de Costa Rica y México ocupan una posición intermedia. Las españolas y las paraguayas ocupan los últimos lugares.
- Mediante el procedimiento de eponimia: este predomina en las fuentes españolas y argentinas, seguidas de las colombianas, ecuatorianas y paraguayas. Las de Costa Rica y México se hallan en los últimos lugares en el recurso a este procedimiento.

Es así que se evidencia la tendencia a que las fuentes periodísticas de los países que más emplean el procedimiento de la lengua general a la lengua de especialidad, también empleen los epónimos; en cambio, en lo concerniente al caso de lengua de especialidad a lengua de especialidad se presenta más variación.

Lo anterior está basado en si las fuentes de los países seleccionados presentan ejemplos de los casos analizados; si realizamos el cómputo basándonos en datos porcentuales, es decir, en el número de ocurrencias totales, se observa una ligera variación, puesto que acá no interesa si hay ejemplos en cada caso presentado, sino el número de ocurrencias en cada uno de ellos.

Así las cosas, podemos observar que, en términos generales, las fuentes españolas predominan en todos los procedimientos de resemantización que hemos ejemplificado, en el primero de ellos con un 24.37%, en el segundo con 25.75%, y en el último con un 22.06%. En el extremo opuesto, se encuentran las fuentes mexicanas, ocupando el último lugar en los tres procedimientos con 5.44%, 3.81% y 4.98 %, respectivamente.

Aun así, creemos que estos resultados habrán de ser validados a partir de los previstos en el trabajo en desarrollo citado, que cuenta con un macrocorpus, a diferencia de esta aportación basada en datos relativamente parcos.

7.2 Con respecto a la tipología de resemantización:

En el corpus aquí analizado los porcentajes de ocurrencias de los tres fenómenos, con respecto al total de ejemplos, son:

- Del léxico común al de la informática e Internet: 87.29 %
- De otros léxicos especializados al de la informática e Internet: 10.69 %
- Por eponimia: 2 %

Es obvio que la mayor presencia aquí con respecto al léxico de la informática y de Internet, es la que se corresponde con el trasvase de lengua general a lengua de especialidad, corroborándose así lo observado ya en otros léxicos especializados. Mientras que los epónimos están escasamente representados en las fuentes analizadas.

Por otra parte, en los tres tipos de resemantización descritos se observa que el mayor número de ocurrencias representan acepciones que, progresivamente, van tomando fuerza en el ámbito de la informática y la Internet en español, esto es evidente en su alta frecuencia de aparición, como es el caso de *virtual, buscador, interactivo, arroba, cortafuegos, bitácora, avatar y troyano*.

Es así que el procedimiento de la resemantización, aplicado al léxico informático, permite evidenciar que gran parte de esta parcela léxica en español se encuentra en un estado intermedio entre el léxico de especialidad y el léxico común, de ahí que predomine el léxico semitécnico frente al netamente especializado.

Finalmente, pese a la abundancia de extranjerismos provenientes del inglés, las palabras del español general empiezan a convertirse en propias del mundo virtual, no obstante esto sucede, paradójicamente, por la misma influencia de esta lengua: ventana (*window*), memoria (*memory*), enlace (*link*). A pesar de ello, como decíamos más arriba, no cabe duda de que la informática tiene en su léxico un gran caudal de vocablos de la lengua general o común y es este caso de resemantización el que claramente predomina con respecto a los otros dos procedimientos analizados. De esta manera, si bien es cierto que el empleo de léxico común en las lenguas de especialidad es algo frecuente en toda la terminología en general, es evidente que, en el campo que nos ocupa, este fenómeno muestra una muy notable vitalidad.

Referencias bibliográficas

AGUADO, Guadalupe (1994): «Algunos ejemplos de polisemia y sinonimia en la terminología informática», *Terminologie et Traduction*, 1, pp. 349-358. http://oa.upm.es/6505/1/Algunos_ejemplos_de_polis.pdf [Consulta: 20/5/2012]

AGUADO, Guadalupe (2006): «De bits y bugs a blogs y webs: aspectos interdisciplinares, socioculturales y lingüísticos de la terminología informática», en *CORCILLVM: Estudios de traducción, lingüística y filología dedicados a Valentín García Yebra*. Madrid: Arco Libros, pp. 693-720.

ÁLVAREZ CATALÁ, Sara (2007): «El español, instrumento de integración iberoamericana y lengua de comunicación universal», en *IV Congreso Internacional de la Lengua Española*. Cartagena. http://www.congresosdelalengua.es/cartagena/ponencias/seccion_2/21/alvarez_sara.htm [Consulta: 10/10/2011]

BELDA, José Ramón (2000): *Estudio morfológico contrastivo Inglés – español sobre terminología de la informática y de Internet*. Alicante: Universidad de

Alicante. Tesis Doctoral. http://rua.ua.es/dspace/bitstream/10045/3252/1/Belda%20Medina%2c%20Jos%c3%a9%20Ram%c3%b3n.pdf [Consulta: 25/1/2012]

BELDA, José Ramón (2003): *El lenguaje de la informática e internet y su traducción*. Alicante: Universidad de Alicante.

CABRÉ, María Teresa (1993): *La terminología, teoría, metodología, aplicaciones*. Barcelona: Antártida/Empúries.

CABRÉ, María Teresa (2006): «La clasificación de neologismos: una tarea compleja», *Alfa: revista de lingüística*, 50, 2, pp. 229-250.

CALSAMIGLIA, Helena (1997): «Divulgar: itinerarios discursivos del saber», Quark, 7, pp. 9-18. http://www.prbb.org/quark/7/estrella.htm [Consulta: 5/3/2012]

CARPI, Elena (2002): «Lenguaje informático y lengua española», en *Actas de la AISPI*. Madrid: Instituto Cervantes. http://213.4.108.140/literatura/aispi/pdf/16/16_071.pdf[Consulta: 12/5/2012]

CLAVE = EDICIONES SM, *Diccionario CLAVE*. http://clave.librosvivos.net/ [Consulta: 10/9/2012]

CONTRERAS IZQUIERDO, Narciso (2008): *El diccionario de lengua y el conocimiento especializado en la sociedad actual*. Jaén: Universidad de Jaén.

CRUZ PIÑOL, Mar (1999): «ESPAN-L, un foro de debate en la Internet sobre la lengua española», *Estudios de Lingüística Española*. http://elies.rediris.es/elies1/64.htm [Consulta: 20/5/2012]

DEVÍS, Amparo (2004): «El español en la red: ¿destrucción o reforma del lenguaje?», en *Actas del XXI Congreso Aispi*. pp. 71-88 http://cvc.cervantes.es/literatura/aispi/pdf/20/II_06.pdf [Consulta: 20/5/2012]

DRAE = REAL ACADEMIA DE LA LENGUA ESPAÑOLA, *Diccionario de la Real Academia Española*. http://www.rae.es [Consulta: 10/9/2012].

ESTOPÀ, Rosa (2010): «El reciclaje léxico: mecanismo de creación de términos para el desarrollo sostenible de una lengua», en María Teresa Cabré, Sara Álvarez Catalá, Fernando Alves y Gilberto Cándido Gomes (eds.): *XII Simposio Iberoamericano de Terminología: "La Terminología: puente ineludible de una sólida mediación cultural"*. Buenos Aires: Colegio de traductores públicos de la Ciudad de Buenos Aires.

FERNÁNDEZ-SEVILLA, Julio (1974): *Problemas de Lexicografía Actual*. Bogotá: Instituto Caro y Cuervo.

GÓMEZ, Alberto (1996): *Un nuevo lenguaje técnico: el español en la Internet*. http://www.elcastellano.org/alberto.html [Consulta: 11/7/2012].

GUTIÉRREZ RODILLA, Bertha (1998): *La ciencia empieza en la palabra. Análisis e historia del lenguaje científico*. Barcelona: Ediciones Península.

GUTIÉRREZ RODILLA, Bertha (2005): *El lenguaje de las ciencias*. Madrid: Gredos.

LARA, Luis Fernando (1986): «Lagunas y debilidades de la lexicografía hispánica», en D. Kremer (ed.), *Actes du XVIII Congrès International de Linguistique et de Philologie Romanes*. Tübingen: M. Niemeyer Verlag, pp. 233-237.

MARCOS, Francisco (2000): «La lengua española en internet», en *Anuario del Instituto Cervantes*. http://cvc.cervantes.es/lengua/anuario/anuario_00/marcos/ [Consulta: 10/9/2012].

MAS I FOSSAS, Gemma (1997): «La neología contrarreloj: Internet». http://www.uzei.com/Modulos/UsuariosFtp/Conexion/archivos38A.pdf [Consulta: 11/5/20112].

MAS I FOSSAS, Gemma (2001): «La terminologia de la societat de la informació», *Llengua i ús*, 20, pp. 27-40. http://84.88.10.30/index.php/LlenguaUs/article/view/127855/177219 [Consulta: 12/7/2012].

MAS I FOSSAS, Gemma (2003): «Novetats terminològiques en les noves tecnologies», *Llengua i ús*, 26, pp. 64-73. http://84.88.10.30/index.php/LlenguaUs/article/view/128137/177491 [Consulta: 12/7/2012].

MORENO DE ALBA, José (2001): «Unidad y diversidad del español: El léxico», en *II Congreso de Internacional de la Lengua Española*. Valladolid. http://congresosdelalengua.es/valladolid/mesas_redondas/moreno_j.htm [Consulta: 10/7/2012].

POSTEGUILLO, Santiago (2002): «La influencia del inglés de Internet en la lengua española», *Revista de investigación lingüística,* 5, 2, pp. 117-139.

ROMERO LESMES, M.ª Dolores (2011): «Análisis léxico-semántico de los anglicismos verbales homónimos y polisémicos», *Entreculturas*, 3. http://www.entreculturas.uma.es/n3pdf/ articulo13.pdf [Consulta: 10/7/2012]

SANTAMARÍA, Isabel (2006): *El léxico de la ciencia y de la técnica*. Madrid: Liceus, Servicios de Gestió. http://rua.ua.es/dspace/bitstream/10045/12767/8/L%C3%A9xico_de_la_ciencia_y_de_la_t%C3%A9cnica.pdf [Consulta: 13/7/2012].

TRUP, Ladislav y Eva TALLOVÁ (2004): «El lenguaje científico-técnico y la metáfora», en *Actas del VIII Encuentro de Profesores de Español de Eslovaquia*. Bratislava, pp. 37-48. http://www.educacion.gob.es/exterior/sk/es/publicaciones-y-materiales/VIIIencuentro.pdf [Consulta: 11/7/2012].

VAQUERO, Antonio (1999): «La Lengua Española en el Contexto Informático», *Novática*, 140. http://www.ati.es/novatica/1999/140/antvaq140.html [Consulta: 10/9/2012].

VITORIA LÓPEZ, Raquel (2005): *El vocabulario semitécnico de la informática e internet. Problemas de traducción*. Alicante: Universidad de Alicante.

VIVANCO CERVERO, Verónica (2009): «Tecnicismos, metáforas y ametáforas: lenguajes y lenguas en contacto», en *El español, lengua para la ciencia y la tecnología*. Madrid: Instituto Cervantes/Santillana, pp. 75-109.

Morfología derivativa especializada: el sufijo *-ado / -ada* y su recepción en el *DRAE*[1]

Gloria Clavería, Cristina Buenafuentes, Margarita Freixas, Carolina Julià, Laura Muñoz, Marta Prat y Joan Torruella (ICREA-UAB)
Universitat Autònoma de Barcelona

1. Introducción

Aunque con ciertas diferencias (Cabré 1993: 153), los lenguajes de especialidad y el lenguaje general recurren a los mismos mecanismos de creación léxica (Clavería y Torruella 1993; Martín Zorraquino 1997; Gutiérrez Rodilla 1998; Martín Camacho 2007; Pena 2008): la formación de palabras mediante recursos del propio sistema (derivación, composición, abreviatura, siglación y acronimia) y la adopción de voces de otras lenguas. Entre estos procedimientos, la sufijación constituye uno de los más productivos tanto en el léxico común, como en la formación de voces especializadas (Alvar Ezquerra 1993: 50-51; Felíu 2009: 62).

En los procesos de derivación, cabe destacar, no obstante, la existencia de ciertas diferencias entre la lengua de la ciencia y la lengua general en lo que respecta tanto al tipo de afijos como a la frecuencia de uso de algunos patrones derivativos. Por un lado, existen morfemas cuya productividad es casi exclusiva del lenguaje científico (Gutiérrez Rodilla 1998: 323-324) como ocurre, por ejemplo, con *-itis* (*gastritis*), *-sis* (*salmonelosis*), *-oma* (*fibroma*) en medicina; *-ato* (*nitrato*), *-ol* (*carbinol*) en química; *-áceo* (*acantáceo*) en biología, etc. Por otro lado, sobresale en las áreas especializadas la elevada rentabilidad de algunos afijos (*-ificar,* como en *salificar, lignificar*; *-ción,* como en *oxidación, hibridación,* etc.), propios también de la lengua común, y la ausencia de otros como los de carácter coloquial o apreciativo (Martín Zorraquino 1997: 323-324).

La presente investigación analiza el desarrollo del sufijo *-ado / -ada* en el área de las ciencias de la vida (biología, botánica, medicina, veterinaria y zoología) en un intento de reconstruir el origen y la divulgación de una parte del uso especializado

1 La investigación necesaria para llevar a cabo esta investigación ha sido posible gracias a la ayuda de la DIGICYT para el proyecto «*Portal de Léxico Hispánico*: documentación y morfología derivativa» (n.º de referencia FFI2011-24183) y al apoyo del *Comissionat per Universitats i Recerca de la Generalitat de Catalunya* concedido al «Grupo de Lexicografía y Diacronía» (n.º de referencia SGR2009-1067).

de dicho sufijo a través de su recepción en la tradición lexicográfica de la Real Academia Española[2].

2. Origen y características de *-ado / -ada*

Las formas con la terminación *-ado / -ada* tienen, según el *DESE* (s. v. *-ado*), diferentes orígenes. En latín, este elemento constituye la desinencia de participio de perfecto pasivo de los verbos de la primera conjugación (-ĀTUM: lat. *amātum*). Del participio se derivan en esta lengua adjetivos y sustantivos que designan el resultado de una acción (lat. *piscātus, -ūs* 'acción de pescar', 'conjunto de lo que se ha pescado'), o de -ĀTUM, -Ī (lat. *fossātum, -ī* 'hoyo', 'conjunto de fortificaciones' < *fossare* 'cavar'), un patrón derivativo latino que sigue siendo productivo en español, a diferencia de lo que sucede en otras variedades románicas (Monge 1992: 201; Monteil 1973: 154-155). También se derivan en latín adjetivos de bases nominales: *ala* → *alatus*.

En español, el sufijo *-ado / -ada* genera, por un lado, adjetivos denominales (*aceitunado*), deadjetivales (*azulado*) o deverbales (*asfaltado*) y produce, además, sustantivos a partir de radicales nominales (*tejado*) o verbales (*mandado*); en este último caso, se trata, mayoritariamente, de sustantivaciones de adjetivos procedentes, a su vez, de participios (Pena 1980: 228). Las voces que presentan el sufijo *-ado / -ada*, por tanto, constituyen formas patrimoniales o derivados que siguen el esquema morfológico latino (*cercado, guisado,* etc.) o cultismos con posible adaptación del final (*consultado, principado*, frente a *decanato*).

En los derivados nominales, el sufijo aporta un amplio abanico de significados a la base, algunos de ellos semánticamente relacionados (Fernández Ramírez 1986; Monge 1992: 202-204; *DESE*, s. v. *-ado;* Santiago y Bustos 1999: 4520-4521; *NGRAE* 2009: 393-394; 449-450; 499-500): los derivados deverbales expresan la acción verbal y su efecto o resultado (*mandado, guisado*), con frecuencia presentan valores colectivos del tipo 'grupo o conjunto de unidades expresadas por la base' referidos frecuentemente a las superficies (*adoquinado, alcantarillado*[3], *alfombrado, alumbrado*) o a productos u objetos de carácter resultativo muy relacionados con las labores manuales y culinarias (*bordado, grabado, helado,*

2 Para ello, se han consultado los diccionarios académicos contenidos en el *NTLLE*, además de la última edición del *DRAE* (22.ª). El punto de partida se establece en el *Diccionario de Autoridades* (1726-1739), y su 2.ª ed. (1770), seguido de las diferentes ediciones del *Diccionario* usual de la Real Academia Española: 1.ª ed. (1780), 2.ª ed. (1783), 3.ª ed. (1791), 4.ª ed. (1803), 5.ª ed. (1817), 6.ª ed. (1822), 7.ª ed. (1832), 8.ª ed. (1837), 9.ª ed. (1843), 10.ª ed. (1852), 11.ª ed. (1869), 12.ª ed. (1884), 13.ª ed. (1899), 14.ª ed. (1914), 15.ª ed. (1925), 16.ª ed. (1936 y 1939), 17.ª ed. (1947), 18.ª ed. (1956), 19.ª ed. (1970), 20.ª ed. (1984), 21.ª ed. (1992) y 22.ª ed. (2001).

3 Destacan en este caso los parasintéticos del tipo *empedrado* o *enmaderado* (Monge 1992: 202).

guisado, asado, tostado); por un proceso metonímico, pueden tener también valor locativo (*cercado, internado, mercado*). Deverbales son también los derivados referidos a personas del tipo *ahijado, criado, abogado*.

Como derivados denominales aparece la expresión de algún tipo de 'medida' o 'contenido' (*puñado, bocado*)[4]; y, aplicado a humanos, expresa 'condición' o 'estatus' social (*arzobispado, consulado, funcionariado*)[5]; de este significado y por evolución semántica puede desarrollar un valor locativo (*condado*), temporal (*reinado*) o de estratificación social (*episcopado, profesorado, alumnado, proletariado*) con derivados modernos del tipo *comisariado, secretariado* (Santiago y Bustos 1999: 4521).

En los derivados adjetivales, los sentidos fundamentales son la semejanza o la posesión de lo denotado por la base (Monge 1992: 204-205; Rainer 1999: 4625-4632; *NGRAE* 2009: 566-568): los adjetivos denominales indican algún tipo de semejanza formal, frecuentemente el color o la forma (*aceitunado, leonado, labiado,* etc.) o mantienen el patrón original latino que designa posesión o propiedad de lo denotado por la base (*adinerado*[6]*, da; denticulado, da; jorobado, da;* etc.). Algunos adjetivos tienen los dos valores: *dentado, da* 'que tiene dientes, o puntas parecidas a ellos'; *lobulado, da* 'en forma de lóbulo', 'que tiene lóbulos'. En este grupo, destacan los derivados formados a partir de nombres de partes del cuerpo humano o animal (§ 4.1): *alado, da; barbado, da; cornado, da;* etc. (*NGRAE* 2009: 566). Como ha notado Rainer (1999: 4630) y se comprobará en esta investigación, el valor de semejanza formal es especialmente productivo en los lenguajes de especialidad.

3. El desarrollo del sufijo *-ado / -ada* en las voces de especialidad a través de las obras lexicográficas académicas

El corpus de la presente investigación se ha obtenido a partir de la búsqueda de todas las voces terminadas en *-ado / -ada* que presentan marca diatécnica en la vigésima

---

4 Muchos de estos nombres se crean a partir de sustantivos que se refieren a partes del cuerpo, aunque son menos frecuentes que los que se forman mediante el sufijo *-ada*: *puñado, brazada, dedada, manada, pulgarada,* etc. Para más información sobre los derivados en *-ada*, véase Monge (1992: 203) y Pujol (2009: 68-69).

5 Para este significado, véase también la relación diacrónica de *-ado* con los afijos *-azgo* y *-ato* (*diaconazgo, decanato, rectorado*, etc., cfr. *NGRAE* 2009: 449). Santiago y Bustos (1999: 4520-4521) afirman que *-ado* y *-ato* no pueden distinguirse como dos sufijos ni semántica ni formalmente, por lo que la presencia de uno u otro alomorfo en los derivados viene determinada por razones históricas.

6 Destaca un elevado número de formaciones parasintéticas (Monge 1992: 205-206, Rainer 1999: 4630 y *NGRAE* 2009: 567-568).

segunda edición del *DRAE* en versión CD-ROM[7]. Según la clasificación en los cinco grandes ámbitos temáticos que propone el *DRAE,* las áreas de las ciencias experimentales[8] son las que recogen más lemas por marca (161 lemas), seguidas de las ciencias humanas[9] (122 lemas), cultura[10] (59 lemas), economía y producción[11] (35 lemas) e instituciones[12] (7 lemas). Destaca, como puede observarse en la tabla 1, el elevado número de lemas de la marca *heráldica* (78 lemas) seguido de las voces con marca de *botánica* (31) y *arquitectura* (30):

Área	**Marca**	**N.º de lemas por marca**
Ciencias experimentales	Arq.	30
	Biol.	10
	Bot.	31
	Constr.	5
	Electr.	2
	Fís.	3
	Geol.	2
	Geom.	4
	Ingen.	16
	Mat.	4
	Med.	9
	Quím.	11
	Veter.	14
	Zool.	19
Ciencias humanas	Der.	23
	Fil.	1
	Fon.	6
	Gram.	5
	Heráld.	78
	Ling.	3
	Sociol.	1

7 Por tanto, los términos formados con *-ado / -ada* que no aparecen marcados en esta última edición no forman parte del corpus de estudio. Del mismo modo, tampoco se han podido considerar aquellas voces que, aun habiendo pertenecido a la nomenclatura académica, no se han mantenido en la 22.ª ed.

8 A esta área pertenecen disciplinas como la arquitectura, la biología, la botánica, la construcción, la electricidad, la física, la geología, la geometría, la ingeniería, las matemáticas, la medicina, la química, la veterinaria y la zoología.

9 Se incluyen dentro de este ámbito el derecho, la filosofía, la fonética y la fonología, la gramática, la heráldica, la lingüística y la sociología.

10 Bajo esta denominación se agrupan las siguientes especialidades: la astrología, la cinegética, la cinematografía, la danza, el deporte, la educación física, la equitación, el esgrima, la imprenta, la música, la pintura, la religión, el teatro, la tauromaquia y la televisión.

11 La economía, la agricultura, la carpintería y la marina se enmarcan dentro de esta área.

12 Dentro de este campo, se sitúan la artillería y la milicia.

Área	Marca	N.º de lemas por marca
Cultura	Astr.	1
	Cineg.	2
	Cinem.	4
	Danza	5
	Dep.	6
	Equit.	1
	Esgr.	2
	Impr.	13
	Mús.	11
	Pint.	7
	Rel.	4
	Taurom.	11
Economía y producción	Econ.	1
	Agr.	3
	Carp.	4
	Mar.	23
Instituciones	Mil.	7

Tabla 1. Lemas derivados en -ado / -ada *clasificados según la marca diatécnica que presentan en el* DRAE *(2001)*

En una primera fase del examen de los usos especializados de este sufijo, se ha acometido el estudio del campo de las ciencias de la vida a través de las abreviaturas que constan en la última edición del *Diccionario*: biología (*Biol.*), botánica (*Bot.*), medicina (*Med.*), veterinaria (*Veter.*) y zoología (*Zool.*). Con objeto de analizar con profundidad las características que los respectivos términos presentan desde el *Diccionario de Autoridades* hasta la vigésima segunda edición del *Diccionario* académico, se estudiará con detenimiento el proceso de incorporación de las acepciones de carácter especializado relativo a estas áreas, los cambios que se registran y la consiguiente evolución semántica como forma de aproximación al desarrollo histórico del sufijo y su tratamiento en la lexicografía académica.

Como puede observarse en la siguiente tabla, de los ochenta términos que forman el corpus, cinco se encontraban ya en el *Diccionario de Autoridades* (1726-1739) con acepciones especializadas, el resto se ha ido incorporando progresivamente a lo largo de casi tres siglos de tradición lexicográfica académica:

***Diccionarios* académicos**	**Voces en *-ado / -ada* con acepciones especializadas en el ámbito de las ciencias de la vida**	**N.º de voces (Total: 80)**
1726-1739	*alobadado, da; emballestado, da; enfosado; lobado*[1] y *torzonado, da*	5
1770	*ancado, da*	1
1780	*arestinado, da; bocado* [1726-1739][13], *desortijado, da*	3
1791	*entrepretado, da*	1
1803	*imbricado, da; surculado, da*	2
1817	*aparasolado, da; descuadrillado, da; labiado, da; trasfollado, da*	4
1822/1832/1837	–	0
1843	*vertebrado, da*	1
1852	*lanceado, da*	1
1869	*alcoholado, da* [1726-1739]; *digitado, da*; *laciniado, da*	3
1884	*alado, da* [1726-1739]; *anillado, da* [1770]; *articulado, da* [1726-1739]; *desdentado, da* [1726-1739]; *invertebrado, da*; *ladeado, da* [1726-1739]; *lanceolado, da; lobado*[2]*, da; lobulado, da; palmeado, da* [1726-1739]; *radiado, da; recortado, da* [1726-1739]; *sentado, da* [1726-1739]; *unguiculado, da; ungulado, da*	15
1899	*abayado, da; larvado, da; lirado, da; peciolado, da; pedunculado, da; personada; pulmonado, da*	7
1914	*entrepelado, da* [1791]*; exudado*; *marginado, da* [1726-1739]; *organizado, da* [1726-1739];*pinnado, da*[14]; *verticilado, da*; *tunicado, da*	7
1925	*abroquelado, da* [1726-1739]; *apanojado, da; caliculado, da*; *geminado, da* [1726-1739];*preparado, da* [1726-1739]; *unifoliado, da*	6
1936 y 1939	*amanojado, da* [1770]; *arrejonado, da*; *cordado, da* [1726-1739]; *decusado, da*; *ocelado, da*; *mamelonado, da*; *trifoliado, da*	7
1947	–	0
1956	*acopado, da* [1726-1739]; *ciliado, da; flagelado, da; procordado, da; segmentado, da; sexuado, da*	6
1970	*bilabiado, da; esclerosado, da; peltado, da*	3
1984	*legrado* [1803]; *troquelado; trasudado* [1780]	3
1992	*biloculado, da; paridigitado, da; raspado* [1726-1739]; *variegado, da*	4
2001	*aovadolanceolado, da*	1

Tabla 2. Lemas derivados en -ado / -ada *del ámbito de las ciencias de la vida documentados en las ediciones del Diccionario académico.*

Según refleja la tabla 2, el ritmo de admisiones se incrementa notablemente en las dos últimas ediciones del siglo XIX (15 lemas en 1884 y 7 en 1899), en las que el caudal

13 Entre corchetes se indica la primera documentación de la voz en los diccionarios académicos cuando su registro como palabra de la lengua general es anterior a la incorporación de las acepciones especializadas.

14 El adjetivo *pinnado, da* y su variante *pinado, da*, aparecen por primera vez como *pinada* (adj.) en 1914. En el suplemento 1970 se suprime *pinada* y la definición pasa a *pinnado, da*. A partir de 1984 aparecen las dos variantes gráficas *pinnado, da* y *pinado, da* con remisión a la primera.

léxico del *DRAE* aumenta considerablemente (Alvar Ezquerra 1993), en especial en tecnicismos (Clavería 2001 y 2003; Garriga 2001; Muñoz Armijo 2012). Por su parte, en el siglo XX, se registra un crecimiento homogéneo, excepto en las ediciones de 1984 y 2001. En algunos casos (*decusado, da* en 1936; *ocelado, da* en 1936; *bilabiado, da* en 1956), estas voces se encuentran ya en la primera edición manual del *Diccionario* académico publicado en 1927 (Garriga y Rodríguez 2007). Las ediciones de 1822, 1832, 1837 y 1947 no incorporan ningún lema del corpus estudiado.

Se procederá a continuación al análisis de la historia de los lemas y acepciones en *-ado* y *-ada* desde el *Diccionario de Autoridades* hasta la edición que ha servido de punto de partida (2001). Se distinguirá entre las ediciones del siglo XVIII (§ 3.1.) y las ediciones publicadas entre los siglos XIX y XXI (§ 3.2.)

3.1 -ado / -ada *en el* Diccionario de Autoridades *y en las ediciones del* diccionario *usual del siglo XVIII*

Solo cinco de los lemas del corpus aparecen ya en el *Diccionario de Autoridades,* lo cual indica que el uso especializado es posterior al inicio de la lexicografía académica. En el primer diccionario académico no existen marcas diatécnicas a excepción de la abreviatura «Term.» (Battaner 1996: 98-99, Pascual Fernández 2009: 22)[15], que señala el carácter especializado de las palabras.

Así, se restringe el uso de *emballestado, da; enfosado* y *lobado*[1] al ámbito de la albeitería mediante la expresión «Term. de Albeitería». En las otras entradas, la definición contiene datos referidos al contexto en el que se emplean los vocablos, por lo que, de manera indirecta, también pueden vincularse con el lenguaje de especialidad. Así, en la descripción del significado de algunos de los adjetivos en *-ado / -ada* reunidos en el *Diccionario de Autoridades*, se detallan los sustantivos a los que suelen acompañar. De este modo, de *alobadado, da,* se señala «dícese *de los animales* con propriedád» y de *torzonado, da*, que es «adj. que se aplica *a la bestia*».

Todas las voces en *-ado / -ada* del corpus que se documentan en el *Diccionario de Autoridades* se relacionan con la albeitería[16], denominación que desde la Edad Media se empleó para referirse al «arte de curar» los animales, con interés particular por la anatomía, enfermedades y cuidados de los caballos[17]. La presencia de la

---

15 En el *Diccionario de Autoridades* la abreviatura «Term.» va seguida del nombre de la disciplina a la que debe adscribirse el término y existe una gran variedad de ciencias, artes y oficios presentes en este tipo de calificaciones diatécnicas (cfr. Breuer 2007 y Freixas 2010: 178).

16 Véanse en Freixas (2003: 351) los tratados de albeitería incluidos en el *Diccionario de Autoridades*. Debe tenerse en cuenta, además, que muchas obras de montería incorporaban una parte dedicada al cuidado de los caballos, como ocurre con el *Libro de la montería de Alfonso XI*, con capítulos sobre cómo deben curarse estos animales. Para las áreas de conocimiento a las que pertenecen los textos que sirvieron de fuente al *Diccionario de Autoridades*, véase Freixas (2003: 256).

17 Para el uso y origen de los términos *albeitería* y *albéitar* antes de la extensión de *veterinaria* y *veterinario*, véase el *DECH*, s. v. *albéitar*, y Teixidó y Teixidó (2002: 166).

albeitería está en consonancia con la atención que reciben en el *Diccionario de Autoridades* algunas disciplinas relacionadas como la medicina y la cirugía[18]. Se trata de designaciones de enfermedades (*enfosado*; *emballestado, da*; *lobado*[1]) y adjetivos referidos al animal que padece una enfermedad (*alobadado, da* y *torzonado, da*). Estas voces mantienen en las sucesivas ediciones del *Diccionario* académico el significado del *Diccionario de Autoridades*, con cambios poco relevantes en sus definiciones. En las voces *emballestado, da; enfosado* y *lobado*[1] se sustituyó la indicación «Term. de Albeitería» por la marca *Alb.* o *Albeyt.* desde 1780 hasta 1869, y en 1884 esta se cambió por veterinaria (*Veter.*), denominación moderna de esta ciencia. Además, a partir de 1884 se incorpora la marca *Veter.* a *alobadado, da*; y desde 1899 se añade a *torzonado, da.*

En las obras lexicográficas posteriores publicadas por la Real Academia Española en el siglo XVIII todos los derivados en *-ado / -ada* que se incorporan a la nomenclatura pertenecen también a la albeitería y guardan relación con la anatomía y con enfermedades propias de los equinos. Se documentan tres términos con la marca *Albeyt.* (*ancado, da* en 1770; y *entrepretado, da* en 1791) o *Alb.* (*desortijado, da* en 1780). Además, en 1780 (*Suplemento*) se incorpora una acepción especializada con la abreviatura *Alb.* en la palabra *bocado*, que como voz de la lengua general se encontraba ya en el *Diccionario de Autoridades*. Otras dos palabras, *arestinado, da* y *entrepelado, da*, aunque desprovistas de marca de especialidad, son derivados de voces que el *Diccionario* restringe al mismo ámbito. Así, *arestinado, da* (1780) procede de *arestín*, vocablo marcado como *Alb.*

Desde el punto de vista semántico, por tanto, los seis términos documentados en las ediciones del siglo XVIII posteriores al *Diccionario de Autoridades* pertenecen también al ámbito de la albeitería y son denominaciones de enfermedades (*ancado, da* y *desortijado, da*) o adjetivos referidos a los animales que padecen dolencias (*entrepretado, da* y *arestinado, da*). A estas denotaciones se añaden otras nuevas, como la designación de una clase de animal (*entrepelado, da*) o de un instrumento empleado para examinar su estado de salud (*bocado*). En los casos de *ancado, da; entrepretado, da; desortijado, da* y *bocado* la marca *Alb.* es sustituida por *Veter.* en la edición de 1884; *arestinado, da* se mantiene sin marca de especialidad hasta 1914, edición en la que se incorpora la abreviatura *Veter.*

3.2 -ado / -ada *en las ediciones del* DRAE *desde el siglo* XIX *hasta el* XXI

A partir de 1803 las voces en *-ado / -ada* documentadas en el *Diccionario* de la Real Academia Española no se restringen únicamente al ámbito de la albeitería, sino que empiezan a aparecer sustantivos y adjetivos que pertenecen a otras de la áreas de las ciencias de la vida.

---

18 Véase Gutiérrez Rodilla (1993 y 1994-1995).

En los 33 términos en *-ado / -ada* que se incorporan en el siglo XIX, bien como nuevos lemas (22) de la nomenclatura del diccionario académico que pueden incluir o una o dos acepciones, bien como nuevas acepciones especializadas de voces que ya se documentaban en el *Diccionario* (11 entradas que presentan una o dos acepciones), ya se encuentran representadas las diferentes disciplinas científicas estudiadas, en particular, la botánica, la medicina y la zoología, además de la albeitería que a partir de 1884 se transforma en veterinaria. En la tabla siguiente se desglosa la distribución de las marcas diatécnicas de los lemas y acepciones incorporados en el siglo XIX[19]:

<table>
<tr><th>Bot.</th><th>Zool.</th><th>Med.</th></tr>
<tr><td>surculado, da (-1803)
aparasolado, da (1817)
labiado, da (1817)
lanceado, da (+1852)
laciniado, da (1869)
alado, da (+1884)
ladeado, da (+1884)
lanceolado, da (1884)
recortado, da (+1884)
sentado, da (+1884)
abayado, da (1899)
lirado, da (1899)
peciolado, da (1899)
pedunculado, da (1899)
personada (1899)</td><td>vertebrado, da (anat. 1843)
anillado, da (+1884)
articulado, da (+1884)
desdentado, da (+1884)
invertebrado, da (1884)
unguiculado, da (1884)
ungulado, da (1884)
pulmonado, da (1899)</td><td>alcoholado (+1869)
larvado, da (1899)</td></tr>
<tr><td colspan="2">imbricado, da (-1803)
lobulado, da (1884)
lobado², da (1884)
palmeado, da (+1884)
radiado, da (1884, +1899)</td><td></td></tr>
</table>

Alb.	*Hist. Nat.*
descuadrillado, da (1817) *trasfollado, da* (1817)	*digitado, da* (1869)

Tabla 3. Distribución de las marcas diatécnicas de los lemas en -ado / -ada *de las ediciones del* DRAE *del siglo XIX*[20]

19 La distribución de los lemas por marca en las tablas 3 y 4 se ha realizado a partir de la abreviatura que presentan en su primera documentación como término de especialidad en el ámbito de las ciencias de la vida. Por tanto, los datos de esta tabla no reflejan los cambios de marcas que se hayan producido en ediciones posteriores.

20 En la tabla 3 y en la que aparece más adelante (tabla 4) el signo + corresponde a la entrada de la acepción especializada; se trata de lemas que ya están presentes en el *Diccionario de Autorida-*

Como puede observarse en la tabla 3, la botánica es la disciplina que presenta un mayor número de lemas. Los adjetivos de este grupo se caracterizan por describir la forma de una parte de la planta, ya sea la hoja (*imbricado, da* (en la 2.ª acep. de 1884); *lanceado, da; lanceolado, da; lirado, da*), la flor (*labiado, da*), la corola (*personada*) o el fruto (*abayado, da*). Se encuentran adjetivos en *-ado* / *-ada* de la terminología botánica que corresponden a sus propiedades (*surculado, da*: «se aplica a las plantas que no echan más que un tallo», 1803) o bien al género o familia a la que pertenece la planta (*labiado, da*: «aplícase a plantas dicotiledóneas, hierbas, matas y arbustos…», 1884; *aparasolado, da*, 2.ª acep. 2001).

En ediciones posteriores (siglos XX y XXI), las voces *imbricado, da*; *lobulado, da* y *pedunculado, da,* sustituyen la marca *Bot.* por *Biol.*, y describen la forma de un cuerpo vegetal o animal (*imbricado, da* en la 2.ª acep. de 1992; *lobulado, da,* 1992; *pedunculado, da,* 2001). *Radiado, da* aparece en la edición de 1884 con acepciones pertenecientes a la zoología y en la edición siguiente (1899) se añaden acepciones propias de la botánica.

Catorce de los términos incluidos en las ediciones del siglo XIX pertenecen al subdominio de la zoología. Entre ellos, se encuentran adjetivos que describen la forma de una parte del cuerpo del animal, por ejemplo, la concha (*imbricado, da* en su 1.ª acep. de 1803) o la pezuña en el lema *ungulado, da.* Otros derivados se emplean para destacar la pertenencia a una clase o grupo de animales que comparten una propiedad (*digitado, da; pulmonado, da; vertebrado, da*). Este último aparece por primera vez en el *Diccionario* en la edición de 1843 con la marca de *Anat.*; en 1884 la especificación diatécnica es sustituida por la marca *Zool.* Asimismo, *digitado, da* se incorpora en 1869 con la marca *Hist. Nat.* y en la edición siguiente (1884) se modifica también por la de *Zool.* Existen, además, cuatro voces que ya figuraban en el *Diccionario de Autoridades* y que en la edición de 1884 incorporan una o dos acepciones especializadas pertenecientes a la zoología. Así, por ejemplo, *desdentado, da*, se hallaba en el *Diccionario de Autoridades* como «lo que no tiene dientes, ò caréce de ellos, haviendolos tenido» y a partir de la edición del *DRAE* de 1884, además del significado general («que ha perdido los dientes»), incluye dos acepciones de especialidad con la marca *Zool.* («dícese de los animales mamíferos que carecen de dientes incisivos y, á veces, también de caninos y molares. U.t.c.s.» y «orden de estos animales»).

Además, las ediciones de la segunda mitad de siglo XIX agregan alguna palabra perteneciente a la medicina: el adjetivo *larvado, da* se aplica a cierto tipo de enfermedades y, a lo largo de su pervivencia en las ediciones del *DRAE,* la marcación de este lema alterna las abreviaturas *Med.* y *Pat.* (*Med.*, 1899-1956; *Pat.*,

---

des o en ediciones posteriores a esta con una acepción de la lengua general. El signo – corresponde a los lemas que en la primera documentación no tienen marca.

1970-1992; *Med.*, 2001). Por su parte, el adjetivo *alcoholado, da* incluye (1869) una acepción referida a un medicamento obtenido por un proceso químico (cfr. *alcoholar*, 2.ª acep.).

El campo de la albeitería solo aumenta en el siglo XIX en las dos primeras ediciones de esta centuria (1803 y 1817) con designaciones de enfermedades o tumores que afectan al ganado (*trasfollado, da*; *descuadrillado, da*). No se produce ninguna otra incorporación en el resto del siglo y en la edición de 1884 se introduce una importante reestructuración con el cambio de la marca *Alb.* o *Albeit.* por *Veter.* en todas las voces incluidas en los diccionarios del siglo XVIII y principios del XIX [21].

Finalmente, conviene destacar el valor polisémico de las voces *imbricado, da*; *lobado², da*; *lobulado, da*; *palmeado, da* y *radiado, da*, con acepciones pertenecientes a subdominios semánticos distintos. El lema *palmeado, da* presenta dos acepciones en la edición de 1884 que se marcan respectivamente con las abreviaturas *Bot.* (2.ª acep. «aplícase a las hojas, raíces, etc. que se semejan a una mano abierta») y *Zool.* (3.ª acep. «dícese de los dedos de aquellos animales que los tienen ligados entre sí por una membrana»). En el caso de *imbricado*, da, las abreviaturas *Zool.* (1.ª acep.) y *Bot.* (2.ª acep.) se introducen en la 12.ª ed. (1884), más adelante se producen modificaciones en la marcación en la edición de 1956: la acepción «dícese de las hojas y de las semillas que están sobrepuestas unas en otras como las tejas y las escamas», que constaba con la abreviatura *Bot.* (1884), se marca como *Bot.* y *Zool.* en la edición de 1956 y en la de 1992 se cambia por la abreviatura *Biol.* La misma sustitución se observa en la voz *lobulado, da* cuyas dos acepciones aparecen con las marcas *Bot.* y *Zool.* (1884) y ambas son reemplazadas por la abreviatura *Biol.* en la edición de 1992.

En el siglo XX, los términos en *-ado* / *-ada* del ámbito de las ciencias de la vida reflejan inicialmente una mayor diversificación en la marcación. Ello no implica, sin embargo, modificaciones importantes en el uso de los sufijos, se trata más bien de cambios en la metodología lexicográfica. En esta etapa se incorporan 37 términos en *-ado* / *-ada* que se corresponden, como en el siglo anterior, bien con nuevos lemas (16) que incluyen una o más acepciones, bien con nuevas acepciones especializadas de términos ya documentados en los siglos anteriores (11 entradas que presentan una o más acepciones).

---

21 La reestructuración afecta también a otros aspectos: según ya se ha señalado (vid. § 3.1.), la voz *lobado¹* incorpora la marca *Veter.* en esta edición a la par que se añade una entrada homógrafa (*lobado², da*) con la definición «lobulado» y con las marcas diatécnicas *Bot.* y *Zool.* En el caso de *emballestado, da* desde la edición de 1884 no se refiere solo a la enfermedad, valor presente desde el *Diccionario de Autoridades*, sino también por metonimia a la caballería que la padece.

<table>
<tr><th>Bot.</th><th>Zool.</th><th>Biol.</th><th>Cir.</th></tr>
<tr><td>marginado, da (+1914)
pinnado, da (pinada -1914)
verticilado, da (1914)
abroquelado, da (+1925)
apanojado, da (1925)
caliculado, da (1925)
unifoliado, da (1925)
amanojado, da (+1936)
arrejonado, da (1936)
decusado, da (1936)
trifoliado, da (1936)
bilabiado, da (1970)
peltado, da (1970)
biloculado, da (1992)
variegado, da (1992)
aovadolanceolada (2001)</td><td>cordado, da (+1936)
ocelado, da (-1936)
procordado, da (1956)
segmentado, da (1956)
paridigitado, da (1992)</td><td>organizado, da (+1914)
sexuado, da (1956)
troquelado, da (1984)</td><td>mamelonado, da (1936)
legrado (-/+1984)
raspado (+1992)</td></tr>
<tr><td></td><td colspan="2">ciliado, da (1956)
flagelado, da (1956)</td><td></td></tr>
</table>

Hist. Nat.	*Farm.*	*Med.*	*Pat.*	*Veter.*
tunicado, da (1914) *geminado, da* (+1925)	*preparado, da* (+1925)	*exudado* (1914) *trasudado* (+1984)	*esclerosado, da* (-1970)	*entrepelado, da* (+1914) *acopado, da* (+1956)

Tabla 4. Distribución de las marcas diatécnicas de los lemas en -ado / -ada *de las ediciones del* DRAE *de los siglos XX y XXI*

Se mantienen como campos especializados básicos la botánica y la zoología. La gran mayoría de los vocablos, 16 lemas de 37, se adscribe al primero, seguido de la zoología que crece también con siete nuevos lemas que incorporan ocho nuevas acepciones, pues *cordado, da* se incluye con dos acepciones. En dos casos (*ciliado, da* y *flagelado, da*), los términos presentan dos acepciones diferenciadas, una perteneciente a zoología y otra propia de la biología.

Se mantiene la veterinaria con dos nuevas acepciones: dos adjetivos aplicados a las caballerías (*acopado, da* y *entrepelado, da*), el primero en referencia a la forma del casco y el segundo, a las características del pelaje.

El área de la medicina aparece diversificada en medicina (2 lemas), patología (1 lema), farmacia (1 lema) y cirugía (3 lemas). *Legrado, da* consta ya en el *Diccio-*

nario entre 1803-1822 como participio pasado de *legrar* (vid. epígrafe 4.1), un verbo que figura como perteneciente a la esfera de la cirugía ya desde el *Diccionario de Autoridades*. En la edición de 1984 se reintroduce el lema con las acepciones de participio y sustantivo («acción y efecto de legrar» y el compuesto sintagmático *legrado uterino*); la marca propia de la familia léxica (*legra, legrar, legradura, legración*) aparece en la última edición del siglo (1992). En las ediciones estudiadas se producen cambios en el empleo de las marcas de manera que todas las voces en la edición de 2001 son portadoras de la marca *Med.*

Se presentan, además, en las ediciones del siglo XX, voces y acepciones pertenecientes a las áreas de biología (5 lemas) e historia natural (2 lemas). La marca *Biol.* aparece recogida en la tabla de abreviaturas desde la edición de 1956, aunque se utilizaba ya desde la de 1914, como puede observarse en *organizado, da*. En nuestro corpus cinco palabras o acepciones llevan esta marca en el momento que se admiten en el *Diccionario*, a las que se añade *geminado, da* con cambio de marca.

Algunas de las voces que se han analizado se encuentran ya en el *Diccionario de Autoridades*, pero no incorporan una acepción especializada en el área de las ciencias de la vida hasta alguna edición del siglo XX. Este es el caso de *marginado, da* (1914), *organizado, da* (1914), *abroquelado, da* (1925), *geminado, da* (1925), *preparado, da* (1925), *amanojado, da* (1936), *cordado, da* (1936), *acopado, da* (1956), *trasudado* (1984) y *raspado, da* (1992)[22]. En general, todas las voces y acepciones admitidas en este período se incluyen con marca diatécnica; únicamente cuatro palabras aparecen inicialmente desprovistas de ella, aunque la añaden en ediciones posteriores: *pinnado, da*, que, pese a figurar en el *DRAE* de 1914 bajo la forma *pinada*, no se marca hasta la edición siguiente (1925); *ocelado, da*, en la que no se agrega la marca *Zool.* hasta 2001, aunque su primera documentación se encuentra en el *DRAE* de 1936[23]; y, finalmente, *esclerosado, da,* y *legrado, da,* que se registran por vez primera en la edición de 1970 y 1984, respectivamente, y no se marcan hasta el *DRAE* de 1992.

Resultan significativos los cambios en la marcación durante este período: todos los términos mantienen intacta su marca salvo aquellos que reflejan los cambios generales que se observan en la lexicografía académica, como es la desaparición de la abreviatura *Hist. Nat.* en la última edición (2001); así esta abreviatura es sustituida en la voz *tunicado, da* por *Bot. y Zool.* desde la edición de 1956, en la que se añaden dos acepciones específicas de la zoología; en *geminado, da* la misma marca es reemplazada por *Biol.* en la edición de 1992. En la primera edición de nuestro siglo las voces *esclerosado, da, legrado, da* y *raspado, da* sustituyen sus respectivas

22 En la edición del *Diccionario* manual precedente (1989) ya aparece con la marca *Cir.*

23 Cabe advertir que la primera documentación de esta voz en la lexicografía académica se encuentra en el *Diccionario* manual de 1927.

marcas (*Pat.*, *Cir.* y *Farm.*) por la general *Med.*, una notable reestructuración de la notación diatécnica en especial en el campo de la medicina (Vila 2008; Vila y Casanovas 1999 y 2000; Nomdedeu 2007).

A lo largo del siglo XX y en la primera edición del siglo XXI, por tanto, se mantienen los grandes campos de generación de léxico especializado de las ciencias de la vida. La botánica y la zoología ocupan el lugar más destacado, la medicina refleja una baja rentabilidad y la diversidad de marcas de la subespecialización dentro de las ciencias médicas que reflejan los diccionarios del siglo XX es modificada hacia la homogeneización bajo una marca general en 2001. El único cambio de marcación importante que se produce en este siglo es el inicio de la utilización de la abreviatura *Biol.*, que empieza a emplearse desde 1914. La marca *Hist. Nat.* usada en un par de casos a principios de siglo es sustituida por marcas de cuño más moderno (*Biol.*) o de profuso empleo (*Bot., Zool.*).

4. Patrones derivativos y léxico de las ciencias de la vida

El corpus léxico obtenido en esta investigación refleja una parte de la productividad que ha desarrollado el sufijo, especialmente en el terreno del léxico especializado. Los términos derivados en *-ado* / *-ada* que integran el corpus utilizado como punto de partida son en su mayoría adjetivos (70 casos, de los que 16 tienen también uso sustantivo) y, en menor medida, nombres (10 sustantivos)[24]. Estos datos reflejan claramente la existencia de dos patrones derivativos: por un lado, el más productivo, que es el que crea adjetivos que, en algunos casos, se sustantivan generando una acepción nominal (§ 4.1); y, por otro lado, el patrón menos rentable, que forma nombres (§ 4.2).

4.1 Derivación adjetival

Los derivados adjetivales se adscriben esencialmente a dos de las áreas de las ciencias de la vida, la botánica (31 lemas) y la zoología (18 lemas)[25], y constituyen términos que se emplean para describir o bien las propiedades morfológicas de un animal (*anillado, da* «*Zool.* Se dice de los animales cuyo cuerpo imita una serie de anillos») o una planta (*apanojado, da* «*Bot.* Dícese del tallo de algunas plantas y también de la flor dispuesta en forma de panoja») o bien alguna de las partes que poseen los animales (*ungulado, da* «*Zool.* Dícese del mamífero que tiene casco o

---

24 Santana *et al.* (2004: 21-22).

25 El resto de los derivados, con un número bastante menor de ocurrencias, pertenece a la veterinaria (10), a la biología (9) y a la medicina (4).

pesuña») o las plantas (*trifoliado, da* «*Bot.* Que tiene hojas compuestas de tres folíolos»). Estos ejemplos reflejan que los adjetivos que conforman el corpus son una buena muestra del mantenimiento del patrón original latino del sufijo, ya que las voces formadas por derivación designan posesión o propiedad de lo denotado por la base (*articulado* «provisto de articulaciones…», *caliculado, da* «dícese de las flores que tienen calículo», *ciliado* «dícese de la célula o microorganismo que tiene cilios») o indican algún tipo de semejanza formal con la base (*abayado, da* «parecido a…», *abroquelado, da* «de forma de...», *alado* «de figura de…»). En algunos casos, los adjetivos presentan los dos valores ('posesión' y 'semejanza') y son recogidos en el *Diccionario* en dos acepciones diferentes: *lobulado, da* «de figura de lóbulo» y «que tiene lóbulos»; *alado, da* «lo que tiene alas» y «de figura de ala». En el primer ejemplo, las dos acepciones adjetivales son especializadas y aparecen marcadas, en cambio, en *alado, da*, la primera acepción, documentada desde el *Diccionario de Autoridades*, pertenece a la lengua común, mientras que la segunda, aplicada a las plantas y recogida desde 1884 (12.ª ed.), se marca como *Bot.*

Aunque la mayoría de las formas adjetivales del corpus se incorporan al diccionario por primera vez con la categoría de adjetivos, la historia lexicográfica académica de estos términos permite advertir que algunos de ellos se hallaban en el *Diccionario* como participios antes de incluirse con la acepción especializada (por ejemplo, *abroquelado, da; entrepelado, da; ladeado, da; legrado, da; marginado, da; organizado, da; palmeado, da; recortado, da; sentado, da*), porque desde el *Diccionario de Autoridades* hasta 1822 (6.ª ed.) se lematizaban los participios (Felíu 2008: 168-172); así, por ejemplo, *lanceado, da* se documenta por primera vez en 1803 como participio («pp. de LANCEAR») y se mantiene hasta 1822, posteriormente desaparece y se incorpora de nuevo con uso adjetivo y especializado del término en 1852 («*Bot.* Se dice de las hojas que tienen figura de hierro de lanza»).

Conviene advertir que en el caso de *personada* la lematización no presenta la variación de género propia del adjetivo, sino que aparece solamente la forma correspondiente al femenino y se define en relación a la corola de la planta («se dice de la corola gamopétala irregular...»).

4.2 Derivación nominal

Los sustantivos se adscriben principalmente a dos áreas diferentes: la veterinaria (6) y la medicina (5), además de un caso marcado como *Biol.* (*troquelado*).

En el ámbito de la veterinaria, los sustantivos designan, en la mayoría de los ejemplos, algún tipo de enfermedad (*ancado, da; descuadrillado, da; enfosado;*

*emballestado, da; lobado*¹)[26] y, en un caso, se refiere a un instrumento propio de la veterinaria (*bocado*), a semejanza de otros *nomina instrumenti* como *arado* (Rainer 1993: 217).
En el área de la medicina, los sustantivos presentan significados vinculados a los *nomina actionis*, pues algunos siguen el patrón etimológico y significan 'acción y efecto' (*legrado; raspado*) y otros designan una realidad material basada en lo designado por la base y tienen valor resultativo (*alcoholado* «compuesto alcohólico cargado de principios medicamentosos y preparado por solución, maceración o digestión»; *trasudado* «líquido no inflamatorio contenido en una cavidad serosa»; y *exudado* «producto de la exudación, generalmente por extravasación de la sangre en las inflamaciones»).

Por su parte, las formas sustantivas de la zoología, de la botánica y de la biología surgen de la sustantivación del adjetivo y, por este proceso, pasan a constituirse en designaciones de una clase o grupo taxonómico de animales o plantas que poseen lo designado por la base (*labiado, da; ciliado, da; cordado, da; flagelado, da; tunicado, da; vertebrado, da*)[27], suelen emplearse en plural masculino para los animales y femenino para las plantas; y, según la última edición del *DRAE* (2001), deben escribirse con mayúscula inicial si se usan con este sentido: *flagelado, da* «m. pl. *Zool.* Clase de protozoos provistos de flagelos en número que comúnmente no excede de ocho» (2.ª acep., *DRAE* 2001). El proceso de sustantivación, por tanto, es fundamental en la nomenclatura de estas disciplinas.

4.3 Base de derivación

Las bases a las que se adjunta *-ado / -ada* en los vocablos de los lenguajes de especialidad analizados son casi exclusivamente sustantivos y verbos; existen, además, algunas formaciones cuya base es adjetiva. En algunos casos, se pueden establecer series de derivación, de modo que a partir de un sustantivo se crea el verbo y, de éste, el adjetivo como en *esclerosis* → *esclerosar* → *esclerosado, da*;

---

26 Las voces *ancado* y *emballestado, da* se han considerado sustantivos porque, a pesar de presentar también una acepción como adjetivos, en su primera documentación (1770 y 1726-1739, respectivamente) se incorporan por primera vez al *Diccionario* como sustantivos.

27 Cabe señalar que existen ciertas voces que conforman el corpus que en algunas ediciones se han considerado sustantivos que designan algún orden taxonómico y posteriormente se han categorizado como adjetivos de uso nominal. Véase, por ejemplo, el caso de *radiado, da*, cuya primera documentación especializada se fecha en 1884 con dos acepciones relativas a dos categorías distintas aunque del mismo ámbito del saber: «adj. *Zool.* Dícese del animal invertebrado cuyas partes interiores y exteriores están dispuestas…» y «m. pl. *Zool.* Grupo o conjunto de estos animales». Posteriormente, además de incluirse dos acepciones relativas a la botánica en ediciones sucesivas, se eliminará la subentrada relativa al sustantivo en la edición de 1956.

flagelo → *flagelar* → *flagelado, da*; *lado* → *ladear* → *ladeado, da*. En algunas voces (*emballestado, da, desortijado, da* o *radiado, da*), aunque existe un verbo derivado del sustantivo, el derivado parece proceder directamente del sustantivo tanto por la relación semántica como por el mayor uso y preponderancia frente al verbo de los derivados de este tipo (Monge 1992: 205; *NGRAE*: 7.12n).

Asimismo, las bases de derivación tanto pueden pertenecer a un lenguaje de especialidad, normalmente el mismo que el del derivado (como en *panoja* → *apanojado, da* (*Bot.*), *arestín* → *arestinado, da* (*Vet.*), *calículo* → *caliculado, da* (*Bot.*))[28] como formar parte de la lengua común (como en *baya* → *abayado, da*; *abroquelar* → *abroquelado, da*; *manojo* → *amanojado, da*)[29].

4.3.1 Derivados denominales

La gran mayoría de los derivados del corpus resulta de un proceso derivativo con base nominal (*anca* → *ancado, da; arestín* → *arestinado, da; boca* → *bocado*); el término puede ser el resultado de un proceso de parasíntesis, de manera que se añade simultáneamente el sufijo *-ado* / *-ada* y un prefijo, muy frecuentemente *a-* (*baya* → *abayado, da; panoja* → *apanojado, da; parasol* → *aparasolado, da*), aunque también se puede adjuntar algún otro prefijo (*sortija* → *desortijado, foso* → *enfosado*). Algunas de las voces derivadas tienen una base culta que no existe como palabra en español: *unguiculado, unifoliado, paridigitado, biloculado* y en algunos casos se trata de un cultismo con adaptación del final -ATUS en *-ado* (*lanceolado*).

28 Otros ejemplos son: *cilio* → *ciliado, da (Biol.), esclerosar* → *esclerosado, da (Med.), flagelo* → *flagelado, da (Biol.), lacinia* → *laciniado, da (Bot.), larva* → *larvado, da (Zool.), legrar* → *legrado (Med.), lóbulo* → *lobulado, da (Biol.), ocelo* → *ocelado, da (Zool.), peciolo* → *peciolado, da (Bot.), pedúnculo* → *pedunculado, da (Biol.), súrculo* → *surculado, da (Bot.), torzón* → *torzonado, da (Vet.), trasfollo* → *trasfollado, da (Vet.), verticilo* → *verticilado, da (Bot.).*

29 El resto de casos son *anca* → *ancado, da; anillar* → *anillado, da; parasol* → *aparasolado, da; rejón* → *arrejonado, da; articular* → *articulado, da; boca* → *bocado; copa* → *acopado, da; cuerda* → *cordado, da; cuadril* → *descuadrillado, da; diente* → *desdentado, da; desortijar* → *desortijado, da; entrepelar* → *entrepelado, da; exudar* → *exudado, labio* → *labiado, da; germinar* → *germinado, da; ladear* → *ladeado, da; lira* → *lirado, da; lobo* → *lobado*^{2}*, da; organizar* → *organizado, da; palmear* → *palmeado, da; pino* → *pinnado, da; pulmón* → *pulmonado, da; raspar* → *raspado, da; recortar* → *recortado, da; segmentar* → *segmentado, da; sentar* → *sentado, da; sexo* → *sexuado, da; trasudar* → *trasudado, trifolio* → *trifoliado, da; troquelar* → *troquelado; túnica* → *tunicado, da.*

4.3.2 Derivados deverbales

La derivación procedente de un verbo es menos frecuente y a este patrón responden prácticamente todos los derivados pertenecientes a la medicina que generan sustantivos (*alcoholado, esclerosado, exudado, legrado, raspado, trasudado*), un patrón que se repite en el caso de *troquelado* como término de la biología.

4.3.3 Derivados deadjetivales

Los únicos vocablos que tienen una base adjetival son *procordado, da* y *bilabiado, da*. Cabe señalar, sin embargo, que, en estos casos, el sufijo *-ado* / *-ada* no es el que se adjunta en último lugar a la hora de formar la palabra, sino que ambas voces son el resultado de un proceso de prefijación. Es decir, primero se crea el adjetivo *cordado, da* (con el sustantivo *cuerda* como base) y después se le une el prefijo *pro-*: $[pro[[cuerda]_N\ ado]_A]_A$. El mismo proceso se puede observar en *bilabiado, da*: $[bi[[labio]_N\ ado]_A]_A$.

4.3.4 Otros

El adjetivo *aovadolanceolado, da* surge de un proceso de composición de formas derivadas en *-ado* / *-ada*. El compuesto es el resultado de la adjunción de los adjetivos del mismo tipo: *aovado* formado a partir del verbo *aovar* y el cultismo *lanceolado*, procedente del latín LANCEOLĀTUS.

5. Conclusión

El corpus estudiado ha descubierto dos patrones de derivación distintos en las áreas especializadas consideradas. En el ámbito de la botánica y la zoología se han generado adjetivos que designan propiedades morfológicas de los seres vivos; la recepción en el *Diccionario* se produce desde los inicios de siglo XIX para la descripción de animales y plantas a través de sus características formales. Estos adjetivos a menudo por cambio de categoría se sustantivan y, como sustantivos, tienen valor taxonómico. El segundo patrón de derivación se encuentra en la generación de nombres que se presentan mayoritariamente en la veterinaria y la medicina.

Desde el punto de vista de la estratificación cronológica que muestran las diferentes ediciones estudiadas existe una diferencia importante entre el siglo XVIII, por una parte, y los siglos XIX y XX, por otra. Los diccionarios del siglo XVIII contienen únicamente voces pertenecientes a la albeitería; la incorporación de este tipo de léxico va decayendo en los siglos posteriores a la par que se desarrollan usos especializados pertenecientes a otros ámbitos. La recepción de los adjetivos de la botánica y la zoología se encuentra en los siglos XIX y XX, con un importante crecimiento en las ediciones de 1884 y 1899, en las que se produce una intensa revisión e introducción de tecnicismos de todo tipo tanto en la microestructura como en la macroestructura del *Diccionario* (Clavería 2001, 2003 y en prensa).

El futuro estudio del comportamiento del sufijo en otras áreas de especialidad proporcionará el funcionamiento global del elemento derivativo desde el punto de vista de la lengua de la ciencia y de la técnica del que este estudio pretende ser una primera y parcial aproximación.

6. Referencias bibliográficas

ALVAR EZQUERRA, Manuel (1993): *La formación de palabras en español*. Madrid: Arco/Libros.

BATTANER, M.ª Paz (1996): «Terminología y diccionarios», en *Jornada pan-llatina de terminologia. Perspectives i camps d'aplicació (14 de desembre de 1995)*. Barcelona: IULA, pp. 93-117.

BREUER, Judith (2007): *Normen und normative Konzepte der Real Academia Española. Diasystematische Markierungen im «Diccionario de Autoridades». Examenarbeit*, [S.1]. Grin: Verlag für Akademische Texte [Edición electrónica].

CABRÉ, M.ª Teresa (1993): *Terminología: teoría, metodología, aplicaciones*. Barcelona: Antártida/Empúries.

CLAVERÍA, Gloria (2001): «El léxico especializado en la lexicografía de finales del siglo XIX: la décima tercera edición (1899) del *Diccionario* de la lengua castellana de la Academia», en Jenny Brumme (ed.), *Actas del II Coloquio Internacional. La Historia de los lenguajes iberorrománicos de especialidad: la divulgación de la ciencia*, 27-29 de mayo de 1999. Barcelona/Frankfurt/ Madrid: IULA/Vervuert Iberoamericana, pp. 207-222.

CLAVERÍA, Gloria (2003): «La Real Academia Española a finales del siglo XIX: el *Diccionario de la lengua castellana* de 1899 (13.ª edición)», *Boletín de la Real Academia Española*, tomo LXXXIII, cuaderno CCLXXXVIII, pp. 255-336.

CLAVERÍA, Gloria (en prensa): *La lexicografía académica en el siglo XIX y el neologismo*.

CLAVERÍA, Gloria y Joan TORRUELLA (1993): «Formación de términos en los léxicos especializados de la lengua española», en Juan C. Sager (ed.), *Curso práctico sobre el procesamiento de la terminología*. Madrid: Fundación Sánchez Ruipérez, pp. 315-344.

DECH = COROMINAS, Joan y José Antonio PASCUAL (1980-1991): *Diccionario crítico etimológico castellano e hispánico*. Madrid: Gredos, 6 vols.

DESE = PHARIES, David (2002): *Diccionario etimológico de los sufijos españoles*. Madrid: Gredos.

DRAE = Real Academia Española (2001): *Diccionario de la lengua castellana*. Madrid: Espasa Calpe, 22.ª ed. [Edición en CD-ROM].

FELÍU, Elena (2008): «La codificación de los participios adjetivos activos», en M.ª José Rodríguez Espiñeira y Jesús Pena (eds.), *Categorización lingüística y límites intercategoriales*, Anexo 61 de *Verba*. Santiago de Compostela: Servicio de Publicacións, pp. 165-180.

FELÍU, Elena (2009): «Palabras con estructura interna», en Elena de Miguel (ed.), *Panorama de la lexicología*. Barcelona: Ariel, pp. 51-82.

FERNÁNDEZ RAMÍREZ, Salvador (1986): *La derivación nominal*. Madrid: Real Academia Española [Anejo XL, *Boletín de la Real Academia Española*].

FREIXAS, Margarita (2003): *Las autoridades en el primer diccionario de la Real Academia Española*, tesis doctoral dirigida por J. M. Blecua. Bellaterra: Universitat Autònoma de Barcelona [Edición electrónica disponible en http://www.tdx.cesca.es/TDX-0611104-150443].

FREIXAS, Margarita (2010): *Planta y método del* Diccionario de Autoridades. *Orígenes del método lexicográfico de la Real Academia Española (1713-1739)*. A Coruña: Universidade da Coruña.

GARRIGA, Cecilio (2001): «Sobre el *diccionario académico*: la 12.ª ed. (1884)», en Antonia M.ª Medina Guerra (coord.), *Estudios de lexicografía diacrónica del español*. Málaga: Universidad, pp. 263-315.

GARRIGA, Cecilio y Francesc RODRÍGUEZ (2007): «1925-1927: del *Diccionario Usual* y del *Diccionario Manual*», *Boletín de la Real Academia Española*, tomo LXXXVII, cuaderno CCXCVI, pp. 239-317.

GUTIÉRREZ RODILLA, Bertha M. (1993): «Los términos relacionados con la medicina en el *Diccionario de Autoridades*», *Boletín de la Real Academia Española*, tomo LXXIII, cuaderno CCLX, pp. 463-512.

GUTIÉRREZ RODILLA, Bertha M. (1994-1995): «Construcción y fuentes utilizadas para los términos médicos en el *Diccionario de Autoridades*», *Revista de Lexicografía*, I, pp. 149-162.

GUTIÉRREZ RODILLA, Bertha M. (1998): *La ciencia empieza en la palabra. Análisis e historia del lenguaje científico*. Península: Barcelona.

MARTÍN CAMACHO, José Carlos (2007): «La creación de términos científicos mediante procedimientos no morfemáticos», *Anuario de Estudios Filológicos*, 30, pp. 239-254.

MARTÍN ZORRAQUINO, M.ª Antonia (1997): «Formación de palabras y lenguaje técnico», *Revista Española de Lingüística*, 27/2, pp. 317-339.

MONGE, Félix (1992): «Formaciones en *-ado*», en Nelson Cartagena y Christian Schmitt (eds.), *Miscellanea Antverpiensia. Homenaje al vigésimo ani-*

versario del Instituto de Estudios Hispánicos de la Universidad de Amberes. Tübingen: Max Niemeyer, pp. 201-212.

MONTEIL, Pierre (1973): *Eléments de phonétique et de morphologie du latin*. Paris: Nathan.

MUÑOZ ARMIJO, Laura (2012): *La historia de los sufijos* -ismo *e* -ista. *Evolución morfológica y semántica en la tradición lexicográfica académica española*. Cilengua: San Millán de la Cogolla.

NGRAE = Real Academia Española (2009): *Nueva gramática de la lengua española. Morfología y sintaxis*. Madrid: Espasa, vol. I.

NOMDEDEU, Antoni (2007): «La representación del conocimiento especializado mediante las marcas de especialidad: del *DRAE*-1992 al *DRAE*-2001», *Panace@*, 8/25, pp. 31-41, en línea: http://www.tremedica.org/panacea/Panacea PDFs/Panacea25_junio2007.pdf.

NTLLE = Real Academia Española (2001): *Nuevo tesoro lexicográfico de la lengua española*. Madrid: Espasa [Edición en DVD y en línea disponible en http://ntlle.rae.es/ntlle/SrvltGUILoginNtlle].

PASCUAL FERNÁNDEZ, Luisa (2009): *El sistema de abreviaturas en el* Diccionario *académico: introducción (1726), institucionalización (1770) y consolidación (1780). La marcación del léxico específico*, trabajo de investigación inédito dirigido por C. Garriga. Bellaterra, Universidad Autónoma de Barcelona [Edición electrónica disponible en http://www.recercat.net/handle/2072/41964].

PENA, Jesús (1980): *La derivación en español. Verbos derivados y sustantivos verbales*. Santiago de Compostela: Universidad de Santiago de Compostela [Anejo 16 de *Verba. Anuario galego de filoloxia*].

PENA, Jesús (2008): «La creación del léxico científico y técnico», en Mercedes Brea *et al.* (ed.), *Cada palabra pesaba, cada palabra medía. Homenaxe a Antón Santamarina*. Santiago de Compostela: Universidad, pp. 163-170.

PUJOL, Isabel (2009): «A Propósito de los sustantivos en *-ada*: una reflexión metodológica acerca del análisis de la formación de palabras en diacronía», *Cuadernos del Instituto Historia de la Lengua*, 2, pp. 55-80.

RAINER, Franz (1993): *Spanische Wortbildungslehre*. Tübingen: Max Niemeyer.

RAINER, Franz (1999): «La derivación adjetival», en Ignacio Bosque y Violeta Demonte (dirs.), *Gramática descriptiva de la lengua española*. Madrid: Espasa, vol. III, pp. 4595-4643.

SANTANA, Octavio, José Rafael PÉREZ, Gustavo RODRÍGUEZ y Francisco Javier CARRERAS (2004): *Relaciones morfoléxicas sufijales para el procesamiento del lenguaje natural*. Madrid: Mileto.

SANTIAGO, Ramón y Eugenio BUSTOS (1999): «La derivación nominal», en Ignacio Bosque y Violeta Demonte (dirs.), *Gramática descriptiva de la lengua española*. Madrid: Espasa, vol. III, pp. 4505-4594.

TEIXIDÓ, Francisco y Jesús TEIXIDÓ (2002): «Las *Obras de Albeyteria* de Martín Arredondo», *Asclepio*, LIV/2, pp. 165-180.

VILA, Neus (2008): «La estructura de la marcación diatécnica en el diccionario académico español», en Hugo E. Lombardini y Maria Carreras (eds.), *Limes. Lexicografía y lexicología de las lenguas de especialidad*. Monza: Polimetrica, pp. 83-107.

VILA, Neus y Montse CASANOVAS (1999): «Lengua especializada y lexicografía: calas en el léxico de la medicina», en M. Neus Vila, M.ª A. Calero, Rosa M. Mateu, Montse Casanovas, José Luis Orduña (eds.), *Así son los diccionarios*. Lleida: Universitat de Lleida, pp. 121-148.

VILA, Neus y Montse CASANOVAS (2000): «El léxico médico en los diccionarios generales: remedios y medicamentos», en Stefan Ruhstaller y Josefina Prado Aragonés (eds.), *Tendencias en la investigación lexicográfica del español. El diccionario como objeto de estudio lingüístico y didáctico. Actas del congreso celebrado en la Universidad de Huelva del 25 al 27 de noviembre de 1998*. Huelva: Universidad de Huelva, pp. 347-356.

La perfumería de los siglos XIX y XX en España: entre la ciencia, el arte y el engaño*

Rosalía Cotelo García
Universidade da Coruña

Si la historia del perfume hunde sus raíces en la alquimia, en las misteriosas artes que persiguen capturar los elementos esenciales del mundo natural[1], y ha llegado a nuestros días, sin embargo, no ya como *arte*, sino como *industria* del perfume, cabe preguntarse qué ha sucedido en tal proceso. Pues bien; como veremos a lo largo de este artículo, es la ciencia, aplicada a tradiciones milenarias, la que revoluciona la perfumería. Es la química, en definitiva, la que va a cambiarlo todo, incluido el léxico que a la elaboración de perfumes y productos cosméticos se refiere.

> El uso de los perfumes es muy antiguo. Durante muchos años los perfumistas trabajaron con fórmulas empíricas, y los progresos de este arte han sido muy lentos en el espacio de varios siglos. Hoy día, la perfumería es una ciencia que exige no sólo una gran experiencia práctica, sino además conocimientos especiales de varias clases. Estos últimos años, la perfumería, siempre en progreso, ha sabido mejorar, cada vez más, su fabricación, y crear una cantidad de productos nuevos. Ha conseguido, especialmente, fabricar extractos excesivamente concentrados, que no manchan, y que conservan durante varias horas su perfume, con la misma fragancia y suavidad que en el momento en que se impregnan las telas (*La Correspondencia de España*, 24-2-1920: 11).

Este cambio sucede entre las últimas décadas del siglo XIX y el primer cuarto del siglo XX; la prensa periódica y las revistas especializadas que se publican en España en aquellos años son un excelente testimonio para observar esta evolución, el modo en que esto va a determinar el significado del término *perfumería* y *perfumista*, y el

---

* Este trabajo pertenece a un marco de investigación más amplio, el del estudio del léxico de la vida cotidiana durante el período de la Edad de Plata de la lengua española, dentro de los proyectos «Diccionario del español de la Edad de Plata» del Ministerio de Ciencia e Innovación (FFI2008-03944/FILO) y «Léxico de la vida cotidiana (1868-1936)» de la Xunta de Galicia (10 PXIB 104 235 PR), dirigidos por José Ignacio Pérez Pascual.

1 «A medida que la ciencia y la razón fueron ganando terreno, la alquimia se fue eclipsando (aunque algunos científicos importantes, principalmente Isaac Newton, la practicaron). El legado práctico de los alquimistas pasó a los químicos, que lo pusieron al servicio de la tarea de diseccionar y analizar los elementos del mundo natural. [...] Sólo los perfumeros heredaron ambas tendencias de la tradición alquímica. Durante mucho tiempo, también conservaron muchos de los métodos alquimistas. La perfumería fue principalmente un campo de practicantes solitarios (boticarios, mujeres que hacían sus propias mezclas en casa y otros espíritus anónimos) y conservó rastros de sus orígenes místicos» (Colombani y Bourrec 2005: 35).

desarrollo de un léxico específico para los perfumistas, que van a tomar de la química los términos que necesitan para una perfumería que ya no pertencece a los talleres, sino a los laboratorios, y tiene ya mucho más que ver con la ciencia que con el arte.

Durante el siglo XIX, los perfumistas son mención frecuente en las páginas de las publicaciones periódicas españolas, a través de anuncios, avisos, noticias y reflexiones críticas. El término *perfumistas* coaparece en esos textos junto con los de *drogueros*[2], *artistas*[3], *destiladores*[4], *modistas*[5], *jaboneros*[6], y... *charlatanes*:

> Boletín farmacológico. Cosmética excelente contra los paños y eflorescencias de la cara: De borax: 40 granos. Agua destilada de rosas (id. de flor de naranjo): media onza. Disuélvase y lávense las manchas y paños de la cara con un lienzo fino de hilo. Varios prácticos recomiendan este tópico entre ellos Huffeland y René Van Oyé, quienes aseguran que no tiene los peligros de otros tan preconizados por los perfumistas y charlatanes (*Boletín de Medicina, Cirugía y Farmacia*, 14-03-1852: 5).

Desde los boletines especializados de medicina y farmacéutica se denuncia un intrusismo profesional por parte de los perfumistas, boticarios, drogueros y representantes de gremios similares, que sin aparentes conocimientos médicos, elaboran y comercian con tratamientos de dudosa efectividad y, en algunos casos, de peligrosas consecuencias para la salud. Así, en octubre de 1834, diversas noticias alertan sobre los riesgos derivados de la alteración de las aguas destila-

---

2 «También hallarán los señores boticarios, perfumistas y drogueros, un gran surtido de cajas para píldoras, polvos, obleas tanto finas como ordinarias. Se remiten pedidos a provincias, aunque el pedido se de 40 a 50 gruesas: serán servidos en 24 horas» (*Diario Oficial de Avisos de Madrid*, 27-1-1854: 3).

3 «Gran almacén de loza, cristal y vidrio. Se halla perfectamente surtido de todas clases de estos géneros, [...] asimismo se reciben encargos de dicho género, como para el de loza y cristal, sirviéndose con tanta exactitud en hechuras de tarros, botes y frasquería de diseños extranjeros, y resultando una doble ventaja en el precio a los perfumistas y otros artistas que han hecho encargos» (*Diario Oficial de Avisos de Madrid*, 2-9-1842: 2).

4 «Dicha Materia Médica por su clasificación científica, y por su amplitud y claridad es no solo indispensable para los farmacéuticos y demás profesores de las ciencias de curar, sino de grande utilidad para los destiladores y perfumistas, para los tratantes en drogas, plantas, yerbas, flores y frutos medicinales, y para los establecimientos de cafés y botillerías» (*El Heraldo*, 28-9-1845: 4).

5 La advertencia inicial de *El Correo de las Damas* (14-2-1835: 8) indica: «Debiendo ser este periódico el órgano de la moda, y objeto suyo todo lo que con ella tenga relación, se insertarán con gusto todos los anuncios, observaciones, comunicaciones y noticias que nos parezcan dignos de la luz pública, y nos remitan los Maestros Sastres, Modistas, Tapiceros, Diamantistas, Sombrereros, Peluqueros, Perfumistas, dueños de almacenes de telas, quincalla, objetos de lujo, etc., dando siempre la preferencia a nuestros suscritores».

6 «Manufactura de productos químicos: Productos químicos para las artes en general. Productos para el tinte y la impresión de las telas; para el dorado y plateado; la daguerreotipia y la plotografía: los fuegos artificiales y de color; para los esmaltadores y pintores de porcelana; las cristalerías y vidrierías; los jaboneros perfumistas, etc. etc.» (*La Esperanza*, 16-1-1850: 4).

das de rosas y de flor de naranja que, con el paso del tiempo y conservadas en malas condiciones (en vasijas de cobre en vez de en recipientes de vidrio), pueden volverse ácidas, dañinas para la salud:

> Consultados de nuevo los miembros del consejo de salubridad, se emprendieron indagaciones que confirmaron los temores que se tenían. Reconocieron desde luego que no todas las aguas de flor de naranja contenía plomo, pues todas las provistas por los farmacéuticos de París no contenían ni un átomo, pero las tomadas de los drogueros, perfumistas y especieros contenían desde medio a tres granos de acefato de plomo por media libra. [...] He aquí una nueva prueba del peligro que hay para la salud pública en que los drogueros despachen los productos medicinales más que a los farmacéuticos que pueden conocerlos y corregirlos. En esta razón se apoyan nuestras leyes para prohibirles esta venta, y nunca nos cansaremos de recomendar su observancia (*Boletín de Medicina, Cirugía y Farmacia*, 9-10-1834: 4).[7]

Son constantes, en este tipo de prensa, las crónicas de las humillantes y molestas consecuencias que sufren quienes acuden a los perfumistas buscando remedios para problemas no tanto médicos como estéticos: es en las casas de perfumería donde se venden los más populares remedios contra el blanqueamiento del cabello y la calvicie, dos inevitables preocupaciones de una sociedad en la que el culto a la juventud[8] empieza a convertirse en una obsesión, tanto para hombres como para mujeres:

> Un oficial tenía el cabello negro, y rojo el pelo de las patillas; quiso teñirlas, pero al servirse de una pomada de las que se venden en casa de los perfumistas, le dio una erisipela en todo el sitio que había tocado la pomada, que no le quedaron más ganas de servirse de ella. [...] También hay en París, en casa de los perfumistas un agua que llaman agua de Persia; agua de Egipto; agua de Chipre, etc., y se compone de diez granos de nitrato de plata cristalizado y disuelto en una onza de agua. Hubo una señora que por quere teñirse los cabellos, siguiendo la indicación del prospecto de estas aguas, tuvo el triple disgusto de no poder ennegrecer todos los cabellos, de que se le pusieran negras algunas partes del cutis donde tocó el agua, y de que le diera un dolor de cabeza de los más violentos» (*Repertorio Médico Extranjero*, 1832: 356-357).

Desde las páginas de la prensa general se culpa no solamente a los perfumistas, que se lucran gracias a «embaucar a los españoles con sus pretendidos específicos para

---

7 Se habla, en esas décadas, de la decadencia de la farmacia, y de cómo es necesaria la existencia de una serie de leyes que protejan profesionalmente a los farmacéuticos, fundamentalmente del «comercio de los herbolarios, drogueros, perfumistas, confiteros, etc. etc., a quienes se permite vender medicamentos por menor» (*Boletín de Medicina, Cirugía y Farmacia*, 11-01-1846: 1).

8 «Los hombres han dejado atrás las barbas y bigotes, los atavíos solemnes, como la levita y el chaqué, los accesorios de cierto respeto, como el bastón... Si miramos un álbum de retratos de familia que registre la época de tránsito, estos cuarentones afeitados, deportivos, vestidos con un sencillo y elegante desgaire, nos parecen hijos de sí mismos, esto, hijos del hombre de veinticinco años, bigotudo o barbudo, enlevitado, con una actitud de importancia y una forzada expresión de gravedad propia de los tiempos felices, que ellos mismos fueron quince años atrás» (Morales 1947: 297).

ciertas enfermedades»[9], sino también a esos ciudadanos que, ignorantes e influenciables, muerden el anzuelo de tantas «invenciones sublimes»:

> A pesar de las pomadas de león, de oso y de camello, a pesar de los aceites regeneradores y de todas las invenciones sublimes destinadas a fertilizar el terreno árido e infecundo conocido por calvicie, los afanes de los más célebres químicos perfumistas han sido en parte infructuosos. Decimos en parte, porque los que a tales invenciones se dedican, no dejan de ver premiados sus desvelos, merced a la candorosa credulidad y anchas tragaderas de cuantos compran tales ungüentos, y dándose con ellos cotidianas frotaciones, llenan de grasa el cuello de sus levitas, fraque so gabanes, sin ver nunca despuntar ni siquiera un ligero bozo, que sirva de alfombra a la anchurosa lisura que campea sobre su cráneo (*La Linterna Mágica*, 1850: 5).

De todo lo anterior se extrae además un punto fundamental para aprehender adecuadamente la noción de *perfumista* en ese momento y durante buena parte del siglo XX: el hecho de que no era meramente quien elaboraba perfumes, sino una suerte de boticario o droguero, que componía y vendía todo tipo de productos higiénicos y cosméticos; es esteun aspecto que, sin embargo, no se aprecia a través de la representación lexicográfica del término *perfumista*, o del de *perfumería*[10].

Así, la voz *perfumería* se define, desde el *DRAE*-1870, como «El lugar, o casa donde se hacen y venden los perfumes, o se adoban las ropas o pieles con olores, como se usaba antiguamente en España». El diccionario de la editorial Gaspar y Roig, en 1855, divide esa definición en dos acepciones («Lugar donde se fabrican perfumes, y tienda donde se venden» y «El lugar o casa donde se adobaban las ropas o pieles con olores, como se usaba antiguamente en España»), haciendo más evidente la diferencia entre la acepción usual y el sentido ya desusado del término; así lo va a distinguir también el *DRAE*-1884: «Lugar o casa donde se preparan perfumes, o se adoban las ropas o pieles con olores, como se usaba

9 «Fórmulas de medicamentos para la calvicie. Como los redactores están persuadidos de que nuestros farmacéuticos lo que desean es tener noticia de aquellas preparaciones que los médicos puedan querer usar, y no se acuerdan de las dosis de los medicamentos, ni de los principios que entran en su composición, por estar interpoladas en los periódicos o en las obras de sus inventores, en obsequio de los farmacéuticos se dará la noticia de ciertas recetas cuya recomendación sea bien conocida, y tal vez por este medio puedan hacer que algunos perfumistas dejen de embaucar a los españoles con sus pretendidos específicos para ciertas enfermedades» (*El Esculapio*, 1842: 179).

10 No nos detenemos aquí en el estudio de la voz *perfumero*, pues apenas tiene representación en la prensa de la época, y de hecho en el diccionario académico solamente aparece definido en las ediciones de 1780 y 1803, como «El que hace y trabaja en los perfumes»; en 1822, bajo el lema *perfumero* se remite ya a *perfumista*. En las ocasiones en que en la prensa se usa este término, es con un evidente sentido arcaizante: «En Europa, dice, y bajo las monarquías, puede ser una gran distinción el que los soberanos acepten con preferencia los servicios de personas determinadas; de tal suerte que, aunuqe los servicios sean un tanto serviles, no dejen por eso de conferir dignidad oficial. El perfumero de la reina, el sastre del rey, el cocinero de Su Majestad, y, siga usted, que ha de encontrar más allá» (*El Siglo Futuro*, 24-10-1883: 3).

antiguamente en España» y «Tienda donde se venden perfumes». En 1895, el diccionario de Zerolo añade, una tercera acepción a las dos ya conocidas de *perfumería*: «Industria que tiene por objeto la preparación de perfumes»[11]. Ninguna de estas descripciones léxicas refleja, sin embargo, la realidad de las perfumerías de la época, y no lo hace tampoco el *DRAE*-1914 en las tres acepciones que ofrece para el término: «Oficina donde se preparan perfumes, o se adoban las ropas o pieles con olores, como se usaba antiguamente en España», «Arte de fabricar perfumes» y «Tienda donde se venden». Quizás debamos considerar como lo más próximo a una representación lexicográfica de esta noción, la acepción más general que añade el diccionario académico de 1925: «Conjunto de productos y materias de esta industria»; pero aún así, no aclara qué tipo de productos y materias constituyen el ámbito de la perfumería.

Algo semejante sucede con la voz *perfumista*, que se encuentra en el diccionario académico desde 1803, definida como «El que hace, o vende los perfumes». En el *DRA*E-1884 se ofrecen dos acepciones para el término: «Persona que prepara perfumes» y «Persona que los vende»[12], definición que no se modifica hasta que en la edición de 1925 se condensan ambas acepciones en una única, como «Persona que prepara o vende perfumes», que se mantiene hasta el *DRAE*-2001.

Sin embargo, la prensa periódica del siglo XIX, especialmente a través de sus avisos y anuncios, nos proporciona abundantes testimonios de que los términos *perfumista* y *perfumería* se empleaban para abarcar no solamente la práctica de la creación de perfumes, sino la de un sinfín de productos higiénicos y cosméticos:

> Importante a las señoras: Un comisionista francés, que con urgencia ha tenido que marcharse, ha dejado en comisión para su venta el surtido de muestras de perfumería que aportó de Francia de los más acreditados perfumistas, habiendo, para su presto despacho, realizado una rebaja de 2 reales en cada uno de los frascos, botes, botellas etc de los precios comunes. A saber: aceite de Macasar, frasco grande 10 reales; agua odontálgica de Boltó, 10 reales, botella chica; Cold Eveaux, pomada inglesa legítima, 10 reales; pomada antisórica, reconocida como útil en todas las enfermedades de la piel, y más particularmente en la costra láctea o usagre de los niños, 8 reales, botella chica 6 reales, y así lo demás (*El Observador*, 20-5-1848: 4).
>
> Avisos. Perfumería – En el salón del peluquero Mr. Ratier, situado en el Borne junto al café de Bartolo, se ha recibido un gran surtido de perfumería de los más acreditados perfumistas de París, el cual se compone de pomadas asurtidas de colores; de tuétano de vaca y grasa de oso para conservar y hacer crecer el pelo; aceites de todos olores y de Macasar: aguas de Colonia de todas clases y de la verdadera de Jean Marie Fraine. Cold Cream para curar las

11 Esta acepción se marca con una cruz, que, como se indica el propio prólogo al diccionario, es el símbolo que se emplea «cuando se agregan acepciones que no trae la Academia».

12 Cabría pensar que el propio término «perfumes» pudiera implicar el sentido de pomada, ungüento o producto cósmetico, medicinal; pero no es este el caso. Tanto en la representación lexicográfica de *perfume* como en los propios textos de la prensa periódica, su significado se restringe al de sustacia odorífica o aromática.

cortaduras de los labios y los humores herpéticos. Dobles y triples estractos de todos olores para pañuelos; cosméticos para suavizar y teñir el bigote y los cabellos; agua de Botol; opiatas y polvos detríticos; Salenite para teñir el pelo de todos colores; jabones de todas clases y olores; y otros muchos artículos que espende a precios equitativos (*Diario Constitucional de Palma*, 14-2-1851: 4).

También es significativo consignar que, por ejemplo, los productos dentífricos, aún bien entrado el siglo XX, se consideraban artículos de perfumería, como se hace evidente en este anuncio de la conocida marca Colgate:

> La mujer española, siempre alegre y risueña, gusta del uso de la crema dentífrica Colgate. Ella sabe que sus dientes blancos y brillantes añaden mayor encanto a su hermosura. Las gentes de allí, como aquí, sin distinción de categoría, confían en que todo esto ha de lograrse con la crema dentífrica Colgate. Buenos dientes. Buena salud. La marca 'Colgate', en artículos de perfumería, es sinónima de pureza, buena calidad y honradez. Establecidos en 1806 (*La Esfera*, 16-6-1923: 26).

Como ya adelantábamos al inicio de este artículo, esa «buena calidad y honradez» de los productos de perfumería viene de la aplicación de los avances de la técnica y la química al trabajo de los perfumistas, que se produce en la horquilla del cambio de siglo en España. El mejor ejemplo de cómo la química va a ser determinante en esta transformación – había sido de hecho, una aspiración temprana de la perfumería – es la notable presencia en la prensa periódica del XIX del sintagma nominal «perfumistas químicos»[13]. Porque la química legitima, autoriza, convence y, en definitiva, vende. Así, serán más fiables, a ojos de los españoles, aquellos productos aprobados por las «celebridades médicas de París», como aquellos firmados por «perfumistas químicos privilegiados», sin que tal término llegue a implicar una diferencia tangible con los tradicionales perfumistas:

> Agua de Albión. Para el tocador. Extracto del jugo natural de las flores y de las plantas aromáticas. Aprobado por las celebridades médicas de París. Este cosmético refrigerante, balsámico y tónico posee todas las virtudes de las plantas que componen su base. Dedicado especialmente a las señoras, es superior a todos los vinagres de tocador compuestos hasta ahora. Esta notable composición, cuyo perfume es delicioso, penetra por los poros debajo de los tejidos adiposos, y fortificando el dermis da al cutis la frescura y elasticidad de la juventud. Los hombres se sirven de ella con buen éxito para hacer desaparecer el ardor de la cara después de haberse afeitado. Véndese en casa de los señores Gellé hermanos, perfumistas químicos, rue des Vieux Augustin, 35, cerca de la plaza de las Victorias. Inventores del Regenerador, para hacer

13 O, una variante menos frecuente, «químicos perfumistas»: «Basta de cabellos blancos. Filliol et Andoque, químicos perfumistas privilegiados, París, 49, Rue Vivienne, principal. Artículos especiales para la coloración de los cabellos blancos: La Pomada Tánica devuelve a los cabellos blancos su color primitivo sin teñirlos, y se usa como la pomada ordinaria (éxito seguro). En España, 26 reales bote. La Tintura Única (un solo frasco) tiñe la barba instantáneamente sin encesidad de lavarla. En España 26 reales caja. La Tintura Silícica tiñe también instantáneamente u para siempre los cabellos y la barba de un color inalterable enteramente natural y sin dejar reflejo alguno. En España 35 reales caja» (*La Época*, 17-2-1872: 4).

crecer y conservar el pelo. Jabón filoderme, de jugo de pepinos, emoliente y refrescante. Elixir de rosas de París, para limpiarse la boca y conservar la dentadura. La composición suave para ennegrecer instantáneamente los bigotes y las patillas. La loción vegetal, con base de yema de huevo, para limpiar la cabeza y desengrasar el pelo. Carboquinerosa, polvos dentífricos con base de carbón de quinina y de rosas de Pravias. Depósitos: en casa de todos los perfumistas de Francia y del extranjero. La empresa Saavedra y de Riberalles se encarga de los pedidos que se hagan a estos fabricantes por medio de la casa de Madrid, calle Mayor, núm 17 (*El Heraldo*, 25-2-1852: 4).

Perfumería de todas clases. El arte del perfumista ha llegado a nuestra época a una altura importante, gracias a la baratura de los artículos, y a su consecuencia, el gran consumo. Para cierta clase de personas, el tener buenos jabones, aguas de todas clases para bañarse y lavarse, pomadas exquisitas y elegantes, *sachets* para los guantes y pañuelos, son necesidades tales que no comprenden la privación de ellas. Conociendo esto, acudimos incesantemente a los mejores perfumistas químicos de París y Londres, y gracias a nuestro buen despacho y a la ventajosa combinación de anuncios, podemos ofrecer al público el surtido más variado y rico en esta clase, a precios tal vez excepcionales. [...] Exposición extranjera, calle Mayor, núm. 17 (*La Época*, 26-10-1852: 4).

Como sucede con la moda y tantos otros aspectos de la vida cotidiana de la época, París, junto con Londres, es una referencia de prestigio, y durante el siglo XIX muchos productos cosméticos de los que se recogen en estos anuncios eran importaciones del extranjero. No será hasta las primeras décadas del XX cuando elaboren sus propios productos de belleza empresas españolas como La Toja o GAL. Esto evidencia que *perfumista*, con este sentido amplio, más rico, del término, era no solamente una voz empleada en la prensa española que pudiese describir una realidad ajena a nuestro territorio, sino que era, en efecto, una figura que existía también en nuestro país en ese momento:

Al final de la calle de la Princesa, y entre el paseo de San Bernardina y la calle de Fernández de los Ríos, se alza el edificio recientemente construido por la casa GAL, para la fabricación de sus productos. [...] Las naves de que consta la fábrica son cuatro: una, la mayor de todas, dedicada a la elaboración de jabones. Ocioso sería describir sus dimensiones, pues para darse idea de ellas es bastante saber la enorme producción que la casa GAL necesita para servir los pedidos del Jabón Heno de Pravia que actualmente se exporta a todos los países del mundo. [...] Tiene además el edificio otro cuerpo destinado a laboratorio, oficinas montadas al estilo americano, vivienda del Gerente, archivos y demás dependencias burocráticas. Al frente del laboratorio figura el químico D. Eusebio Echeandía, hermano del Gerente. Ha sido el primer español que se doctoró en la Universidad de Berlín, después de ocho años de estudio en la capital de Alemania. Los éxitos de la fábrica GAL corresponden en gran parte a su químico, quien puede estar orgulloso de la labor que viene realizando (*España*, 23-12-1915: 5).

La Sociedad La Toja, en efecto, que creó el gran balneario de su nombre, que con la construcción de parques, caminos y avenidas magníficos, amplios muelles de atraque y profusos pabellones, transformó en pocos años lo que era nada más que una isla yerma e inhóspita en estación de verano pulcra, confortable y suntuosa; que supo producir con las sales extraídas de sus termas famosas un jabón de universal renombre, acaba ahora de inaugurar una fábrica de nueva planta, en la cual, además de aquel, se elaboran cremas de toilette, jabón para la barba, en barritas y en tubos; cold-cream, pomadas medicinales, pastas dentífricas y otros productos

> análogos. Fabricados todos ellos a base también de sales y lodos obtenidos de los prodigiosos manantiales de La Toja con primeras materias selectísimas manipuladas por máquinas de una modernidad y una perfección insuperables, [...] bastará decir que la demanda para Inglaterra, por ejemplo, a pesar de los derechos arancelarios que acaba de establecer y del famoso y terrible «Buy British», alcanza ya cifras considerables. Los que hemos probado esos productos nuevos hemos quedado maravillados de su exquisitez, no igualada por ningún producto similar; por eso no tiene por qué sorprendernos ese triunfo (*La Voz*, 10-2-1932: 3).

Hay más de medio siglo de diferencia entre estos textos y los anuncios del año 1852 que citábamos más arriba, y las diferencias entre ambos son evidentes, como evidente es la transformación que en esas décadas ha experimentado la industria de la perfumería. Atrás ha quedado el ambiguo sintagma «perfumista químico», y el trabajo del creador de perfumes y productos cosméticos es ahora, propiamente, un químico doctorado que ya no trabaja en un taller, sino en un laboratorio. Y si en los anuncios de mediados del siglo XIX se hablaba de productos elaborados (no *fabricados*) a partir del «extracto del jugo natural de las flores y de las plantas aromáticas», o de una loción vegetal, o de «polvos dentífricos con base de carbón de quinina y de rosas de Pravias»; con el cambio de siglo, la perfumería, «por la influencia de la Química, ha tenido y positivamente habrá de experimentar más radicales y profundos cambios»:

> No hace mucho tiempo llegó a determinarse la composición exacta de los aceites esenciales, aislando los éteres que les comunican su perfume respectivo: así llegó a averiguarse que el acetato de finalol es el principio activo de la esencia de bergamota, utilizada con tanto éxito para el petróleo Gall; que el redinol es el principio de la esencia de rosa; que el geranio lo es de la esencia que lleva su nombre; que el eugenol lo es de la de clavo; que el irone es la base del iris y de esencias delicadísimas de diferentes y atractivas denominaciones. Conocido el principio, el elemento activo primario de muchas substancias odoríferas, la industria ha tratado de reproducirlo por medio de combinaciones múltiples de cuerpos inodoros y a veces fétidos, y ha llegado á alcanzar resultados admirables. Oxidando la salicina, variedad de glucosa contenida en la corteza del sauce y de álamo, los alemanes han obtenido el perfume de la esencia de *Reines-Pres*, más condensado, más puro y más *sintético* que el logrado en las destilerías francesas é inglesas por la extracción del jugo de mil flores (M. R. Navas, *Heraldo de la Industria*, 1-5-1902: 5).

Lo sintético[14] es el aroma del nuevo siglo, y tanto la química como los avances técnicos del momento, muchos de ellos (como el vaporizador o el hidrófero) mostrados en la Exposición Universal de París de 1878, van a afectar drásticamente a la producción y la comercialización de los productos de perfumería (Corbin 1987: 216). La introducción de procesos mecánicos en la elaboración de estos artículos, así como el uso de elementos sintéticos, conlleva además el abaratamiento de costes

---

14 El término *sintético*, referido a los «productos obtenidos por procedimientos industriales, generalmente una síntesis química, que reproducen la composición y propiedades de algunos cuerpos naturales» es una acepción que, efectivamente, no se registra en el diccionario hasta la edición académica de 1936.

en la producción, incrementando notablemente su crecimiento como industria[15]. Todo esto tiene repercusiones también, como es evidente, para el léxico de la perfumería. Del mismo modo que las fórmulas y compuestos sintéticos han desplazado a las materias primas naturales, el lenguaje de los perfumistas se vuelve técnico, y se enriquece con el volcado masivo de términos que proceden de la química:

> Se hallan los perfumes muy generalizados por su gran baratura, que nos descubre que no son productos naturales, sino consecuencias de sabias manipulaciones y detenidos estudios. Hemos de convenir qne la mayoría de ellos son preparados sintéticamente, no entrando las flores en una mínima parte, que se reemplazan por materias químicas de idénticos resultados. La esencia de rosas que suelen ofrecer por ahí, en frasquitos bellamente dispuestos, no es más que una fórmula aromática que proviene del geraniol. La de bergamota no pasa de un simple acetato; el terpeneol se vende con el nombre de esencia de lilas; el alcohol cinamonio con el de jacintos, la ironía con el de violetas. Por último, hasta el almizcle, tan usado en mil combinaciones, se reemplaza hoy con el *trinitro hutylolicene* y el *trinitro butybxylone*. Esta introducción de la química en el arte de la perfumería ha contribuido a vulgarizar los perfumes, representando un acontecimiento científico la incorporación de esta ciencia. De ahí esos perfumes extravagantes, que no se obtienen de ninguna flor, sino que provienen de los resultados de hábiles y minuciosas experiencias en los laboratorios, que han conseguido adueñarse por completo del espíritu caprichoso de nuestras damas (*Alrededor del Mundo*, 19-9-1925: 16).

Al *espíritu caprichoso de las damas* no se lo cautiva, sin embargo, con el léxico de laboratorio, y así, es interesante comprobar como, de cara a los medios de difusión, a la comercialización de los perfumes, se produce un movimiento inverso en el léxico; cuanto más científico, cuanto más puramente químico es el proceso de fabricación de los perfumes, más evocativo es el lenguaje que los presenta al gran público[16]. Al perfume se le atribuyen valores simbólicos, y se configura como un elemento más del complejo sistema social de la moda, de la indumentaria y el estilo personal; la búsqueda de la identidad o la pertenencia a un determinado tipo social:.

---

15 «Como cuanto procura seguir la marcha vertiginosa de los tiempos, el arte de los perfumes se transforma sin cesar. Desde 1878, es decir, desde el año de la última Exposición de París hasta hoy, los adelantos son indudables y tienen su origen: en el papel, cada vez mayor, de las máquinas que han producido la rebaja de los precios y el mejoramiento correlativo de los productos; en la sustitución de las grasas que solían emplearse hasta ahora para aprisionar los perfumes, por la nentrolina, petróleo que no se enrancia y en los ensayos hechos para extraer las esencias con la ayuda del cloruro de methylo, disolvente muy poderoso» (Parisino, *La Época*, 18-7-1889: 2).

16 «El refinamiento del vocablario acompaña las nuevas pretensiones estéticas. La ampliación de la gama de productos y la búsqueda de correspondencias solicitan la imaginación verbal. El denso cúmulo de apelativos bosqueja un paisaje poético relativamente sencillo en el que destacan algunas grandes masas» (Corbin 1987: 217).

> La dificultad de representación de algunos objetos de consumo en el discurso publicitario ha inducido a tal género discursivo a establecer un tipo de retórica particular para estos objetos *irrepresentables* como es el caso del perfume. [...] El perfume, como producto anunciado, comporta, pues, la problemática de la representación perceptual: hay que representar un signo olfativo mediante un signo visual y crear una sensación, una percepción y una memoria olfativa (Madrid 2005: 1).

Es esta pues, a grandes rasgos, la notable transformación que la perfumería experimenta con el cambio de siglo, posible solamente por el giro científico, por los progresos de la técnica y el desarrollo de la ciencia en ese momento histórico. Así, con el triunfo de la química, nada quedará de aquellos perfumistas caricaturizados en la prensa como una herencia desvirtuada del alquimista, una pobre imitación del farmacéutico, embusteros y charlatanes de éxito entre las masas. La química va a transformar la perfumería como práctica artesanal en ciencia de laboratorio, y, en último término, en una industria moderna como la que ha llegado hasta nuestros días.

Referencias bibliográficas

COLOMBANI, Marie-Josée y Jean-Roger BOURREC (2005): *El libro del amante del perfume*. Palma de Mallorca: José J. de Olañeta editor.

CORBIN, Alain (1987): *El perfume o el miasma. El olfato o lo imaginario social. Siglos XVIII y XIX*. México: Fondo de Cultura Económica.

MADRID CÁNOVAS, Sonia (2005): «El perfume en publicidad: irrepresentabilidad y sinestesia», *Revista de investigación lingüística*, VIII, pp. 131-152.

MORALES, María Luz (1947): *La moda (1900-1920)*. Barcelona: Salvat.

REAL ACADEMIA ESPAÑOLA (2001): *Nuevo Tesoro Lexicográfico de la Lengua Española*. Madrid: Espasa-Calpe [DVD].

Fuentes bibliográficas

Alrededor del Mundo (Madrid, 1899-1930)

Boletín de Medicina, Cirugía y Farmacia (Madrid, 1834-1853)

Correo de las Damas, El (Madrid, 1833-1835)

Correspondencia de España, La (Madrid, 1860-1925)

Diario Constitucional de Palma (Palma, 1839-1851)

Diario Oficial de Avisos de Madrid (Madrid, 1847-1917)

Época, La (Madrid, 1849-1936)

Esculapio, El (Madrid, 1852)

Esfera, La (Madrid, 1914-1921)

España (Madrid, 1915-1924)
Esperanza, La (Madrid, 1844-1874)
Heraldo, El (Madrid, 1842-1854)
Heraldo de la Industria (Madrid, 1899-1904)
Linterna Mágica, La (Madrid, 1849-1850)
Observador, El (Madrid, 1848-1853)
Repertorio Médico Extranjero [de Medicina, Cirugía, Veterinaria, Farmacia, Química y Botánica, Dedicado Especialmente a los Conocimientos Útiles en la Ciencia y el Arte de Curar, con Arreglo a los Descubrimientos Modernos] (Madrid, 1832-1834)
Siglo Futuro, El (Madrid, 1875-1936)
Voz, La (Madrid, 1920-1939)

Entre la ciencia y el derecho: las definiciones del *veneno* durante el siglo XIX[1]

Mar Cuenca-Lorente
Instituto de Historia de la Medicina y de la Ciencia López Piñero (UV-CSIC)

El siglo XIX fue un periodo decisivo en el desarrollo de la toxicología. El interés por los venenos y los crímenes de envenenamiento así como la repercusión social de los mismos, impulsó la búsqueda de nuevas técnicas para su detección y favoreció la consolidación de la figura del perito en los tribunales. En este capítulo se tratarán otras cuestiones clave: la búsqueda de una definición del veneno dotada de carácter científico, y su relación con las imágenes populares de estas sustancias así como la tipificación legal del delito de envenenamiento. Bettina Wahrig ha mostrado que la definición médica y científica de veneno era crucial en la creación de este nuevo espacio disciplinario puesto que permitió reorganizar las diferencias y, en cierta medida, delimitar las barreras entre el envenenamiento criminal y la intoxicación accidental (Wahrig 2006: 54).

La tarea no era sencilla. Los toxicólogos del siglo XIX tuvieron muchas dificultades para encontrar una definición adecuada del término *veneno*. Pere Mata (1811-1877)[2], catedrático de medicina legal en Madrid y uno de los máximos reformadores de la toxicología española, exponía este problema en su *Compendio de Toxicología general y particular*,[3] donde apuntaba la diversidad de definiciones existentes:

> Hay muchas definiciones del veneno, combatidas por las que no la dan, y hay escuelas que opinan por definirla a tenor del modo exterior y objetivo como mata y trastorna la salud, y otros, a tenor del modo como se conducen sus principios puestos en contacto con los inmediatos de nuestra economía (Mata 1874-1875: 140).

---

1 Este capítulo es una versión actualizada de la comunicación presentada en las IV jornadas de la Red Temática «Lengua y Ciencia», celebrada en Barcelona en octubre de 2011. La realización de este trabajo no hubiera sido posible sin la beca JAE-predoc concedida por el CSIC de la que disfruto desde septiembre de 2010 en el IHMC. Este trabajo forma parte del proyecto "Entre la ciencia y la ley: Mateu Orfila (1787-1853) y la toxicología del siglo XIX" (HAR2009-12918-C03-03), concedido por el Ministerio de Ciencia e Innovación. Agradezco a mi director de tesis, José Ramón Bertomeu Sánchez, toda la ayuda prestada en la elaboración de este capítulo.

2 Son numerosas las publicaciones existentes sobre Pere Mata. Algunas de las biografías más recientes son las de Patier de la Peña (1982), Toro Mérida y Prieto Alberca (1985), Toro Mérida (1987).

3 El *Compendio de Toxicología* era el tercer volumen del *Tratado de medicina y cirugía legal*, que contó con seis ediciones (1844, 1846, 1857, 1866-7, 1874-5, 1903-4). El éxito de la obra se refleja en su larga permanencia en las listas de obras recomendadas para la enseñanza del Consejo de Instrucción Pública y en su publicación a partir de la tercera edición por la editorial Carlos Bailly-Baillière, una de las editoriales más prestigiosas a nivel científico.

La definición ofrecida por Mata ya señalaba dos de los problemas que serían constantemente debatidos en los tratados de toxicología: su acción externa sobre la salud y el modo de interaccionar con los principios inmediatos del cuerpo humano. Establecer el significado preciso de *veneno* era imprescindible en la construcción de la toxicología moderna puesto que era el objeto de la misma. Sin embargo, el grado de importancia otorgado a esta cuestión variaba incluso entre los principales toxicólogos españoles. Las definiciones ofrecidas mezclaban en ocasiones imágenes populares con puntos de vista muy diferentes a los de la nueva toxicología. Las definiciones tradicionales no incluían cuestiones relativas a la dosis, o al modo de acción, ni tampoco abordaban el viejo debate acerca de las fronteras que separaban venenos y medicamentos. Por el contrario, las imágenes populares asociaban principalmente el envenenamiento con acciones ocultas, tal y como queda reflejado en muchas obras de literatura, dónde el veneno era frecuentemente relacionado con la magia y la hechicería. En este contexto, como ha señalado el historiador Ian Burney, muchos toxicólogos comprendieron que debían hacer un esfuerzo para trasladar las ideas sobre venenos desde la imaginación literaria hacia la ciencia moderna (Burney 2006: 46-49).

A mediados del siglo XIX, definir unívocamente *veneno* y *envenenamiento* parecía una labor casi imposible debido a la multitud de definiciones que coexistían. Esta ambigüedad aparecía reflejada tanto en los manuales de toxicología y medicina legal como en otras obras más amplias (los diccionarios especializados de medicina). En la primera parte de este capítulo se ofrecerá una revisión de estas definiciones, lo que permitirá, conocer sus diferencias según los criterios empleados, así como resaltar los aspectos considerados de mayor importancia por sus autores. Además, también se revisarán los debates surgidos en torno a la definición de *veneno* y *envenenamiento,* en los que participaron los toxicólogos del siglo XIX. Para ello se han analizado tres grupos de obras: los diccionarios generales de lengua castellana; los diccionarios especializados de medicina y los manuales de toxicología y, finalmente, los códigos penales que tuvieron vigencia en el siglo XIX.

En primer lugar se han considerado las definiciones recogidas en las ediciones de los *Diccionarios de la Real Academia Española* (*DRAE*) publicados durante el siglo XIX. También se han analizado los diccionarios de autor, que rompieron el monopolio de la Academia. Se basaban en el *DRAE* pero pugnaban entre ellos y con la Academia por recoger un mayor número de voces (Garriga y Rodríguez 2008: 93-94). Estas obras ofrecen acepciones más cercanas a las ideas populares sobre el veneno aunque, como veremos, sus definiciones están muy mediatizadas por las ideas médicas y jurídicas de la época. El segundo grupo está formado por los diccionarios especializados de medicina e incluye las obras más importantes publicadas por autores españoles y algunas traducciones de obras francesas y alemanas. Este grupo de diccionarios médicos constituyen el punto intermedio entre los diccionarios de lengua castellana (dirigidos al público en general) y los manuales de toxicología, que constituyen el núcleo del tercer grupo, y que estaban destinados a la formación de los estudiantes de medicina.

Por último, la literatura legal constituye un terreno muy interesante para analizar la evolución de los términos estudiados. Cuatro códigos penales diferentes estuvieron vigentes a lo largo del siglo XIX, promulgados en los años 1822, 1848, 1850 y 1870[4]. Pere Mata fue uno de los autores que más criticaron los procedimientos de elaboración de estos códigos. Señaló en muchas ocasiones las tensiones existentes entre los puntos de vista del derecho y de la medicina legal. Según Mata, el concepto de *veneno* debía definirse con precisión ante la ley para evitar interpretaciones diversas por parte de fiscales, abogados o defensores (Mata 1846a: 22-25). Sin embargo, los toxicólogos del siglo XIX defendieron una amplia variedad de criterios para establecer las definiciones, un hecho que dificultó la labor de los legisladores a la hora de redactar los códigos penales. En la última parte se ofrecerá una revisión de los códigos penales vigentes durante el siglo XIX para conocer la tipificación del crimen de envenenamiento y las consecuencias de la ausencia de una definición válida para veneno.

1. La imagen popular del veneno

Las diez ediciones del *DRAE* publicadas en el siglo XIX constituyen una fuente excelente para analizar la evolución del término *veneno*[5]. A partir de la segunda mitad del siglo, aparecieron algunos diccionarios de autor que comprendían un mayor caudal léxico que el de la Academia gracias a que incorporaban también términos procedentes de la ciencia y de la técnica (Anglada Arboix 2005: 42). Las dos obras más importantes fueron el *Nuevo Diccionario de la lengua castellana* de Vicente Salvá (1786-1849), cuya primera edición tiene fecha de 1846 y la segunda de 1847; y el *Diccionario nacional ó gran diccionario clásico de la lengua española* de Ramón Joaquín Domínguez (1811-1848) publicado entre 1846 y 1847.

4 Sobre el proceso de creación del código penal véase Lasso Gaite (1970).

5 Tras la creación de la Real Academia Española en 1713, el primer diccionario elaborado es el *Diccionario de Autoridades* (1726-1739). En 1770 se publicó el primer y único tomo de la reedición del *Diccionario de Autoridades*, pero ante la lentitud de los trabajos de revisión, se publicó en 1780 el diccionario en un solo tomo, *Diccionario de la lengua castellana,* que representa la primera edición del *DRAE* (Anglada Arboix 2005: 41-42; Garriga e Iglesias en prensa). Durante el siglo XIX, aparecieron nuevas ediciones e los años 1803, 1817, 1822, 1832, 1837, 1843, 1852, 1869, 1884 y 1899. A partir de este punto nos referiremos a los *Diccionarios de la Real Academia Española* por sus siglas: *DRAE*.

Si comenzamos por el análisis de las diez ediciones del *DRAE*, podemos constatar que el término *veneno*, no sufrió variaciones en su definición en todas las ediciones, sino solamente en las ediciones de 1817, 1852, 1869, 1884 y 1899, todas las cuales presentan alguna variación respecto a la definición procurada en 1803. Al ser diccionarios no especializados, todas las definiciones ofrecidas para *veneno* contienen acepciones que no tienen relación con los aspectos médicos, e incluyen metáforas, expresiones populares, refranes y frases anticuadas[6].

En la edición de 1803, *veneno* es definido del siguiente modo: 'Cualidad de alguna cosa maligna, nociva y opuesta a la vida; y con particularidad se toma por la bebida, polvos u otra composición de simples de esta cualidad que se prepara para matar a alguno'[7]. Esta definición es casi idéntica a la que aparece en la última edición del siglo XVIII[8], y, con ligeros cambios, a la que se publicó en el *Diccionario de Autoridades* de 1739[9]. No es hasta la edición de 1817 cuando se producen cambios considerables, tal y como ocurre en otros casos (Garriga 2003: 98). Analizaremos, en primer lugar, las semejanzas y diferencias más relevantes y, más adelante, trataremos dos cuestiones importantes relacionadas con las características del veneno: el problema de la dosis y de la vía de administración. Un punto en común que presentan todas las ediciones es que coinciden en considerar *veneno* como 'una cosa nociva a la salud', es decir, le confieren un carácter perjudicial pero no siempre mortal. La capacidad del veneno para causar la muerte suele ser el rasgo empleado como primera acepción en la mayoría de los casos. Además, la primera edición del siglo XIX, le otorga un carácter intencional ('que se prepara para matar a alguno'), que ya no aparece en las posteriores ediciones. La definición de 1803 hace alusión a aspectos legales y morales que perderán importancia en las ediciones posteriores. En la definición de 1803, en su primera acepción, utiliza la expresión *cosa,* para referirse al veneno, mientras que, a partir de la definición de 1817, aparece identificado como *sustancia* o *materia*, lo que le confiere un significado más preciso. La palabra *cosa* seguirá apareciendo, pero no en la primera acepción, sino para mostrar su carácter perjudicial para la salud, siempre detrás de su

6 No se han analizado las acepciones correspondientes a metáforas o expresiones con el término *veneno*, sino que únicamente se han considerado las que guardan relación con la toxicología.

7 *DRAE* 1803: s.v. *veneno*. Todas las definiciones ofrecidas en este capítulo han sido adaptadas a la ortografía actual.

8 En el *DRAE* de 1791, última edición del siglo XVIII, aparece veneno definido como: 's.m. Cualidad de alguna cosa maligna, nociva y opuesta a la vida; y con particularidad se toma por la bebida, polvos, u otra composición de simples de esta cualidad, que se prepara para matar a alguno. *Venenum*. 2. Por extensión se llama cualquier cosa gravemente nociva para la salud. (…)' (*DRAE* 1791: s.v. *veneno*).

9 El *Diccionario de Autoridades* se publicó entre 1726 y 1739. Se estructuraba en seis tomos, que recogían las voces documentadas por autores de prestigio. Sobre este diccionario véase Garriga y Rodríguez (2008: 87).

carácter mortal. Respecto a las marcas que aparecen, se observa un cambio a partir de la edición de 1884, en la que la acepción correspondiente a 'cosa nociva a la salud' aparece la marca de sentido figurado.

Dos cuestiones importantes que se tratan en todas las ediciones hacen referencia a las características del veneno: la dosis necesaria para ser considerado como tal y la vía de administración. En cuanto al primer aspecto, se emplean cuantificadores generales como *cortísima cantidad* o *corta cantidad* para referirse a la dosis empleada a partir de la edición de 1817. Respecto a la vía de administración, solamente se indica que la sustancia puede ser *tomada o aplicada*, pero sin entrar en cuestiones más complejas que, como veremos, aparecen en los diccionarios especializados de medicina. En la definición de 1817, también se introduce la expresión *economía animal*, que se mantiene hasta la última edición del siglo, pero que no aparece en la edición de 1803 por los motivos que hemos comentado anteriormente. Estos problemas, referentes tanto a la dosis como al modo de introducción en el cuerpo humano, se mencionan también en otros contextos como el británico. Como Ian Burney ha mostrado en el caso de Inglaterra, una de las cuestiones que debían abordar los toxicólogos era la asimetría entre la cantidad de veneno administrada y su acción en el cuerpo humano. En el imaginario colectivo, las pequeñas cantidades de veneno que se consideraban responsables de la muerte, generaban estupor por su marcado contraste con otras formas de violencia. En realidad, según afirmaban los toxicólogos, la mayoría de las sustancias reconocidas como venenos debían ser empleadas en dosis elevadas para actuar como tal. A pesar de que la dosis o la cantidad administrada influía en los argumentos presentados en juicios de envenenamiento, difícilmente podían ser los únicos criterios empleados para definir a una sustancia como veneno u otro tipo de sustancia nociva para el organismo (Burney 2006: 40-77).

Finalmente, sorprende la ausencia de marcas de especialidad en las definiciones de *veneno*. No aparece vinculado en ninguna edición con la toxicología, ni con ninguna otra materia. El *DRAE* ofrece por primera vez una definición de *toxicología* en la edición de 1869, quince años después de la creación de la cátedra de esta materia en la Universidad española. Define la toxicología como 'la parte de la medicina que trata de los venenos'[10]. Esta definición se mantiene en las dos siguientes ediciones de 1884 y 1899, pero en las entradas correspondientes a *veneno* sigue sin aparecer ninguna marca de especialidad.

A mitad del siglo XIX, se publicaron dos diccionarios con un elevado número de términos especializados. Sus autores, Salvá y Domínguez, intentaron modernizar la lexicografía del español pero no ofrecieron ninguna novedad respecto a la definición de *veneno*. En estos dos diccionarios se incluyen, igual que ocurría

---

10 *DRAE* (1869): s.v. *toxicología*.

en el caso del *DRAE*, acepciones de *veneno* que no se ciñen a aspectos médicos o toxicológicos. Las dos primeras acepciones de *veneno* en los diccionarios de Salvá y Domínguez son idénticas. Hacen referencia a la cantidad y los efectos pero sin mencionar la intencionalidad. Son definiciones que reproducen exactamente la del *DRAE* de 1817, que se mantuvo hasta la edición de 1869. También se conserva la referencia a la nocividad para la salud del veneno, la cual aparece en todos los diccionarios del *DRAE*.

En todos los diccionarios comentados hasta el momento se observa que la definición de *veneno* es simple y carece de tecnicismos que dificulten su comprensión. Estas características están claramente relacionadas con el público destinatario de estas obras: un lector no especializado que debía poder consultar estas obras sin tener un conocimiento profundo de la materia. En las otras obras analizadas, las definiciones que se ofrecen son más específicas e incluyen cuestiones que estaban siendo debatidas por los toxicólogos más famosos. Este hecho no excluye la existencia de elementos comunes, por ejemplo, el interés por la dosis necesaria con la que debe actuar el veneno. Como ya se ha mencionado anteriormente, el problema de la dosis estaba constantemente presente en la imagen popular del veneno, asociándose frecuentemente el uso de pequeñas dosis con la capacidad para provocar la muerte de un individuo. También se puede constatar la presencia de aspectos propios del derecho, como la intencionalidad, entrelazados con cuestiones más cercanas a la ciencia, como la *economía animal*.

2. Los diccionarios especializados de medicina

Como señala Bertha Gutiérrez, el siglo XIX se caracteriza, en materia de lexicografía médica, por la publicación de un grupo de diccionarios terminológicos, que se diferenciaban de los enciclopédicos principalmente en que no eran traducciones directas del francés. Algunos autores denunciaron las dificultades que existían para elaborar un buen diccionario castellano de medicina, una obra que debía diferenciarse tanto de los glosarios médicos y repertorios del siglo XVIII como de las traducciones de los diccionarios de términos científicos existentes[11]. Se han analizado cuatro diccionarios de este tipo. En orden cronológico, el primero es el publicado entre los años 1805 y 1807 por Antonio Ballano, el *Diccionario de medicina y cirugía, ó biblioteca manual médico quirúrgica*[12]. Su discípulo, Ma-

11 Bertha Gutiérrez señala la controversia existente acerca de la denominación recibida por estos diccionarios ya que algunos autores del XIX preferían llamar *vocabularios* a lo que nosotros llamamos *diccionarios terminológicos*. Cf. Gutiérrez Rodilla (2001: 197-198).

12 La edición consultada de 1815-1817 es una reimpresión de la obra original.

nuel Hurtado de Mendoza (m.1849)[13], publicó en 1840 el *Vocabulario médico-quirúrgico*. En él se recogían los principales términos médicos de la lengua castellana, señalando además el área al que pertenecían y citando al autor en que se basaba su definición. Los dos últimos diccionarios terminológicos que han sido analizados se publicaron en el último tercio del siglo XIX. El primero de ellos es el *Vocabulario tecnológico de Medicina, Cirujía, Farmacia y ciencias auxiliares* de Juan Cuesta y Ckerner, publicado en 1878[14]. Consta de cuatro volúmenes que recogen una gran variedad de términos con algunas referencias a autores y obras. Fue escrito con la intención de proporcionar al lector una obra no tan extensa como los diccionarios, pero con un amplio contenido de palabras. La última obra analizada es el *Diccionario tecnológico de ciencias médicas* de José María Caballero y Villar publicado en 1886. Contiene más de 900 páginas en las que se incluyen términos específicamente médicos, sin nombres propios y con definiciones cortas (Gutiérrez Rodilla 2001: 200-202).

A pesar de los intentos para elaborar diccionarios terminológicos de producción propia en lengua castellana, durante el siglo XIX se siguieron realizando traducciones de diccionarios franceses. En la segunda mitad del siglo el alemán comenzó a ganar importancia, lo que explica la traducción de diccionarios alemanes, a pesar de que constituyeron un grupo mucho más reducido (Gutiérrez Rodilla 2001: 200). Se han incluido dos traducciones de obras francesas: el *Diccionario de los diccionarios de medicina publicados en Europa*, publicado por el doctor Antoine François Hippolyte Fabré (1797-1854) entre 1842 y 1846 y el *Diccionario de medicina y cirujía, farmacia, veterinaria y ciencias auxiliares*, de Emile Littré (1801-1881) publicado en 1889. Finalmente, se ha incluido en el análisis una traducción del alemán, del *Diccionario enciclopédico de medicina y cirugía prácticas* de Albert Eulenburg (1840-1917), publicado entre los años 1885 y 1891.

Las definiciones del término *veneno* que encontramos en los diccionarios redactados por autores españoles presentan cierta similitud entre ellas. Todos coinciden en definir *veneno* como una sustancia nociva para la salud y también hacen referencia a las vías por la que puede ser absorbida (cutánea, respiratoria o digestiva). La definición ofrecida por Antonio Ballano es la más completa. Incluye aspectos que serán tema de debate durante el siglo XIX, tales como la clasificación de los venenos, las dosis empleadas, el reconocimiento de los signos del envenenamiento, y las dificultades para diferenciar entre la acción producida en humanos y en otros animales. Por todo ello, su definición está más próxima a las ofrecidas en los manuales de enseñanza de la toxicología.

---

13 Sobre este autor véase López Piñero y Terrada (2005: 202-203).

14 La edición consultada corresponde a la segunda edición, publicada entre 1883 y 1892.

Algunos de estos diccionarios también incluyen una clasificación de los venenos (Caballero y Villar y Ballano). Otros ofrecen sinónimos como *ponzoña* y su equivalente en latín (*venenum*), tal y como sucede en los diccionarios de Cuesta y Ckerner y de Hurtado de Mendoza respectivamente. El diccionario de Cuesta y Ckerner ofrece ejemplos de venenos para los que se indica su nombre común y su nombre científico[15].

En las traducciones de obras francesas y alemanas consultadas también se define *veneno* como una sustancia nociva para la salud. En la obra de Fabré se indican las fuentes en que se ha basado para elaborar esta definición y la importancia de la distinción entre *veneno* y medicamento. En el diccionario de Littré se ofrecen otros términos con los que se puede confundirse al veneno, tales como *ponzoña*, *miasma* o *virus,* y se señala, que a pesar de ser diferentes tipos de cuerpos o sustancias, a todos ellos se les incluye bajo el término *veneno*. En el caso del diccionario de origen alemán, la definición de *veneno* se ofrece en la entrada correspondiente a *intoxicación,* sin que exista una entrada particular para la voz *veneno*[16]. No aporta demasiadas novedades respecto a las otras traducciones pero hace referencia al grado de toxicidad del veneno y sus causas.

Esta pequeña revisión indica las notables diferencias entre estos diccionarios especializados y los generales que han sido estudiados en el apartado anterior. Frente a la multiplicidad de acepciones que contienen los primeros, los especializados únicamente recogen las relacionadas con la salud. En los diccionarios especializados se incluyen precisiones relacionadas con la dosis, las vías de administración e, incluso, la clasificación de los venenos. Estas cuestiones, a pesar de ser mencionadas en los generales, no forman parte del argumento central que fundamenta la definición. En estos casos, parece que los autores pretenden ofrecer una definición clara, sin tecnicismos, para que pueda ser comprendida por un grupo amplio de lectores, la mayor parte profanos en cuestiones relacionadas con la medicina, por lo que no incluyen matizaciones sobre aspectos controvertidos en las revistas de medicina. En este sentido, estas definiciones presentan rasgos que Ludwik Fleck asoció, en un clásico trabajo de sociología de la ciencia, con la literatura de divulgación. Se trata de descripciones 'simplificadas', 'gráficas', 'apodícticas', repletas de 'certeza, sencillez y grafismo', que parecen ofrecer un saber 'más seguro, más redondo y más

---

15 Los ejemplos que se citan son: Veneno de las flechas, el curare; Veneno rabioso, el amaryllis chitichia; Veneno de ratones, el ácido arsenioso; Veneno de roble, el *Rhus Toxicodendro* (Cuesta y Ckerner 1892: 440).

16 Muchos autores discutieron en sus obras las diferencias existentes entre *envenenamiento* e *intoxicación.* En este apartado se ha considerado únicamente la definición de *veneno*, con la excepción del diccionario traducido del alemán, en el que la definición de *veneno* se ofrecía incluida en la definición de *intoxicación*. Esto ha permitido poder establecer una comparación con las traducciones del francés.

firmemente ensamblado' del que aparece en la literatura especializada (Fleck 1980: 160-163).

Sin embargo, como se ha señalado, los diccionarios generales no se limitan a ofrecer una versión simplificada de los contenidos mostrados en las obras especializadas. También recogen visiones populares sobre el veneno que, con el desarrollo de la toxicología, quedarán relegadas a un plano menor, pero que se mantendrán vigentes en estos diccionarios. Al mismo tiempo, también incluyeron referencias a los aspectos legales del envenenamiento. En los diccionarios especializados, por el contrario, aunque se trata de ofrecer una visión de conjunto más o menos coherente, no se excluyen los diversos puntos de vista existentes, las incertidumbres que rodean las investigaciones y los temas controvertidos. En contra de lo que afirmaba Fleck, estas controversias también están presentes en obras de un mayor carácter pedagógico como las que se analizarán a continuación.

3. El veneno en las aulas

Tras las reformas de los planes de estudio de 1843 y 1845, que supusieron la creación de la cátedra de medicina legal y toxicología, algunos de los profesores que impartían la asignatura, elaboraron manuales para sus alumnos[17]. Estas obras estaban destinadas también a los profesores de medicina y cirugía que intervenían en la resolución de juicios[18]. Las características de los venenos y el reconocimiento de los envenenamientos eran uno de los puntos tratados en todos los manuales de enseñanza, como puede comprobarse en los publicados por los catedráticos de Madrid y Barcelona respectivamente: Pere Mata[19], Ramón Ferrer y Garcés (1804-1872), y su sucesor, Ignacio Valentí i Vivó (1841-1924).

17 En los primeros años del siglo XIX, sucesivas reformas en los planes de estudios de medicina y cirugía tuvieron lugar. Una de ellas, la de 1843, conocida como Plan Mata, estableció dos únicas Facultades de ciencias médicas en Madrid y Barcelona. En los nuevos planes de estudio, la medicina legal disponía por vez primera de una cátedra individual. Sobre estas reformas véase Corbella 1995: 289-294. La reforma llevada a cabo en 1845, conocida como Plan Pidal, supuso que la toxicología fuera también incluida en los planes de estudio, compartiendo espacio junto a la medicina legal. Sobre esta reforma véase Viñao (1982).

18 Mata (1844: IV-V); Ferrer i Garcés (1846: IV); Valentí i Vivó (1878: VI).

19 Para el análisis del término *veneno* y la definición que aparece en sus obras hemos considerado la primera edición de los *Aforismos de toxicología* ya que es la primera obra de Mata específica sobre toxicología y su segunda edición de 1849 para poder compararlas con las definiciones aparecidas en el *Compendio de toxicología general y particular*, obra de la que hemos considerado la primera edición de 1846 y la última edición publicada antes de la muerte de Mata: la edición de 1874-75.

Como otros autores, Mata entendía que la toxicología era 'la ciencia que trata de la intoxicación y de las sustancias que la producen' y la dividía en 'general' (cuestiones relativas a todos los venenos) y 'particular o especial' (rasgos característicos de cada veneno en particular) (Mata 1846b: 5).

En las siguientes páginas de sus *Aforismos de toxicología*, Mata explicaba su definición de veneno para lo que se basaba en los estados en los cuales podían presentarse, las vías de introducción y su mecanismo de acción en el cuerpo humano. Mata diferenciaba entre *envenenamiento* e *intoxicación* por el criterio de la intencionalidad. Siempre según Mata, la intención estaba presente en casos de envenenamiento, lo que no ocurría en la intoxicación. Por ello definía *envenenamiento* como 'el atentado contra la vida de un individuo por medio de una sustancia venenosa' (Mata 1846a: 5-6).

En el *Compendio de Toxicología general y especial,* Pere Mata planteó de nuevo qué debía entenderse por *veneno*, *envenenamiento* e *intoxicación*. Para resolver estas cuestiones ofreció una revisión de las obras de los autores más importantes como Mateu Orfila (1787-1853)[20] así como una revisión histórica de la evolución del significado de *veneno*. Para Mata, la posibilidad de definir *veneno* de un modo conciso y claro era una cuestión absolutamente fundamental para la correcta definición del delito de envenenamiento, aspecto profundamente relacionado con la definición legal del veneno en los códigos penales.

Tras estas consideraciones, Mata ofreció una definición de *veneno* muy similar a la ya ofrecida en los *Aforismos de toxicología*, puntualizando únicamente que la sustancia era 'aplicada a un cuerpo vivo', en lugar de cuerpo humano como había señalado en la anterior obra. Mantenía, sin embargo, los conceptos básicos referentes a la dosis y al modo de acción. Consideraba además que eran necesarias muchas puntualizaciones para evitar confusión en jueces o abogados durante juicios de envenenamiento. Por ejemplo, pensaba que era necesario matizar expresiones como *toda sustancia* y *cuerpo*, dado que podían ser interpretadas de modo muy diverso. Cómo indicar la dosis a la que un veneno producía la muerte era otro de los aspectos que mayor controversia provocaban. Por ello, Mata también señaló las ambigüedades que producía emplear la expresión 'pequeñas dosis' para caracterizar los venenos. Según Mata, cuantificar de este modo la dosis administrada provocaba que las fronteras que delimitaban al veneno de los alimentos o los medicamentos perdieran claridad. La dosis, según Mata, era 'la necesaria para alterar la salud o matar' y estas cantidades variaban notablemente según la vía de administración y los venenos[21]. Esta modificación en la defini-

---

20 Sobre Mateu Orfila véase Bertomeu (2009), Bertomeu y Vidal (2011) y Bertomeu y Nieto (2006).

21 El debate sobre la dosis empleada estará presente a lo largo del siglo XIX. Mata consideraba que era imposible fijar de forma absoluta la cantidad en que son venenosas las sustancias por dos

ción presentaba dos ventajas principales: podía emplearse para referirse a cualquier veneno y eludía la cuantificación del veneno, cuestión muy complicada con los métodos de análisis disponibles en dicho periodo.

En la segunda edición de los *Aforismos de toxicología* de 1849, Mata cambió la definición y especificó el modo de interacción con el cuerpo humano, al mismo tiempo que eliminó las referencias a la dosis necesaria. Ahora definía *envenenamiento* como 'el uso de un veneno dado a una persona con la intención de atentar contra su vida' (Mata 1849: IV). Mantenía así la intencionalidad como un ingrediente esencial de este delito.

El primer catedrático de Medicina Legal de la Universidad de Barcelona fue Ramón Ferrer i Garcés quien publicó en 1846 un pequeño tratado titulado *Fragmento toxicológico o explicación de algunos venenos, del modo de analizarlos y de curar sus efectos*[22]. Cada una de las doce lecciones que componían la obra estaba dedicada a un tipo de veneno en concreto, si bien el arsénico era el que mayor atención recibía[23]. No ofrecía una definición general ni de *veneno* ni de *envenenamiento* sino que proporcionaba una descripción de algunos venenos para los que indicaba las características que permitían su reconocimiento. Sin embargo, en uno de los capítulos del libro se refería a lo que otros autores definían como *veneno*, calificándolo como 'toda sustancia que es capaz de causar trastornos de consideración o de aniquilar la vida, cuando es administrada a pequeñas dosis'. Criticaba el empleo de la expresión *pequeñas dosis* puesto que, en algunos casos, resultaba necesario administrar, aplicar o absorber *cantidades considerables* de ciertos venenos para determinar el envenenamiento (Ferrer i Garcés 1846: 97).

En 1873, tras la muerte de Ramón Ferrer i Garcés, la cátedra fue ocupada por Ignacio Valentí i Vivó, quien publicó un manual titulado *Curso elemental de medicina legal.* Esta obra contenía no sólo nociones de medicina legal, sino también de toxicología. De la misma forma que Mata, Valentí i Vivó consideraba que la diferencia entre *envenenamiento* e *intoxicación* radicaba en la intencionalidad del acto, siendo el primero un acto premeditado y voluntario, llevado a cabo sobre un propio individuo (suicidio) o sobre otro (asesinato). El autor se refería a este último caso como 'modo criminal de intoxicación' o 'envenenamiento' en la medicina legal (Valentí i Vivó 1873: 90). Una vez definida

---

motivos: las combinaciones que sufren en el cuerpo y por la imposibilidad de analizar las proporciones de esas cantidades ante la falta de desarrollo de la química orgánica (Mata 1849: 11).

22 Un análisis de la obra de Ferrer i Garcés se ofrece en Camps y Aler (1990).

23 El arsénico era el veneno más empleado a principios del siglo XIX, debido a sus características organolépticas, sus efectos letales y su fácil disponibilidad y extendido uso en otros campos y en la vida diaria como matarratas. En la mayoría de los tratados de toxicología del siglo XIX, el arsénico recibía una mayor atención en comparación al resto de venenos. Véase Bertomeu y Nieto (2006) y Whorton (2010).

la diferencia entre estos conceptos, Valentí i Vivó definía *veneno* como 'toda sustancia que, actuando sobre la economía, es capaz de acabar con la vida o la salud de un individuo, en virtud de las modificaciones histo-químicas que en él produce, y de las perturbaciones órgano-dinámicas que a su naturaleza o composición dinámica se deben' (Valentí i Vivó 1873: 92).

En 1877, ocupando ya como titular la plaza de catedrático en la Facultad de Barcelona, publicó una obra centrada únicamente en toxicología, el *Tratado elemental de Toxicología general y descriptiva*. La definición de veneno, se presentaba en esta obra bajo dos perspectivas diferentes: descriptiva y didáctica. La perspectiva didáctica correspondía a la ya ofrecida en la obra de 1873, mientras que la descriptiva definía el veneno como 'toda sustancia cuya presencia en el organismo produce, en virtud de su actividad química y en determinadas condiciones (no siempre conocidas), estados fisiopatológicos graves, y comúnmente la muerte del individuo'.

Como se ha podido comprobar en el análisis de las definiciones de los manuales de toxicología, las definiciones ofrecidas para *veneno* son mucho más completas que en el caso de los diccionarios de lengua castellana y de los diccionarios especializados de medicina. Sus lectores mayoritarios, estudiantes de medicina, encontraban en este tipo de obras una definición más precisa, que contenía elementos compartidos con otras áreas como la química, y requería de ciertos conocimientos especializados. Sin embargo, en algunos casos, como ocurre en la obra de Valentí i Vivó, la definición más descriptiva seguía manteniéndose, quizás con el objetivo de ser empleada por un mayor número de lectores. En estas obras se reflejan los debates en el terreno de la toxicología del siglo XIX, así como las tensiones existentes entre los diferentes puntos de vista del derecho y de la medicina legal, cuestión que trataremos a continuación. La definición de *veneno* es tratada de forma desigual en los tratados de toxicología de los autores españoles, lo que indica que no para todos ellos era fundamental definir el *veneno*. Mientras que para Valentí i Vivó, constituye una cuestión fundamental, básica para definir a su vez a la toxicología del XIX, Ramón Ferrer i Garcés no le confiere tanta importancia en sus obras, y a pesar de que trata la cuestión, generalmente la enfoca desde una perspectiva médico-legal.

Por una parte, las definiciones prestan en todos los casos atención al problema de la cuantificación del veneno. La desaparición de expresiones que señalaran la cantidad de veneno necesaria para matar a un individuo es visible en las definiciones ofrecidas por Pere Mata en los diversos tratados analizados. Este hecho puede ser debido al deseo de alejar estas definiciones científicas de aquellas más relacionadas con la cultura popular, en la que la cuantificación del veneno tenía un peso mayor como se ha visto en el análisis de los diccionarios generales. Por otra parte, las consecuencias que provoca el veneno en el individuo fueron también objeto de debate entre los toxicólogos. Como Ian Burney apunta, en la cultura popular era frecuente emplear los signos clínicos de un individuo para determinar la existencia de envenenamiento (Burney 2006: 51-52). Por tanto, estas definiciones pretendían también ofrecer criterios fiables en los que se pudieran basar las acusaciones de envenenamiento. La intencionalidad es otro de los aspectos más tratados en estos debates. Una clara distinción entre *envenenamiento* e *intoxicación* sí que parece tener un peso importante en la elaboración de todas estas definiciones y establece una relación con la tipificación del delito de envenenamiento en los códigos penales, asunto que trataremos en el siguiente apartado del capítulo.

4. La toxicología en los tribunales

El siglo XIX español es un contexto muy interesante para analizar los cambios que se produjeron en el sistema legal relacionados con el delito de envenenamiento. Se trata del siglo en el que se desarrolló el código penal contemporáneo. Dos características marcan la historia del código penal español del siglo XIX: la inestabilidad política, que se vio reflejada en continuas propuestas y reformas, y la influencia de las ideas francesas, especialmente del código penal napoleónico de 1810 que sirvió de modelo a los legisladores españoles del siglo XIX (López Barja de Quiroga 1988: 9-12). A lo largo del siglo estuvieron vigentes cuatro códigos penales diferentes, los códigos de 1822, 1848, 1850 y 1870, además de otros proyectos de reforma en 1830 y 1831. El código de 1870 ha estado vigente, con pequeñas modificaciones, hasta fechas muy recientes. Además, hubo numerosos debates en torno a su elaboración que han dejado un conjunto abundante de fuentes para los historiadores.

El análisis se centrará en seguir los puntos reflejados en los manuales de toxicología dentro de estos códigos y los debates relacionados.

El primer Código Penal español fue promulgado el 9 de julio de 1822 durante el período del trienio liberal[24]. Los delitos de envenenamiento, que incluían el suministro de bebidas o sustancias venenosas y las penas que de ello se derivaban, se enmarcaban en la parte del código penal que hacía referencia a los delitos cometidos contra los individuos.

En ningún momento el código tipificaba lo que se entendía por *veneno* o por *envenenamiento*, lo que provocó las críticas del toxicólogo Pere Mata[25]. El pri-

24 Sobre el Código Penal de 1822, véase Casabó Ruiz (1968).

25 Muy interesantes son también las críticas realizadas en la obra de Peiró y Rodrigo (1844), una obra conjunta de un médico y un abogado que gozó de gran éxito en la enseñanza de la medici-

mero de sus ataques estuvo dirigido a los criterios bajo los que se nombraban las comisiones encargadas de la elaboración de los códigos penales. Mata mostraba su sorpresa ante la ausencia de médicos en estas comisiones, puesto que los encargados de redactar las leyes carecían de la formación necesaria en este ámbito y que, en su opinión, se demostraba en el uso de fuentes de medicina legal y toxicología empleadas, obsoletas y sin considerar los nuevos avances que se estaban produciendo en la toxicología (Mata 1844: 29).

Para Mata, el principal problema se encontraba en la falta de una definición única de *veneno*, lo que a su vez, provocaba la imposibilidad de determinar los factores que caracterizaban un envenenamiento:

> Insisto pues, en que, antes de determinar lo que deba entenderse por envenenamiento, se convenga en lo que deba llamarse ante la ley veneno. La ciencia, como en otras cuestiones médico-legales, es en la presente la que debe servir de guía al legislador; lo que los toxicólogos entiendan por veneno, eso deberá entender el legislador por tal. Desgraciadamente, nuestros autores no están de acuerdo en la definición del veneno (Mata 1846a: 24-25).

Ya se han comentado en el apartado anterior algunos problemas relacionados con la definición científica de veneno, tales como la dosis, la vía de administración y el mecanismo de acción. Según Mata, otro de los puntos poco claros era que algunos autores emplearan la expresión *cuerpo vivo* para hacer referencia al sujeto envenenado. Esta expresión podía aplicarse tanto a los animales como a las plantas o al hombre a pesar de que, obviamente, los delitos y las penas no podían ser las mismas independientemente del sujeto envenenado[26]. Mata solucionaba este problema calificando el envenenamiento como 'todo atentado contra la vida de una persona por medio de una sustancia venenosa' (Mata 1846a: 27). Al utilizar la voz *atentado* desaparecía la ambigüedad deducida del uso de la expresión *cuerpo vivo* limitando su aplicación al ser humano además de incluir la intencionalidad, es decir, implicaba la existencia de un delito. Este ejemplo indica en qué medida las cuestiones médicas estaban ligadas con aspectos legales dentro de las obras de los toxicólogos que se han analizado. Recordemos que estos autores incluían a los jueces y abogados además de los estudiantes de medicina como lectores destinatarios de sus obras, por lo que hacer referencia a este tipo de cuestiones cobraba una especial importancia.

---

na legal. En la obra de Julio-César Cerdeiras se ofrece una comparación de diversos sistemas penales del continente europeo (Cerdeiras 1925).

26 En su obra mencionaba las definiciones ofrecidas por Orfila, Anglada o Devergie, ofreciendo de cada uno de estos autores las definiciones dadas para *veneno*, punto que utiliza Mata para ofrecer su propia definición, que reunía elementos de las anteriores (Mata 1846: 25).

Muchos autores consideraban que la promulgación de un nuevo código penal era necesaria, pero no se produjo hasta 1848[27]. Sin embargo, no se produjeron cambios sustanciales en lo referente a los envenenamientos. El código de 1848 tampoco incluía una definición de veneno y únicamente reflejaba cambios en las penas.

Mata mantuvo sus críticas en las sucesivas ediciones de su manual. El artículo 333 del código de 1850, muy similar al de 1848, señalaba que el uso de un veneno era un agravante en casos de homicidio pero, tal y como apuntaba Mata, no precisaba lo que se entendía por sustancias venenosas:

> En el código penal vigente en España, hay un artículo, el 333, que habla de las penas en que incurre el homicida, cuando perpetra el crimen por medio de un veneno, lo cual agrava la entidad del hecho: más este código no dice lo que se entiende por veneno. Cuando ocurre un homicidio perpetrado por medio una sustancia venenosa, el juez se informa consultando a los facultativos, quienes son los que le declaran si la sustancia empleada y a la que se atribuye el homicidio es un veneno (Mata 1857: 48).

De forma similar al código de 1822, la falta de una definición clara de veneno dejaba en manos de los peritos un asunto legal importante, dado que era un agravante que podía acentuar la pena impuesta al acusado. La multiplicidad de definiciones de veneno que existían en la literatura médica, muchas de ellas controvertidas, dejaban abiertas importantes ambigüedades que hacían que la decisión final dependiera de los puntos de vista de los peritos de cada juicio, sin que los jueces pudieran recurrir a una norma general aplicable a todos los casos, debido al vacío legal señalado en los códigos penales. En la revisión proporcionada por Julio César Cerdeiras, se atribuye la ausencia de una definición de *veneno* en los textos legislativos a la falta de acuerdo entre los propios toxicólogos y a la diversidad de definiciones existentes para dicho término en la literatura médica. En estas circunstancias, resulta comprensible que los códigos penales se abstuvieran de definir veneno (Cerdeiras 1925: 51).

Cerdeiras también señala que la tipificación del delito de envenenamiento es comparable en los códigos penales de España, Italia o Bélgica, pues en ninguno de ellos éste constituye un delito especial. El hecho de emplear veneno como arma para acabar con la vida de un individuo suponía que se tratara como un *homicidio cualificado*, el cual comportaba una agravación de la pena para el acusado. Esta característica no era exclusiva del envenenamiento y una persona acusada de incendio o inundación recibía la misma consideración. Por el contrario, en el código francés, el envenenamiento recibía la consideración de delito

27 Landrove Díaz (1980: 443). En este trabajo no podemos centrarnos en los proyectos de reforma del código penal. El proyecto de 1831, es el que más similitudes presenta con el código de 1848, y considera tanto el envenenamiento con el resultado de muerte como la tentativa de envenenamiento. El proyecto de 1834, considera la pena de muerte para el individuo que ha dado veneno, a pesar de que no se verifique la muerte.

especial y era sometido a reglas particulares. En un punto intermedio se situaban otros países como Hungría, Holanda o Alemania en los que el envenenamiento se asimilaba a cualquier otro tipo de homicidio sin importar cómo había sido llevado a cabo (Cerdeiras 1925: 52-53).

En el caso del código español, al ser considerado el envenenamiento como un agravante, las diversas definiciones de *veneno* podían condicionar las penas exigidas. No es de extrañar, por tanto, que se produjeran controversias en cuanto a la definición de veneno cuando los toxicólogos se enfrentaban a un juicio por envenenamiento[28]. La opinión de los expertos era esencial en la decisión final adoptada por el juez, puesto que este carecía de la formación necesaria para abordar la cuestión. Por tanto, los argumentos y el modo de presentar las pruebas por parte de los expertos ante el juez adquirían un valor añadido.

5. Conclusiones

En la construcción de una nueva toxicología, la creación de una definición de los términos *veneno* y *envenenamiento,* que fuera útil tanto a nivel científico como legal, parecía una tarea fundamental para muchos de los protagonistas implicados.

Para construir la nueva ciencia de los venenos, los toxicólogos precisaban disponer de una definición de su objeto de estudio, que permitiera establecer fronteras con áreas cercanas como la farmacología o la nutrición. Para poder imponer el agravante que suponía el envenenamiento en los casos de homicidio, los jueces necesitaban criterios comunes para caracterizar a las sustancias consideradas como venenos. Tanto unos como otros debían poner bajo control las imágenes populares de los venenos como, por ejemplo, los poderes mágicos que parecían asociados con unas dosis ínfimas pero capaces de producir efectos terribles y fulgurantes.

El análisis ha mostrado que el acotamiento del significado de los venenos, tanto en la medicina como en el derecho, era más complicado y menos urgente de lo que podría pensarse. La gran diversidad de obras analizadas, destinadas a un amplio espectro de lectores, ponen de manifiesto que no siempre era tan sencillo separar las ideas populares de la definición más académica o científica.

En los *DRAE* se observa una inclusión progresiva, a partir de 1817, de las ideas procedentes de la medicina legal, que van poco a poco remplazando, pero nunca eliminado completamente, las nociones tradicionales de *veneno* que lo asociaban con ponzoñas y fórmulas mágicas. La introducción de los nuevos conocimientos de la toxicología se produjo de manera irregular porque los dic-

28 Estos debates se pueden observar en un estudio realizado sobre un caso de envenenamiento que tuvo lugar en 1844 en Madrid. Véase Cuenca-Lorente (2011).

cionarios variaron poco a lo largo del siglo, sin tener en cuenta los importantes cambios que se producían en la ciencia de la época. Es significativo que la inclusión de la expresión 'toxicología' se retrasara hasta 1869 y que nunca llegara a incluirse esta palabra en la definición de *veneno*. Por otra parte, tal y como ocurre en muchas obras dirigidas a un público no especializado, los diccionarios generales de la lengua evitaron referencias a aspectos controvertidos o complicados que sí que se reflejan en los vocabularios y enciclopedias médicas de esos años.

Los diccionarios de medicina y los manuales de toxicología, destinados a unos lectores más especializados, debían proporcionar definiciones que recogieran las controversias existentes en cuestiones tales como las clasificaciones de venenos, la cuantificación del mismo y los signos que permitieran reconocer un envenenamiento.

Los manuales de toxicología publicados por los catedráticos encargados de impartir la asignatura, Pere Mata en Madrid y Ramón Ferrer e Ignacio Valentí i Vivó en Barcelona, proporcionan una definición mucho más completa y exhaustiva. Su propósito no era únicamente ser obras de consulta para estudiantes de medicina, sino también ser válidas para jueces, abogados o médicos encargados de participar en la resolución de juicios. En las obras se reproducen los debates científicos en mayor medida que en los diccionarios de medicina antes comentados, aunque hay muchas diferencias entre los autores. En el caso de Ramón Ferrer y Garcés, la definición de *veneno* no parece ser una cuestión esencial y sus comentarios se dirigen principalmente a las consecuencias médico-legales que provocan los envenenamientos. Para Pere Mata e Ignacio Valentí i Vivó, el *veneno* juega un papel mucho más central y ocupa una gran parte de las obras.

El análisis de los códigos penales muestra también que la definición de *veneno* no era una cuestión central en el terreno del derecho, ni tampoco imprescindible para determinar si el envenenamiento se había producido y aplicar los agravantes correspondientes. Esta ausencia fue, por otra parte, empleada por algunos toxicólogos, como Pere Mata, para reforzar su posición. La inexistencia de una definición de veneno en la legislación era, en cierta medida, una ventaja para los toxicólogos puesto que reforzaba su papel y les otorgaba un mayor margen de discrecionalidad a la hora de determinar si un sujeto había sido envenenado. Como Ian Burney apunta, el desarrollo de la nueva toxicología creó un campo disciplinar autónomo que permitió consolidar la figura de los peritos toxicólogos en los tribunales (Burney 2006: 40).

Como se ha apuntado al principio, las definiciones varían sustancialmente con el tipo de lectores al que iban dirigidas las obras.

Los diccionarios de lengua castellana trataban de ofrecer una definición clara y fácilmente comprensible, puesto pretendían ser obras de consulta para cualquier tipo de lector. Por ello, la definición ofrecida tan solo describía al veneno de una forma superficial, utilizaban términos genéricos como *cosa* o *sustancia*, y señalaban al veneno como algo perjudicial para la salud. Además, incluían más acepciones para el mismo alejadas de las referentes a medicina, tales como refranes populares. No es de extrañar que las definiciones no hicieran mención alguna a los manuales de toxicología publicados por los autores españoles, ni a las obras de legislación. Su función quedaba cubierta sin necesidad de recurrir a definiciones más complejas que incluyeran debates sobre aspectos médicos o legales.

Por su parte, los diccionarios especializados de medicina se situaban en una posición intermedia entre los manuales de toxicología y los diccionarios generales de lengua castellana. Hacían únicamente referencia a los aspectos médicos, sin contener tantas acepciones como los generales (metáforas, sentido figurado y voces o frases anticuadas). También reflejaban cuestiones relacionadas con la dosis y las vías de administración e, incluso, con la clasificación de los venenos, cuestiones que, como hemos comentado, eran el núcleo de las definiciones ofrecidas en los manuales. Sin embargo, son escasas las definiciones en que se hace referencia a las fuentes consultadas para establecer la definición de *veneno*, y, cuando se ofrecía, no se mencionaba a ningún autor español como Pere Mata, sino que se hacía referencia a autores extranjeros. Es necesario seguir profundizando en el estudio de estos términos para ver la influencia real, en caso de producirse, de obras de los toxicólogos españoles en la elaboración de estos diccionarios.

El problema de la definición de veneno afectaba también al marco legal. Pere Mata fue uno de los autores más implicados en criticar los fundamentos de elaboración del código penal. Criticaba no únicamente la ausencia de esta definición, sino también que los encargados de elaborarla no tuvieran relación alguna con la ciencia. En estas condiciones, las declaraciones de los expertos que participaban en los juicios eran fundamentales para las conclusiones a las que llegaban los jueces. Los expertos eran los encargados de presentar las pruebas en el tribunal, y en cierta medida, debían convencer a este tribunal de la validez de las mismas, reflejando la importancia de elaborar un discurso que personas no expertas en la materia pudieran comprender, pues de ello dependía el éxito de la defensa o acusación. Por ello, las pruebas debían ser presentadas de forma entendible para el juez, que era quien finalmente ofrecía un veredicto con consecuencias, en ocasiones, irrevocables. En este sentido, quizá la ausencia de una definición para *veneno*, constituyó otro punto de apoyo para la nueva toxicología y reforzó la consolidación de la figura del experto en los tribunales.

Referencias bibliográficas

ANGLADA ARBOIX, Emilia (2005): *Lexicografía española*. Barcelona: Publicacions i edicions de la Universitat de Barcelona.

BERTOMEU SÁNCHEZ, José Ramón y Agustí NIETO GALÁN (eds.) (2006): *Chemistry, medicine and crime: Mateu J.B. Orfila (1787-1853) and his times*. Sagamore Beach: Science History Publications.

BERTOMEU SÁNCHEZ, José Ramón y Josep Miquel VIDAL HERNÁNDEZ (2011): *Mateu Orfila. Autobiografia. Correspondència (1805-1815)*. Menorca: Institut Menorquí d'Estudis.

BURNEY, Ian (2006): *Poison, detection and the Victorian imagination*. Manchester: Manchester University Press.

CABALLERO Y VILLAR, José María (1886): *Diccionario tecnológico de ciencias médicas*. Vitoria: Establecimiento Tipográfico de la Viuda e Hijos de Iturbe.

CAMPS I SURROCA, Manuel y Cristina ALER IBARZ (1990): «L'ensenyament de la toxicología a la Universitat de Barcelona. Any 1846», en VV.AA., *Història de la Universitat de Barcelona. I Simposium 1988*. Barcelona: Universitat de Barcelona, pp. 295-302.

CASABÓ RUÍZ, José Ramón (1968): *El Código Penal de 1822*. Valencia: Universidad de Valencia. Tesis doctoral.

CERDEIRAS, Julio-César (1925): *Estudio histórico y jurídico con breves consideraciones médico-legales y psicológicas del delito de envenenamiento*. Madrid: Editorial Reus.

CORBELLA I CORBELLA, Jacint (1995): *Antecedentes Históricos de la Medicina Legal en España*. Barcelona: Publicaciones del Seminario Pere Mata de la Universidad de Barcelona.

CUENCA-LORENTE, Mar (2011): *Toxicología y Crimen en la España del siglo XIX: el envenenamiento de María Bonamot (1843-1847)*. Valencia: Universitat de València [tesina de doctorado no publicada].

CUESTA Y CKERNER, Juan (1883-1892): *Vocabulario tecnológico de medicina, Cirujía, Farmacia y Ciencias Auxiliares, 2ªed. Corregida, aumentada y enriquecida con más de 21.000 voces por D. Eduardo Aragon y Obejero y D. Favila Cuesta y Armiño*. Madrid: Gregorio Juste.

Diccionario de medicina y cirugía, ó biblioteca manual médico-quirúrgica (1815-1823). Madrid: Francisco Martínez Dávila.

DOMÍNGUEZ, Ramón Joaquín (1847): *Diccionario nacional ó gran diccionario clásico de la lengua española*. Madrid: Establecimiento Léxico-tipográfico de R.J. Domínguez.

DRAE = REAL ACADEMIA ESPAÑOLA, *Diccionario de la lengua española*. http://www.rae.es.

EULENBURG, Albert (1888): *Diccionario enciclopédico de Medicina y Cirugía Prácticas escrito en alemán bajo la dirección del Dr. A. Eulenburg. Traducido directamente y arreglado para el uso de los médicos españoles por el Dr. D. Isidoro de Miguel y Viguri....procedido de un prólogo por el Dr. D. Carlos María Cortezo...ilustrado con numerosos grabados*. Madrid: Agustín Jubera.

FABRÉ, François Hippolyte (1842-1846): *Diccionario de los diccionarios de medicina publicados en Europa ó Tratado Completo de Medicina y Cirugía Prácticas., que contiene el analisis de los mejores artículos insertos hasta el dia en los diferentes diccionarios y tratados especiales más importantes; obra destinada á reemplazar todos los demas diccionarios y tratados de medicina y cirugia. Por una sociedad de Médicos, dirigida por el Doctor Fabre. Traducida y aumentada por varios profesores de la ciencia de curar, bajo la direccion del doctor D. Manuel Jimenez*. Madrid: Imprenta de Sanchiz.

FERRER I GARCÉS, Ramón (1846): *Fragmento toxicológico, o esplicacion de algunos venenos, del modo de analizarlos, y de curar sus efectos*. Barcelona: Imprenta de Martín Carlé.

FLECK, Ludwik (1986 [1980]): La génesis y el desarrollo de un hecho científico. Madrid: Alianza. [Traducción española por Luis Meana].

GARRIGA, Cecilio (2003): «La química y la lengua española en el s. XIX», *Asclepio. Revista de historia de la medicina y de la ciencia*, 55/2, pp. 93-117.

GARRIGA, Cecilio y Francesc RODRÍGUEZ (2008): «Lengua, ciencia y técnica en el Ochocientos», en M. Silva (ed.), *Técnica e ingeniería en España: Lenguajes, conceptos, métodos y patrimonio en el Ochocientos*. Zaragoza: Institución 'Fernando el Católico', Academia de Ingeniería de España, pp. 81-120.

GARRIGA, Cecilio y Sandra IGLESIA (en prensa): «La técnica lexicográfica española del s. XIX: El Diccionario Nacional de R. J. Domínguez y la lengua de la ciencia y la técnica», en G. Hassler *et al.* (eds.), *XI Congreso Internacional sobre Historia de la Lingüística (International Conference on the History of the Language Sciences - ICHoLS XI)*. Potsdam.

GUTIÉRREZ RODILLA, Bertha (2001): «Los diccionarios terminológicos de medicina en la España decimonónica», en M. Bargalló et al. (eds.), *Las lenguas de especialidad y su didáctica*. Tarragona: Universitat Rovira i Virgili, pp. 197-206.

HURTADO DE MENDOZA, Manuel (1840): *Vocabulario medico-quirúrgico ó Diccionario de Medicina y Cirugía, que comprende la etimologia y definición de todos los terminos usados en estas dos ciencias por los autores antiguos y modernos*. Madrid: Boix.

LANDROVE DÍAZ, Gerardo (1980): «En torno al Proyecto Sáinz de Andino de Código Criminal», *Anales de la Universidad de Murcia: Derecho,* XXXIV/3-4, pp. 437-460.

LASSO GAITE, Juan Francisco (1970): *Crónica de la codificación española*. Madrid: Ministerio de Justicia.

LITTRÉ, Emile (1889): *Diccionario de Medicina y Cirugía, farmacia, veterinaria y ciencias auxiliares por E. Littré, miembro del instituto de Francia. Obra que contiene la sinonimia griega, latina, alemana, inglesa, italiana y francesa aumentada y puesta al corriente de los progresos de las Ciencias Médicas y Biológicas y de la Práctica diaria, por los doctores J. Aguilar Lara y M. Carreras Sanchis y precedido de un prólogo de Dr. D. Amalio Gimeno, Catedrático de la Facultad de Medicina de la Universidad Central, con 992 grabados intercalados en el texto*. Valencia: Librería de Pascual Aguilar.

LÓPEZ BARJA de Quiroga, Jacobo et al. (1988): *Códigos penales españoles (1822, 1848, 1850, 1870, 1928, 1932, 1944). Recopilación y concordancias*. Madrid: Akal.

LÓPEZ PIÑERO, José María y María Luz TERRADA (2005): *Introducción a la terminología médica*. Barcelona: Masson.

MATA I FONTANET, Pere (1844): *Vade Mecum de Medicina y Cirugía legal*. Madrid: Imprenta Calle de Padilla.

MATA I FONTANET, Pere (1846a): *Compendio de toxicología general y especial*. Madrid: Imprenta de Suárez.

MATA I FONTANET, Pere (1846b): *Aforismos de toxicología*. Madrid: Imprenta de Suárez.

MATA I FONTANET, Pere (1849): *Aforismos de toxicología. Segunda edición*. Madrid: Higinio Reneses.

MATA I FONTANET, Pere (1857): *Compendio de toxicología general y particular*. Madrid: Bailly-Baillière.

MATA I FONTANET, Pere (1874-1875): *Tratado de Medicina y Cirugía legal teórica y práctica seguido de un compendio de toxicología*. Madrid: Bailly-Baillière.

NTLLE = REAL ACADEMIA ESPAÑOLA: *Nuevo Tesoro Lexicográfico de la Lengua Española*. Madrid: Espasa Calpe, edición electrónica en http://buscon.rae.es/ntlle/SrvltGUILoginNtlle [Consulta: 11/07/2012].

PATIER DE LA PEÑA, José Luis (1982): *La introducción de la Medicina Legal en España, ideología y obra del Dr. Pedro Mata i Fontanet*. Madrid: Universidad Autónoma de Madrid. Tesis Doctoral dirigida por Agustín Albarracín Teulón.

PEIRÓ Y RODRIGO, Pedro y José RODRIGO MARTÍNEZ (1844): *Elementos de medicina y cirujía legal arreglados a la legislación española*. Zaragoza: Imprenta de Mariano Peiro.

SALVÁ, Vicente (1847): *Nuevo diccionario de la lengua castellana que comprende la última edicion integra, muy rectificada y mejorada del publicado por la Academia Española, y unas veinte y seis mil voces, acepciones, frases y locuciones, entre ellas muchas americanas, añadidas por Don Vicente Salvá, Segunda edición, corregida y mejorada*. París: Librería de Don Vicente Salvá.

TORO MÉRIDA, Joaquín (1987): *Pere Mata*. Barcelona: Nou Art Thor.

TORO MÉRIDA, Joaquín y Ascensión PRIETO ALBERCA (1987): *Pedro Mata Fontanet: vida, obra y pensamiento (1811-1877)*. Madrid: Universidad Complutense de Madrid.

VALENTÍ I VIVÓ, Ignacio (1873): *Curso elemental de Medicina legal*. Barcelona: Imprenta de C. Verdaguer y Compañía.

VALENTÍ I VIVÓ, Ignacio (1878): *Tratado elemental de toxicología general y descriptiva*. Barcelona: Jaime Jepús.

VIÑAO FRAGO, A. (1982): *Política y educación en los orígenes de la España contemporánea. Examen especial de sus relaciones en la enseñanza secundaria*. Madrid: Siglo XXI.

WAHRIG, Bettina (2006): «Organismos que importan: la toxicología alemana (1785-1822) y el libro de texto de Orfila», en José Ramón Bertomeu-Sánchez y Agustí Nieto-Galán (eds.), *Entre la ciencia y el crimen: Mateu Orfila (1787-1853) y la toxicología en el siglo XIX*. Barcelona: Fundación Dr. Antonio Esteve, pp. 35-54

WHORTON, James (2010): *The Arsenic Century*. New York: Oxford University Press.

Notas sobre el «Diccionario histórico de la minería»

Pilar Díez de Revenga Torres
Miguel Ángel Puche Lorenzo
Universidad de Murcia

1. Introducción

En este trabajo se presentan los objetivos del proyecto *Diccionario histórico de la Minería: prolegómenos*[1], así como los avances que hemos conseguido. La actividad tiene como objetivo el estudio del léxico técnico de la minería y ciencias afines: mineralogía, geología, cristalografía, química, etc., de las que se sirve para su desarrollo, con el fin de elaborar un diccionario histórico del léxico de esta actividad inédito hasta el momento. Para ello nos centramos en la Edad Moderna y en la Contemporánea en España, principalmente en los siglos XVIII y XIX. Esto se justifica porque a partir de 1492 la atención hacia las explotaciones mineras se desarrolló en el continente americano, quedando desatendidas y abandonadas las que desde tiempos de los fenicios se habían explotado en la Península. No obstante, a partir del siglo XVIII y a causa de las innovaciones científicas y técnicas, las cuencas mineras peninsulares reiniciaron su actividad[2].

Para llevar a cabo este estudio nos hemos servido de fuentes manuscritas e impresas conservadas en archivos y fondos antiguos de diversas bibliotecas nacionales y extranjeras[3]. Con todo el material localizado estamos elaborando un

---

1 Este proyecto está financiado por la Fundación Séneca (11845/PHCS/09). Igualmente, los autores son miembros del equipo que desarrolla el proyecto *Diccionario histórico del español moderno de la ciencia y de la técnica*, financiado por el Ministerio de Ciencia e Innovación (FFI2010-15240), integrados ambos en la Red Temática «Lengua y ciencia» (FFI2009-05433-E) y del Grupo Neolcyt, reconocido por la Generalitat de Catalunya (2009SGR-937) y del Grupo GLEAX (EOB7-01).

2 Un estudio indispensable para conocer este proceso se incluye en Chastagnaret (2000). Sin pretender ser exhaustivos citamos una serie de obras colectivas clásicas imprescindibles para esta contextualización histórica: AA.VV. (1970), Ordóñez y Elena (1990), Fernández y González (1990), González de Posada (2007) y Maffei (1877[1977]).

3 Principalmente hemos acudido a las bibliotecas Nationale de París, Nacional de Madrid, del Palacio Real, Central Militar, Histórica de la ETSI de Minas de Madrid, especialmente el *Legado Gómez Pardo*, del Instituto Geológico y Minero de Madrid, de la Real Academia de Ciencias Exactas, Físicas y Naturales, de la Real Academia de Ciencia Morales y Políticas, del Real Jardín Botánico, del CSIC, del Ateneo de Madrid, del Ministerio de Economía y Hacienda, del Banco de España, del Museo Romántico de Madrid, del Real Casino de Madrid, de la Real Academia Alfonso X el Sabio, del Real Casino de Murcia y a la Biblioteca Regional de Murcia,

corpus lexicográfico de carácter histórico hasta ahora desconocido que enriquecerá la perspectiva que se tiene de la historia de nuestra lengua porque se utilizan materiales diferentes a los manejados hasta ahora, de ahí que el estudio de esta parcela de la lengua técnica desatendida hasta hace muy pocos años suscite gran interés. Sirve, asimismo, para aportar nuevos datos, especialmente en un momento en que se han reanudado los trabajos para redactar el *Nuevo Diccionario Histórico* de la Real Academia Española.

El hecho de trabajar con un corpus manuscrito inédito en una parte considerable y con otro impreso, tanto divulgativo como de alta especialización, nos ha llevado y nos lleva a poder realizar ediciones críticas de textos de esta naturaleza, a datar con mayor exactitud la recepción de neologismos en español y comprobar la vitalidad y la ampliación semántica que recibió el léxico patrimonial[4], así como las vacilaciones gráficas que mostraban en la escritura los términos extranjeros que se adoptaron como consecuencia de la importación de avances científicos y tecnológicos y reconstruir su recorrido histórico.

Para realizar el estudio y análisis del léxico científico-técnico de la minería compaginamos los métodos de la lexicografía, relacionada con la inclusión de términos en diccionarios y la metodología e investigación para su creación, y la lexicología, es decir, el estudio científico del léxico, atendiendo a la forma y significado de las palabras[5]. En estos textos de los siglos XVIII y XIX aparece un léxico propio de la actividad minera, unas veces como neologismos y tecnicismos, otras como dialectalismos o voces de la lengua común. Con el corpus de trabajo casi reunido estamos comprobando la inclusión de los términos especializados tanto en los diccionarios que se encuadran en la tradición académica como en los que pertenecen a la lexicografía no académica.

El interés por conocer el léxico especializado y, en consecuencia, la incorporación de neologismos y tecnicismos al léxico español y su convivencia con voces tradicionales y, en su caso, su sustitución nos ha conducido a estudiar una

---

así como fondos antiguos de diversas bibliotecas universitarias españolas y extranjeras. Debemos citar también fondos documentales conservados en archivos nacionales y regionales. En algunos casos, a causa de la distancia, habíamos de acceder a esos fondos mediante digitalizaciones, aunque no siempre este proceso ha llegado a buen puerto como ha sucedido con la Real Academia de la Historia y la Biblioteca Nacional de Méjico.

4 Merece la pena señalar que dentro de la ampliación semántica que recibe el léxico especializado de la minería se ha tenido en cuenta la utilización de este como recurso literario (Díez de Revenga 2003), así como su difusión a través de la narrativa decimonónica (Díez de Revenga 2009; Puche Lorenzo 2009).

5 Tomamos en consideración la metodología y los estudios aportados por Porto Dapena (2009), especialmente en las págs. 232-241. Del mismo modo, en cuanto a la marcación que debe utilizarse en un diccionario histórico resulta de obligada consulta el volumen colectivo editado por Gómez y Carriazo (2010).

serie de problemas referentes tanto a la actividad minera decimonónica y el movimiento social que se desarrolló en su entorno, como la historia textual de la transmisión y descripción de esos conocimientos.

2. Logros obtenidos

En 2003 comenzamos la investigación sobre el léxico de la minería en España y desde entonces hemos desarrollado sucesivos proyectos de investigación[6]. El punto de arranque fue la localización de fuentes manuscritas o impresas en las que abordar el léxico especializado de esta actividad en diversos archivos y bibliotecas históricas. Esta búsqueda no se ha limitado en el tiempo; al contrario, a lo largo de todos estos años hemos ido ampliando el corpus, y aún lo hacemos. Esto ha hecho posible que diéramos a conocer obras inéditas de las que hemos publicado la edición, el estudio y el léxico. Así destacamos la *Colección de voces usadas en la minería*, anónimo, el mal llamado *Javalcón* en catálogos bibliográficos (Díez de Revenga Torres y Puche Lorenzo 2005-2006), y el *Viage metalúrgico por el litoral mediterráneo* de Luis de la Escosura (Díez de Revenga Torres y Puche Lorenzo 2009a), ambas del siglo XIX.

El primero de ellos es un manuscrito anónimo del siglo XIX que contiene un vocabulario de voces del ámbito de la minería. La obra, desconocida hasta entonces, se adelanta al primer diccionario publicado en España sobre esta especialidad, lo que la dota de gran importancia para el conocimiento del léxico técnico en un periodo en que la actividad tradicional se modernizaba con el avance de la técnica. Pusimos de manifiesto la repercusión de este vocabulario en el contexto de la lexicografía española y resaltamos el considerable número de voces definidas que no se localizan en otros repertorios lexicográficos.

El *Viage metalúrgico por el litoral mediterráneo* es un informe sobre las minas de Cartagena y las de las Sierra de Almagrera y de Gádor, en Almería, que Luis de la Escosura y Morrogh redactó y verificó en el año 1848. Publicamos la edición de dicho manuscrito, marcando en cursiva todo aquello que suprimió en el texto que había publicado el autor y que era parcial, conservando las interpolaciones interlineadas o al margen y señalando las tachaduras y fragmentos que han quedado ilegibles y acompañamos la edición de un estudio introductorio y otro léxico.

A estas ediciones se suma el estudio de otras obras manuscritas del siglo XIX como *Los cuadernos de viaje* de Lorenzo Gómez Pardo, ingeniero de minas, que

6 Nuestra andadura se inició con el proyecto *El léxico especializado del español: la minería en Murcia en el siglo XIX*, PB/16/FS/02, al que siguió el titulado *El léxico de las técnicas minera y metalúrgica en el siglo XIX* (05609/PHCS/07), financiados ambos por la Fundación Séneca. El proyecto que se desarrolla en la actualidad está citado al inicio de este trabajo.

recopiló y definió determinado léxico utilizado en la actividad minera en las diferentes explotaciones que visitó. En consecuencia, sus escritos se convierten en un testimonio imprescindible para conocer el léxico especializado de esta actividad en el seno de su variación diacrónica y diatópica. El autor nos facilita los recursos para obtener un corpus léxico a partir de estos materiales pues él mismo subraya aquellas voces técnicas que considera relevantes, incluso las que formaban parte del léxico tradicional de la minería (Díez de Revenga Torres y Puche Lorenzo 2012).

En los siglos XVIII y XIX, la recepción de la Mineralogía se realizó a partir de las traducciones de obras alemanas y francesas principalmente, ya que era una disciplina científica nueva en ese momento. Este proceso es diferente dependiendo del nivel de especialización del traductor y de los posibles destinatarios de esas obras, tal como estudiamos a través de la traducción de algunas obras de Karsten por Andrés Manuel del Río y de Blondeau por González Vara y Alvarado y de la Peña. Comprobamos, una vez más, que las obras de Historia Natural en general, y de Mineralogía en particular, se difundieron en el siglo XIX y el interés que despertaron causó que se elaboraran diversas ediciones y sus correspondientes traducciones. El comportamiento de los traductores no fue sistemático como hemos visto en sucesivos trabajos[7].

El vocabulario técnico de la minería despertó gran interés lexicográfico en los propios especialistas que redactaron numerosos repertorios. Hemos de destacar que, frente a otras disciplinas científicas, en contadas ocasiones se publicaron como obras independientes; más bien, eran apéndices de estudios o tratados sobre la materia. Otros, al contrario, nunca vieron la luz y permanecen inéditos aun en nuestros días, aunque los avatares de manuscritos e impresos hayan condicionado la fragmentación de estos textos y aparezcan como obras independientes cuando quizás formaron parte de una más extensa[8].

En 1831 se publica la obra *Minas en España. Tratado del beneficio de sus metales de plata por azogue, según el método más comúnmente usado en Nueva España* de Juan López de Cancelada. El libro contiene el tratado elaborado por Federico Sonneschmid reformado y corregido por López de Cancelada en el que

7 Acerca de la difusión de conocimientos a través de obras traducidas y la introducción de un nuevo léxico en la lengua española, referido al ámbito de la Mineralogía y la Minería, ya analizamos los primeros textos de estas características que hemos localizado (Díez de Revenga Torres 2007; Puche Lorenzo 2008; Díez de Revenga Torres y Puche Lorenzo 2009b). A raíz de las características editoriales y del fin que perseguían las traducciones llegamos a acuñar la dicotomía traducción oculta/pública para llegar a comprender con mayor exactitud las diferentes vías de introducción del léxico especializado (Díez de Revenga Torres y Puche Lorenzo 2011).

8 El estudio detallado de las fuentes lexicográficas relacionadas con la minería se halla recogido en Díez de Revenga Torres y Puche Lorenzo (en prensa).

se contienen las referencias a las minas antiguas y de reciente descubrimiento en España. El editor tuvo a su cargo *La Gaceta de Méjico*, así como otros periódicos de España y con esta obra deja patente la importancia que estaba adquiriendo de nuevo la minería en la Península Ibérica. De hecho, tal como arguye, algunos nobles que se enriquecieron con las de Nueva España vuelven a la Península alentados por estas circunstancias; como ejemplo significativo se puede observar la denominación del título nobiliario Conde de Contra-mina.

Prácticamente al final de la obra aparece un breve vocabulario sobre terminología minera bajo el título de *Índice razonado, o sea esplicación de los nombres técnicos que corresponden a minería*. Contiene unas 157 voces sin ningún tipo de marcación lexicográfica y cuyas definiciones tienen como base la recopilación realizada por Gamboa durante el siglo XVIII; de hecho, son pocas las diferencias que se observan entre una y otra lo que demuestra la trascendencia que tuvo la obra del primero en el desarrollo teórico de la minería, tanto como disciplina científico-técnica como actividad que debía ser regulada jurídicamente.

La primera obra de este tipo que hemos podido localizar publicada en la Península bajo la denominación de "diccionario" es el *Diccionario de las voces mas usadas en minería* de 1848. De hecho, el autor nos hace la siguiente advertencia: "No existiendo en la actualidad en España trabajo alguno sobre este asunto, le presentamos solo como un ensayo...", aunque nadie se atribuye su autoría en la edición publicada, no parece descabellada la idea de considerar a Felipe de Naranjo y Garza como su posible autor. Algunos catálogos bibliográficos así lo indican y el hecho de haber sido profesor de la Escuela de Minas de Madrid y su director durante los años 1857 y 1860 y haber publicado uno de los primeros tratados de mineralogía en España en 1862 parecen señalarlo como autor o uno de los redactores de este diccionario; aunque tampoco se podrían desdeñar otros nombres como el de Guillermo Schulz que tuvo una especial relevancia en el ámbito de la minería española y en el funcionamiento de la Escuela de Minas de Madrid (Díez de Revenga Torres y Puche Lorenzo 2007; Ahumada 2008).

Tratándose esta obra de un diccionario de tecnicismos mineros, llama nuestra atención que incluya el autor en las definiciones voces especializadas que no tienen su entrada correspondiente en el propio diccionario: *azogue*, *ganga*, *gavia*, *marga*, *pirita*, lo que nos hace pensar que los destinatarios de esta obra debían tener unos conocimientos previos, más o menos básicos, del léxico. Por otra parte, tampoco recoge muchos términos específicos de disciplinas que podemos considerar relacionadas con la minería y la mineralogía de alguna forma: arquitectura, física, óptica, química o zoología y cuyo significado, en determinadas circunstancias, resulta imprescindible para comprender la definición que se adjunta.

Los términos recopilados en este diccionario adquieren el carácter de tecnicismos mineros debido a la restricción semántica en sus definiciones. Sin embargo, muchos de ellos no necesitan esa restricción porque son propios de esta actividad tradicional: *boca-mina*, *criadero*, *escorial*, *riñón*, *terreros*, *vaciadero* o *vena*[9].

El avance de la ciencia durante los siglos XVIII y XIX conllevó un incremento considerable en el léxico técnico que, en el caso de la minería, adquiere una mayor complejidad por la diversidad de especialidades que intervienen en ella. De este modo, se introducen voces de la química: *escorificación*, *oxidación*, de la mineralogía: *caparrosa*, *litargirio* o de la metalurgia: *afinación*, *calcinación*. Debido a estos avances y a la importación de la ciencia en esa época, reflejada en la constante traducción de manuales en la primera mitad del siglo, se introducen en la lengua española extranjerismos que, en ese momento, no presentan todavía una adaptación gráfica, fonética o morfológica a la lengua receptora; incluso, muchos de ellos no arraigaron en español. Por otra parte, la influencia extranjera se deja ver en las técnicas empleadas: *Afino a la inglesa*, *a la walona*, *hornos alemanes*, *horno reverbero inglés*, etc.[10].

Es sorprendente que un diccionario en el que ni siquiera consta el autor quien, como manifestaba en una nota introductoria, no tenía más pretensiones que las didácticas y que lo perfeccionaran manos más expertas, haya tenido esta repercusión en la lexicografía posterior, constituyéndose en su antecedente inmediato; quizás el anonimato se deba a que fuera apéndice de otra obra y se haya transmitido separado de ella. A pesar de que no siempre se aceptaran sus propuestas, sí contribuyó a la difusión del léxico especializado de la minería en una época en la que éste era fiel reflejo de los avances científicos y sociales[11].

Es un hecho evidente que los ingenieros de minas sintieron preocupación por conocer el léxico de su disciplina, aunque no tuvieran formación lingüística ni lexicográfica. Muestra de ello son los repertorios que hemos citado, pero también lo son las anotaciones que realizaban en sus investigaciones manuscritas como sucede en el caso de Lorenzo Gómez Pardo, al que nos hemos referido anteriormente.

---

9 En estos diccionarios y vocabularios la técnica lexicográfica utilizada se basa generalmente en la introducción del significado de las voces o su explicación. Esto se produce porque los autores eran especialistas en minería o mostraban interés hacia esta técnica y, en consecuencia, estaban alejados de conocimientos lexicográficos, aunque fueran rudimentarios. De hecho, el concepto de diccionario para estas obras quedaría restringido exclusivamente al título, pero el valor del contenido para la historia del léxico español es innegable y extraordinario.

10 Próximamente verá la luz un trabajo de Díez de Revenga Torres titulado "Innovaciones léxicas en el proceso de fundición de los metales" en el que se estudian los distintos tipos de hornos de fundición relacionados con las técnicas que se importaban.

11 Esto explicaría la recepción de un amplio caudal de voces de la minería en el *DRAE* de 1869 (Puche Lorenzo 2002-2003).

En el siglo XIX confluyeron tres trayectorias léxicas y lexicográficas: por un lado, la transmisión del léxico de especialidad desde Nueva España a través de Sáenz de Escobar, el del Virreinato de Perú a través de García de Llanos que actúa como compendio panhispánico del léxico indígena de la minería y, por último, el de la Península a partir de Parés y Franqués, que no tuvo repercusión posterior, y los trabajos emanados desde la Escuela de Minas de Madrid, heredera de la correspondiente de Almadén[12].

En el siglo XVII, el primer diccionario localizado hasta este momento sobre minería es el *Diccionario y maneras de hablar que se usan en las minas y sus labores en los ingenios y beneficios de los metales* (1609) de García de Llanos en el que, como es de esperar, se incluyen numerosos indigenismos que principalmente proceden del aimara y del quechua, incorporados muchos de ellos a los diccionarios del español académicos o no como muestra del carácter panhispánico que adquirieron en la difusión y propagación de la actividad minera a partir del virreinato de Perú, actual Bolivia.

A finales de este siglo en Nueva España (actual Méjico) destaca la figura del abogado criollo José Sáenz de Escobar que escribió varias obras sobre el método de explotar minas. A pesar de que no llegaron a editarse, sí fueron copiadas prolijamente y tuvieron repercusión en los ingenieros y mineros mejicanos de siglos posteriores. En el tratado *Geometría práctica y mecánica* incluye una breve sección donde trata *del modo de hablar de la gente de minas*, un vocabulario o glosario que no hemos podido consultar porque tras solicitar reiteradamente una copia a la Biblioteca Nacional de Méjico no hemos recibido ni siquiera una respuesta.

En 1761 aparecen publicados los *Comentarios a las Ordenanzas de Minas* de Francisco Xavier de Gamboa. El interés léxico de la obra es importante para conocer y definir los tecnicismos de este campo tecnológico y entre las numerosas fuentes que utilizó cabe destacar el manuscrito inédito de Sáenz de Escobar titulado *Geometría práctica y mecánica dividida en tres tratados el primero de medidas de tierras, el segundo de medidas de minas, el tercero de medidas de aguas*. Aunque la obra destaca por su importancia para el estudio del léxico minero en general, Gamboa sintió interés por el vocabulario específico de la minería; de hecho, el capítulo XXVII se titula *De la significación de algunas voces obscuras, usadas en los minerales de Nueva España*. A diferencia de García de Llanos, en este repertorio son pocos los indigenismos localizados ya que la mayoría son términos especializados del español que se generaron en la lengua

---

12 El estudio detallado de las fuentes lexicográficas localizadas hasta este momento se encuentra en Díez de Revenga Torres y Puche Lorenzo (en prensa).

común, a veces del español en general y otras, las más, en el español de Nueva España.

Continuando con el siglo XVIII, la obra científica de Parés ha permanecido inédita hasta la actualidad con excepción de una nota aparecida en los *Extractos de las Juntas Generales de la Sociedad Bascongada de Amigos del País*, en 1782. La que nos interesa en esta ocasión es la *Descripción histórico-físico-médico-mineralógico-mercurial* ya que incluye al final un vocabulario, entre los folios 453 y 474, titulado *Diccionario Yndice de las voces municipales, con que se explican en sus faenas los Mineros de Almadén*, del que solo se publicó un extracto en 1995. Comprende unos doscientos términos específicos de la minería, precedido por un *Yndice de los asuntos comprendidos en esta obra* (fols. 444 y ss.). Una primera lectura de dicho vocabulario nos pone de manifiesto que era obra de una persona interesada en la materia, más que de un lexicógrafo[13].

Al parecer, y mientras no se demuestre lo contrario, el vocabulario de Parés y Franqués, de 1785, es el más antiguo que conocemos redactado en la España peninsular y referido a la minería[14]. En términos generales, los significados de los términos que recoge coinciden con los que ofrece el *Diccionario de Autoridades* aunque no sean idénticos; otras voces se incluyen por primera vez en diccionarios posteriores a *Autoridades*, pero anteriores a la obra de Parés y Franqués, mientras que una mayoría importante designa, ya desde *Autoridades* un significado diferente al que le atribuye nuestro autor; así se comprueba en *aguada, aventador, arrancar, banco, cucharilla* o *caliche*. Es posible también que algunas de estas voces solo se localicen en diccionarios posteriores y, de hecho, escasos son los términos que no se localizan en ninguno, entre ellos citamos *abelma, jufa* o *waltrote*.

A finales del siglo XVIII (Calero y Moreira 1791) aparece publicado en el suplemento a los Mercurios del mes de enero el *Diccionario de algunas voces técnicas de mineralogía, y metalurgia, municipales en las más Provincias de este Reyno del Perú, indicadas por orden alfabético y compiladas por los autores del mismo Mercurio*. De ella se nos explica que no es una obra completa sino el principio o apéndice de otra y nace promovida por la poca atención que hasta ese momento había despertado y dada la importancia de la minería en aquel reino. Así mismo, sus autores destacan su carácter indispensable para determinadas obras de minería donde la interrupción del discurso para explicar o definir una palabra sería "fastidiosa". Del mismo modo afirmaban que «todas las disputas

13 El estudio de esta obra inédita de Parés y Franqués ha sido abordado desde un punto de vista histórico por Menéndez Navarro (1995) y lingüístico por Díez de Revenga Torres (2008a y b).

14 En la actualidad los autores de este trabajo están analizando un vocabulario manuscrito e inédito que podría ser anterior al elaborado por Parés y Franqués.

cesan cuando el que habla y el que oye están convenidos en el significado de las voces» y «Tampoco se puede escribir con propiedad, claridad y precisión sino se tiene ese cuidado».

De la importancia de este *Suplemento* dejó constancia el Conde de Campomanes en su obra *Industria y educación popular* (1774-1775) al proponer la necesidad de aumentar este diccionario a la vez que anhelaba que se cooperara para llenar ese gran vacío. En él se recogen ciento cuarenta y seis voces en cuyas definiciones se advierte la situación del léxico técnico de la minería en español, pues frecuentemente se introduce la información referida a variantes diatópicas en relación con América e, incluso, con España, así como las correspondencias con otras lenguas europeas procedentes de los nuevos descubrimientos técnicos que se sucedían a finales de este siglo tras el nacimiento de la mineralogía.

Ya en el siglo XIX se incluirían las obras citadas con anterioridad, la *Colección de voces usadas en la minería* y el *Diccionario de las voces más usadas en la minería*, así como el intento fallido de Casiano de Prado (1863 y 1866)[15].

3. El Diccionario histórico de la minería

Hemos mostrado los antecedentes y logros obtenidos que nos han permitido reunir un corpus considerable y de gran valía para la cimentación de un diccionario histórico de la minería. En estos momentos estamos diseñando la base de datos que recopilará toda esa información que, una vez finalizada, podrá estar alojada en la página web de la Universidad de Murcia para que los investigadores, tanto de la lengua como de la ciencia y de la técnica, puedan acceder a esta obra[16].

La información contenida se resumiría en los siguientes apartados:

a) Lema y variantes gráficas.
b) Información gramatical y etimológica.

15 Otras obras interesantes, pero alejadas en un primer momento del propósito perseguido por el *Diccionario histórico de la minería* son los diccionarios de Nieto (1891), Stubbe (1945), así como recopilaciones de carácter dialectal efectuadas durante el siglo XX.

16 Para ello tomamos como modelo el *Diccionario histórico de la Ciencia y de la Técnica* que elabora el Grupo Neolcyt en la Universidad Autónoma de Barcelona, dirigido por Cecilio Garriga Escribano, y el *Diccionario de la Ciencia y de la Técnica en el Renacimiento (Dicter)* que se redacta en la Universidad de Salamanca bajo la dirección de Mª Jesús Mancho Duque. Una muestra del esquema utilizado se presentó como apéndice a la edición del *Viage metalúrgico por el litoral mediterráneo* (Díez de Revenga Torres y Puche Lorenzo 2009a).

c) Definición lexicográfica y comparación con las fuentes académicas, no académicas y técnicas.
d) Documentación histórica y variación diatópica.
e) Ilustración, si procede, a partir del siguiente modelo clarificador:

Una vez finalizado este diccionario, podrá implementarse en una parte considerable con el que está elaborando el equipo dirigido por Cecilio Garriga del que asimismo somos miembros.

Dado que se trata de un diccionario histórico, el obstáculo que debemos salvar se refiere a la documentación anterior al siglo XVIII. Por ello, durante esta primera fase hemos creado un corpus de textos de diversa procedencia, datados en los siglos XV, XVI y XVII, que nos permitirá completar la información referida a voces generales de la minería, comunes ya en la lengua antes del nacimiento de la ciencia y de la técnica modernas (Díez de Revenga Torres en prensa; Puche Lorenzo en prensa). En estos momentos el diccionario de la minería tiene lematizados 14.000 términos. La lengua constituye un rico filón y, con unos siglos de retraso, intentaremos conseguir los anhelos e intereses que el Conde de Campomanes perseguía para la minería en el último tercio del siglo XVIII.

Referencias bibliográficas

AA.VV. (1970): *La minería hispana e iberoamericana. VI Congreso Internacional de Minería*. León: Cátedra de San Isidoro, 8 vols.

AHUMADA, Ignacio (2008): «Anonimia desvelada de tres diccionarios terminológicos del siglo XIX español», en Hugo E. Lombardini y María Carreras i Goicoechea (eds.), *Limes. Lexicografía y lexicología de las lenguas de especialidad*. Milán: Polimetrica International Scientific Publishers, pp. 29-45.

CALERO Y MOREIRA, Jacinto (1791): *Diccionario de algunas voces técnicas de mineralogía, y metalurgia, municipales en las más Provincias de este*

Reyno del Perú, indicadas por orden alfabético y compiladas por los autores del mismo Mercurio, en *Mercurio peruano de historia, literatura y noticias públicas,* I, (Suplemento al mes de enero), pp. 73-89. [Edición facsimilar (1964). Lima: Biblioteca Nacional del Perú].

CAMPOMANES, PEDRO RODRÍGUEZ, Conde de (1774-1775): *Discurso sobre el fomento de la industria popular* (1774). *Discurso sobre la educación popular de los artesanos y su fomento*, Estudio preliminar por John Reeder (1975). Madrid: Ministerio de Hacienda.

CHASTAGNARET, Gérard (2000): l'*Espagne, puissance minière dans l'Europe du* XIXe *siècle.* Madrid: Casa de Velázquez.

DE PRADO, Casiano (1863): «Sobre la adopción de voces nuevas en la geología», *Revista Minera*, 14, pp. 3-9.

DE PRADO, Casiano (1866): «Sobre la introducción de voces nuevas en las ciencias», *Revista Minera*, 17, pp. 483-486.

Diccionario de las voces más usadas en minería (1848). Madrid: Imprenta de D. Antonio Yenes.

DÍEZ DE REVENGA TORRES, Pilar (2003): «Lengua poética y lengua técnica: creación y ciencia», *Estudios de Lingüística.* Universidad de Alicante, 17, pp. 263-272.

DÍEZ DE REVENGA TORRES, Pilar (2007): «Léxico patrimonial y préstamos en la lengua científica del siglo XIX», *Studia in honorem Joan Coromines.* Lleida: Pagès editors, pp. 79-91.

DÍEZ DE REVENGA TORRES, Pilar (2008a): «El léxico de la minería a través de un diccionario inédito del siglo XVIII», *Actas del II Congreso Internacional de Lexicografía Hispánica. El diccionario como puente entre las lenguas y culturas del mundo.* Alicante: Universidad, edición en DVD.

DÍEZ DE REVENGA TORRES, Pilar (2008b): «Aproximación al léxico científico del siglo XVIII», *Revista de Investigación Lingüística, XI: Lexicografía y Léxico Históricos,* pp. 79-94.

DÍEZ DE REVENGA TORRES, Pilar (2009): «Pervivencia y cambios. La originalidad en el léxico del atuendo decimonónico», *Actas del Congreso Internacional Imagen y Apariencia.* Murcia [Edición en CD].

DÍEZ DE REVENGA TORRES, Pilar (en prensa): «El uso de los nombres de los minerales en la literatura medieval hispánica», *Actas del XIV Congreso Internacional de la Asociación Hispánica de Literatura Medieval.*

DÍEZ DE REVENGA TORRES, Pilar y Miguel Ángel PUCHE LORENZO (2005-2006): «La *Colección de voces usadas en la minería*, edición y estudio de un manuscrito anónimo del siglo XIX», *Revista de Lexicografía*, XII, pp. 65-120.

DÍEZ DE REVENGA TORRES, Pilar y Miguel Ángel PUCHE LORENZO (2007): «Los repertorios lexicográficos técnicos del siglo XIX: la difusión de la minería», *Historia de la Lexicografía Española*. Anexos de la *Revista de Lexicografía*, 7, pp. 47-57.

DÍEZ DE REVENGA TORRES, Pilar y Miguel Ángel PUCHE LORENZO (2009a): *Viage metalúrgico por el litoral mediterráneo. Edición y estudio lingüístico*. La Coruña: Universidad y Fundación Séneca.

DÍEZ DE REVENGA TORRES, Pilar y Miguel Ángel PUCHE LORENZO (2009b): «Traducción, calco e innovación en la mineralogía española decimonónica», *Cuadernos del Instituto Historia de la Lengua*, 3, pp. 63-88.

DÍEZ DE REVENGA TORRES, Pilar y Miguel Ángel PUCHE LORENZO (2011): «Traducción oculta, traducción pública en la difusión de la minería (siglos XVIII y XIX», *Cuadernos de Filología Francesa*, 22, pp. 49-67.

DÍEZ DE REVENGA TORRES, Pilar y Miguel Ángel PUCHE LORENZO (2012): «El científico ante el léxico de especialidad. Lorenzo Gómez Pardo y la minería», *Avances de lexicografía hispánica I*. Tarragona: Publicacions URV, pp. 537-547.

DÍEZ DE REVENGA TORRES, Pilar y Miguel Ángel PUCHE LORENZO (en prensa): «Los repertorios lexicográficos sobre minería», *Quaderns de Filologia: Estudis Lingüistics*, 17.

FERNÁNDEZ PÉREZ, José Luis e Ignacio GONZÁLEZ TASCÓN (eds.) (1990): *Ciencia, Técnica y Estado en la España ilustrada*. Zaragoza: Ministerio de Educación y Ciencia y Sociedad Española de Historia de las Ciencias y las Técnicas.

GAMBOA, Francisco Xavier (1761): *Comentarios a las Ordenanzas de Minas*. Madrid: Oficina de Joachin de Ibarra.

GÓMEZ MARTÍNEZ, Marta y José Ramón CARRIAZO RUIZ, eds. (2010): *La marcación en lexicografía histórica*. San Millán de la Cogolla: Cilengua.

GONZÁLEZ DE POSADA, Francisco (coord.) (2007): *La ciencia en la España ilustrada*. Madrid: Instituto de España.

LÓPEZ DE CANCELADA, Juan (1831): *Minas en España. Tratado del beneficio de sus metales de plata por azogue, según el método más comúnmente usado en Nueva España*. Madrid: Imprenta de D. Ramón Verges.

LLANOS, García de (1983 [1609]): *Diccionario y maneras de hablar que se usan en las minas y sus labores en los ingenios y beneficios de los metales*. Estudio de Gunnar Mendoza y comentario de Thierry Saignes. Bolivia: Museo Nacional de Etnografía y Folklore.

MAFFEI, Eugenio (1877 [1977]): *Centenario de la Escuela de Minas de España*. Madrid: ETSI de Minas.

MENÉNDEZ NAVARRO, Alfredo (1995): *El Diccionario. Índice de las voces municipales con que se explican en sus faenas los Mineros de Almadén (1785) de José Parés y Franqués (†1798)*. Universidad de Castilla-La Mancha: Escuela Universitaria de Almadén.

NIETO, Félix (1891): *Apuntes de minería en forma de Diccionario por el Minero práctico*. Juan Luján: Zacatecas.

ORDÓÑEZ, Javier y Alberto ELENA (comps.) (1990): *La ciencia y su público*. Madrid: CSIC.

PORTO DAPENA, José-Álvaro (2009): *Lexicografía y metalexicografía. Estudios, propuestas y comentarios*. Anexos de la *Revista de Lexicografía*, 12. A Coruña: Universidade.

PUCHE LORENZO, Miguel Ángel (2002-2003): «La incorporación de tecnicismos mineros a la lexicografía académica decimonónica». *Revista de Lexicografía*, IX, pp. 131-146.

PUCHE LORENZO, Miguel Ángel (2008): «Introducción del léxico de la mineralogía en español», en *El diccionario como puente entre las lenguas y culturas del mundo. Actas del II Congreso Internacional de Lexicografía Hispánica*. Alicante: Universidad, pp. 771-777. Edición en DVD.

PUCHE LORENZO, Miguel Ángel (2009): «El léxico especializado en la literatura española decimonónica», en *La comparación en los lenguajes de especialidad*. Berlin: Frank & Time, pp. 207-217.

PUCHE LORENZO, Miguel Ángel (en prensa): «Ficción, mito y realidad de la voz mina en la Edad Media», en *Actas del XIV Congreso Internacional de la Asociación Hispánica de Literatura Medieval.*

STUBBE, Carlos F. (1945): *Vocabulario minero antiguo*. El Ateneo: San Miguel de Tucumán.

Los procesos de recapitulación y de reconsideración en los textos de la ciencia[1]

María Pilar Garcés Gómez
Universidad Carlos III de Madrid

1. Introducción

El objetivo de este estudio es analizar los procesos de recapitulación y reconsideración, que se manifiestan a través de la utilización de los marcadores discursivos correspondientes, registrados en los textos de la ciencia y de la técnica en los siglos XVIII y XIX, principalmente, y en algún caso hasta comienzos o mediados del siglo XX.

Hemos elegido estos dos grupos de marcadores porque son representativos de los procesos de reformulación que nos encontramos en los textos científicos de los siglos referidos; en estos textos se formulan una serie de propuestas en los segmentos de referencia que se recapitulan o se reconsideran en el segmento reformulado a fin de que los destinatarios comprendan adecuadamente el alcance de lo que los autores desean transmitir.

El corpus de este análisis lo constituyen los textos incluidos en el apartado de ciencia y técnica del *Corpus diacrónico de español* (*CORDE*) y los textos representativos de la lengua de la ciencia que se incluyen en el *Corpus del Nuevo diccionario histórico* (*CDH*).

El trabajo se estructura del siguiente modo: realizaremos, en primer lugar, una caracterización de los marcadores de recapitulación y reconsideración; a continuación, analizaremos cuándo surge el funcionamiento de estos elementos como marcadores discursivos y cuáles son los valores que presentan en los textos de la ciencia y de la técnica en los siglos señalados; finalmente, presentaremos las conclusiones más relevantes.

2. Los marcadores de recapitulación y reconsideración

Este grupo de elementos se integra en la clase de los marcadores de reformulación[2] (Martín Zorraquino y Portolés 1999; Portolés 2001^2; Garcés 2005, 2008),

1 Este trabajo se enmarca en el proyecto de investigación FFI2010-15154, financiado por el Ministerio de Economía y Competitividad.

2 Los procesos de reformulación se han considerado como mecanismos para facilitar la intercomprensión comunicativa (Gülich y Kotschi 1995, 1996); se han relacionado con los procesos de

caracterizados por desarrollar un proceso retroactivo, de vuelta a un segmento previo, que puede estar expreso o permanecer implícito, para presentarlo desde una perspectiva distinta. Ello supone una reinterpretación de lo anterior, que resulta explicado, corregido, recapitulado, reconsiderado o restringida su pertinencia en todo o en parte, Esta caracterización permite establecer una tipología de los marcadores de reformulación distinguiendo cinco grupos fundamentales, según las funciones discursivas desempeñadas: explicación, rectificación, recapitulación, reconsideración o separación (Garcés 2008).

Dentro de esta tipología los marcadores de recapitulación y de reconsideración se diferencian por el grado de distanciamiento establecido entre el referente y la nueva formulación: los marcadores de recapitulación manifiestan un grado de distanciamiento menor entre el/los miembro(s) de referencia y el miembro reformulado, ya que este engloba todo lo expresado en los segmentos anteriores; en cambio, los de reconsideración establecen un grado de distanciamiento más acentuado, debido a que el punto de vista manifestado en la nueva formulación surge de un replanteamiento de lo expresado en los segmentos de referencia que puede llevar a que se produzca una modificación del punto de vista anterior[3].

3. Los marcadores de recapitulación en los textos de la ciencia y de la técnica

El conjunto de los marcadores de recapitulación en los textos de la ciencia y de la técnica de los siglos XVIII y XIX está compuesto por las siguientes unidades: *en suma*, *en resumen*, *en conclusión*, *en fin*[4]. El empleo de estos marcadores permite al emisor volver sobre la formulación anterior para extraer de ella lo que se considera esencial; en este sentido, el segmento reformulado es el resultado sintético de una visión englobadora de lo expresado en los segmentos anteriores.

---

argumentación (Fløttum 1996; Norén 1999; Rossari 1994) o con los de progresión temática (Adam y Revaz 1989; Cortés y Camacho 2005).

3 En la lengua actual, J. Portolés señala la siguiente característica que permite distinguir las unidades que forman parte de este grupo de reformuladores: los marcadores *en suma*, *en resumen*, *en síntesis*, *en conclusión* mantienen la misma orientación que los miembros anteriores, mientras que *en fin*, *en definitiva*, *en resumidas cuentas*, *a fin de cuentas*, *al fin y al cabo*, *después de todo* y *total* pueden relacionar tanto miembros coorientados como antiorientados (Martín Zorraquino y Portolés 1999: 4134-4139). Para la descripción de los valores actuales de estas formas, cfr. Fuentes 1993, 2009 y Garcés 2005, 2008.

4 En este grupo también se incluye *en síntesis*, pero esta locución no tiene un uso pleno como marcador discursivo hasta los textos de la ciencia y de la técnica incluidos en el corpus del español actual *CREA*; por tanto, no lo hemos incluido en nuestro análisis.

3.1 *En suma*

Este marcador aparece con una función conectora en algún ejemplo aislado en el siglo XV, y no se vuelve a documentar hasta el siglo XVIII, época en la que ya se consolida plenamente con esta función (Herrero 2010). En los textos científicos del XVIII aparece de modo frecuente para indicar que el segmento en el que se localiza supone una reformulación de los segmentos de referencia explicitando el rasgo común que sirve para caracterizarlos en su conjunto.

Generalmente, los miembros de referencia comparten una misma orientación, bien surgida de los estados de cosas objetivos a los que alude, o bien porque en el proceso retroactivo que establece el miembro en el que se localiza *en suma* el hablante los presenta subjetivamente como si se tratara de un todo homogéneo:

> Las obras de Roig se dividen en cuatro libros, y con subdivisiones. Es su lectura divertida; pero como advierte bien al Author de la Bibliotheca Valentina, no se debía reimprimir esa obra sin expurgarla, y corregirla antes en varios lugares. Cinco ediciones se citan, pero todas muy antiguas; pues ninguna es más reciente que del año 1562; y así es libro poco trivial. La edición que he tenido presente, es en Valencia 1561, en octavo; y desde el folio 92 se halla un panegírico de la Inmaculada Concepción de María Santísima. De otros pasages consta también que hizo jornada á París, y otra á Santiago de Galicia; y *en suma*, su obra es un resumen de su vida, y unos consejos que da á su sobrino Balthasar Bou. (Fray Martín Sarmiento, *Memorias para la Historia de la poesía y poetas españoles*, c 1745, *CORDE*)

A partir de esta caracterización general podemos establecer las funciones que este marcador presenta en el discurso técnico y científico.

Puede tratarse de una suma de lo expresado en los segmentos precedentes que quedan integrados en un segmento final de sentido más general que los incluye a todos; cuando tiene este valor, este marcador exige que, al menos, dos o más miembros de referencia estén presentes en el discurso anterior:

> Pero, como decía muy acertadamente nuestro consocio en la conferencia citada, el catastro por masas de cultivo resulta siempre incompleto, y no puede haber buen catastro sin tener en cuenta todos los datos geodésicos, geológicos, hidrológicos, agrícolas y climatológicos; *en suma*, cuanto sea necesario para conocer las dimensiones, la distribución y la naturaleza del suelo. (R. Beltrán, *La geografía en 1898*, 1899, *CORDE*)

Puede ser el denominador común de una serie de sucesos presentados como diversos o como pertenecientes a universos distintos, en ningún caso opuestos, que quedan caracterizados por un rasgo específico que los engloba a todos:

> ¿Y qué ha adelantado en fin la Razón en tantos siglos como ha que está averiguando la naturaleza de Dios, sus atributos, y la adoración que se le debe? ¿Ha llegado acaso a fijar la verdadera esencia del Ente necesario; a mostrar al hombre un cierto y único fin; a señalarle medios estables que le encaminen a él; a determinar *en suma*, qué lugar tiene la criatura racional en el Universo…? (J. P. Forner, *Discursos filosóficos sobre el hombre*, 1787, *CORDE*)

El miembro reformulado puede ser una conclusión deducible a partir de las informaciones señaladas en los miembros de referencia:

> Se debe hacer obsequio a las personas que lo merecen; se debe mostrar agradecimiento a un favor; *en suma*, se deben usar las ceremonias, pero no de modo que la copia de ellas haga mayor la falsedad que ya tienen en sí. (I. de Luzán, *Arte de hablar, o sea, Retórica de las conversaciones*, 1729, *CORDE*)

La conclusión extraída por el emisor de que se debe ser ceremonioso se desprende de lo expresado en cada uno de los segmentos de referencia que remiten a dos situaciones específicas: obsequiar a las personas que lo merecen y agradecer los favores.

En ocasiones, no hay una sucesión de miembros anteriores a los que se añade uno más que engloba a todos, sino que la relación se establece entre un miembro de referencia y un miembro reformulado:

> La ciencia de los explosivos como fuerzas brutales, ante las que no resiste el mayor acorazado, y la ciencia eléctrica dirigiendo la acción de estos explosivos desde 15 ó 20 kilómetros de distancia, serían adelantos prodigiosos en el arte de la guerra naval. Tal vez á alguien se le ocurra que el invento de Tesla, si al fin se realiza en condiciones prácticas y en gran escala, si pasa, *en suma*, de las experiencias de gabinete á las revueltas llanuras de los mares, sólo podrá ser útil al pueblo que posea el secreto de la invención. (J. Echegaray, *Ciencia popular*, c 1870-1905, *CORDE*)

En este caso, la equiparación que se da entre los dos segmentos no surge de un modo directo, como, por ejemplo, se produciría con la utilización de un marcador de tipo explicativo como *o sea* o *es decir*, sino que se origina después de haber tenido en cuenta una serie de elementos implícitos entre los que se ha elegido el que reúne las características esenciales para ser el denominador común a todos ellos.

3.2 En resumen

Las primeras apariciones de *en resumen* con la función de marcador textual se documentan en textos del siglo XVIII y su uso se consolida en el siglo XIX; en los textos científicos su empleo se generaliza en este último siglo.

La función de este marcador en los textos de la ciencia supone una reformulación de lo anterior presentado en sus rasgos más representativos. Puede ser un resumen de una serie de miembros explícitos:

> ¡Las necesidades, los apetitos, las facultades del hombre completamente satisfechas!,,, es más, infinitamente desarrolladas... y con todo eso, satisfechas plenamente en su ilimitado desarrollo. He aquí *en resumen* el fin y objeto de esta doctrina. (N. P. Díaz, *Los problemas del socialismo*, 1848, *CORDE*)

O de un conjunto de miembros explícitos y de otros implícitos, ya que el segmento que introduce se presenta como un resumen de una serie de hechos que podrían haberse señalado, pero que no es necesario que estén expresos, ya que el que se enuncia es el considerado esencial y donde quedan concretados todos los demás:

> Si la traza se desarrolla por la zona en que arrancan las estribaciones, como la pendiente transversal es fuerte, la explanación será cara y reclamará á menudo la construcción de largos muros de sostenimiento; algunas obras de fábrica revestirán cierta importancia por sus dimensiones ó cimientos, y, *en resumen*, los gastos de construcción serán, por lo común, de bastante entidad. (M. Pardo, *Carreteras*, 1892, *CORDE*)

A partir de lo expresado en los segmentos anteriores, el miembro en el que se localiza este marcador puede señalar la consecuencia objetiva o subjetiva que el hablante extrae de todo ello:

> La censura existe muy rudimentaria, efecto de ser muy elemental su yo, de no tener fructificada su voluntad, de no existir bien dibujada su personalidad; *en resumen*, escasez de discernimiento. (J. Sarmiento, *Compendio de paidología*, 1914)

Se presenta una serie de argumentos previos y el segmento en el que se localiza *en resumen* recoge lo señalado en ellos y extrae lo más representativo y esencial de lo que se quiere expresar.

3.3 *En conclusión*

Los primeros textos en los que aparece como marcador datan del siglo XV, pero alcanza su mayor desarrollo en el XVIII[5]. En los textos de la ciencia su empleo a partir del siglo XVIII es considerable.

Se utiliza para hacer una recapitulación de lo anterior y el segmento introducido por este marcador se presenta como el resultado de todo ello:

> Un dáctilo y un espondeo son iguales en ambas cosas. El dáctilo se divide igualmente en dos y dos tiempos… El espondeo, asimismo, se divide en dos y dos… El troqueo y el yambo son también iguales en los tiempos, porque así el uno como el otro se componen de tres tiempos, pero en el compás son desiguales, porque el troqueo empieza por dos tiempos y remata en uno; el yambo, al contrario, empieza por uno y remata en dos…. Este es, *en conclusión*, todo el fundamento y toda la razón de la armonía poética. (I. de Luzán, *La Poética o reglas de la poesía en general y de sus principales especies*, 1737-1789, *CORDE*)

En otros casos, la nueva formulación supone establecer una conclusión objetiva, derivada de los hechos expresados en el segmento anterior:

> En una palabra: todo explosivo es una substancia en equilibrio inestable, que la causa más pequeña destruye, provocando nuevas reacciones, las cuales traen consigo desarrollos enor-

5 Con el valor de conector ya se recoge en el *Diccionario de Autoridades* (1729): «modo adverbial que equivale à Finalmente, por último, últimamente».

> mes de calórico. Es el paso, *en conclusión*, de un sistema inestable á otro sistema de gran estabilidad mecánica. (J. Echegaray, *Ciencia popular*, c 1870-1905, *CORDE*)

3.4 En fin

La función de *en fin* como marcador del discurso comienza a desarrollarse en el siglo XV; en los primeros ejemplos aparece como ordenador discursivo para indicar que se va a introducir el último segmento de una serie y ya a finales de este siglo como reformulador recapitulativo para indicar que el enunciado que lo contiene constituye un resumen o compendio de los anteriores (Garcés 2006; Iglesias 2007). En los textos científicos de los siglos XVIII y XIX conserva, aunque de manera aislada, el valor ordenador discursivo de introducir el último segmento de una serie:

> ¡Qué contraste de población y de nacidos en estas dos porciones del reyno! En más de medio siglo solamente resultan 240 vecinos de aumento en las tierras de arroz; mas ni este corto número es positivo, porque consta que en aquellos 57 años entraron infinitas familias forasteras, de las quales en 1787 existían aún 1879. Quedaban por consiguiente del vecindario antiguo solas 1043 familias. Observemos *en fin* para concluir la pintura de este triste suelo, que el estado de muertos que resulta en los pueblos del arroz no puede explicar todas las víctimas sacrificadas al ídolo de oro en apariencia. (A. J. Cavanilles, *Observaciones sobre la historia natural, geografía, agricultura, población y frutos del reyno de Valencia*, 1795, *CORDE*)

En fin introduce el último segmento de una serie que cierra la enumeración previa y va acompañado del segmento *para concluir* que indica que se trata del enunciado que concluye la enumeración.

Con valor reformulador, introduce el último segmento de un discurso en el que se recapitulan globalmente todos los segmentos de referencia. El segmento en el que se sitúa *en fin* se configura como el último miembro de un discurso que recoge y completa lo que se ha querido expresar en los segmentos anteriores:

> Teme más la deshonra que el peligro; porque de los viles sólo debe ser temida la muerte; los buenos sólo temen la afrenta en la vida. Procura vivir en seguro y fuera de peligros; que si por ventura te aconteciere hallarte en ellos, busca en la guerra la salud por medios honrosos, no por infames y feos; que, *en fin*, el morir a todos igualmente ha destinado el hado, pero el morir con honra sólo a los buenos ha concedido con especialidad la naturaleza. (I. de Luzán, *Avisos de Isócrates a Demónico*, 1729, *CORDE*)

Esa vuelta a lo anterior puede servir para dar una caracterización global de los estados de cosas a los que se alude en los segmentos anteriores:

> ¡Buen Dios! ¡A qué límites tan estrechos y tan ridículos reducen estos que se llaman grandes Genios vuestra sabia y omnipotente beneficencia! La mano caduca de un mortal puede formar una máquina perfectísima, sin defecto alguno, con igual y proporcionada armonía en todas sus partes; y vos, todo sabio, todo bueno, todo poderoso, no pudisteis formar un mundo perfecto sin en-

> lazar la perversidad con la virtud, el deleite con el dolor lo malo con lo bueno. Confieso de mí, que si pudiesen ser ciertas estas vanas imaginaciones, me quejaría formalmente de Dios porque no me hizo bruto: pues *en fin*, vale más no tener Razón, que tenerla para que un inexorable fatalismo me la incline al ejercicio de la maldad que se cree necesaria para la perfección del mundo. (J. P. Forner, *Discursos filosóficos sobre el hombre*, 1787, *CORDE*)

El autor expresa una serie de ideas orientadas a dar cuenta de lo que los sabios sostienen sobre la bondad de Dios a lo que contrapone las suyas propias; el segmento en que se incluye *en fin* supone una reconsideración de lo anterior y el argumento que se considera válido para continuar el discurso.

El empleo de *en fin* permite señalar al locutor que no va a seguir con su enunciación:

> Suspendido el aguacero á pocas horas baxó el Río, y por sus playas y márgenes se encontraron varios muebles y, entre ellos, una Caxuela con 260 pesos, unas Espuelas de Plata, Alfombras, Quadros, un San Juan de cuerpo entero, de bulto, puesto en pie con un Cáliz de vidrio en la mano, sin lesión alguna; una Carreta colgada de un Árbol, que le faltaba para tocar en tierra mas de vara y media, y *en fin* una multitud de cosas que sería largo de contar. (H. Ruiz, *Relación histórica del viaje a los reinos del Perú y Chile*, c 1793- p 1801, *CORDE*)

En este caso, se comienza la enumeración de una serie de hechos que queda interrumpida porque el autor considera poco interesante o incluso innecesario seguir con ella; por eso, renuncia a seguir la enumeración y cierra su discurso con un segmento introducido con *en fin* que se presenta como un elemento globalizador en el que se recoge todo lo dicho anteriormente.

4. Los marcadores de reconsideración en los textos de la ciencia y de la técnica

El grupo de los marcadores de reconsideración se caracteriza, en contraste con los de recapitulación, porque la vuelta a la primera formulación no se hace para extraer lo esencial, sino para presentarlo desde otra perspectiva. Por ello, la utilización de un marcador de este tipo supone que ha habido un proceso previo de consideración de otros puntos de vista[6], explícitos o implícitos, y a partir de esa reinterpretación se llega a la formulación de un nuevo punto de vista.

En el conjunto de estos marcadores se puede establecer una distinción entre los que indican por su significado que el punto de vista dado en la reformulación

6 La noción de punto de vista es utilizada por O. Ducrot para distinguir el concepto de locutor y el de enunciador. El locutor (L) es el responsable del enunciado, mientras que los enunciadores (E) son «esos seres que supuestamente se expresan a través de la enunciación, sin que por ello se les atribuyan palabras precisas; si ellos «hablan», es sólo en el sentido de que la enunciación aparece como si expresara su punto de vista, su posición, su actitud, pero no, en el sentido material del término, sus manifestaciones concretas» (O. Ducrot 1986: 208-209).

debe ser considerado como el último y definitivo: *en definitiva*, *a fin de cuentas*, *al fin y al cabo*; y el que indica que se instaura un nuevo punto de vista a partir de la consideración de la totalidad de los elementos del punto de vista antecedente: *después de todo*[7].

4.1 En definitiva

Este conector procede del lenguaje jurídico, del sintagma *en sentencia definitiva* por elisión del sustantivo (Herrero 2010). Los primeros textos en los que aparece como conector textual son de finales del siglo XIX; de este modo, en los textos de la ciencia no se documenta antes de esta época.

Supone una reinterpretación de los hechos expresados en los segmentos anteriores y la formulación de un punto de vista que se considera el último y concluyente. Esta caracterización general puede manifestarse mediante diferentes posibilidades que aparecen en los textos.

Existe una sucesión de informaciones anteriores y el segmento introducido por *en definitiva* introduce un punto de vista que va en la misma línea de lo expresado anteriormente:

> Por manera que si el cultivo en grande tiene ventajas innegables, no deja de tenerlas también el cultivo en pequeño, y *en definitiva* es imposible establecer ninguna regla acerca de la extensión de las explotaciones rurales. (M. Carreras y González, *Tratado didáctico de economía y política*, 1881, *CORDE*)

El segmento precedido por este marcador introduce un nuevo punto de vista que difiere del que se ha manifestado antes. Los miembros entre los que se establece la oposición pueden aparecer unidos mediante el conector *pero* que explicita la oposición:

> De los hombres que se dedican a esta profesión, sin contar los que perecen entre los dientes de los tiburones, hay algunos que apenas ganan para subsistir; otros, y son los más numerosos, obtienen una retribución regular; otros, en fin, encuentran perlas de dimensiones extraordinarias y hacen su fortuna. Se dice que los primeros han tenido mala suerte y que los segundos la han tenido buena; pero, *en definitiva*, estas dos suertes se compensan. ((M. Carreras y González, *Tratado didáctico de economía y política*, 1881, *CORDE*)

Se parte de una primera formulación en la que se expone el punto de vista de un enunciador que señala una oposición entre los beneficios que obtienen los cultivadores de perlas: algunos solo logran subsistir con su trabajo, por lo que se considera que tienen mala suerte, mientras que otros obtienen una retribución mayor, por lo que su suerte es buena. *En definitiva* señala que se han considerado

---

7 Para el análisis de la evolución de los miembros de este paradigma, cfr. Garcés (2009).

los puntos de vista anteriores y que se ha optado por introducir un punto de vista contrario –que las dos suertes se compensan– considerado el definitivo.

La nueva formulación no se establece a partir de una sucesión de miembros explicitados anteriormente, sino a través de implícitos:

> Así Hlava afirma que las plaquetas de la rana están dotadas de contracciones amiboideas y provienen, *en definitiva*, de glóbulos blancos ordinarios. (S. Ramón y Cajal, *Sobre la fagocitosis de las plaquetas de los vertebrados inferiores*, 1896, *CORDE*)

Con *en definitiva* se sugiere que se podrían haber añadido otras explicaciones, pero después de haberlas considerado se elige la más relevante, que aparece explícita tras el marcador.

4.2 En resumidas cuentas

Los primeros ejemplos de *en resumidas cuentas* como marcador se documentan en el siglo XIX, época en la que también comienza a utilizarse en los textos de la ciencia. El valor de este marcador es una reconsideración de los miembros anteriores, tanto explícitos como implícitos, y la formulación de un punto de vista final que sintetiza lo anterior, reinterpretado desde esa perspectiva:

> Todos sabemos cuánto tiempo se pierde y hemos perdido con la tal gramática latina. Apenas hay un español con mediano talento que no haya aprendido en cuatro meses la lengua francesa y cuanto le basta para entenderla, y para la latina se emplean tres o cuatro años; y *en resumidas cuentas* ¿para qué? Para entender los escritos en latín, escribirlo rara vez y casi nunca hablarlo. (Juan Romero, *Intervenciones en las Cortes Ordinarias*, 1820-1821, *CORDE*)

Esa nueva formulación puede suponer una retrointerpretación de cada uno de los miembros precedentes a partir de la nueva perspectiva:

> Entre el habla usual y la literaria no hay una diferencia esencial, sino de matiz y grado. Es que, *en resumidas cuentas*, todo hablar es estético si por estético no entendemos "faire de la beauté avec les mots", sino lo expresivo, como diría Croce: todo el que habla es un artista. (D. Alonso, *Poesía española*, 1950, *CORDE*)

O puede ser una reconsideración de todo lo expresado anteriormente que queda englobado en un último segmento:

> No deberíamos contentarnos con dos observaciones que, *en resumidas cuentas*, resultan un poco excepcionales para establecer una teoría general de método de inspiración. (F. González Llana, *Traducción de ideas modernas acerca de los niños, de Alfred Binet*, 1913, *CORDE*)

4.3 *Al fin y al cabo*

La función de *al fin y al cabo* como marcador discursivo no se documenta hasta el siglo XVIII; con anterioridad, a finales del siglo XVI, aparecen las locuciones *al cabo y a la postre* y *al cabo y al fin* que son sustituidas en el siglo XVIII por *al fin y al cabo* (Garcés 2009). En los textos de la ciencia el empleo de este marcador no aparece de modo usual hasta el siglo XIX.

Su función es la de indicar que el segmento en el que se localiza supone una reconsideración de los miembros anteriores que, generalmente, presentan puntos de vista contrarios, y la formulación de un nuevo punto de vista, que se orienta en favor de una de las opciones previas:

> Si los otros embajadores se han ido, esto no demuestra sino que no quieren ser amigos nuestros, y *al fin y al cabo* si ellos están dispuestos a hacernos la guerra con su dinero, lo mismo lo emplearán ausentes que permaneciendo en Madrid. (J. Romero, *Sociedad Landaburiana*, 1822-1823)

Se parte de una determinada hipótesis: si los embajadores se han ido significa que no desean establecer relaciones de amistad. El miembro introducido por el marcador *al fin y al cabo* implica que, tanto si se considera esa hipótesis como otra posible, en la nueva formulación, se presenta un punto de vista que apoya lo mantenido por el locutor: si están dispuestos a hacer la guerra con su dinero lo harán tanto si están ausentes como presentes.

Cuando se plantean explícitamente dos posturas contrarias, el segmento introducido por este marcador supone que el nuevo punto de vista, después de examinar los dos anteriores, se confirma como la justificación de uno de ellos:

> Nadie duda que el teléfono es una gran invención y que está prestando grandes servicios. Oír la voz humana á mil kilómetros de distancia, por ejemplo, es una verdadera maravilla, pero además es una maravilla utilísima. Y sin embargo tiene sus deficiencias. *Al fin y al cabo* es una conversación, y de la conversación no queda rastro. (J. Echegaray, *Ciencia popular*, c 1870-1905, *CORDE*)

En este caso, el emisor opone las grandes ventajas del teléfono, como la de comunicarse en la distancia, a las desventajas que presenta; el segmento en el que se incluye *al fin y al cabo* implica la reconsideración de ambas y la justificación de los inconvenientes frente a las ventajas.

La reconsideración puede hacerse sobre un punto de vista implícito, contrario al que el locutor presenta en la nueva formulación: «Bien es verdad que todo problema industrial viene á resolverse, *al fin y al cabo*, en un problema económico.» (J. Echegaray, *Ciencia popular*, c 1870-1905).

El marcador *al fin y al cabo* señala que se ha considerado una serie de elementos anteriores que llevan a concluir que el problema industrial se configura como un problema económico: ese punto de vista expresado por el locutor se opone a un punto de vista implícito, distinto del expresado, que llevaría a considerar que se trata de un problema de otro tipo.

Este marcador puede ir precedido de otros conectores; cuando le antecede un conector de causa, este es el que marca el argumento que justifica la conclusión establecida en el acto principal. La aparición del marcador *al fin y al cabo* a continuación supone que ha habido un proceso previo de consideración de una serie de elementos que permanecen implícitos y, entre todos, se ha elegido al que representa el punto de vista más relevante.

> Que el inventor, un inventor cualquiera ensaye una y veinte veces su invención y la vaya corrigiendo y perfeccionando, pero tranquilamente en su gabinete ó en su laboratorio, corriendo poco peligro ó no corriendo ninguno será meritorio y digno de aplauso siempre, porque el trabajo y la constancia lo son; pero lanzarse al espacio y caer al abismo pocos momentos después y salvarse del peligro por milagro, y volver a subir y creer que se vence, para caer de nuevo y apurar la paciencia del Ángel de la Guarda, y perdonéseme la frase, á fuerza de inconcebible osadía y sublime terquedad, de esto, pocos hombres son capaces, y de esto ha sido capaz Santos Dumont. Pero no sólo hay que considerar en él el carácter, la intrepidez, la sangre fría, sino la pericia y el talento. Porque *al fin y al cabo*, y prescindiendo de distinciones bizantinas, Santos Dumont ha resuelto el problema en los términos que se le propusieron y en los límites que marcaba las condiciones del certamen. (J. Echegaray, *Ciencia popular*, c 1870-1905, *CORDE*)

A partir de la conclusión de que hay que considerar la pericia y el talento de Santos Dumont, se presenta la causa que lo justifica: ha resuelto el problema según las normas establecidas. *Al fin y al cabo* señala que, después de considerar otras opciones, se ha decantado por esta.

También puede ir precedido por conectores que señalan relaciones contraargumentativas:

> Parece cierto que la masa solar se compone de tres partes, á saber: el núcleo, la foto esfera y la cromo-esfera; parece todavía, si bien no falta quien lo niegue, que las manchas son como desgarrones de la foto-esfera. Pero unos suponen que son cráter de un volcán, el núcleo solar que estalla; otros que son las bocas de ciclones solares, y con un poco de imaginación, todavía pueden forjarse otras hipótesis. Pero *al fin y al cabo*, todas estas cuestiones sólo se refieren á la parte mecánica, á los grandes movimientos del astro. Y los problemas más interesantes para nuestro objeto, que son los que se refieren á la parte física, ni han llegado todavía á la categoría de hipótesis seria. (J. Echegaray, *Ciencia popular*, c 1870-1905, *CORDE*)

donde el segmento que tiene una mayor fuerza argumentativa, introducido por *pero*, lleva a una conclusión contraria a la que se desprende del segmento anterior; el marcador *al fin y al cabo* señala que, en oposición al punto de vista previo, mantenido por un enunciador distinto, el que se ha expresado en este miembro, con el que se identifica el locutor, es el que se considera decisivo.

Un valor desarrollado posteriormente, ya que no se documenta en los textos de la ciencia hasta el siglo XX, aparece en estructuras del tipo "sustantivo+adjetivo restrictivo" a la que se une el conector *pero* con el marcador *al fin y al cabo* y el mismo sustantivo sin modificar:

> En conclusión, la tesis que he sostenido siempre se confirma hoy: la asociación de España a la Comunidades Europeas es en sustancia beneficiosa para el pueblo español, siempre que la condición siguiente sea claramente establecida: si la Dictadura no es reemplazada por la Democracia, España no puede "entrar en Europa". Esta es una manera activa para los países democráticos, sin mezclarse en los asuntos internos de otro país, de contribuir a colmar el foso ideológico y económico que puede hacer de mi país, sin merecerlo, el pozo de Europa. Pozo soleado, ciertamente, pero pozo *al fin y al cabo*. (E. Tierno Galván, *España y el socialismo*, 1966-1974, *CORDE*)

En la primera formulación, España se caracteriza como el "pozo soleado de Europa", de ahí que con la utilización del adjetivo "soleado" se pueda concluir que se trata de un país que tiene algunas características positivas; en la nueva formulación se presenta un punto de vista contrario, en el que se quita importancia al aspecto positivo y se resalta la precariedad del país.

4.4 A fin de cuentas

La creación de los marcadores discursivos *a fin de cuentas*, *en fin de cuentas* es tardía, ya que data del siglo XIX, y su consolidación no se manifiesta hasta comienzos del siglo XX. El primer ejemplo documentado en el corpus procede del *Suplemento* de Covarrubias (1611), donde se utiliza la locución *en fin de cuentas* como traducción de la forma latina TANDEM:

> AUSONIA. Cierta parte de Italia de la qual toda ella tomó nombre. Virgilio lib. 4, Aeneidos: Quae tandem Ausonia Teucros considere terra invidia est? [¿Por qué hay, *en fin de cuentas*, este rencor por los troyanos que se asientan en Italia? (IV.349-350)]. (Sebastián de Covarrubias, *Suplemento al Tesoro de la lengua española castellana*, c 1611, *CORDE*)

Esta construcción representa ya el valor de reconsideración que adquiere este sintagma desde los inicios de su empleo, donde se enuncia lo más importante tras una supuesta serie de reflexiones que llevan a considerar distintos elementos de los que solo se expone el último. Resulta llamativo que tras este primer ejemplo no se vuelvan a encontrar textos en los que aparezca esta partícula hasta el siglo XIX, época en la que los marcadores habituales para expresar este valor son *a fin de cuentas* y con la variante *al fin de cuentas* y, con menor frecuencia, *en fin de cuentas*.

En los textos de la ciencia *a fin de cuentas* y la variante *en fin de cuentas* no se documentan hasta comienzos del siglo XX y su valor es el de señalar que ha existido un proceso de deliberación entre varias alternativas, que pueden estar explícitas o no, y que el segmento en el que se localiza este marcador es la opción que se impone sobre todas las demás.

El final de ese proceso puede establecerse a partir de una serie de elementos explícitos, señalados en los segmentos de referencia:

> El aumento de la cantidad de hoja logrado en las parcelas desfrutadas, en comparación con aquellas en las que se dejaron las plantas intactas, se elevó a un 33%. Sin embargo, hay que tener en cuenta que esta operación resulta embarazosa, por la insistencia con que hay que repetirla, y es posible que *a fin de cuentas* deba considerarse económicamente mala cuando la mano de obra hay que remunerarla a buen precio. (P. Font, *Plantas medicinales. El Dioscórides renovado*, 1962, *CORDE*)

Se parte de la comparación entre dos hechos: aquellas parcelas en las que se ha decidido desfrutar el estramonio cortando la flor en cuanto se abre y aquellas en las que la flor se ha quedado intacta; después de haber examinado las dos posibilidades, se llega a la interpretación final de que el aumento de la producción de hoja que supone el proceso de disfrutar puede considerarse malo económicamente.

Este marcador puede ir precedido por conectores que establecen distintos tipos de relaciones entre los segmentos que unen.

Cuando va precedido por un conector de causa, el marcador *a fin de cuentas* señala que ha habido un proceso previo de consideración de una serie de argumentos que permanecen implícitos y, entre todos, se ha elegido al que representa el punto de vista más relevante:

> En pláticas sucesivas, cuya fecha se anunciará oportunamente, destinadas ya a los futuros componentes del Seminario, nos iremos ejercitando en discutir la aplicación práctica de la etimología, de la semántica, de la estilística, de la gramática, etc., a las tareas lexicográficas; y esta gimnasia nos permitirá ir precisando toda una serie de cuestiones fundamentales, cuya solución, traducida en normas precisas, nos habrá de dar la Academia antes de que empecemos a trabajar. A ello viene obligada porque, *en fin de cuentas*, ella tuvo la iniciativa de la empresa, ella pone los medios para llevarla a término, ella asume la responsabilidad y, si Dios bendice nuestros esfuerzos, ella recogerá en su día la gloria sin igual de haber brindado a la lengua española de ambos continentes y al genio de la estirpe la ocasión de mostrarse al mundo en toda su grandeza y esplendor. (J. Casares, *Introducción a la Lexicografía moderna*, 1950, *CORDE*)

Del mismo modo, puede ir con conectores que establecen la consecuencia respecto de un argumento anterior; la función de este marcador es señalar que se ha deliberado entre varios puntos de vista referidos a distintas consecuencias posibles y se ha elegido la que se identifica con el punto de vista del locutor:

> Y con respecto a los gananciales, el art. 1.428 dispone que en la formación del inventario, reglas sobre tasación y venta de bienes, garantía y afianzamiento de las respectivas dotes, y demás que no se halle expresamente determinado por el presente capítulo (que es el V), se observará lo prescrito en la sección quinta, cap. V, tít. III, del libro tercero, y en la segunda, cap. III de este título, que es donde se contiene aquel art. 1.380. Así pues, *en fin de cuentas* para resolver la duda, no sólo acerca del producto de los bienes dotales o parafernales de D.ª Cándida, sino también acerca del capital del marido y de los gananciales, hemos de seguir las reglas establecidas para el caso de cesar un usufructo. (A. Maura, *Dictámenes*, 1900-1928)

También puede ir precedido por conectores que señalan relaciones contraargumentativas:

> ¿Amor humano? ¿Amor divino? La composición es deliciosamente equívoca, pero, *en fin de cuentas*, vemos que se refiere al amor humano, aunque al más alto, al más descontentadizo, al menos material. (D. Alonso, *Poesía española*, 1950)

donde el segmento que tiene una mayor fuerza argumentativa, introducido por *pero*, lleva a una conclusión contraria a la que se desprende del segmento anterior; el marcador *a fin de cuentas* señala que, en oposición al punto de vista anterior en el que se plantea que el texto es equívoco, porque puede referirse al amor humano o al amor divino, el nuevo punto de vista sostiene que se trata del amor humano, que es la interpretación que se considera decisiva.

Puede establecer una relación de equivalencia entre el segmento de referencia y el segmento reformulado:

> A este respecto, el sabor y el olor engañan menos que la vista; las afinidades químicas, que, *a fin de cuentas*, son las decisivas, suelen deducirse mejor gustando que viendo. (P. Font Quer, *Plantas Medicinales*, 1962, *CORDE*)

En este caso, el marcador *a fin de cuentas* señala que se han considerado los distintos sentidos y entre ellos se ha elegido uno –las afinidades químicas se deducen mejor a través del gusto– y se han descartado los otros.

4.5 Después de todo

La locución adverbial *después de todo* funciona como marcador desde finales del XV y ya plenamente en los siglos XVI y XVIII; se emplea para introducir el último acontecimiento discursivo, tras una secuencia de sucesos previa, ordenada según las perspectivas del emisor (Garcés 2009).

En los textos de la ciencia su empleo está plenamente arraigado en el siglo XVIII con el valor de señalar una reconsideración de los miembros anteriores y la elección de un nuevo punto de vista contrario al anterior[8]. La nueva formulación puede ir sobre miembros explícitos o puede plantearse sobre informaciones implícitas, por lo que el nuevo punto de vista no es fácilmente accesible en un contexto inmediato y se ha de acceder a él mediante un proceso inferencial:

> Dios no pudo menos de hacerme inteligente: Dios no pudo menos de concederme la facultad de discernir: Dios no pudo menos de darme la potestad de deliberar: Dios no pudo menos de prescribirme los preceptos de la virtud: y *después de todo*, si me entregó al vicio, no pudo menos de verificarse en mí la ejecución de las acciones viciosas, a pesar del conocimiento,

---

8 Cfr. la caracterización que ha dado E. Roulet (1990) para el conector *après tout*, forma que comparte características significativas con *después de todo*.

del discernimiento, de la deliberación y de la ley que me prescribió el mismo Dios. (J. P. Forner, *Discursos filosóficos sobre el hombre*, 1787, *CORDE*)

En este caso, hay una referencia explícita a los segmentos anteriores en los que se indica las concesiones favorables que ha hecho Dios a los hombres; el segmento en el que se sitúa *después de todo* supone la reconsideración de lo expresado en los segmentos de referencia y una nueva formulación, contraria a la anterior, en la que se señala una concesión negativa que inclina al hombre al vicio y que es un argumento que se considera más fuerte en relación con los anteriores.

Es frecuente el empleo de este marcador en segmentos que introducen argumentos que manifiestan una dimensión polémica, dado que su aparición supone una ruptura radical respecto de otras posibles consideraciones y, por tanto, el marcador supone el refuerzo de ese argumento sobre otros posibles.

La locomotora eléctrica será la locomotora del porvenir. ¿Muy remoto o muy próximo? Este es un problema que no se resuelve fácilmente. Por una parte, la solución eléctrica se presenta con grandes elementos de fuerza y de vida. No es un sueño, no es una utopía, no es una teoría. Es una realidad, aunque en pequeña escala: porque *después de todo*, los tranvías eléctricos, hoy esparcidos por todas las grandes capitales y por muchas pequeñas líneas, no son en el fondo más que soluciones diversas de este problema, aplicación de la energía eléctrica a tracción sobre carriles. (J. Echegaray, *Ciencia popular*, c 1870-1905, *CORDE*)

Se parte de una aserción de que la locomotora eléctrica será viable en el futuro lo que ya no ha de considerarse como una utopía y se justifica, frente a otras posibles consideraciones, en un hecho evidente: ya existen los tranvías eléctricos que tienen el mismo principio básico.

En otros casos, se establece una relación de conclusión-argumento sin que ningún conector marque ese tipo de relación, por lo que *después de todo* queda como el único elemento de conexión.

Pues ya tenemos que, andando los años, los sabios echan cometas para fines científicos, que es, como si dijéramos, para juegos sublimes de personas grandes. ¿Qué son, *después de todo*, muchos de los aeroplanos que se emplean, sino verdaderas cometas sin hilo? (J. Echegaray, *Ciencia popular*, c 1870-1905, *CORDE*)

El argumento que se presenta en el segmento en el que aparece *después de todo*, formulado como interrogación retórica, sirve para justificar la conclusión anterior: los científicos utilizan los instrumentos que tienen a su alcance para generar ciencia.

El que se presente en determinados contextos como un reforzador de argumentos no permite considerar que se trate de un conector argumentativo, dado que el valor de argumento del constituyente introducido por *después de todo* es independiente de la presencia del marcador, pues este valor se mantiene aunque el marcador se suprima. Por otra parte, esta no es su única función, ya que también aparece en segmentos que se presentan como una conclusión que se desprende a partir de una serie de argumentos explicitados anteriormente:

> Decimos, por decir algo, que es la corriente eléctrica la que circula; hablamos de amperes, de potenciales, de resistencias, que, *después de todo,* no son más que nombres que hemos inventado para designar ciertos fenómenos. (J. Echegaray, *Ciencia popular*, c 1870-1905, *CORDE*)

En este caso, la consecuencia que se deriva de los argumentos anteriores es introducida por el conector *después de todo* que reformula una serie de informaciones previas que llevan a una conclusión distinta a la esperada: la invención de diversos nombres para designar fenómenos desconocidos.

El segmento en el que se localiza *después de todo* puede suponer un rechazo de una serie de objeciones ligadas al punto de vista de la primera formulación que quedan descartadas al introducirse en la nueva formulación el punto de vista final y definitivo:

> Es lo cierto, que no acabaríamos nunca de relatar las novedades, asombros y maravillas de los espacios de diversas dimensiones, si no creyéramos que hemos soñado bastante con los soñadores y que, *después de todo*, lo que el sentido común aconseja, es que nos acomodemos de la mejor manera posible en este espacio de tres dimensiones en que nos colocaron, hasta que nos llegue el día de que podamos volar por la cuarta dimensión, que, por ahora, no se ve en ninguna parte. (J. Echegaray, *Ciencia popular*, c 1870-1905, *CORDE*)

Después de todo introduce un enunciado que reconsidera una serie de rasgos que ha señalado anteriormente respecto de los espacios de diversas dimensiones y que llevaría a considerar que hay nuevas dimensiones; esas posibilidades presentes en los segmentos de referencia son descartadas y el segmento reformulado señala lo contrario: es de sentido común acomodarse al espacio de tres dimensiones en el que estamos y dejar una cuarta dimensión para cuando sea posible.

En otros casos, el nuevo punto de vista, contrario al anterior, es presentado dentro de un estilo directo incluido en la narración del emisor:

> De todas maneras, sabiendo ya lo que es el calórico, y que sólo se trata de la vibración interna de los cuerpos, yo creo que podrían sufrir con más resignación los calores; para lo cual el medio es muy sencillo. No tienen más que repetir con resignación filosófica, y si les es posible con cierta elevación científica, esta fórmula: "Qué demonio, yo creía que esto que me molestaba era el calor, el vulgarísimo calor de Julio y Agosto, y, *después de todo*, no hay tal calor, lo único que hay es una vibración molecular más o menos rápida del aire que respiro y de los cuerpos que me rodean!" (J. Echegaray, *Ciencia popular*, c1870-1905, *CORDE*)

Se opone la consideración de que el calor que sienten las personas está relacionado con la época estival a la idea, expresada en el segmento en el que se incluye *después de todo*, de que el calor viene determinado por un fenómeno físico.

5. Conclusiones

El análisis de los marcadores reformulativos de recapitulación y reconsideración en los textos de la técnica y de la ciencia nos permite determinar que su empleo permite al autor presentar el miembro del discurso que introducen como una reinterpretación de un miembro anterior.

Nos hemos ocupado de su función especialmente en los textos de la técnica y de ciencia de tipo divulgativo porque en ellos el emisor intenta hacer accesible al destinatario lo que ha de entender o inferir de lo dicho en los segmentos precedentes. Con la utilización de los tipos de marcadores señalados, el autor no se plantea la pertinencia del primer miembro respecto del segundo, sino que, en ambos casos, se mantiene la vigencia del anterior; la diferencia entre ellos se refiere a cómo se plantea la nueva formulación y a si se mantiene o no el punto de vista señalado en la precedente. En los marcadores de recapitulación se trata de englobar en un nuevo segmento lo expresado en los miembros anteriores, sin que se altere el punto de vista que aparece en la nueva reformulación respecto del anterior. Con los marcadores de reconsideración, el segmento reformulado presenta un cambio de perspectiva respecto del segmento de referencia, lo que implica que el nuevo punto de vista puede ser coincidente o contrario con el de la formulación previa.

Referencias bibliográficas

ADAM, Jean Michel y Françoise REVAZ (1989): «Aspects de la structuration du texte descriptif: les marqueurs d'énumeration et de reformulation», *Langue Française*, 81, pp. 59-98.

CDH = Real Academia Española: *Corpus del Nuevo diccionario histórico* (en línea), http://www.fil.es/Paginas/Corpusdiccionariohistorico.aspx

CORDE = Real Academia Española: *Corpus Diacrónico del Español* (en línea), http://www.rae.es

CORTÉS, Luis y M.ª Matilde CAMACHO (2005): *Unidades de segmentación y marcadores del discurso*. Madrid: Arco Libros.

FLØTTUM, Kjersti (1996): «Written reformulation in a modular approach», *Journal of Applied Linguistics*, 6/1, pp. 65-79.

DUCROT, Oswald (1986 [1984]): *El decir y lo dicho*. Barcelona: Paidós [Traducción española de Sara Vassalto].

FUENTES, Catalina (1993): «Conclusivos y reformulativos», *Verba*, 20, pp. 171-198.

FUENTES, Catalina (2009): *Diccionario de conectores y operadores del español*. Madrid: Arco Libros.
GARCÉS, M.ª Pilar (2005): «Reformulación y marcadores de reformulación», en Casado Manuel, Ramón González y Óscar Loureda (eds.), *Estudios sobre lo metalingüístico (en español)*. Frankfurt: Peter Lang, pp. 47-66.
GARCÉS, M.ª Pilar (2006): «La evolución de los marcadores de ordenación discursiva en español», *Romanistisches Jahrbuch*, 57, pp. 327-351.
GARCÉS, M.ª Pilar (2008): *La organización del discurso: marcadores de ordenación y de reformulación*. Madrid-Frankfurt: Iberoamericana-Vervuert.
GARCÉS, M.ª Pilar (2009): «El proceso evolutivo de los marcadores de reconsideración», *Romanistisches Jahrbuch*, 60, pp. 215-238.
GÜLICH, Elisabeth y Thomas KOTSCHI (1995): «Discourse Production in Oral Communication. A Study Based on French», en Uwe Quasthoff (ed.), *Aspects of Oral Communication*. Berlin: De Gruyter, pp. 30-66.
GÜLICH, Elisabeth y Thomas KOTSCHI (1996): «Textherstellungsverfahren in mündlicher Kommunikation. Ein Beitrag am Beispiel des Französischen», en Wolfang Motsch (ed.), *Ebenen der Textstruktur. Sprachliche und kommunikative Prinzipien*. Tübingen: Niemeyer, pp. 37-80.
HERRERO INGELMO, José Luis (2010): «Reformuladores de recapitulación: de complementos de modo a marcadores del discurso (*en resumen*, *en síntesis*, *en suma*, *en conclusión*, *en definitiva*)», en Maria Iliescu, Heidi M. Runggaldier y Paul Danler (eds.), *Actes du XXVe Congrès International de Linguistique et de Philologie Romanes*. t. V. Tübingen: Max Niemeyer Verlag, pp. 123-133.
IGLESIAS, Silvia (2007): «Marcadores del discurso e historia del español: *al fin*, *en fin*, *finalmente*», en Ramón Santiago, Inmaculada Delgado y Alicia Puigvert (eds.), *Ex admiratione et amicitia. Homenaje a Ramón Santiago*. Madrid: Orto, vol. 2, pp. 623-645.
MARTÍN ZORRAQUINO, M.ª Antonia y José PORTOLÉS (1999): «Los marcadores del discurso», en Ignacio Bosque y Violeta Demonte (eds.), *Nueva gramática descriptiva de la lengua española*. t. 3. Madrid: Espasa-Calpe, pp. 4051-4213.
NOREN, Coco (1999): *Reformulation et conversation. De la sémantique du topos aux fonctions interactionnelles*. Uppsala: Acta Universitatis Upsaliensis.
PORTOLÉS, José (2001^{2}): *Marcadores del discurso*. Barcelona: Ariel.
ROSSARI, Corinne (1994): *Les opérations de reformulation*. Bern: Lang.
ROULET, Eddy (1990): «Et si *après tout*, ce connecteur pragmatique n'était pas un marqueur d'argument ou de prémisse impliquée?», *Cahiers de Linguistique Française*, 11, pp. 329-343.

La documentación lexicográfica sobre el léxico especializado para la elaboración de un diccionario histórico: notas a propósito de la lexicografía española del siglo XIX*

Cecilio Garriga
Universitat Autònoma de Barcelona
Sandra Iglesia
Universitat Rovira i Virgili
Francesc Rodríguez
Universitat Autònoma de Barcelona
Grupo Neolcyt

1. La importancia de la lexicografía para la historia de la lengua especializada del s. XIX

Hasta hace poco tiempo, la mayor parte de la información de la que se disponía acerca de una unidad léxica en los siglos XVIII-XIX era lexicográfica. Esto es así porque los estudios textuales que hacen posible la datación léxica en español tradicionalmente se han restringido al español temprano y clásico. Además, como indica Álvarez de Miranda (2005: 1038)[1], el aumento, a partir del siglo XVIII, de los materiales textuales que el investigador debe examinar, en comparación con las primeras épocas de formación de la lengua[2], se multiplica, haciendo más

* Este estudio se enmarca en el proyecto *Diccionario histórico del español moderno de la ciencia y de la técnica*, financiado por el Ministerio de Economía y Competitividad (FFI2010-15240), desarrollado por el grupo NEOLCYT (http://dfe.uab.es/neolcyt/), grupo reconocido por la Generalitat de Catalunya (2009SGR-00937), y que forma parte de la Red Temática «Lengua y Ciencia» (FFI2009-05433-E).

1 Tradicionalmente, los estudios sobre historia de la lengua española se han dedicado a la lengua literaria, dejando únicamente para aquellas épocas en que los textos literarios son escasos o inexistentes el estudio de la lengua no literaria, fundamentalmente atendiendo a los textos jurídicos: fueros, textos notariales, etc. Por lo que se refiere a los lenguajes especializados, el desconocimiento de la historia de la ciencia (que conlleva el desconocimiento de la existencia de una ciencia relevante en español) y la creencia de que la lengua de esta época no necesita interpretación han provocado que no se les haya prestado la debida atención.

2 Clément (1993: 41-64) explica cómo, por lo que se refiere a la tipología de la producción de libros, a lo largo del siglo XVIII, las obras de carácter religioso, que eran las que abrumadoramente se publicaban, van cediendo protagonismo: en 1745 suponen un 40% del total, y en 1788 descienden al 19,5%. Por contra, los libros de ciencia y técnica, que en 1755 constituían el 7,10%, en 1788 suponen el 32,7%, superando incluso a las publicaciones literarias (31,7%).

difícil esta tarea, y desanimando al investigador, convencido de que el período que se abre con el Setecientos es una etapa de clara estabilidad del español (Sánchez Lancis, 2012: 46), y por lo tanto, de escaso interés filológico.

En los últimos años, en cambio, factores como la puesta en marcha del Proyecto del *Nuevo Diccionario Histórico de la Lengua Española*, iniciado por la Real Academia, o el cambio de orientación de la filología, que dedica su atención a otros registros lingüísticos no literarios, en especial a la lengua de la ciencia y de la técnica[3], han contribuido a que se produzca un mayor interés por parte de los investigadores por las lenguas de especialidad de los siglos XVIII y XIX. Este interés por lo textual provoca que la información lexicográfica sobre la historia de un término pase a un segundo plano. También influye en este hecho el conocido retraso con el que los diccionarios de lengua acogen cualquier novedad léxica, cualquier neologismo. Este "retraso", además, aumenta cuando se trata de un tecnicismo, puesto que entran en juego otros factores, como su penetración en la lengua no especializada, su adaptación morfológica y ortográfica al español, etc. Por todas estas razones, en muchas ocasiones, los diccionarios se consideran adecuados únicamente para refrendar la estabilidad de los términos, su grado de penetración en la lengua, convirtiéndose así en un blanco fácil para las críticas. Ya sufrieron estas mismas críticas en su momento: son frecuentes los comentarios que vierten los mismos científicos y traductores de los textos de los siglos XVIII y XIX, en los prólogos, las advertencias o las notas a pie de página, acerca del esfuerzo renovador del léxico, que fuerza los límites del diccionario. Autores como Gutiérrez Bueno (1788), Benito Bails (1802) o Antonio de Capmany (1805) salpican sus textos o sus traducciones con este tipo de comentarios[4].

---

3 Esto ha provocado que haya un mayor interés por la historia de la ciencia y un mayor conocimiento de la misma, lo que conlleva que se valoren de manera más objetiva los logros de la ciencia española, se estudien los procesos de introducción de las nuevas nomenclaturas, y se describan los textos que sirven para transmitir los nuevos conocimientos. Estos avances de la historia de la ciencia prestan un apoyo fundamental al filólogo a la hora de seleccionar el material que debe ser estudiado. En el Grupo Neolcyt hemos dedicado la atención a la importancia de los textos técnicos para el estudio de la historia de la lengua: cómo seleccionar los que son relevantes para cada disciplina, y cómo estudiarlos. Algunos ejemplos de este trabajo son los siguientes: Blecua, J. M.; Gutiérrez, J.; Pascual, J. A. (coords.) (2003); Garriga, C. (2004); Gutiérrez, J. (2004); Nomdedeu, A. (2008), etc.; (véanse estos y otros textos relacionados en http://dfe.uab.cat/neolcyt). No son aceptables, en este contexto, afirmaciones como las de Ramírez Luengo (2012: 7-8), según el cual los estudios sobre el siglo XIX son poco menos que inexistentes.

4 También es cierto que, en otras ocasiones, lo que se echa en falta en los diccionarios es el vocabulario tradicional de los artesanos, que precisamente por no ser de uso literario, puede no aparecer recogido, como constatan también autores como Carbonell y Bravo (1820), Cristóbal Cladera, traductor de Brisson (1786-1793) o, unos años antes, el mismo Terreros (1786-1793).

A pesar de ello, los diccionarios suelen ser una vía fiable de estudio del léxico especializado; establecen un primer filtro al seleccionar las voces que incorporan, tienen en numerosas ocasiones un enorme poder divulgador, y, como podrá comprobarse, no siempre van (tan) por detrás de los textos. Por todo ello, deben ser considerados una herramienta más de explicación del léxico científico[5]. Con más razón en este momento en que el planteamiento de la elaboración del ya mencionado *Nuevo Diccionario Histórico* favorece el aprovechamiento de estos materiales, tanto textuales, como lexicográficos. De hecho, es conocido que uno de los primeros recursos que la Fundación Rafael Lapesa de la Real Academia Española ha puesto a disposición de los investigadores ha sido el llamado *Mapa de diccionarios*, una herramienta que permite la consulta de las seis ediciones académicas más importantes, complementada por el *Fichero de enmiendas y adiciones*[6].

En este estudio se pretende demostrar la importancia de los diccionarios para el conocimiento de la historia del léxico especializado. Para ello, se analiza la presencia de la voz *benzina* / *bencina* en los textos científicos en español y se examina su documentación y representación lexicográfica, partiendo del *Diccionario Nacional* de Ramón Joaquín Domínguez (primer repertorio en documentar el término). Este recorrido permite mostrar cómo la información lexicográfica transcurre pareja a la textual y constituye una pieza importante para el estudio de la historia del léxico científico del español, de gran aprovechamiento para la elaboración de un *Diccionario histórico*.

---

5 Además, en el siglo XIX florece la lexicografía de divulgación, un género nuevo cuya irrupción es explicable gracias a la aparición de los diccionarios especializados y las enciclopedias en países como Francia e Inglaterra (Berta Gutiérrez 2001: 146). Los factores que explican el éxito de estos diccionarios son múltiples, pero, sin duda, entre los más importantes se encuentran los intereses editoriales, la multiplicación del conocimiento científico y los ideales sociales de los ilustrados. Y aunque, en España, la *Encyclopédie* francesa parece que no tuvo la misma influencia que en otros países, los diccionarios especializados sí que alcanzaron una cierta relevancia (Berta Gutiérrez 1999). Muchos de ellos eran traducidos (Battaner 2001), con lo que se convierten en una inyección de conocimientos novedosos, acompañados del léxico que los expresa.

6 En este sentido siguen la tradición de otros diccionarios españoles, como ya lo hizo en su día el *Diccionario de Autoridades*, o como en el siglo XX lo hicieron Joan Corominas (*DCECH*), Gili Gaya en su inacabado *Tesoro lexicográfico* (1492-1726), Martín Alonso en su *Enciclopedia del idioma* (1958), Antón Santamarina (2002) en *O Diccionario de Diccionarios* o Dieter Messner (1994) en su *Dicionário dos dicionários portugueses*. Además, es un procedimiento que utilizan otros diccionarios históricos. Como muestra, sirva el ejemplo del *Robert historique*, que declara haber utilizado (y en ocasiones abusado) de glosarios, vocabularios y diccionarios cuando hay un insuficiente vaciado de textos que llama *espontáneos*. Y así, es fácil encontrar fechas basadas en los diccionarios de Richelet (1680), Furetière (1690), *Encyclopédie* (1751-1780), Trévoux (1732-1771), Bescherelle (1845), Littré (1863-1872) o Larousse (1866-1878).

2. La documentación textual

En 1838, en la obra *Nuevos elementos de Química, aplicada á la medicina y a las artes*, de Francisco Álvarez, profesor de Medicina y Cirugía[7], hallamos la primera documentación de la voz, con toda la seguridad que se puede tener en esta materia[8]:

> Segun Wohler y Liébig, el benzóilo debe estar compuesto de 28 átomos de carbono, 10 átomos de hidrógeno y 3 átomos de oxígeno. Mitscherlich ha obtenido del ácido benzóico el radical que hemos citado y le ha descrito en 1834 con el nombre de *bencina*.
>
> *Bencina*. Resulta de la destilación de una parte de ácido benzóico y 3 partes de cal viva apagada; el ácido se descompone en ácido carbónico, que queda unido á la cal, y en benzina (hidrógeno y carbono) que destila bajo la forma de un líquido al mismo tiempo que el agua contenida en la cal; por medio de una pipeta se separa la benzina del agua, y se la destila de nuevo despues de haberla agitado con un poco de potasa (p.201, tomo II).

Como se observa, en un mismo fragmento, apenas 3 líneas después de documentar *bencina*, podemos atestiguar la variante con -z-. De hecho, las dos formas coexistieron a lo largo del siglo XIX hasta que, a finales ya de siglo, se impuso la variante con -c-.

En textos posteriores, esta presencia empieza a ser más frecuente. Así, se documenta[9] *benzina* en el *Curso elemental de Química para el uso de las universidades, colegios y escuelas especiales* (Regnault, 1853)[10], y en el *Tratado de*

---

7 Esta obra, como indican Bertomeu Sánchez y García Belmar (2000: 475) es una traducción de la sexta edición de los *Eléments de chimie médicale* (1817) de Mateu Orfila, aunque con bastantes adiciones, sobre todo en el tomo II, en lo referente a química vegetal y a la química animal, de modo que: «[...] comparada con otras obras publicadas en esos años por autores españoles, la traducción de Álvarez Alcalá contenía un tratamiento mucho más amplio de la química vegetal y animal, recogiendo en cada una de ellas la diferente perspectiva que caracterizó las obras de Orfila».

8 Palau y Dulcet (s. v. *Orfila*) recoge las ediciones francesas de la obra desde su primera edición en 1817 hasta la octava de 1851. En el apartado de traducciones, únicamente recoge la realizada en 1818 por el mismo autor y otra en 1822, sobre la segunda edición francesa, corregida y aumentada, sin traductor conocido. Como es lógico, no se ha podido comprobar la presencia del término en estas traducciones, ya que lo acuña Mitscherlich en 1833 (Crosland 1962: 301).

9 Se ha documentado también en tres revistas especializadas: *El monitor de la salud de las familias* dirigida por Pedro Felipe Monlau, en el tomo II, publicado en 1859 en Madrid; en *El restaurador farmacéutico. Periódico oficial de la sociedad farmacéutica de socorros mutuos, de los colegios de farmacéuticos de Madrid y Valladolid*, dirigida por Quintín Chiarlone, en su tomo XXIV, publicado en 1868 en Madrid y en los *Anales de Química y Farmacia, Física e Historia natural, en sus aplicaciones a la Industria, la Agricultura y la Terapéutica*, dirigida por Luis María Utor, publicada en Madrid, en su Tomo III de 1869.

10 Regnault fue profesor del colegio de Francia y de la escuela politécnica y miembro de la Academia de Ciencias de París. La traducción y revisión corrió a cargo de Gregorio Verdú, Capitán del cuerpo de ingenieros y corresponsal de la Academia Real de Ciencias de Madrid. Se docu-

terapeutica y materia médica, de Trousseau y Pidoux (1857)[11]. En estos dos textos no aparece, en cambio, la variante con -c-. En el CORDE, la voz se encuentra una sola vez con -z-, documentada en el *Manual de fotografía* de Felipe Picatoste, ya de finales del siglo XIX:

> Para revelar la imágen se barnizan con una disolucion de 2 por 100 de cautchut en benzina los bordes del cliché, con objeto de impedir que el baño penetre entre la capa sensible y el cristal (Picatoste 1882: 126).

Y unos años después, en *El moderno destilador-licorista, aguardientes, jarabes y cervezas [...]*, de Valsecchi (1888: 106):

> Entre los descubrimientos más importantes de la química moderna puede figurar en primera línea el de la *benzina,* del *ácido pícrico,* el *Pirola*, etc., extractos del alquitran, líquido del carbon fosil sometido á la destilación, y de cuyos curiosos productos hablaremos en su lugar.

Por su parte, *bencina* se documenta en 1859, en la traducción de *La Botica ó Repertorio general de Farmacia Práctica* de Dorvault[12] en contextos como el siguiente:

> Nosotros solo nos fijarémos en la *Bencina*, que existe en gran cantidad en el aceite de brea de hulla, y que nos parece susceptible de numerosas aplicaciones. Para prepararla en grande, propone Mansfield emplear un aparato análogo al que se usa en el día en la fabricación del alcohol. [...] resulta entonces una masa sólida, cristalina de una blancura extraordinaria, fusible á 0º, que hierve á 80º y de una densidad igual á 0,85: esta es la bencina.
>
> La bencina disuelve fácilmente las resinas, el alcanfor, la cera, las grasas, la goma elástica, la guta-percha, [...] Es anestésica.

---

menta el término en la página 356 y repetidamente en las siguientes, puesto que en esta parte de la obra se trata de la "serie benzínica". Palau y Dulcet (s. v. *Regnault*) recoge esta traducción en 4 volúmenes en 1850-1853.

11 El original francés es de 1839. Aquí se utiliza la traducción de Matías Nieto Serrano. El término aparece en el capítulo 8 que trata sobre "Medicamentos narcóticos": «La *benzina ó benzola*, benzena, phena, etc., es un líquido transparente, sin color, de sabor azucarado...» (Trousseau y Pidoux 1857: 147). Esta documentación es interesante para restaurar las posibles relaciones léxicas entre términos afines o sinónimos en distintos ámbitos de aplicación de la Química. Palau y Dulcet (s. v. *Trousseau*) cita una traducción anterior de este texto en 1841-42 (de Serapio Escolar y Antonio Codorniu) como traducción de la primera edición francesa, mientras que esta de Serrano la recoge como traducción de la quinta edición francesa. Esta traducción de Serrano la documenta hasta una edición de 1876-1877, como novena edición. Esto puede dar una idea de la trayectoria del manual.

12 Se trata de la segunda edición de la traducción realizada por Julián Casaña y Esteban Sánchez, profesores de Farmacia, el primero, y Medicina, el segundo, en la Universidad central en Madrid. No se ha podido documentar la primera edición de dicho texto, puesto que Palau y Dulcet no proporciona datos sobre la fecha de publicación de esta primera edición. Sí los ofrece sobre la reimpresión del texto hasta al menos 1930, por lo que puede verse la repercusión que, sin duda, tuvo el manual en España.

> Las aplicaciones de este producto se multiplican de día en día; la industria se ha apoderado de él para verificar fácilmente la disolución de los cuerpos grasos, de las resinas que entran en la composición de los barnices, [...] Ya se sabe cuán preciosa es para hacer desaparecer las manchas de grasa de las telas mas delicadas [...] (Dorvault 1859: 245).

Posteriormente, se encuentra en la traducción del *Nuevo manual de fotografía* de Eduardo Latreille, realizada por Vicente Guimerá[13] en 1861. También se documenta en el *CORDE* en el *Manual de litografía* de Justo Zapater y de José García Alcaraz, en 1878:

> Se disuelve en éter betún de Judea, se extiende la solución sobre la piedra con igualdad, se deja secar en la oscuridad y luego se expone a la luz bajo una negativa. Las partes del asfalto impresionadas, se hacen insolubles, y por consiguiente, aún cuando se vierta de nuevo sobre ellas éter o bencina, ya no las atacan. (p. 84)

Y vuelve a aparecer en ocho ocasiones más en el texto de Picatoste (1882) (en el que se ha visto que aparecía *benzina*) y en el *Manual de química orgánica* de Gabriel de la Puerta (1882). También aparece con esta grafía en el manual de Valsecchi (1888) ya comentado:

> Fórmula C12 H6. La bencina es límpida, incolora, algo dulce, de olor agradable y etéreo. [...] se solidifica en cristales, es soluble en el agua, el alcohol, el éter y el espíritu de leña.
>
> Se obtiene la bencina descomponiendo el benzoato de cal por el calor (Peligot) ó calentando 1 parte de ácido benzoico y 3 de hidrato de cal (Mitscherlich). Se obtiene tambien en grandes proporciones de la brea del carbon fósil, residuo de la fabricación del gas del alumbrado; pero como se obtiene mezclada con materias extrañas, es muy difícil obtenerla pura. (p. 386)

Así pues, tanto *benzina* como *bencina* aparecen en los textos analizados[14] y su presencia indistinta llega hasta el último cuarto del siglo XIX, aunque, finalmente, acabe imponiéndose *bencina.*

Si se intenta corroborar estos datos en diccionarios históricos, se puede observar que el *Trésor de la Langue Française* (s. v. *benzine*) (el *Robert Historique* proporciona los mismos datos), afirma que la palabra la acuña por primera vez en alemán Mitscherlich, en 1833, y se documenta en francés ese mismo año en la traducción de los *Annales de chimie et de physique* de este mismo autor:

> **A.** – *Vx.* Corps chimique aujourd'hui couramment désigné par *benzène:*
> 1. ... si l'on mêle (...) 1 partie d'acide [benzoïque] avec 3 parties de chaux éteinte, et que l'on soumette le mélange à la distillation, il passe d'abord de l'eau et ensuite un liquide limpide et oléagineux (...). Comme on le retire de l'acide benzoïque et qu'il y a probablement

13 El dato lo debemos a Gállego (2002).

14 Para completar esta búsqueda se puede consultar también la Hemeroteca Digital de la Biblioteca Nacional [http://www.bne.es/es/Catalogos/HemerotecaDigital/, consulta: 17 de septiembre de 2012], en la que se documenta *bencina* en la revista *La guerra Ilustrada*, nº26, p. 18 (publicación editada entre 1914 y 1918, por fascículos, sin fechar), haciendo referencia a la gasolina de los aviones. No aparece, en cambio, la forma *benzina.*

quelque relation entre lui et les combinaisons du benzoyle, le nom de **benzine** lui convient le mieux, puisque déjà MM. Liebig et Wöhler ont choisi celui de *benzoïne* pour le composé isomérique de l'huile d'amandes amères.
E. MITSCHERLICH, *Annales de chim. et de phys.*, t. 55, 1833, p. 43.
[...]
Étymol. et hist. 1833 chim. *benzine, supra* ex. 1. Empr. à l'all. *Benzin* « *id.* », mot créé en 1833 par le chimiste Mitscherlich (*Physik. Abhandl. der Kön. Akademie der Wissenschaften zu Berlin,* année 1833, publ. en 1835, p. 501 sqq., original de la trad. fr. citée *supra*) à partir du rad. *benz-*, tiré de *benzoïque**, suff. *-in (-ine*),* pour remplacer *bicarbure d'hydrogène,* nom donné à ce produit par Faraday qui le découvrit en 1825.

Sin embargo, en español, el *DHLE* de 1936 lo documenta a principios del siglo XX por vez primera en un texto literario de Galdós[15], incluso antes de la documentación en un texto científico de 1920:

BENCINA. (De *benzoe*, nombre dado por los botánicos al benjuí). f. *Quím.* Substancia líquida, incolora, de olor aromático y penetrante, compuesta de carbono y de hidrógeno, la cual se obtiene de varias materias y principalmente de la brea o del aceite de la hulla; y por su facultad de disolver el aceite, la cera, la goma elástica, el azufre, el fósforo, etc., se emplea más generalmente para quitar manchas de la ropa. || «Insoluble en el agua y soluble en el alcohol, éter, cloroformo, grasas, *bencina*, esencias, etc. » Lázaro, *Flora esp.*, ed. 1920, t.1, p. 163. || «Dándole en el cuello una soba de *bencina*, la pieza queda como si la hubieran rejuvenecido cinco años» Galdós, *Miau*, cap. 7, ed. 1907, p. 65.

En el *Diccionario* de Pagés (1902) se puede encontrar una documentación a finales del siglo XIX, aunque en el diccionario no se precisa la fecha exacta[16]:

BENCINA (de *benzoe,* nombre dado por los botánicos al benjuí). f. *Quím.* Substancia líquida, incolora, de olor aromático y penetrante, compuesta de carbono y de hidrógeno, la cual se obtiene de varias materias y principalmente de la brea ó del aceite de la hulla, y por su facultad de disolver el aceite, la cera, la goma elástica, el azufre, el fósforo, etc., se emplea más generalmente para quitar manchas de la ropa.

Se prepara la **bencina** pura fácilmente por el procedimiento de Mitscherlich, del modo siguiente, etc.

Vicente Vera

15 En el *CORDE*, *bencina* aparece datada en la obra *Miau* de Galdós ya en 1888. De hecho, Según el *CORDE*, la voz *bencina* se documenta hasta en tres obras diferentes de Galdós: la ya citada *Miau*, *Misericordia*, en 1897 (p. 159) y *Cánovas*, en 1912 (p. 31). Si se consulta el Fichero General de la RAE, se comprueba que en las cédulas empleadas en la redacción del *Diccionario Histórico* la única cita que se recoge de Galdós es la que aparece en el artículo lexicográfico correspondiente, a pesar de estar documentada varios años antes.

16 Con los datos recuperados sobre estos autores, se puede afirmar que las citas que recoge Pagès de Vicente Vera provienen de su obra de 1888 *Estudio de los alcoholes y aguardientes jerezanos*, y que la cita de Rodríguez y Largo, profesor de la Cátedra de Física de los Reales Estudios de San Isidro, proviene de alguna de las obras siguientes, aunque no se pueda comprobar exactamente su procedencia: *La electricidad y sus principales aplicaciones* (1881), *Nociones de Química* (1895) y *Elementos de física y nociones de meteorología* (1895).

> La **bencina** se usa mucho como disolvente de las grasas y también para preparar la nitrobencina, con la que se obtiene la anilina.
> B. Rodríguez y Largo.

Resulta interesante observar que las definiciones del *DHLE* y la del Diccionario de Pagés son idénticas (la única diferencia es la autoridad que aparece en el segundo). Esto es así porque ambas reproducen la que aparece en la 12ª ed. del *Diccionario* académico (RAE 1884), cuando se incorpora la voz[17].

Así pues, la documentación textual de las dos variantes de la voz *benzina /bencina*, acuñada por Mitscherlich en 1833, es posible en español desde 1838. Posteriormente, a mediados del siglo XIX y hasta el último tercio de este siglo parece que los especialistas toman partido por una de las dos variantes (puesto que es difícil documentar ambas en una misma obra), hasta que, a partir de 1870 vuelven a utilizarse las dos. En todo caso, la rivalidad es únicamente gráfica, puesto que no se produce un cambio en el concepto que designa cada una de ellas; ambas hacen referencia a la sustancia química extraída por destilación del ácido benzoico.

3. El valor de la documentación lexicográfica

El primer diccionario del siglo XIX que recoge la voz *benzina* es el *Diccionario Nacional* de R. J. Domínguez. En este caso, el autor no esconde en ningún momento la deuda que tiene, por un lado, con la 9ª edición del *Diccionario de la lengua castellana* de la RAE (1843), y por otro, con el *Dictionnaire National* del lexicógrafo francés J. N. Bescherelle[18].

Pero si se atiende a los criterios de aceptación de tecnicismos en el *Diccionario* de la Real Academia, habrá que destacar que, sin duda, en lo que se refiere a la lengua especializada, la filiación más interesante en este caso es la de Domínguez con respecto a Bescherelle[19]. El autor gallego tenía un enorme dominio de

---

17 Esta es la definición que se mantiene en el *Diccionario* hasta la 19ª ed. (RAE 1970). No será hasta la siguiente edición (RAE 1984) cuando la definición se haga menos enciclopédica: '**bencina**. (de *benzoe*) f. *Quím*. Líquido incoloro, volátil e inflamable, obtenido del petróleo, y que se emplea como disolvente'.

18 *Dictionnaire national ou Dictionnaire universel de la langue française.* Citamos en este estudio por la edición de 1856, cuarta edición, que se encuentra disponible en la siguiente página web: http://gallica.bnf.fr/.

19 Bescherelle es uno de los autores más importantes del siglo XIX francés. Publicó numerosas obras de gramática normativa y diccionarios, al amparo de la Ley Guizot de 1833, que fijaba el francés como lengua de la enseñanza primaria, y que obligaba a su perfecto conocimiento si se pretendía ocupar un empleo público. Fue autor, también, de una *Grammaire Nationale*, publicada en 1834, que alcanzó quince ediciones. En 1843 se publica, como complemento de la gramática, el *Dictionnaire National ou Dictionnaire Universel de la langue française* [...], en dos volúmenes, solo tres antes años de que Domínguez publicara el suyo. Se trata de un diccionario

la lengua francesa, y había sido autor de un *Diccionario universal francés-español / español-francés*, de 6 volúmenes, publicado entre 1845 y 1846 en Madrid, por lo que manejar una fuente francesa para su diccionario no representaba ningún tipo de dificultad. En efecto, Domínguez supo seleccionar muy bien el repertorio francés que debía tomar como base para su diccionario[20].

Si se consulta la voz objeto de estudio en ambos diccionarios, se percibe claramente cuál es el verdadero alcance de la relación entre el *Diccionario Nacional* de Domínguez y el de Bescherelle[21]:

BENZINE. s.f. Chim. Huile volatile produite par la distillation de l'acide benzoïque. (Bescherelle)
Benzina, s.f. Quím. Aceite volátil producido por la destilacion del ácido benzoico. (Domínguez)

Esta relación también puede explicar que la voz la incluya Domínguez en su diccionario con -z-, y no -c-, a pesar de que en los textos ya se había documentado anteriormente. Lo que sí concuerda es el sentido con el que se recoge la voz en el

---

que ronda alrededor de las 130.000 entradas, y una lista de 472 autores citados. Esta lista de autoridades revela, desde el punto de vista técnico, la inmediatez del diccionario, ya que figuran en ella científicos como Humboldt (que murió en 1835), Darwin (1809-1882), o el químico español Buenaventura Orfila (1787-1853), aún vivo en el momento de la publicación del diccionario. El hecho de que entre la nómina de autores citados aparezca en un número bastante elevado el nombre de científicos reconocidos, puede dar la medida de la importancia que Bescherelle otorga a la lengua especializada y a su función en un diccionario enciclopédico.

20 Las justificaciones que Bescherelle hace en su prólogo de la inclusión de términos científicos y técnicos en su diccionario se basan, en un primer lugar, en la idea de que el diccionario de una lengua es el diccionario de todos los hablantes de esa lengua; por lo tanto, deben poder encontrar representadas las voces que les son más usuales; en segundo lugar, porque cree que es necesario seguir el progreso de la civilización, es decir, la lengua corre pareja a la evolución de la civilización, por lo tanto, este camino paralelo debe reflejarse en el diccionario de tal manera que se permite afirmar que el país que no consigue un diccionario parecido puede considerarse como inferior en el camino de la ciencia y de la civilización. De esta forma, Domínguez ve en Bescherelle un diccionario relevante para su propósito y comulga claramente con los mismos objetivos. Así lo expresa en el prólogo: «Nadie pone en duda la necesidad que hay en España de un Diccionario que esté al nivel de la altura á que en menos de un siglo han llegado todos los ramos del saber humano. [...] Las ciencias se han enriquecido con millares de descubrimientos, cada uno de los cuales ofrece al hombre otros tantos objetos nuevos que debe conocer y clasificar, necesitando para esto darles una nomenclatura que los distinga entre sí. Las artes, la agricultura, el comercio, y por último, todo lo que el hombre conceptúa que puede serle útil ó necesario, recibe cada día un nuevo impulso que, aunque no siempre lo perfecciona, lo modifica y á veces lo trastorna en términos de hacerlo variar en su misma especie. [...]» (Domínguez 1853).

21 Sandra Iglesia (2008) aporta los siguientes datos en cuanto a la deuda de Domínguez con el diccionario francés en lo que al léxico de la química se refiere: a partir de un corpus de 2528 acepciones extractadas del Diccionario, cotejadas en el Diccionario de Bescherelle, resulta que el 60% aprox. de las acepciones muestran huellas del diccionario francés: desde la traducción literal de las acepciones o la modificación de la información que aparece en el artículo lexicográfico (marcas, ejemplos, citas, etc.). Las acepciones traducidas literalmente suponen el 19,6 % de la muestra.

diccionario, puesto que, si lo comparamos con las documentaciones textuales, coincide el concepto al que se hace referencia.

Pero lo interesante del *Diccionario* de Domínguez es también la influencia que se proyecta en otros diccionarios del español posteriores a su publicación y, por ende, su papel en la penetración de terminología científica en los diccionarios posteriores, es decir, su misión de puente entre una terminología científica francesa y el reflejo de una terminología científica en español en los diccionarios de la segunda mitad del siglo XIX. Y es que la importancia de una documentación se mide, por un lado, por lo temprana que pueda ser, pero también por la tendencia que pueda marcar, ya que el poder divulgador del medio en el que aparece la documentación no debe despreciarse, si se persigue una historia del léxico más real que anecdótica.

En este sentido, hay que tener en cuenta que los diccionarios tienen una capacidad divulgadora que, a menudo, rebasa la de los manuales, por su misma característica de ir destinados a unos lectores no especializados. El *Diccionario* de Domínguez ocupa una posición central en la lexicografía del siglo XIX por dos razones: las numerosas ediciones que tuvo[22], y la pervivencia en otros diccionarios de la segunda mitad del siglo XIX.

Así, Domínguez toma *benzina* de Bescherelle, y lo documenta por primera vez en un diccionario del español con esa misma forma *benzina*. Pero es que esta traducción literal de la información que aparece en el diccionario francés pasa al *Diccionario enciclopédico* de Gaspar y Roig (1853) y al *Suplemento* del *Diccionario* de Salvá (1879) de la siguiente forma:

> **BENZINA**: s.f. Quím: aceite volátil producido por la destilacion del ácido benzoico. (Gaspar y Roig 1853)
> BENZINA. f. Quím. Aceite volátil producido por la destilacion del ácido benzoico. (*Suplemento* a Salvá 1879)

Su recorrido acaba provisionalmente en el *Diccionario enciclopédico* de Elías Zerolo (1895), donde se remite a *bencina*:

> BENZINA. f. Quím. BENCINA.

Pero Zerolo no es el primero que incluye *bencina.* Gaspar y Roig (1853) también recoge la forma *bencina*, con alguna pequeña variación en la definición, ya que la introduce con la paráfrasis "nombre dado a", aunque después reproduce la definición que ya aparecía s. v. *benzina*:

> **BENCINA**: s.f. Quím: nombre dado al aceite volátil, producido por la destilacion del ácido benzoico.

22 Según Seco (2003 [1987]), 17 ediciones entre 1846 y 1889.

Se trata de la primera documentación lexicográfica de la voz con la grafía -c-. La siguiente documentación la hallamos en la 12ª ed. del *Diccionario* de la RAE (1884):

> **Bencina**. (De *benzoe*, nombre dado por los botánicos al benjuí.) f. *Quím.* Sustancia líquida, incolora, de olor aromático y penetrante, compuesta de carbono y de hidrógeno, la cual se obtiene de varias materias y principalmente de la brea ó del aceite de la hulla, y por su facultad de disolver el aceite, la cera, la goma elástica, el azufre, el fósforo, etc., se emplea más generalmente para quitar manchas de la ropa.

Y podemos rastrear el término con la grafía -c- hasta el *Diccionario Enciclopédico Hispano-Americano* (1887-1910):

> **BENCINA** (de *benzoe*, nombre adjudicado por los botánicos al *benjuí*): f. *Quím.* Hidrocarburo correspondiente a la fórmula C^6H^6. La bencina fue descubierta en 1825 por Faraday que la separó de los productos de la destilación del aceite y le dio el nombre de bicarburo de hidrógeno.
>
> En 1833 Mitscherlich la obtuvo por la destilación del ácido benzóico con un exceso de sal; reconoció su identidad con el bicarburo de hidrógeno de Faraday, y le dio el nombre de bencina a causa de su modo de formarse. Hacia la misma época Peligot observó también la formación de la bencina al mismo tiempo que la benzofenona impura en la destilación seca del benzoato cálcico. [...]

Si hacemos un repaso por las documentaciones lexicográficas de la voz en su variante con -z-, podemos observar que el término se documenta lexicográficamente en francés en el *Dictionnaire National* de Bescherelle (1845), como *benzine,* y de aquí pasa al español *benzina* en el Diccionario de Domínguez (1846). Será Domínguez, en este caso, la vía por la que este término se introduzca en la lexicografía del español, puesto que pasará al *Diccionario* de Gaspar y Roig (1853), al *Suplemento* al *Diccionario* de Salvá (1879) y al *Diccionario* de Zerolo (1895); lo que implica una pervivencia del término desde el año 1846 (fecha de publicación del Diccionario de Domínguez) al 1895 (última documentación lexicográfica en el Diccionario de Zerolo). La variante gráfica con -c- del término aparece por primera vez en Gaspar y Roig (1853) para pervivir en los diccionarios posteriores. La paradoja se produce finalmente cuando se observa que es el propio *Diccionario* de la RAE (1992) el que vuelve a introducir la forma *benzina*, ahora con el significado de 'gasolina', acepción que en la 23ª edición (RAE 2001) se convierte en la primera[23].

---

23 Precisamente este uso de *bencina* como 'gasolina' es condenado en un texto técnico del *CORDE*, el *Manual de automóviles* de Arias-Paz (1956: 123), quien dice: "La mezcla de los líquidos A y B (llamados corrientemente éter y esencia de petróleo), después de limpia y refinada, es lo que se llama gasolina (...). El nombre de bencina dado vulgarmente resulta impropio, porque la bencina es un producto químico definido que solamente entra en pequeña proporción en la composición de la gasolina". Si bien es verdad que Terradas (1946: 156), más atento al uso, había apuntado que "El combustible tampoco tiene nombre definido: carburante, gasolina, ben-

benzina. (Del al. *Benzin*). f. **bencina** (|| gasolina).
bencina. (De *benzoe*). f. **gasolina.** || **2.** f. *Quím.* Fracción ligera del petróleo. Líquido incoloro, volátil e inflamable que se emplea como disolvente.

4. Conclusiones

Si se realiza un repaso por los documentos textuales y lexicográficos en los que aparece tanto *benzina* como *bencina* y se presta especial atención a las fechas de documentación, puede afirmarse que la documentación en ambos tipos de fuentes es, en cierto modo, paralela. El siguiente cuadro-resumen muestra lo que se acaba de afirmar:

DOCUMENTACIÓN TEXTUAL				DOCUMENTACIÓN LEXICOGRÁFICA			
BENZINA		BENCINA		BENZINA		BENCINA	
1838	*Nuevos elementos de Química,* [...] de Francisco Álvarez	1838	*Nuevos elementos de Química,* [...] de Francisco Álvarez				
				1846-47	*Diccionario Nacional,* Domínguez		
1853	*Curso elemental de Química* [...] V. Regnault			1853	*Diccionario Enciclopédico,* Gaspar y Roig	1853	*Diccionario Enciclopédico,* Gaspar y Roig
1857	*Tratado de terapeutica y materia médica,* Trousseau y Pidou						
1859	*El monitor de la salud,* [...] dir. por Felipe Monlau	1859	*La Botica* [...] de Dorvault				
		1861	*Nuevo manual de fotografía,* Vicente Guimerá				
1868	*El restaurador farmacéutico. [...]* Quintín Chiarlone						

cina, gas oil, sirven para designarlo. Según sean los productos de destilación de un crudo, tienen distintos nombres".

DOCUMENTACIÓN TEXTUAL				DOCUMENTACIÓN LEXICOGRÁFICA			
BENZINA		BENCINA		BENZINA		BENCINA	
1869	*Anales de Química y Farmacia [...]*, dir. por Luis María Utor						
		1878	*Manual de litografía,* Justo Zapater y de José García Alcaraz	1879	*Suplemento* al *Diccionario* de Salvá		
1882	*Manual de fotografía,* Felipe Picatoste	1882	*Manual de química orgánica* de Gabriel de la Puerta				
		1882	*Manual de fotografía,* Felipe Picatoste				
						1884	*RAE*
1888	*El moderno destilador-licorista,* [...], de Valsecchi	1888	*El moderno destilador-licorista,* [...], de Valsecchi			1887-1910	*Diccionario enciclopédico Hispano-americano*
				1895	*Diccionario Enciclopédico,* Elías Zerolo	1895	*Diccionario Enciclopédico,* Elías Zerolo

La lengua especializada no funciona como la lengua general, porque va ligada a la transmisión de conocimientos y, en el siglo XIX, los diccionarios se convierten en una de las herramientas de transmisión de estos conocimientos, lo que les proporciona un gran protagonismo social. Así, se puede afirmar que, aunque en la lengua general los diccionarios van a remolque del uso, en la lengua especializada no tiene por qué ser exactamente así.

La documentación lexicográfica del término *benzina / bencina* ofrece el mismo recorrido que su documentación textual: ambas se basan en la traducción de un texto francés, bien sea científico, bien sea lexicográfico, para introducir determinada terminología que pervive posteriormente una vez que se ha introducido en el canal necesario y que llega, en muchos casos, hasta nuestros días.

Este fenómeno conlleva que el proceso de introducción de las terminologías en una lengua, y, concretamente, en español, sea un continuo vaivén de influencias entre un tipo de texto y otro, puesto que ambos llegan a constituirse en un espejo en el que ver corroboradas sus tendencias. Así, el traductor de un texto científico (más que traductor, científico de profesión) podía tener como referencia algunos de los diccionarios documentados en este trabajo, como así lo atestiguan las alusiones que hacen algunos de ellos en sus prólogos o en sus notas, para la adaptación de términos franceses al español; y, al contrario, los diccionarios, sobre todo los aparecidos bajo el membrete de *enciclopédicos*, veían incrementado el caudal de voces con todos esos nuevos términos que los científicos traducían (y en algunos casos acuñaban) y que incluían en sus trabajos.

Es en este contexto en el que el *Diccionario* de Domínguez cobra una gran importancia, ya que al utilizar como fuente el *Diccionario* de Bescherelle desempeña la función de introductor de términos especializados en el ámbito de la lexicografía española, convirtiéndose así en una referencia valiosa para los estudios históricos del léxico.

Si se acepta este principio, significa que se puede trabajar desde los diccionarios para llegar a los textos. Es decir, partir de las nomenclaturas de los diccionarios de la época, como el de Domínguez, para documentar en textos anteriores esas voces que el lexicógrafo incluye como pertenecientes a ciencias y técnicas. Con los corpus de que se dispone en la actualidad, y que permiten recuperar los términos en textos del pasado, se puede llegar así a las primeras documentaciones, y seguir la filiación del término tanto lexicográfica como textual para describir su presencia en la lengua.

Referencias bibliográficas

ALONSO, Martín (1958): *Enciclopedia del idioma: Diccionario Histórico* y *Moderno de la lengua española (siglos XII al XX). Etimológico, tecnológico, regional e hispanoamericano*. Madrid: Aguilar.

ÁLVAREZ DE MIRANDA, Pedro (2005): «El léxico español, desde el siglo XVIII hasta hoy», en Rafael Cano (coord.), *Historia de la lengua española*. Barcelona: Editorial Ariel, pp. 1037-1064.

BAILS, Benito (1802): *Diccionario de arquitectura civil*. Madrid: Viuda de Ibarra.

BATTANER, Paz (2001): «La traducción de los diccionarios de especialidad: estudio de algunos casos del siglo XIX», en Jenny Brumme (ed.), *La historia de los lenguajes iberorrománicos de especialidad: la divulgación de la ciencia*, Madrid/Frankfurt am Main: Iberoamericana/Vervuert, pp. 223-241.

BERTOMEU SÁNCHEZ, José Ramón y Antonio GARCÍA BELMAR (2000): «Los libros de texto de química destinados a estudiantes de medicina y cirugía en España (1788-1845)», *DYNAMIS. Acta Hisp. Med. Sci. Hist. Illus.* 20, pp. 457-489.

BLECUA, José Manuel, Juan GUTIÉRREZ y José Antonio PASCUAL (coords.) (2003): «La Historia de los textos científicos en la mirada del filólogo y del científico», *Asclepio*, LV-2, Madrid: CSIC, pp. 3-5.

BRUÑA CUEVAS, Manuel (2003): «Un diccionario bilingüe enciclopédico: Ramón Joaquín Domínguez, 1845-1846», en Ignacio Iñarrea y María Jesús Salinero (coord.), *El texto como encrucijada: estudios franceses y francófonos*. Universidad de La Rioja, vol. II, pp. 283-294.

CAPMANY, Antonio de (1805): *Nuevo diccionario francés español*. Madrid: Imprenta de Sancha.

CLAVERÍA, Gloria (2001): «El léxico especializado en la lexicografía de finales del siglo XIX: la decimotercera edición (1899) del Diccionario de la lengua castellana de la Academia», en Jenny Brumme (ed.), *La historia de los lenguajes iberorrománicos de especialidad: la divulgación de la ciencia*. Madrid/Frankfurt am Main: Iberoamericana/Vervuert, pp. 207-222.

CLAVERÍA, Gloria y Joan TORRUELLA (1998): «Els llenguatges d'especialitat en la lexicografia del segle XIX», en Jenny Brumme (ed.), *Actes del col.loqui "La història dels llenguatges iberoromànics d'especialitat (segles XVII-XIX): solucions per al present*". Barcelona: IULA/UPF, pp. 327-340.

CLÉMENT, Jean Pierre (1993): *Las instituciones científicas y la difusión de la ciencia durante la ilustración*. Madrid: Akal.

CROSLAND, Maurice P. (1962): Historical studies in the language of chemistry. London: Heinemann Educational Books Ltd.

GÁLLEGO, Raquel (2002): *El léxico técnico de la fotografía en español en el siglo XIX* [tesis doctoral disponible en http://www.tdx.cat].

GARRIGA, Cecilio (2004): «Lengua y ciencia en español: reflexiones lingüísticas de los científicos en los siglos XVIII y XIX», en María Teresa Cabré y Rosa Estopà (eds.), *Objetividad científica y lenguaje*. Barcelona: IULA/UPF, pp. 183-193.

GILI GAYA, Samuel (1947): *Tesoro lexicográfico: 1492-1726*. Madrid: CSIC.

GUTIÉRREZ, Juan (2004): «Las traducciones francesas, mediadoras entre España y Europa en la lengua técnica del siglo XIX», en Victoria Alsina, Jenny Brumme, Cecilio Garriga y Carsten Sinner (eds.), *Traducción y estandarización*. Madrid/Frankfurt am Main: Vervuert/Iberoamericana, pp. 35-60.

GUTIÉRREZ BUENO, Pedro (1788): «Advertencia», en Morveau, Guyton de, Antoine Lavoisier, Jean Claude Berthollet y Antoine Fourcroy, *Método de la nueva Nomenclatura Química*. Madrid: A. de Sancha, I-VII.

GUTIÉRREZ RODILLA, Bertha (1999): *La constitución de la lexicografía médica moderna en España*. Coruña: Toxo Soutos.

GUTIÉRREZ RODILLA, Bertha (2001): «El orden alfabético como instrumento de divulgación médica en el siglo XIX», en Jenny Brumme (ed.), *La historia de los lenguajes iberorrománicos de especialidad: la divulgación de la ciencia*. Madrid/Frankfurt am Main: Iberoamericana/Vervuert, pp. 145-160.

IGLESIA MARTÍN, Sandra (2008): *El Diccionario Nacional de R. J. Domínguez en el entramado lexicográfico del s. XIX: estudio a propósito del léxico de la Química* [tesis doctoral disponible en http://www.tdx.cat].

MESSNER, Dieter (1994): *Dicionário dos dicionários portugueses*. Salzburg: Institut für Romanistik der Universität Salzburg.

NOMDEDEU, Antonio (2008): «Los textos científicos y técnicos en el Diccionario histórico del español moderno de la ciencia y de la técnica», *Rivista di Filologia e Letteratura Ispaniche*. Pisa: Università di Pisa, pp. 319-330.

NOMDEDEU, Antonio (2012): «Notas sobre el vocabulario de la física experimental en español en los textos fundamentales de los siglos XVIII y XIX», en Emilio Montero Cartelle (ed.), *Actas del VIII Congreso Internacional de Historia de la Lengua Española, Santiago de Compostela* (14-18 de septembre de 2009). Santiago de Compostela: Meubook, vol. II, pp. 1513-1528.

PALAU y DULCET, Antonio (1948-1977^2): *Manual del Librero Hispanoamericano*. Madrid: A. Palau.

RAMÍREZ LUENGO, José Luis (coord.) (2012): *Por sendas ignoradas. Estudios sobre el español del siglo XIX*. Lugo: Axac (Colección Iberia, 1).

REAL ACADEMIA ESPAÑOLA: *Mapa de diccionarios*. http://www.frl.es/Paginas/Mapadiccionarios.aspx [Consulta: 07/10/12].

REY, Alain (ed.) (1992): *Dictionnaire historique de la langue française*. París: Dictionnaires Le Robert.

SANTAMARINA, Antón (ed.) (2003): *Diccionario de Diccionarios*. A Coruña: Fundación Pedro Barrié de la Maza [Biblioteca Filolòxica Galega] [CD-ROM].

SECO, Manuel (2003^2 [1987]): «Un lexicógrafo romántico: Ramón Joaquín Domínguez», en Manuel Seco, *Estudios de lexicografía española*. Madrid: Gredos.

SÁNCHEZ LANCIS, Carlos (2012): «Periodización y cambio gramatical: el siglo XVIII, ¿frontera temporal del español?», en M.ª Teresa García-Godoy (ed.), *El español en el siglo XVIII*. Berna: Peter Lang, pp. 21-51.

SINNER, Carsten (2001): «Contextualização de terminología especializada em textos técnicos portugueses do século XVIII», en Jenny Brumme, J. (ed.), *La historia de los lenguajes iberorrománicos de especialidad: la divulgación de la ciencia*, Madrid/Frankfurt am Main: Iberoamericana/Vervuert, pp. 89-103.

TERREROS, Esteban de (1786-1793): *Diccionario castellano con las voces de ciencias y artes y sus correspondientes en las tres lenguas francesa, latina e italiana [...]*. Madrid: Imp. de la viuda de Ibarra.

Fuentes bibliográficas

ÁLVAREZ, Francisco (1838-1839): *Nuevos elementos de Química aplicada á la medicina y á las artes. Redactados con arreglo a las últimas ediciones de los tratados de Orfila, Thénard, Duma, etc.* Madrid: Imprenta que fue de Fuentenebro.

ARIAS-PAZ, Manuel (1956): *Manual de Automóviles.* San Sebastián: Dossat.

BESCHERELLE, Louis-Nicolas (1866): *Dictionnaire National ou Dictionnaire universel de la langue française [...].* Paris: Garnier frères.

BRISSON, Mathurin Jacques (1800^2 [1796-1802]): *Diccionario Universal de Física* (10 vols.). Madrid, Benito Cano-Imprenta Real [Traducción española por Cristóbal Cladera].

CARBONELL y BRAVO, Francisco (1992 [1820]): *El Arte de hacer y conservar el vino.* Barcelona: Editorial Dionysos.

CHIARLONE, Quintín (dir.) (1869): *El restaurador farmacéutico.* Madrid: Imprenta de J. M. Ducazcal.

COROMINAS Joan y José Antonio PASCUAL (1991): *Diccionario crítico etimológico castellano e hispánico.* Madrid: Gredos.

DOMÍNGUEZ, Ramón Joaquín (1853^5 [1846-47]): *Diccionario Nacional o Gran Diccionario clásico de la Lengua Española.* Madrid/París: Establecimiento de Mellado.

DORVAULT, Laurent Marie (1859^2): *La Botica ó Repertorio general de Farmacia Práctica.* Madrid: Carlos Bailly-Bailliere. [Traducción española por Julián Casaña y Esteban Sánchez].

GASPAR y ROIG (eds.) (1853): *Diccionario enciclopédico de la lengua española, con todas las vozes, frases, refranes y locuciones usadas en España y las Américas Españolas [...].* t. I. Madrid: Imprenta y Librería de Gaspar y Roig.

HEMEROTECA DIGITAL = http://www.bne.es/es/Catalogos/HemerotecaDigi tal [consulta 17 de septiembre de 2012].

LATREILLE, Eduardo (1861): *Nuevo Manual simplificado de fotografía sobre placa, cristal y papel, albúmina y colodión [...].* Madrid: Carlos Bailly-Bailliere [Traducción española por Vicente Guimerá].

MONLAU, Felipe (dir.) (1859): *El monitor de la salud de las familias y de la salubridad de los pueblos: Revista de higiene pública y privada, de medicina y economía domésticas, [...].* Madrid: Carlos Bailly-Bailliere.

PAGÉS, Aniceto (1902): *Gran diccionario de la lengua castellana, autorizado con ejemplos de buenos escritores antiguos y modernos [...].* t. I. Madrid: Sucesores de Rivadeneyra.

PICATOSTE, Felipe (1882): *Manual de fotografía.* Madrid: Editorial de G. Estrada.

PUERTA, Gabriel de la (1882): *Manual de química orgánica*. Madrid: S.E.
REAL ACADEMIA ESPAÑOLA (1884[12]): *Diccionario de la lengua castellana por la Real Academia Española*. Madrid: Imprenta de D. Gregorio Hernando.
REAL ACADEMIA ESPAÑOLA (1936): *Diccionario Histórico de la Lengua española*. t. II. Madrid: Imprenta de Librería y Casa Editorial Hernando.
REAL ACADEMIA ESPAÑOLA (1992[21]): *Diccionario de la lengua española*. Madrid: Espasa Calpe.
REAL ACADEMIA ESPAÑOLA (2001[22]): *Diccionario de la lengua española*. Madrid: Espasa Calpe.
REGNAULT, Victor (1853 [1851[3]]): *Curso elemental de Química para el uso de las universidades, colegios y escuelas especiales*. París: Imprenta de C. Lahure. [Traducción española por Gregorio Verdú].
SALVÁ, Vicente (1879[8]): «Suplemento», en *Nuevo Diccionario de la lengua castellana por la Real Academia Española, añadido con unas veinte y seis mil voces, acepciones, frases y locuciones, entre ellas muchas americanas [...]*. París: Librería de Garnier Hermanos.
TERRADAS, Esteban (1946): *Neologismos, arcaísmos y sinónimos en plática de ingenieros*. Madrid: Aguirre.
TROUSSEAU, Armand y Hermann PIDOUX (1857 [1839]): *Tratado de Terapéutica y Materia Médica*. Madrid: Imprenta de D. José Redondo Calleja [Traducción española por Matías Nieto Serrano].
UTOR, Luis María (1869): *Anales de Química y Farmacia, Física e Historia Natural, en sus aplicaciones a la Industria, la Agricultura y la Terapéutica*. Madrid: Establecimiento tipográfico de T. Fortanet.
VALSECCHI, Pedro (1888[4]): *El moderno destilador-licorista. Aguardientes, jarabes, cervezas, vinos y vinagres*. Barcelona: Manuel Sauri, Editor.
VV.AA. (1887-1910): *Diccionario Enciclopédico Hispano-Americano de literatura, ciencias y artes*. 28 ts. Barcelona: Montaner y Simón.
ZEROLO, Elías (1895): *Diccionario enciclopédico de la lengua castellana*. París: Garnier Hermanos.

El nuevo vocabulario de la ciencia en el siglo XVIII. Algunos ejemplos[1]

Josefa Gómez de Enterría (UAH), *Carmen Navarro* (UNIVR),
Natividad Gallardo (UGR), *Elena Carpi* (UNIPI)
y Francesca Dalle Pezze (UNIVR)

1. Introducción

Desde los comienzos del siglo ilustrado[2], el enfoque fundado en la autoridad de Aristóteles se abandona progresivamente a favor de una visión que privilegia la observación de los fenómenos empíricos; a la incipiente revolución científica corresponde una análoga evolución en el lenguaje encaminada a denominar los nuevos conceptos. Es en este marco en el que se sitúa esta investigación, que presenta y analiza los vocabularios neológicos de especialidad en los ámbitos de Medicina, Filosofía, Geografía y Astronomía durante el siglo XVIII, con el objetivo de comprobar la evolución del léxico científico español. Las reflexiones de carácter lexicológico que incluiremos a continuación de cada voz se ocupan de los mecanismos de pérdida y creación léxica que nos proporciona la evolución diacrónica de cada palabra (Álvarez de Miranda 2008: 133-158).

Mostraremos, pues, mediante una estructura sistemática algunas de las voces que constituyen el vocabulario estudiado, ofreciendo en primer lugar la llegada de estas hasta los textos con pequeños fragmentos tomados de cada uno de los corpora compilados para la realización de este trabajo[3]; a continuación damos un resumen del proceso lexicogenético que ha tenido lugar para la formación o pérdida de los términos; en tercer lugar incluimos la comprobación de las voces en el corpus lexicográfico de referencia; y por último la acogida de este vocabulario en los corpora históricos. Cuando la voz estudiada ofrece alguna forma fluctuante recogemos esta, en cursivas, a continuación de la voz principal.

1 Este trabajo se enmarca en el proyecto «Estudio del Vocabulario Científico y Técnico del Español del Siglo XVIII» (VCT18-II), con referencia: FFI2011-24090.

2 Aunque 1700 sea una fecha simbólica, es muy importante recordar que las corrientes europeas de la moderna ciencia experimental y de la filosofía antiaristotélica se difunden en España ya a partir de 1680 (Álvarez de Miranda 1992: 20).

3 Gómez de Enterría *et alii* (2012) trata ampliamente el proceso de elaboración y las características más destacadas de cada uno de los corpora compilados en este proyecto.

2. El vocabulario de la medicina

Exponemos en este apartado los rasgos más destacados del vocabulario de la Medicina durante el período novator[4], es decir, en el tiempo comprendido entre las dos últimas décadas del siglo XVII y las primeras del XVIII. Es nuestro objetivo mostrar el nacimiento o la evolución de los términos renovadores y la rehabilitación o adaptación de algunas de las voces de la Medicina tradicional. Para ello hemos realizado una exhaustiva revisión de los textos que constituyen el corpus textual acotado para el estudio del vocabulario de la nueva Medicina durante el período propuesto[5], constatando los cambios que los nuevos avances de la ciencia provocaron en un vocabulario especializado que ya contaba con una larga tradición secular. También hemos delimitado el vocabulario neológico de esta etapa en el que detectamos la presencia de numerosos préstamos y neologismos de sentido. Los ejemplos que aportamos a continuación quieren ser una muestra representativa del vocabulario propuesto.

2.1 Periostio

periostio, *periostro*. m.

> ¿Qué es *periostro*? Es una tela delgada y nerviosa, tegumento inmediato de los huesos (Porras 1691: 64).
>
> Debajo del pericráneo hay otra membrana tenuísima y de agudo sentido, llamada *periostio*, que cubre inmediatamente todos los huesos de la cabeza excepto los dientes (Martínez 1728: 369).

Lexicogénesis

Léxico adquirido. Es un préstamo del latín y este a través del griego; lat. PERIOSTEU(M) > gr. Periósteon [peri 'alrededor de' + ostéon 'hueso'] reintr. y docum. en francés desde 1575. Préstamo adaptado (adaptación de la voz latina).

---

4 Los novatores eran intelectuales interesados en la Filosofía Natural, la Física, la Química y la Medicina, que se oponían a la preeminencia de la tradición sobre la observación, y reivindicaban «la libertad para investigar, pensar y enseñar» (Sánchez Blanco 1997: 20). El sustantivo *novator* se acuña en español como derivado del latín, después de haber sido utilizado por primera vez en 1714 por el padre Francisco Palanco en sus *Dialogus physico-theologicus contra Philosophiae Novatores, sive thomista contra atomis*tas, para nombrar a los filósofos cartesianos y maignanistas y a los que se oponían a la filosofía de Aristóteles. En Álvarez de Miranda (1992: 629-636) se puede encontrar un detallado análisis de la cuestión.

5 Véanse al final las Fuentes Bibliográficas.

Nos parece interesante llamar la atención sobre la forma fluctuante *periostro*, ya que en un primer momento nos podría hacer pensar que se trata de una nueva voz que está en proceso de adaptación a comienzos del siglo XVIII, así lo confirma la concordancia que para esta forma recoge el *CORDE* con una cita tomada del texto de Pedro Montenegro del año 1710: *Materia médica misionera* (Argentina). Sin embargo no es así porque *periostio* ya estaba en español a principios del siglo XVII, como recogemos en la cédula del Fichero General de la lengua española de la RAE, cuando nos proporciona esta voz datada en 1618, en el texto: *Proposición Quirúrgica* de E. Vaca de Alfaro. De ahí que no podamos considerar esta forma fluctuante como indicio de un neologismo.

Comprobación lexicográfica

RAE A 1737 s.m. Voz de la Cirugía. Membrana delgada y mui sensible que está debaxo del pericráneo, unida inmediatamente a los huessos de la cabeza. Martín. Exam. Nuev. de Cirug. Modern. *Lat. Periostium.*

DCVCA Terreros. Periostio, Fr. Perioste, del Gr. περι, alrededor, y οςτεο, hueso; es una membrana que rodea los huesos; otros distinguen y llaman en castellano periostio a la película que cubre los huesos; periostro a la que cubre las ternillas, y pericráneo a la que cubre el cráneo.

Fichero RAE. A lo qual respondo, que aunque el craneo no tenga sentimiento, lo tiene el fin del periostio, o pericraneo. 1618 Vaca de Alfaro, E. *Proposición Chirurgica.*

DTM RANM 2011 (lat. *periosteu*(*m*) del gr. *Periósteon* [*peri* 'alrededor de' + *ostéon* 'hueso']; reintr. y docum. en francés desde 1575).

Comprobación en corpus históricos

CORDE, periostio

el cutis, cutícula, pingüedo, membrana carnosa y periostio: síguese inmediatamente el hueso, y entre l ** 1738-1752 Torres Villarroel, Diego de Anatomía de todo lo visible e invisible ESPAÑA 15. Astrología y Ciencias ocult Imprenta de la viuda de Ibarra (Madrid), 1794

arterias, túnicas, fibras, nervios, carne y periostio, y aun quasi todas las partes de nuestro ** 1738-1752 Torres Villarroel, Diego de Anatomía de todo lo visible e invisible ESPAÑA 15. Astrología y Ciencias ocult Imprenta de la viuda de Ibarra (Madrid), 1794

las demás regiones de la boca, adherencia grande al periostio subyacente. En su estructura ofrece también ** 1870-1901 Calleja y Sánchez, Julián Compendio de anatomía descriptiva y de embriología humanas, ESPAÑA 15. Medicina Imprenta de Hijos de J. A. García (Madrid), 1901

CORDE, periostro

Puedo decir con verdad, que es muy eficáz en confortar las heridas dadas en nervios y, contuciones del periostro ** 1710 Montenegro, Pedro. Materia médica misionera. ARGENTINA 14 FARMACOLOGÍA. RBNBA, vols. VI-XI (Buenos Aires), 1942-1944.

2.2 *Bisturí*

bisturí, *besturín*. m.

> Si el labio está pegado a la encía se despega primero con un bisturí sin ofenderla: después se cortan un poco los márgenes con tixera para que mejor puedan reunirse, y para esto se tienen con unas pinzas (Martínez, 1747: 84).
>
> [...] donde se hace la incisión con un bisturí de dos filos de hasta quatro dedos de largo, al lado izquierdo de la línea u sutura que va del escroto al ano (Martínez, 1747: 94).

Lexicogénesis

Léxico adquirido. *Bisturí* es un préstamo del francés, lengua intermediaria si tenemos en cuenta su origen italiano –como nos indica el *Trésor de la langue française informatisé*–. Podríamos pensar que se trata de un préstamo superfluo ya que al ingresar en nuestra lengua desplaza a la voz tradicional *cuchillo anatómico*. A pesar de que esta voz tradicional de la cirugía aún la emplean con mucha frecuencia autores de la corriente novatora como: Cabriada, Porras y Diego Mateo Zapata. *Cuchillo anatómico* ya estaba instalado en el español, al menos desde el comienzo de la práctica de la anatomía en la Universidad de Salamanca.

El prestigio del préstamo *bisturí* se hace patente cuando comprobamos que hacia la segunda mitad del siglo XVIII despaza prácticamente a *cuchillo anatómico*, con un empleo muy recurrente tanto por los traductores como por los autores de tratados quirúrgicos.

Estamos pues ante un préstamo adaptado (adaptación de la voz francesa *bistouri*) cuyo proceso de aclimatación se produce en la primera mitad del siglo XVIII como muestra la forma fluctuante *besturín* recogida por el Padre Terreros en su diccionario.

Comprobación lexicográfica

RAE U 1817: s.m. Cir. Instrumento de forma pequeña que sirve para sajar o hacer incisiones.

RAE H 1936: Instrumento en forma de cuchillo pequeño que sirve para sajar o hacer incisiones. "El bisturí es una especie de cuchillete". Chinchilla, Cirugía, 1846. "Lo que me punza y me hiere, cual si fuera un bisturí, es la infame grosería del ciudadano incivil" Bretón, Errar la vocación, acto 3º, escena, 10ª.

Fichero RAE: fue operado [...] separandole todo el labio interior con un visturí [...]. 1784 Memorial Literario, julio, p. 10.

DCVCA Terreros: 1768 Bisturí, llaman algunos cirujanos al besturín, V.

Besturín, instrumento de cirujano que le sirve para hacer las incisiones. Fr. Bistouri, Lat. novacula incurva. It. gambaut. V. escalpelo, Espectáculo, t.14.

Escalpelo o besturín, especie de cuchillo algo corvo que usan los cirujanos para las disecciones, & y los escultores para quitar lo que sobra en las estatuas. Fr. Scalpel, Lat. Scalpelus, Espect. T.9.

TLFi. 1564 fém. méd. bistorie (PARÉ, Dix livres de Chirurgie d'apr. Malgaigne dans Œuvres Complètes de Paré, t. 1, p. 389); 1680 masc. bistouri (RICH.). Empr. par l'intermédiaire d'une forme du nord de l'Italie où le suff. -ino se réduit à -i, à l'ital. bistorino, bisturino, altération de pistorino (XVIIIe s., G. Flaiani dans DEI) littéralement «de Pistoie [lat. Pistorium]», «dague, poignard fabriqué à l'origine à Pistoie» sous l'infl. d'un mot en b- initial qui demeure obscur. À l'appui de cette hyp. d'une part l'hésitation de A. Paré pour exprimer la notion de « lancette » entre pistolet (V, 10 dans GDF. Compl.) empr. à l'ital. pistolese «dague» (1585 dans DEI) et bistorie (supra), d'autre part le sens de «bistouri» de pistorino (XIXe s., Guerrazzi, ibid.). Fréq. abs. littér. : 55.

DTM RANM 2011: (fr. *bistouri* 'puñal'; docum. desde 1464, como instrumento quirúrgico desde el siglo XVIII).

Comprobación en corpus históricos

CORDE

y ya que se manifiestan las llagas con el bisturí del buen deseo, me parece pueden aprovechar l ** 1774-1775 Requena, Francisco Descripción de Guayaquil ECUADOR 16.Turismo y viajes María Luisa Laviana Cuetos, Escuela de Estudios Hispanoamericanos (Sevilla), 1984

y a todo dice: "güi, güi", y ayer peló un bisturí de dos cuartas, afilao, y yo que estaba a su ** 1853 Ascasubi, Hilario Paulino Lucero ARGENTINA 22.Épico Jorge Luis Borges; Adolfo Bioy Casares, Fondo de Cultura Económica (México), 1984

Armado de su bisturí, puso en descubierto Miralpux la arteria femoral ** 1872-1878 Coello, Carlos Cuentos inverosímiles ESPAÑA 12.Relato breve culto Biblioteca Perojo (Madrid-París), 1878

al pie del cañón, con la venda en una mano y el bisturí en la otra para cortar piernas, sacar balas, ** 1874 Pérez Galdós, Benito Gerona ESPAÑA 12. Biblioteca Virtual Miguel de Cervantes, Universidad de Alicante (Alicante), 2002

CNDHE

Aquellas reflexiones polémicas que se aventuren en el discurso de esta descripción no se ha de creer que se dirigen sólo a redimir y evitar los descuidos y abusos que en esta provincia se notan para su defensa y civilidad, las más serán sugeridas también por el presente estado de otras partes de la América, y aunque parezcan ajenas de esta especie de escritos, no lo son de mi profesión, y ya que se manifiestan las llagas con el *bisturí* del buen deseo, me parece pueden aprovecha que mi corta inteligencia ha discurrido necesarios para su remedio: 1774-1775 REQUENA, FRANCISCO, *Descripción de Guayaquil* [Ecuador] [María Luisa Laviana Cuetos, Sevilla, Escuela de Estudios Hispanoamericanos, 1984] Turismo.

3. El vocabulario de la filosofía

Durante el siglo XVIII, bajo el influjo de las doctrinas francesas e inglesas que se dan a conocer en España en original y en traducción, el vocabulario de la filosofía se transforma según un criterio semasiológico. Estas corrientes de pensamiento representan verdaderas variables extralingüísticas –a veces opuestas entre sí– que a lo largo de todo el siglo crean una compleja terminología. El análisis del corpus de textos filosóficos reunido en el marco del proyecto VCT18 evidencia que los procedimientos de cambio lingüístico ocupan un lugar destacado entre los recursos con que se forma el nuevo vocabulario. Las palabras analizadas a continuación representan una muestra de la influencia de las teorías filosóficas en la creación de nuevas voces en el ámbito de la filosofía.

3.1 Atomismo

atomismo, *athomismo*. m.

Sin duda trae consigo assegurada la victoria, y se servirà la vigorosa oposicion Aristotelica de hazer mas glorioso el triunfo, quedando en contradictorio juizio la razon, y autoridad del *Atomismo* executoriada (Zapata, 1716: sn).

[...] pero que la omnipotencia, y su accion por essencia espiritual, inmaterial y divina sea por sì misma formalmente velo, ò Sacramento, que oculte al cuerpo verdadero de Christo, jamàs lo avia oído nadie hasta estos tiempos del *Atomismo* (Palanco 1716: sn).

Contra esto trae el contrario una gran parola, y se reduce à dezir, que contiene un rectificado penetrante espiritu adverso a los que siguen la probabilissima conduta del *Athomismo*, abultando y ponderando las cosas mas de lo que son, intepretando todo à ofensa propria, sobre no entenderlas, ò no quererlas entender (Lessaca 1724: 83).

Lexicogénesis

El sustantivo *atomismo* es una creación inducida, un cultismo formado a partir del sustantivo *átomo* + el sufijo *-ismo*. *Athomismo* procede del bajo latín[6] ATHOMUS, registrado también en Palencia ([1490] (1967): XXXVII. Es una forma aislada que en el corpus de textos filosóficos se registra sólo en Lessaca (1724), y no aparece ni en el *CORDE* ni en el *CNDHE*. Los primeros dos contextos presentados forman parte del peritexto de los *Diálogos philosóficos en defensa del atomismo* de Juan de Nájera[7] (1716), que retrodata RAE U 1869 y el Fichero RAE, el *CORDE* y el *CNDHE*. Es necesario subrayar que la palabra adquiere matices distintos según los filosófos que la utilizan: el atomismo de Epicuro es distinto del de Cartesio y Maygnan, diferencia que provoca posiciones encontradas sobre cuestiones como la inmortalidad del alma y la existencia de Dios. Si en la entrada *Atomisme, Physique corpusculaire très-ancienne* de la *Encyclopedie* se puede leer que «*L'ancien atomisme étoit un pur athéisme*» (1751: I-822), Piquer (1745: I-35) subraya que en su época la situación es mucho más compleja: «Aquí es de notar que Gasendo extiende solo el sistema de los Atomos á las cosas fisicas; mas los padres Maygnan, y Sagüens, doctísimos Mínimos, le aplican á las materias teológicas [...]».

Comprobación lexicográfica

RAE U 1869: s. m. Teoría de la formación del mundo por el concurso fortuito de los átomos.

TLFi: Atomisme, subst. masc. 1751 (*Encyclop.*). Dér. de *atome** étymol. 1; suff. *-isme**.

Comprobación en corpus históricos

CORDE

los sigue en Grecia, indaga las fuentes del *atomismo* de Demócrito y de Epicuro, y las sucesivas. 1880-1881. Menéndez Pelayo, Marcelino. Historia de los heterodoxos españoles. Enrique Sánchez Reyes CSIC Madrid 1946 -1948. ESPAÑA. 19. Otros.

6 Athomus pro Atomus. Greca vox genuino sensu haud ignota. Ad temporis mensuram et divisionem atomos adhibitos fuisse refert Papias (Du Cange [1883-1887] 1954: 451).

7 Firmados con el seudónimo de Alejandro de Avendaño. Acerca de la polémica relacionada con este tratado, cfr. Carpi (2011).

CNDHE
En esta sociedad, compuesta de camarillas que se aborrecen sin conocerse, es desconsolador el atomismo salvaje de que no se sabe salir si no es para organizarse férrea y disciplinariamente con comités, comisiones, subcomisiones, programas cuadriculados y otras zarandajas. 1895-1902. Unamuno, Miguel de. En torno al casticismo. España. Luciano González Egido, Madrid, Espasa-Calpe, 1991 Literatura.

3.2 Corpuscular

corpuscular. adj.

> [...] entre todos los Philosophos ay solo cinco opiniones que se pueden juzgar razonables en los principios de la naturaleza. [...] Y la más seguida la *corpuscular*, ú de atomos (Sabogal y Navarrete, 1702: 8).
>
> [...] y como el Maestro Palanco llama *Corpuscular* à toda esta Philosofia Cartesiana, y Atomistica [...] (Zapata, 1716: sn).
>
> Pecan muchas vezes en esto, assi Atomistas, como *Corpusculares* Philosophos, probando sus conclusiones con exemplos, como se irà notando [...] (Lessaca 1724: 2).

Lexicogénesis

Corpuscular es un adjetivo denominal derivado del sustantivo «corpúsculo» (lat. CORPUSCULUM) + el sufijo *-ar*, del cual hasta la fecha no se posee una documentación antecedente al siglo XVIII.

En el corpus de textos filosóficos la primera aparición de *corpuscular* se registra en 1702, referida a la teoría atomística de Cartesio. El significado de la palabra en Lessaca (1724) corresponde al recogido en el OED en 1678, en que es connotado de manera negativa.

Comprobación lexicográfica

DCVCA Terreros: Corpuscular, adj. que se aplica á la doctrina, y secuaces de la Filosofia que introduce átomos, corpúsculos, materia ramosa, globosa; y en una palabra, cuerpos pequeños de esta, ó la otra especie, por principios de los efectos de la naturaleza. Fr. *Corpusculaire*. Lat. *Effectus natúrae per corpúscula éxplicans*. It. *Atomista*. Antes de Leucípo, Epicúro, y Demócrito habia ya un Filosofo Fenicio explicado (sic) por medio de los corpúsculos los efectos de la naturaleza. A los Filosofos que siguen esta doctrina, los llaman comunmente *Corpusculistas*. Fr. *Corpusculiste*.

RAE S 1783: Corpuscular. adj. que se aplica al sistema de los filósofos que admiten por materia primera los corpúscolos. *Corpuscularis*.

Fichero RAE: Feijoo 1729: Convienen Cartesianos, y Gasendistas en la razón de Philósofos Corpusculares.

OED: 2. Concerned with corpuscles or atoms; = ATOMIC 2; esp. in *corpuscular philosophy, theory*. 1667. Boyle (*title*) Origine of Formes and Qualities (according to the Corpuscular Philosophy). 1684 _*Porousn. Anim. & Solid. Bod.* vi. 95 Corpuscular Philosophers. 1678 Cudworth *Intell. Syst.* 7 The atheistical system of the world.. is built upon a peculiar physiological hypotesis.. called by some 'atomical' or 'corpuscular'.

TLFi: Corpusculaire. Adj. Ds *Ac.* depuis 1762. Étymol. et Hist. 1721 « relatif aux corpuscules de matière » *(Trév.)*; Dér. de *corpuscule**; suff. *-aire**.

Comprobación en corpus históricos

CORDE

Cartesianos, y Gasendistas en la razón de Philósofos Corpusculares, que negando toda forma substancial, y ** 1726 Feijoo, Benito Jerónimo Teatro crítico universal, I ESPAÑA 14.Tratados y ensayos Instituto Feijoo del siglo XVIII (Oviedo), 1998

CNDHE

Habiendo en el Discurso pasado probado que el mundo, así en su todo, como en el de cada especie suya, no padeció hasta ahora algún sensible detrimento, hemos de probar aora, que en el systema, o systemas de la philosofía corpuscular, que con tanta prosperidad corren en este siglo, no solo debió padecerle muy grande, pero ha muchos. 1726 FEIJOO, BENITO JERÓNIMO, *Teatro crítico universal, I* [España] [Oviedo, Instituto Feijoo del siglo XVIII, 1998] Literatura

4. El vocabulario de la Geografía y Astronomía

Uno de los problemas que hemos encontrado en la compilación del corpus de Geografía concierne precisamente a los campos de competencia científica de dicho ámbito que no estaban en esos años aún bien delimitados. Y esto, a pesar de las numerosas definiciones y clasificaciones realizadas por eminentes geógrafos de la época; por ejemplo, para algunos autores la Geografía astronómica y las materias de la esfera se identificaban cada vez más con la Cosmografía o, simplemente, con la Astronomía. En cambio, Isidoro de Antillón (*Lecciones de Geografía astronómi-*

ca natural y política, 1804) propone una definición de Geografía en la que incluye el estudio de la Astronomía, sin que en su labor de sistematización de los saberes geográficos se incluya la Cosmografía[8]. Si atendemos a los tratados de la época, advertimos, en primer lugar, que la posición de la Geografía y la Cosmografía en el sistema de la Ciencia Matemática Mixta aparece clara durante todo el siglo XVIII, como por ejemplo en *Idea de una Academia Mathematica* de Juan Bautista Corachán y Antonio Bordázar de Artazu (1740), que sostenían que la Geografía era una de las ramas de dicha ciencia[9]; en segundo lugar, las definiciones y clasificaciones presentadas por los especialistas coinciden con las dadas por la lexicografía académica desde 1780 hasta 1884 inclusive, en las que se define Cosmografía como «descripción del mundo», esto es, del Universo.

De lo dicho hasta ahora se deduce la dificultad que entraña, a veces, adscribir una voz a un ámbito científico concreto; los mismos títulos de algunas obras publicadas ya a principios del siglo XIX, como las de Isidoro de Antillón, reflejan esta situación[10]. De ahí que para esta investigación siempre tengamos en cuenta la historia de la ciencia, ya que sin este planteamiento sería imposible llevar a cabo un estudio sistemático y riguroso.

4.1 *Equidial*

equidial, adj.

> El Circulo equinoccial, ò *Equidial* es el que divide el Globo en dos iguales partes, llamada la una Septentrional, y la otra Meridional (Olmo 1681: 122).

---

8 «Geografía es una palabra griega que significa descripcion de la tierra; pero la tierra puede considerarse y estudiarse de muchas maneras y con varios respectos quando se trata de describirla. Se la puede mirar, y examinar su lugar en el cielo, la rotación sobre su eje, su revolución en rededor del sol, y sus relaciones con los otros globos luminosos ú obscuros, fijos ó errantes, situados como ella en la inmensidad del espacio» (p. 1); «Cuando la Geografía se ocupa de estos objetos se denomina Astronómica» (p. 1).

9 «Cosmografia es descripción de todo el Universo que se compone del globo terraqueo, i de los cielos; i mediando entre la tierra, la que llaman Athmosfera, se subdivide la descripción en Geotáctica, Metherología, i Astronomía. [...] La Geotáctica investiga la estabilidad, figura, magnitud del globo terraqueo; i se subdivide en Geografía, e Hidrografía. La Hidrografia describe los mares; i respeto de sus movimientos activo, i pasivo, se subdivide en Brasmologia, que investiga los movimientos propios del mar; i en Nautica, que enseña la navegación que se hace en el mar por medio de los vientos» (p. 12).

10 *Lecciones de Geografía astronómica natural y política* (1804), que tradujo al francés en 1827; *Elementos de la geografia astronómica, natural y política de España* (1808 [1815;1824]), o bien la traducción que él mismo realizó en 1806 [1812, 1829] de la obra de Bonne, *Idea de la Esfera o Principios de Geografía Astronómica.*

> Llamase Equador, *Equidial*, ò Equinoccial, assi porque, quando el Sol llega à èl, el dia es igual à la noche (Hurtado de Mendoza 1690: 77).
>
> La Equinocial es un circulo maximo [...] Llamase tambien *Equidial*, Igualador, y entre los Marineros absolutamente Line (Sánchez Reciente 1750: 15).
>
> La *Equinoccial*, ò *Equador*, ò *Equidial* es Circulo immòbil, y màximo, que divide el Globo en dos partes iguales (Murillo Velarde 1752: 15).

Lexicogénesis

Como puede apreciarse en los contextos del corpus, la voz *equidial* es uno de los sinónimos de *equador* o *círculo equinoccial*. Se trata de un caso de variación denominativa, en el que el adjetivo, a veces sustantivado, está formado por el elemento compositivo *equi-* y el adj. *dial* (del lat. *diālis*, de un día).

Comprobación lexicográfica

Fichero RAE. Equidial = Ecuador. La Equinoccial, que tambien se dice *Equidial*, Equador, cingulo del mundo, circulo de igualdad. P. Zaragoza, *Esphera en comun celeste y terraquea*, Madrid, 1675, p. 57.

GDH Moreri 1707. EQUATEUR, ligne tracée sur le milieu du Globe [...] Il est ainsi nommé, ou autrement *Equinoctial* & *Equidial*, parce que lorsque le Soleil parcourt cette ligne, il y a égalité de jours & de nuits par toute la terre.

La voz *equidial* no aparece ni en el diccionario académico ni en el DCVCA Terreros.

Comprobación en corpus históricos

La palabra *equidial* no está documentada ni en el *CORDE* ni en el *CNDHE*.

4.2 Hipomoclio

hipomoclio, *hipomoclion*, m.

> [...] y como las demàs partes prodiga por el ayre, con la misma velocidad que antes, hasta entrar en el cristal, se sigue, que haciendo como *hipomoclio* en M, rodando el globulo al rededor de su centro por EIM, no pueda proseguir por la linea AC, si que correrà por EL, acercandose à la perpendicular IX (Tosca 1727: 337).
>
> Por este medio descubrieron sus equivocaciones y las leyes, que sostienen el sistema del mundo, notando primero que la magnitudo y masa del sol eran suficientes para atraer al rededor de sí á todos los planetas y sus satélites, aunque se moviesen en torno de él, como teniéndole por su centro comun; pues la suma de todas sus masas no podia formar equilibrio con la del sol, sino colocándose á mucha distancia del *hipomoclio* los planetas, y muy cerca de él sol, suponiéndose puestos en los brazos de una palanca inflexîble (Aguirre 1782: 22).

Lexicogénesis

Léxico adquirido. *Hipomoclio* es un préstamo del griego ὑπομόχλιον (formado por la preposición ὑπό 'bajo' + μοχλός, μοχλίον 'palanca'). En el corpus lexicográfico de referencia aparece recogida como pertenceciente al ámbito de la Mecánica; sin embargo, como queda demostrado en los textos del corpus, este sustantivo sufrió un deslizamiento semántico hacia el ámbito de la Astronomía.

Comprobación lexicográfica

RAE U 1780. HIPOMOCLIO. s.m. Maq. El punto en que estriba la palanca, y que sirve de centro al movimiento con que se levanta el peso. Fulcrum. En los pesos y romanas se llama aquel punto donde juega el astil, ó barra, por ser estos instrumentos una especie de palancas. Hipomoclion.

DCVCA Terreros. Término de mecánica, lo mismo que punto de apoyo de un peso, ó romana. Fr. *Hypomochlion*, orgueil. Lat. *Hypomochlion*. La voz, aunque admitida yá en Lat. y Cast. es Griega.

DAF 1762. HYPOMOCHLION. s.m. Terme de Mécanique. Point d'appui d'un lévier.

REY. Le mot a, depuis le moyen français, le sens technique concret de «grosse casse de pierre ou de bois servant de point d'appui à un levrier» (1376), soit par allusion au port de tête de l'orgueilleux, soit (Nicot) parce que cette cale fait mouvoir une masse cent fois plus pesante qu'elle.

OED. hypomochlion, n Etymology: < Latin *hypomochlion* (Vitruvius), < Greek *ὑπομόχλιον* fulcrum of a lever, < Greek *ὑπό* under + *μοχλός*, *μοχλίον* lever. *rare*. = *Fulcrum*: A prop or support; now only *spec.* in *Mech.* the point against which a lever is placed to get purchase or upon which it turns or is supported.

DME 1831. HIPOMOCLIO ó HIPOMOCLION. s.m. Mec. ó Man. El punto de apoyo de una palanca ó de cualquier instrumento que se compone de esta máquina. Acad.

Comprobación en corpus históricos

CORDE, hypomoclion
si la lengua de la barra se pusiere más sobre el que llaman hypomoclion, y entrare por debaxo del peso, y su cabeça junto al centro apretare, no podrá apretar el peso, si no se haze como está dicho el peso de la barra más apartado por la cabeça y no cerca del peso ** 1582 Urrea, Miguel de, Traducción de la Arquitectura de Marco Vitruvio Pollión ESPAÑA 15.Arquitectura y urbanismo Begoña Fernández del Amo-CILUS.

5. Conclusiones

Esta investigación se ha centrado en el estudio sistemático de los vocabularios neológicos de especialidad en los ámbitos de Medicina, Filosofía, Geografía y Astronomía, a partir del despojamiento de los textos y la descripción, recuento y comprobación lexicográfica de las voces extraídas del corpus textual.

En el plano léxico, el siglo XVIII se vio muy afectado por las transformaciones debidas a las coyunturas históricas y por los nuevos modelos culturales extranjeros que fueron permeando la ciencia española. Si por un lado, la ciencia del XVIII heredó las terminologías del saber tradicional que se venían acumulando desde siglos, por otro lado, experimentó un fuerte proceso de lexicogénesis que fue proporcionando nuevos significantes y revitalizando otros. En muchas ramas del saber, el léxico especializado se encaminó hacia la formación de vocabularios cada vez más ricos, con numerosos neologismos (como la voz *atomismo*), préstamos de lenguas modernas (*bisturí*) o préstamos de lenguas antiguas (*hipomoclio*), cultismos, vulgarismos, frecuentes fluctuaciones de términos y, finalmente, pérdidas léxicas. Los ejemplos aportados en este trabajo constituyen una muestra de estos fenómenos de cambio lingüístico.

Referencias bibliográficas

ÁLVAREZ DE MIRANDA, Pedro (1992): *Palabras e ideas: el léxico de la Ilustración temprana en España (1680-1760).* Madrid: BRAE.

ÁLVAREZ DE MIRANDA, Pedro (2008): «Neología y pérdida léxica» en Elena de Miguel (ed.), *Panorama de la lexicología.* Barcelona: Ariel Letras, pp. 133-158.

CARPI, Elena (2011): «Ejemplos de cambio semántico en el lenguaje filosófico de las primeras décadas del siglo XVIII: los significados de "forma" y "elemento" en cinco tratados de aristotélicos y novatores», en *Actas del XVI Congreso Internacional de la Alfal.1-8.* Alcalá de Henares: Universidad de Alcalá.

GÓMEZ DE ENTERRÍA, Josefa, Carmen NAVARRO, Natividad GALLARDO y Elena CARPI (2012): «Los documentos como fuente de investigación lexicológica y lexicográfica en corpus de textos de especialidad del Siglo XVIII», en M.ª Jesús Torrens Álvarez y Pedro Sánchez-Pieto (eds.), *Nuevas perspectivas para la edición y el estudio de documentos antiguos.* Bern: Peter Lang, pp. 12-146.

Fuentes bibliográficas

AGUIRRE, Manuel de (1782): *Indagacion y reflexiones sobre la Geografía, con algunas noticias previas e indispensables*. Madrid: Joachin Ibarra.

ANTILLÓN, Isidoro de (1804-1806): *Lecciones de geografía astronómica natural y política*. Madrid: Imprenta Real.

ANTILLÓN, Isidoro de (1806): *Idea de la Esfera o Principios de Geografía Astronómica por Mr. Bonne. Obra traducida del Francés...* Palma de Mallorca: Miguel Domingo.

ANTILLÓN, Isidoro de (1808): *Elementos de la geografía astronómica, natural y política de España y Portugal*. Madrid: Imprenta de Fuentenebro.

AVENDAÑO, Alexandro (1716): *Dialogos philosophicos en defensa del Atomismo y respuesta a las impugnaciones aristotelicas del R.P.M. Fr. Francisco Palanco... Con licencia*. En Madrid.

CABRIADA, Juan de (1686–1687): *De los tiempos y experiencias el mejor remedio al mal por la novaantigua medicina: carta philosophica medica chymica*. Madrid: Lucas Antonio de Bedmar y Baldivia.

CORACHÁN, Juan Bautista y Antonio BORDÁZAR DE ARAZTU (1740): *Idea de una Academia Mathematica*. Valencia: Imp. del Autor.

HURTADO DE MENDOZA, Pedro (1690): *Espejo Geográfico en el que se descubre, breve, y claramente, asi lo cientifico de la geografía, como lo historico, que pertenece a esta tan gustosa como necesaria ciencia*. Madrid: Juan García Infanzón.

LESSACA, Juan Martin de (1724): *Colyrio Philosophico Aristhotelico Thomistico, con un Discurso Phisico Medico Anathomico en respuesta de otro. Su autor el doct. Juan Martin de Lesaca... con privilegio*. En Madrid: En la Imprenta de Juan de Ariztia, se hallarà en su casa, en la Calle de Alcalá.

MARTÍNEZ, Martín (1728): *Anatomía completa del hombre, con todos los hallazgos, nuevas doctrinas y observaciones raras hasta el tiempo presente, y muchas advertencias necessarias para la cirugia segun el methodo con que se explica en nuestro theatro de Madrid*. Madrid: En la Imprenta de Miguel Escribano, 1775.

MARTÍNEZ, Martín (1747): *Cirugía moderna. Tratado de operaciones quirúrgicas*. Madrid: Imprenta Real.

MURILLO VELARDE, Pedro (1752): *Geographia historica, donde se describen los reynos, provincias, ciudades, fortalezas, mares, montes, ensenadas, cabos, rios y puertos (...)*. Madrid: Gabriel Ramírez.

OLMO, José Vicente del (1681): *Nueva matemáticas del orbede [sic] la tierra, en que se trata de (...) uso y fabrica de los mapas, y tablas geographicas (...)*. Valencia: Ioan Loren.

PALANCO, Francisco (1716): *Respuesta del R. P. Fr. Francisco Palanco, à una Carta impressa en siete pliegos, en nombre supuesto de Don Francisco de Paz, Professor Theologo, en Avendaño, Alexandro de. Dialogos philosophicos en defensa del Atomismo* ..... En Madrid.

PIQUER, Andrés (1780 [1745]): *Física Moderna, Racional y Experimental.* Madrid: Joaquín Ibarra.

PORRAS, Manuel de (1716): *Anatomia galenico-moderna.* Madrid: Imprenta de Musica, por Bernardo Peralta.

PORRAS, Manuel de (1691): *Médula de cirugía y examen de cirujanos.* Madrid: Francisco Martínez Abad.

SABOGAL Y NAVARRETE, Pedro Antonio (1702): *Respondese al dialogo, papel segundo del Doctor Cusprilli, medico de Parla / por... Pedro Antonio de Navarrete y Sabogal* ... sl.

SÁNCHEZ RECIENTE, Juan (1750): *Tratado de navegacion theorica, y practica (...).* Sevilla: Francisco Sánchez Reciente.

TOSCA, Tomás Vicente (1727): *Compendio Mathematico.* Valencia: Antonio Bordazar.

ZAPATA, Mateo de (1716): *Censura en Avendaño, Alexandro. Dialogos philosophicos en defensa del Atomismo y respuesta a las impugnaciones aristotelicas del R.P.M. Fr. Francisco Palanco....*

Repertorios lexicográficos

DAF = *Dictionnarie de l'Académie Française*, quatrième édition (1762). Paris: Chez la Vve B. Brunet.

DCVCA Terreros = TERREROS Y PANDO, Esteban de [1765-1767] (1987). *Diccionario Castellano con las voces de ciencias y artes.* Edición facsimil. Madrid: Arco Libros.

DHLE = *Diccionario histórico de la lengua española.* http://www.frl.es/Paginas/Diccionariohistorico.aspx

DME = FERNÁNDEZ DE NAVARRETE, Martín (1831): *Diccionario marítimo español.* Madrid: Imprenta Real.

DTM RANM [2011] = REAL ACADEMIA NACIONAL DE MEDICINA. *Diccionario de términos médicos.* Editorial Médica Panamericana.

DU CANGE, Charles [1883-1887] (1954): *Glossarium mediae et infimae latinitatis.* Graz: Akademische Druck- u. Verlagsanstalt.

Fichero RAE = Fichero General de la Lengua española, RAE. http://web.frl.es/fichero.html

GDH = Louis Moreri (1707): *Le Grand dictionnaire historique où le mélange curieux de l'histoire sacrée et profane*. Paris.

OED (1884-1933) = *The Oxford English Dictionary*. Ed. J. A. H. Murray et al., Oxford: Clarendon Press.

PALENCIA, Alfonso de [1490] (1967): *Universal vocabulario en latín y en romance*. Madrid: Comisión permanente de la Asociación de academias de la lengua española, 1967.

RAE A 1726-1739: REAL ACADEMIA ESPAÑOLA (1726-1739): *Diccionario de la lengua castellana*. Madrid: Francisco del Hierro. [Consultado en *NTLLE*]

RAE H 1936: REAL ACADEMIA ESPAÑOLA (1936): *Diccionario histórico de la lengua española*. Madrid: Imprenta de Librería y Casa Editorial Hernando. [Consultado en *NTLLE*]

RAE S 1783: REAL ACADEMIA ESPAÑOLA (1783): *Diccionario de la lengua castellana*. 2ª ed. Madrid: Joachín Ibarra. [Consultado en *NTLLE*]

RAE U 1780: REAL ACADEMIA ESPAÑOLA (1780): *Diccionario de la lengua castellana*. Madrid: Joachín Ibarra. [Consultado en *NTLLE*]

RAE U 1817: REAL ACADEMIA ESPAÑOLA (1817): *Diccionario de la lengua castellana*. 5ª ed. Madrid: Imprenta Real. [Consultado en *NTLLE*]

RAE U 1869: REAL ACADEMIA ESPAÑOLA (1869): *Diccionario de la lengua castellana*. 11ª ed. Madrid: Imprenta de Don Manuel de Rivadeneyra. [Consultado en *NTLLE*]

REY = REY, Alain (2006): *Dictionnaire historique de la langue française*. Paris: Dictionnaires Le Robert.

TLFi = *Trésor de la Langue Française informatisé*. http://atilf.atilf.fr/tlf.htm.

Corpus históricos

CNDHE = REAL ACADEMIA ESPAÑOLA, *Corpus del Nuevo Diccionario Histórico del Español*. http://web.frl.es/CNDHE/view/inicioExterno.view.

CORDE = REAL ACADEMIA ESPAÑOLA, Banco de datos (CORDE) [en línea]. Corpus diacrónico del español. http://www.rae.es.

Los materiales de interés lexicográfico-médico elaborados por el médico Álvaro de Castro (n. c. 1470)*

Bertha M. Gutiérrez Rodilla
Universidad de Salamanca

Uno de los objetivos primordiales de los proyectos de investigación de nuestro grupo es la búsqueda y análisis de instrumentos que ofrezcan información sobre la historia de los términos mediante la que completar la que suministran los propios textos. Nos referimos fundamentalmente a los repertorios lexicográficos del ámbito especializado –diccionarios, glosarios, vocabularios...–, que han servido a lo largo de los siglos tanto para coleccionar palabras en su interior como, en algunas ocasiones también, para actuar como impulsores de un determinado uso, recogiéndose en ellos la primera documentación de numerosas voces. De acuerdo con esa línea de investigación, en este trabajo querríamos dar cuenta de los diversos materiales de interés lexicográfico del ámbito médico y farmacéutico que elaboró el toledano Álvaro de Castro en los últimos años del siglo XV y primeros del XVI, proponiendo una clasificación de los mismos y vías apropiadas para su estudio y contextualización.

1. El médico toledano Álvaro de Castro

A mediados del siglo pasado Millás Vallicrosa (1942: 108 y ss., 1949) llamaba la atención sobre una serie de textos pertenecientes al ámbito médico, conservados en la Biblioteca de la catedral de Toledo. Varios de ellos -la mayoría- los habría elaborado Álvaro de Castro, un médico perteneciente al linaje de los Abolafia, conocida familia judía desde el siglo XII, bien estudiada por Gómez-Menor (1973, 1974, 1983), ligada por algunos de sus miembros a la corte castellana. Cuando se produjo el decreto de expulsión, parte de la familia se marchó a Portugal, donde Diego Gómez de Toledo, hermano de nuestro autor, se convirtió, para regresar después, en 1499, a la ciudad toledana. No se tiene noticia de si Álvaro pudo hacer lo mismo, pero sí se sabe que a finales del siglo XV vivía, ya convertido, en la villa de Santa Olalla, que contaba con una importante minoría judía, donde era médico de Álvar Pérez de Guzmán, primer conde de Orgaz. Y que ambos hermanos, Álvaro y Diego, que no poseían título universitario, enviaron

* La investigación necesaria para llevar a cabo este trabajo se ha financiado con la ayuda del Ministerio de Educación y Ciencia FFI2011-23200 al proyecto «Lexicografía y Ciencia: otras fuentes para el estudio histórico del léxico especializado y análisis de las voces que contienen».

a sus hijos a estudiar a la universidad, un comportamiento bastante habitual entre las familias conversas adineradas. De hecho, hay constancia de que varios de sus hijos y nietos estudiaron medicina y actuaron como médicos de figuras tan notables como Ignacio de Loyola, Francisco Javier o el Duque del Infantado.

Como se desprende de sus escritos, Álvaro de Castro debió gozar de una extraordinaria cultura, en la que se incluía el conocimiento de las grandes lenguas clásicas: latín, árabe, hebreo y rudimentos de griego. De esa cultura y de sus inquietudes intelectuales habla igualmente que no se limitara en tales escritos al ámbito médico, pues pudo ser autor –de acuerdo con Guijarro Ceballos (2001)– de otro tipo de textos, como el *Libro segundo de don Clarián,* aparecido en 1522, del que no consta su autoría: un libro de caballerías, cuya anonimia respondería a una práctica bien arraigada en el siglo XVI, sobre todo entre nobles, humanistas y juristas, de no firmar los libros de entretenimiento –libros de caballería, novelas, piezas teatrales–, «simulando un afectado menosprecio por la gloria que daban estas obras consideradas frívolas» (Guijarro Ceballos 2001: XIV).

Los textos que aquí nos interesan, en todo caso, son los de carácter médico, custodiados por uno de sus nietos –el humanista Alvar Gómez de Castro (1516-1580)– en forma manuscrita y legados a su muerte a la Catedral toledana, según se recoge en el testamento de dicho Gómez de Castro, conservado en el Archivo de protocolos de Toledo[1]:

> Quatro libros de medicina, escritos de mano de un agüelo mio, los dos enquadernados en tablas, el uno tiene cuero de becerro colorado, y llamase fundamenta medicorum, el otro de menos volumen le tiene negro y llamase Antidotario: los otros dos estan en pargamino tratan de simples, el uno tiene en el lomo una A. va continuado hasta la N. que esta tambien en el lomo del otro: quiero que se den a la misma sta yglesia para que alli se guarden, porque entiendo que esta en ellos recapitulada toda la antigua doctrina de los Arabes, puesta con mucha distincion y advertencia, los de pargamino se enquadernaran en tablas a costa de mis bienes (San Román 1928: 552-553).

Concretamente se trata de las obras conocidas como *Ianua vitae,* en dos tomos, dedicada a los simples medicinales, un *Antidotarium* y unos *Fundamenta medicorum,* todas ellas compuestas en latín y de las que el nieto afirma que recogen «toda la antigua doctrina de los árabes, puesta con mucha distinción y advertencia». Aunque, como decíamos, Millás avisaba de su existencia, su conocimiento no se le había escapado al insigne iniciador de la historiografía médica española, Antonio Hernández Morejón:

> Escribió dos tomos en folio en latín, con el título *Ianua vitae.* No sé que esta obra se haya impreso: yo la he visto manuscrita en la biblioteca de la santa iglesia catedral de Toledo; tie-

1 Editado por San Román (1928).

ne la aprobación del doctor de Alfaro y Ponte, con licencia para imprimirse en 1526. [...] La distribuye por órden alfabetico, y habla de piedras, yerbas y animales con la sinonimia castellana, latina, griega y árabe, acreditando su pericia en estos idiomas. Al fin del tomo segundo trae la esplicación de los pesos, dosis y medidas de los medicamentos, y un resúmen alfabetico en castellano de toda la obra, el cual empieza por la letra A, y acaba por el término *zumbido*. Ademas de la obra referida tiene otra en la misma biblioteca titulada *Fundamenta medicorum,* en un tomo en fólio de letra cursiva, dedicada á un hijo suyo llamado Diego, de quien dice era médico afamado. Trata de todas los enfermedades y sus remedios, también por órden alfabetico (Hernández Morejón 1843: II, 215-216).

Intentaremos a continuación explicar el contenido de estas obras y su significado en el contexto en que se compusieron.

2. Las obras médicas de Álvaro de Castro

La medicina judeoconversa no se puede analizar sin integrar al médico y su práctica sanitaria dentro del sistema social al que perteneció, el de la sociedad cristianovieja y del marco sociosanitario bajomedieval o renacentista donde desarrolló sus actividades (Muñoz Solla 2011: 129-130). Y en este sentido, la lectura de las obras de nuestro autor –que permanecen, que sepamos, sin editar ni traducir– pone enseguida de manifiesto dos de las que sin duda fueron sus motivaciones fundamentales a la hora de componerlas: por un lado, favorecer tanto el aprendizaje como la rememoración de lo aprendido de lo más esencial de la medicina. Por otro lado, su ansia por ofrecerle al médico herramientas que le sirvieran para aclararse en el complejo entramado de los remedios medicinales y los nombres que los designaban. Todo ello queda patente en la elaboración de estos repertorios, que en alguno de los casos, como veremos, son resúmenes de lo más significativo que debe conocer el médico en su proceso de formación o en el desarrollo de su práctica asistencial. Como se hace patente asimismo en la elección del orden alfabético para articular el contenido de sus textos, con el fin de facilitar la consulta del contenido de los mismos. No pretendía con ellos, por tanto, exponer conocimientos revolucionarios, tampoco sus propias teorías a propósito de algún concepto intrincado, sino proporcionar una síntesis del saber médico, obtenida de los grandes autores anteriores a él.

Las tres obras apuntadas más arriba, de indudable interés lexicográfico como vamos a ver a continuación, forman junto al *Tractatus de dosibus et ponderibus secundum Saladinum* y un *Glosario* que se encuentran en su interior, un completo compendio que incluye todo lo que ese médico debía conocer para llevar a cabo sus tareas cotidianas sanadoras y representan de modo inmejorable una tradición bien desarrollada durante los últimos siglos medievales consistente en agrupar textos pertenecientes a diversos géneros, que podrían sorprender por su disparidad, pero que parecían estar preparados para formar auténticos *corpus* de «farmacomedicina práctica», tan útiles para el sanador como para el boticario y aun el estudiante: *florilegia,* simplario, *synonyma,* antidotario, tabla de pesas y medidas... (Gutiérrez Rodilla 2007: 284). Quizá el *corpus* de Álvaro de Castro sea precisamente el último ejemplo de esa tradición a la que aludíamos que podamos encontrar. Un *corpus* al que solo le faltó para ser completo el listado de sucedáneos de los simples o *quid pro quo* y las famosas tablas de los grados de los medicamentos, que solían acompañar a los antidotarios bajomedievales. Tal vez no le diera tiempo a elaborarlos o, si lo hizo, se perdieran...

2.1 Fundamenta medicorum

La primera de las obras de este autor que hemos de atender es la que lleva por título *Fundamenta medicorum,* recogida en el manuscrito 97-7 de la biblioteca capitular de Toledo[2]. Es la primera porque, como lo hemos advertido, entendemos sus obras como un todo, como un conjunto de textos necesarios para el aprendizaje y la rememoración posterior de lo aprendido, ya fuera en el momento de llevar a cabo el ejercicio de la medicina o bien a la hora de superar un examen que capacitara para el mismo. Y ese conocimiento debía comenzar por el acercamiento a los conceptos sustanciales de ese dominio, extraidos de las principales fuentes[3]. De ahí que en este texto, integrado por 521 folios sin numerar, se recopilen dispuestas alfabéticamente diferentes entradas relativas a las enfermedades y sus manifestaciones, así como al tratamiento correspondiente, redactadas a partir de los textos de las autoridades médicas más relevantes, clásicas y medievales: Galeno, Avicena, Avenzoar, Averroes, Razes o Arnau de Vilanova, entre otras. Es, en definitiva, un tratado de patología médica en el que el contenido se organiza de acuerdo con el alfabeto, con una finalidad innegable de favorecer las búsquedas, a diferencia de otros similares que preferían la forma clásica de ordenación *de la cabeza a los pies*. Así lo confirma el autor en el prólogo que lo precede, donde explica que le dedica esta obra a su hijo, médico con título universitario –no se olvida de reflejarlo–, que por una enfermedad ha sufrido una gran pérdida de memoria, por lo que quiere facilitarle así la consulta de las opiniones médicas de las grandes autoridades. Al final del libro se encuentra un pequeño *Tractatus de dosibus et ponderibus secundum Saladinum* de dos folios, del que nos ocuparemos después.

2 Tanto Millás (1942: 108-110) como Gómez-Menor (1974: 24-25) ofrecen más detalles del manuscrito y las partes que lo integran.

3 A pesar de lo que decimos, no es la primera que él redactó, pues en ella revela el propio autor que ha seguido el mismo orden alfabético que en el *Ianua vitae,* por tanto la escribió después de aquella.

No se le puede pedir originalidad a la obra, pues no es eso lo que se perseguía en un texto como este, que en cierto modo podría incluirse en los géneros de las concordancias y los *florilegia*, pertenecientes a la literatura de resúmenes, de indudable carácter pedagógico, cuya finalidad era completar la formación práctica que el aprendiz obtenía acompañando al sanador[4]. Pero lo que sí resulta incuestionable es el buen conocimiento que tenía Álvaro de Castro de la literatura médica anterior más señalada. El texto está escrito en latín, lo que en principio no es lo esperable de un médico converso, que parece no asistió a la universidad. Sin embargo, no sorprende tanto, si caemos en la cuenta de que los médicos judíos más cultos se preocuparon por aprender latín para tener acceso a la literatura sobre filosofía natural y medicina generada por la institución universitaria o utilizada por la escolástica cristiana, por la que se sentían tan fascinados. La minoría judía intelectual era consciente de que sus miembros ya no eran creadores de ciencia, como lo habían sido en otros tiempos, sino meros consumidores de ella, por lo que no veían otra salida para poder mantenerse al día que aprender latín, dada su marginación de la universidad cristiana, la deficiencia de algunas versiones hebreas de textos científicos trascendentales y la puesta en circulación por parte de la escolástica latina de numerosos textos novedosos, que solo podrían conocer si dominaban dicha lengua (García Ballester 2001: 431-432). Desde esta perspectiva es desde la que podemos aceptar la valoración que hace Millás de la obra de Álvaro de Castro como «el lazo que une dos épocas y que traspasa el legado de la farmacología terapéutica concebida por los autores árabes y judaicos medievales a la Edad Moderna» (Millás Vallicrosa 1949: 444).

2.2 Ianua vitae

Seguramente el desvelo ya indicado de Álvaro de Castro por ofrecerle claves al médico práctico que le ayudaran a manejarse por entre la maraña de información existente, muchas veces contradictoria, pero la de procurarle igualmente una buena base teórica al futuro médico que por las circunstancias que fuera no podía acudir a la institución universitaria, tuvo que ver con que compusiera este repertorio de simples con el título *Ianua vitae* («Puerta de la vida»), que en opinión de Gómez-Menor (1974: 28), sería su obra más notable. De hecho, el autor deja constancia de que ha decidido escribir este libro –que, en principio, es

---

4 Se aleja de los intereses de este artículo analizar estos géneros, de los que García Ballester (2001: 347 y ss.) y Gutiérrez Rodilla (2007: 130-138) aportan características y diferencias y varios ejemplos.

un simplario[5]– ante los errores existentes entre los médicos y boticarios sobre los nombres de los simples, sus cualidades, propiedades y efectos. No es, en cualquier caso, una obra aislada, original por su género, sino que como ocurre con el resto de las que compuso se puede incluir perfectamente dentro de esa tradición a que nos referíamos, bien constituida y desarrollada en los últimos siglos medievales.

El texto consta de 670 folios, agrupados en dos volúmenes, que se encuentran en los manuscritos 97-8 y 97-9 de la catedral toledana[6]. La obra, dedicada a su sobrino Íñigo López, va precedida de un prólogo encomiástico del hijo del autor y de un prefacio donde se encuentran algunos datos biográficos de Álvaro de Castro. Al final se incluye de nuevo el pequeño tratado *De dosibus et ponderibus, secundum Saladinum,* así como un glosario, de los que hablaremos más tarde. Parece que hubo un intento de publicarla años después de que se elaborara, pues tras la conclusión de la misma, aparece la aprobación para su impresión suscrita por los protomédicos De Alfaro y Ponte, médicos del emperador Carlos I, con fecha de 21 de febrero de 1526 (folio 623r.).

En el manuscrito donde comienza el *Ianua vitae,* el 97-8, hay unos folios previos dedicados a algunas *questiones* y definiciones de Pedro Hispano. A continuación, entre los folios 6r. y 17r., una tabla o índice de enfermedades, con las referencias a los folios de la obra que vendrá después, propiamente el *Ianua vitae.* Esta se inicia en el folio 23r. y en ella quedó recogida amplia información redactada en latín y ordenada alfabéticamente sobre numerosos simples medicinales, sus principales efectos terapéuticos y su aplicación en las diversas enfermedades, así como los sinónimos de sus nombres en latín, árabe, griego y hebreo. Todo ello escrito en el margen mayor de los folios, mientras que en el menor se ofrecen los equivalentes romances de tales nombres, como vemos en los siguientes ejemplos a modo de ilustración:

Aabhel id est fructus iuniperi, sinonima Avicena (Y, en el margen, «inebrinas»)

Aaihiam, bedustas, arabice castoreus latine. (Y, en el margen, «castorio»)

Aalguariscen, arabice id est genus columbarum, sinonima Avicena. (Y, en el margen, «palomas»)

En muchas ocasiones, proporciona correcciones de posibles malas lecturas y datos sobre las distintas maneras de pronunciar el nombre del simple en cuestión, de acuerdo con la opinión de diferentes autores:

---

5 Gutiérrez Rodilla (2007: 159-172) suministra más información sobre el género de los simplarios, su origen y características.

6 Pueden consultarse más detalles sobre los manuscritos en Millás (1942: 110-113) y Gómez-Menor (1974: 25 y ss.).

Abel scambasaciz, id est grana pini, Ysaac, sed in arab. sconobar debet dicere et non scambasaciz. (Y, en el margen, «pinnones»)

Abel citroni secumdum Ysaac, ide est grana citri, in sinonimi Avicena: Abel citro dicit. (Y, en el margen, «simiente de cidra»)[7]

Pero aunque los simples constituyan el contenido fundamental de este compendio, en él se catalogan asimismo algunas otras voces, que no son propias del dominio de la farmacología, sino que se refieren a conceptos más amplios y generales, como sucede con *homo, medicina* o *scientia,* así como algunas pertenecientes a otras áreas de la medicina, más allá de la terapéutica: *bulismus, ermafrodites, himen, oculi, varices...*[8]. Una información que en muchas ocasiones viene avalada por la cita de diferentes autores –Avicena, Galeno, Plinio, Isaac Israelí, Serapión, Razes...– y sus opiniones sobre tales conceptos, remitiendo a pasajes concretos de sus obras, en lo que se demuestra, de nuevo, la gran erudición que poseía Álvaro de Castro.

2.3 Antidotarium

A los textos similares a los anteriores solía acompañarlos en la literatura médica medieval un repertorio de otro tipo: el antidotario. Y precisamente la tercera de las obras de nuestro autor, que forma parte del último de los cuatro volúmenes legados por su nieto Gómez de Castro a la catedral de Toledo (manuscrito 97-10)[9], es un *Antidotarium.* Cabe mencionar que los antidotarios adquirieron un desarrollo considerable en la literatura médica en lengua árabe, desde la que ejercieron una notable influencia sobre la occidental, donde alcanzaron un gran éxito, circulando tanto en versiones latinas como en traducciones vernaculares (Gutiérrez Rodilla 2007: 175). Si bien algunos de ellos se difundieron de modo independiente, lo más frecuente es que pertenecieran a tratados más extensos y creemos que Álvaro de Castro pudo haberlo ideado igualmente como una parte de alguno de sus otros textos, previsiblemente el *Fundamenta medicorum.* Que sea la única de sus obras que no tenga dedicatoria ni prólogo ayudaría a corroborar esta suposición.

Integran el libro que nos ocupa 196 folios redactados en latín donde se coleccionan, por orden alfabético, diversos medicamentos recogidos de los antidotarios –y otras obras de medicina– de uso habitual en los últimos siglos medievales: Mesué, Serapión, Avicena, Razes, Arnau de Vilanova y, por

7 Millás (1942: 112) recoge y explica estos y otros ejemplos.

8 Gómez-Menor (1974: 30-39) se hace eco de todos estos ejemplos en latín e, incluso, traduce algunos de ellos.

9 De nuevo, Millás (1942: 113-114) ofrece más pormenores en su descripción del manuscrito.

supuesto, el famoso *Antidotarium Nicolai.* El antidotario propiamente dicho va precedido de un índice (folios 1-34v.), también alfabético, de las aplicaciones terapéuticas: *ad abluendum, ad abradendum pilum, ad abscindendum sanguinem, ad albedinem oculorum, ad alopitiam [...],* que remite al cuerpo del texto.

Como en cualquier antidotario, se buscaba explicar las propiedades e indicaciones de los medicamentos compuestos –no de los antídotos, como afirma Millás–, a partir de lo expuesto a lo largo del tiempo por los diferentes autores, por lo que raramente –y esta ocasión no constituye una excepción– eran obras excesivamente originales, pues no era ese su objetivo, sino facilitar la tarea de sanadores y boticarios. En los textos de este tipo se ofrecían los ingredientes para confeccionar las recetas, las cantidades exactas de los mismos que había que utilizar, así como el modo de elaborarlas y de almacenar los medicamentos. A pesar de lo dicho, por el propio método por el que se componían, no siempre resultaban demasiado prácticos, sino que más bien conformaban junto a otras obras el soporte teórico con que contaban médicos, cirujanos y boticarios para llevar a cabo su práctica sanadora (Gutiérrez Rodilla 2007: 174).

2.4 Glosario médico

Los libros del tipo de los tres que hemos visto hasta aquí, según lo hemos recalcado, solían complementarse con otros instrumentos, imprescindibles para que tales libros pudieran utilizarse debidamente en la práctica. Instrumentos como los glosarios de equivalentes, las tablas de grados de los simples, las de pesos y medidas y los listados de sucedáneos o *quid pro quo.* En el caso presente, nos encontramos con dos de esos instrumentos. El primero de ellos, un glosario médico donde se recopilan a lo largo de 70 folios numerosos términos en castellano de los que se ofrecen equivalentes en latín y árabe, en ocasiones en griego y más raramente en hebreo. Este glosario, ya lo dijimos, se encuentra en el mismo manuscrito que el segundo volumen del *Ianua vitae* (97-9), a partir del folio 625.

Se trata, en rigor, de una obra que pertenece al género de los *synonyma*[10], puesto que normalmente solo se facilitan, sin que medie otra explicación, las equivalencias en otras lenguas de los vocablos que lo conforman; vocablos relacionados en su mayoría con la medicina, aunque se alleguen algunas voces pertenecientes a otros ámbitos. A pesar de ello, hay algunos términos definidos, sin que se ofrezcan los sinónimos correspondientes, pero eso no es lo más frecuente. Ilustramos todo ello con unos pocos ejemplos en los que podrá apreciarse la escasa uniformidad en el tratamiento de las voces:

10 Gutiérrez Rodilla (2007: 103-121) ofrece información sobre el origen y características de este género.

axaqueca, dolor de media cabeça, emigranea

bellota o lande, glans-dis, ara. bollot.

camino de santiago enel cielo, ara. tariq albugil, latin, via lactea, circulo lacteo, en griego se dize galaxias-e.

dolençia que se haze en la garganta, squinantia-e.

eficacia en griego energia-e.

friera o sabañon enlos pies, ar. porrojon, lat. pernio-onis-rosula-e.

ydropesia de aire, tympanitis-is.

libra peso de doze onças, ar. ratal, artal, lat. libra-e.

mano derecha hebr. yad yemin, ar. yed aniamin, lat. dextra.

mellizo uno de dos de un parto, ar. terguen, lat. gemino-a-m, gemiellus-a-m, gre. didymus-a-m.

natura o naturaleza, gre. phisis-is, lat. natura-e, ar. tabia

paja cualquiera, lat. sestura-e, stipula-e, hebraice y arab.tarben

rabioso, ar. maçaoz, lat. rabido-a-m, rabioso-a-m, gre. hidrophobos, hidrophobi, limphaticus-i.

Este glosario, que entre otros datos de interés contiene la grafía especial de que se servía Álvaro de Castro para transcribir algunos matices de los sonidos hebraicos y árabes (Millás Vallicrosa 1942: 113), constituye, en palabras de García Ballester (2001: 362-363), una muestra de la preocupación de su autor por ofrecer instrumentos que ayudaran a «aclararse en la fronda de la compleja y sofisticada terminología médica de sanadores que debían moverse entre escritos y argot médico redactados en cinco lenguas (castellano, latín, hebreo, árabe y griego)». Algo que pone de manifiesto, una vez más, la amplia cultura del médico toledano, conocedor de esas lenguas, lo que le debió permitir consultar fuentes diversas que todavía circularían por Toledo en esas fechas, tanto para la elaboración de estos *synonyma* como del resto de sus obras médicas, imprimiéndoles mayor rigor. En ello reconoce García Ballester (2001: 315-316) una clara diferencia entre este glosario y *La sinonima delos nonbres delas medeçinas,* conocido y bien estudiado vocabulario medieval de medicina, en el que los arabismos se manejan de modo bastante impreciso, a diferencia de lo que sucede en el del médico toledano que parece conocía el árabe a la perfección. Al margen de esto, a pesar de que al comienzo de *La sinonima...* se declaraba que se incluiría el hebreo, no fue así. Pero, en honor a la verdad, son muchos los términos del inventario de Álvaro de Castro en los que tampoco se proporciona el equivalente en dicha lengua. Por lo demás, en ninguno de los dos parece que los términos griegos se transliteren siempre con excesivo rigor.

2.5 *Tractatus de dosibus et ponderibus secundum Saladinum*

Al final del *Fundamenta medicorum* y del *Ianua vitae* –ya lo hemos ido anticipando– aparece un pequeño tratado de los pesos y medidas utilizados en la confección de los medicamentos: *Tractatus de dosibus et ponderibus secundum Saladinum*[11]. Y es que el *corpus* de Álvaro de Castro quedaría incompleto si en él no le prestara atención a esta parte de la farmacia práctica tan importante, dada la variación que los pesos podían experimentar de unos lugares a otros e, incluso, entre los distintos ámbitos de conocimiento. No hace falta explicar que en el caso de los medicamentos era algo especialmente delicado que debía precisarse al máximo, lo que determinó que los antidotarios, recetarios o repertorios de simples se acompañaran con frecuencia de un anexo u opúsculo que clarificara las dosis y los pesos (Gutiérrez Rodilla 2007: 282).

Según se desprende del título de este breve tratado –algo más amplio en el caso del que acompaña al *Fundamenta medicorum*–, nos encontramos ante un resumen realizado a partir del *Compendium aromatariorum* de Saladino de Ascoli (*fl. ca.* 1430-1448), que es el considerado como primer manual práctico para boticarios redactado en la Europa latina, aunque en él sea patente el influjo de los tratados farmacológicos musulmanes. Compuesto por un médico universitario, que intentaba paliar la *ignorancia* de los boticarios y dotarlos de unos rudimentos doctrinales y unos conocimientos técnicos que les ayudaran a superar los exámenes que debían realizar ante un tribunal formado sobre todo por médicos (García Ballester 2001: 627), fue traducido por Alonso Rodríguez de Tudela al castellano y su traducción se imprimió en Valladolid en 1515. El resumen de Álvaro de Castro se centra en el capítulo tercero del escrito de Saladino, dedicado a los pesos y las dosis, de los que se explican sus equivalencias: *libra, escropulo, dragma, solidus,* etc. Como ya lo señalara Millás (1949: 448), la finalidad práctica, en orden al ejercicio de la medicina y de la farmacia, que perseguía el autor toledano es evidente. Pero lo más destacable de su resumen es que es la primera referencia que se encuentra en Castilla de la obra de Saladino –finales del siglo XV o principios del XVI– (García Ballester 2001: 630). Esto no significa que tal obra no pudiera ser conocida por los médicos y boticarios castellanos hasta esa fecha, pero que se sepa, estos dos resúmenes de Álvaro de Castro son los únicos testimonios directos de su conocimiento y utilización por parte de los profesionales sanitarios a finales del siglo XV.

Como lo adelantábamos al principio, con este breve trabajo solo pretendíamos desenterrar otra vez los diversos materiales de interés lexicográfico del ámbito médico y farmacéutico que elaboró el médico toledano Álvaro de Castro en los

11 Ms. 97-7, fols. 517-518 y Ms. 97-9, fol. 624.

últimos años del siglo XV y primeros del XVI, para dar un paso más en su conocimiento y afinar en su clasificación, así como para presentarlos como un *corpus* más o menos cerrado de textos y contextualizarlos de acuerdo con los géneros propios de la literatura médica medieval. Ahora solo falta que alguien se anime a editarlos por fin y se rescaten definitivamente del olvido.

Referencias bibliográficas

GARCÍA BALLESTER, Luis (2001): *La búsqueda de la salud. Sanadores y enfermos en la España medieval*. Barcelona: Península.

GÓMEZ-MENOR FUENTES, José Carlos (1973): «Los médicos toledanos del Siglo de Oro y su clase social», *Cuadernos de Historia de la Medicina Española*, 12, pp. 369-392.

GÓMEZ-MENOR FUENTES, José Carlos (1974): «Los manuscritos médicos de los maestros toledanos Álvaro de Castro y Diego Sobrino», *Cuadernos de Historia de la Medicina Española*, 13, pp. 15-50.

GÓMEZ-MENOR FUENTES, José Carlos (1983): «La rama conversa de la familia Abulafia», en *Actas del I Congreso Internacional "Encuentro de las tres culturas" (Toledo, 1982)*. Toledo: Excmo. Ayuntamiento de Toledo, pp. 185-193.

GUIJARRO CEBALLOS, Javier (2001): «Introducción», en *Libro segundo de don Clarián de Landanís, ed. de Javier Guijarro Ceballos*. Alcalá de Henares: Centro de Estudios Cervantinos, pp. I-XXX.

GUTIÉRREZ RODILLA, Bertha M. (2007): *La esforzada reelaboración del saber. Repertorios médicos de interés lexicográfico anteriores a la imprenta*. San Millán de la Cogolla: Cilengua.

HERNÁNDEZ MOREJÓN, Antonio (1843): *Historia Bibliográfica de la Medicina Española* (7 vols.), vol. II. Madrid: Imp. Vda. de Jordán e Hijos.

MILLÁS VALLICROSA, José María (1942): *Las traducciones orientales en los manuscritos de la Biblioteca de la Catedral de Toledo*. Madrid: CSIC.

MILLÁS VALLICROSA, José María (1949): «La obra médica de la familia toledana de los Castro», en *Estudios sobre historia de la ciencia en España*. Barcelona: CSIC, pp. 443-454.

MUÑOZ SOLLA, Ricardo (2011): «De materia medica. Físicos, doctores y artes adivinatorias en la Castilla conversa», en Yolanda Moreno Koch y Ricardo Izquierdo Benito (coords.), *De cuerpos y almas en el judaísmo hispano-medieval: entre la ciencia médica y la magia sanadora*. Cuenca: Ed. de la Universidad de Castilla-La Mancha, pp. 125-148.

SAN ROMÁN, Francisco de Borja (1928): «El testamento del humanista Alvar Gómez de Castro», *Boletín de la Real Academia Española*, 15, pp. 543-566.

Doblar frente a *multiplicar*: el testimonio de una alternancia designativa en textos matemáticos del Renacimiento*

M.ª Jesús Mancho Duque e *Itziar Molina Sangüesa*
Universidad de Salamanca

1. Presentación

Partimos de un conjunto de textos matemáticos del Renacimiento, integrantes del corpus editado por Mancho y Quirós (2005)[1], para la confección del *Diccionario de la Ciencia y de la Técnica del Renacimiento* (*DICTER*)[2], de los que hemos extraído el léxico relativo a la operación aritmética de la multiplicación. El elenco de voces es el siguiente:

> *Cincodoblado, cincodoblar, cuadruplar, cuádruple, cuadruplicar, cuádruplo, cuatrodoblado, cuatrodoblar, décuplo, diezdoblar, dobladamente, doblado, doblar, duplar, duple, duplicación, duplicado, duplicar, duplo, multiplicación, multiplicado, multiplicador, multiplicamiento, multiplicante, multiplicar, nóncuplo, nuevedoblar, ochodoblar, óctuplo, quíncuplo, quintuplar, quíntuplo, seisdoblado, seisdoblar, séptuplo, séxcuplo, séxtuple, séxtuplo, tresdoblado, tresdoblar, tripladamente, triplamiento, triplar, triple, triplicado, triplicar, triplo.*

Dado el volumen del material extraído, nos limitaremos a las designaciones comprendidas hasta el numeral *cinco*[3]. Analizaremos, por una parte, las formaciones de procedencia culta y, por otra, las voces patrimoniales, pertenecientes a los paradigmas verbales, adjetivales y adverbiales. Revisamos, en primer lugar, cuestiones etimológicas, variantes gráficas, frecuencia de aparición y función, lo que testimoniamos mediante los ejemplos correspondientes, con particular incidencia en los aspectos neológicos. Finalmente, extraemos unas conclusiones en las que se pone de relieve la fluctuación y confrontación de uso entre las formas cultas y las formas populares, especialmente en los compuestos con *-doblar*.

---

* Este trabajo se inserta en el proyecto I+D "El *Diccionario de la Ciencia y de la Técnica del Renacimiento* (*DICTER*): fases finales" (Ref.: FFI2010-16324/FILO).

1 Además, hemos obtenido datos adicionales, proporcionados por el equipo que trabaja en Investigación de las Aritméticas del XVI desde el punto de vista de la difusión de los contenidos matemáticos, dirigido por Modesto Sierra, a quienes agradecemos su información.

2 Véase http://dicter.usal.es

3 Omitimos el análisis de los numerales multiplicativos (*triple*/*triplo*, *cuádruple*/*cuádruplo*, etc.) en este estudio, dado que se tratan en Mancho Duque (2012).

2. Formas Cultas

2.1 Multiplicar

Tomado del latín MŬLTĬPLĬCĀRE (*OLD*), aparece sin variantes gráficas relevantes en el corpus en 2323 ocurrencias. Documentado en el s. XV, según el *Diccionario Crítico Etimológico Castellano e Hispánico* (a partir de ahora, *DECH*), su significado corresponde a: 'Hallar el producto de dos factores, tomando uno de ellos, llamado multiplicando, tantas veces por sumando como unidades contiene el otro, llamado multiplicador' (*DRAE*[22]), como se deduce del siguiente ejemplo:

> *Multiplicar* un número por otro es buscar otro número tercero de tal condición que se aya con el uno de los dos números en la proporción que el otro a la unidad, y al contrario. Exemplo: tres vezes 4 son doze; digo que este 12 se ha con el 4, que es uno de los dos números multiplicados, como el otro número, que es 3, a la unidad, que es tripla (Pérez de Moya 1562: 63).

2.2 Multiplicado

Participio del verbo *multiplicar*, no recogido en los repertorios etimológicos habituales, en el corpus textual del *DICTER* aparece bajo esta misma forma en 1037 ocasiones, desde la 1ª documentación en 1512, en la obra de Juan de Ortega y en otros muchos textos matemáticos, con valor frecuentemente adjetivo:

> Tres vezes 4 son doze; digo que este 12 se ha con el 4, que es uno de los dos números *multiplicados*, como el otro número, que es 3, a la unidad, que es tripla (Pérez de Moya 1562: 43).

2.3 Multiplicación

Tomado del latín MULTIPLICĀTIŌ, -ŌNIS (*OLD*), se documenta en nuestros textos en 814 ocurrencias, con las variantes *multiplicación*, y la forma más latinizante *multiplicatión*. Documentado, según el *DECH*, en Nebrija, este sustantivo se utiliza en tres acepciones distintas. La primera hace referencia al proceso de la multiplicación, definido por el *DRAE*[22] como 'operación de multiplicar':

> Otros números son dichos cubos o cúbicos, y son aquéllos que proceden de la *multiplicación* de un número multiplicado por otro semejante dos vezes; o, por mejor dezir, es un número que procede de la *multiplicación* de tres números yguales en quantidad y género, assí como 2, 2, 2 (Pérez de Moya 1562: 330).

Sin embargo, en otros ejemplos, se pone de manifiesto el sentido de resultado que se obtiene tras la realización de dicha operación aritmética, esto es, el producto, definido como 'cantidad que resulta de la multiplicación' (*DRAE*[22], s.v. *producto*):

> Y si aora quisieres saver un tomín de los dichos quántos maravedís valdrá, multiplica los doze granos y medio por quatro maravedís y medio, y vendrá a la *multiplicación* 56 maravedís y un quarto (Belveder 1597: fol. VIIIv).

Finalmente, una última acepción en función adjetiva es la que se realiza como sinónimo de *multiplicando*, con el significado de: «*Mat.* Dicho de un factor: Que ha de ser multiplicado» (*DRAE*[22], s.v. *multiplicando*), con notable presencia en dos de las obras de Pérez de Moya:

> Después que la tabla se entienda, has de saber que en qualquier multiplicación occurren siempre tres números. El uno se dize multiplicante o *multiplicación*, y será este tal número toda cosa que se comprare o vendiere; el otro se dize multiplicador, que es el precio o valor de la cosa comprada o vendida; y de la multiplicación de estos 2 números sale otro número tercero que se dize producto, que es el valor de las tales cosas que se compran o venden a tanto precio cada una (1562: 50).

2.4 *Multiplicamiento*

Sustantivo derivado de *multiplicar*, *multiplicamiento*, no se halla documentado en repertorios como el *DECH*, *OLD*, Gaffiot, *Laterculi*, etc., ni tampoco en diccionarios de lengua general como *Autoridades* o alguna de las ediciones del *DRAE* (1884[12], 2001[22]). En nuestro corpus, aparece exclusivamente en 2 ocasiones en la *Aritmética* redactada por Ortega, autor que se enfrenta por vez primera a la tarea de designar nuevas realidades, por lo que es propenso a la neología léxica. En cuanto al significado, designa el mismo proceso que expresaba el término anterior examinado, esto es, 'operación de multiplicar' (*DRAE*[22], s.v. *multiplicación*):

> Y después ve adelante con las mesmas 2, que son la raíz, y busca una figura que la ayuntes a los mesmos dos, en que multiplicadas amas a dos por el triple de los 2, que es la raíz de la primera orden, y por el *multiplicamiento* de la figura que antendiste a los 2 (Ortega 1512: fol. 31r).

2.5 *Multiplicante*

Derivado también de *multiplicar*, nos encontramos con el adjetivo *multiplicante*[4], que tampoco se recoge en los repertorios examinados. En el corpus textual del *DICTER* se documenta en dos autores, Pérez de Moya y Núñez, en 12 ocasiones, tanto en usos adjetivos:

---

4 Mediante el sufijo latino -ANS, -ANTIS «sufijo cuya función primordial es derivar adjetivos a partir de verbos» (Pharies 2002: 84-85).

> Por quanto multiplicando 7 por 3 y juntándole 6 hazen 27, que es cubo, diremos por esta causa que el número *multiplicante*, el qual es 3, será el valor de la cosa, y el su cubo será el mismo número 27 (Núñez 1567: fol. 128r),

como en usos sustantivados:

> Tres y dos multiplicados por 3 hazen 9 y 6, luego tal proporción avrá de 9 para 6 como de 3 para 2, porque el *multiplicante* fue 3, y los que se produxieron son 9 y 6, y esto está demonstrado en la proposición 17 del séptimo libro de Euclides (Núñez 1567: fol. 248r).

En cuanto a su significado, parece realizarse a veces como *multiplicando*:

> El uno se dize *multiplicante* o multiplicación, y será este tal número toda cosa que se comprare o vendiere; el otro se dize multiplicador, que es el precio o valor de la cosa comprada o vendida; y de la multiplicación de estos 2 números sale otro número tercero que se dize producto, que es el valor de las tales cosas que se compran o venden a tanto precio cada una (Pérez de Moya 1562: pág. 50),

pero en otros casos parece corresponder al de *multiplicador*, especialmente en Núñez, quizá por su origen foráneo:

> Por la misma razón, porque 3 y 2 multiplicados por 2 hizieron 6 y 4, luego tal proporción avrá de 6 para 4 como de 3 para 2, porque el *multiplicante* fue 2 (Núñez 1567: fol. 248r).

2.6 Multiplicador

Procedente del lat. MULTIPLĬCĀTŎR, -ŌRIS (Gaffiot), aparece en nuestro corpus en 205 ocurrencias. Se recoge en diversos repertorios y, según explica Terreros, designa 'el número menor que multiplica al mayor', tal y como puede comprobarse en el siguiente ejemplo:

> Nota que en el multiplicar son solamente necesarios dos nombres: el uno es el *multiplicador* e el otro es el nombre que quieres multiplicar; y, por tanto, avísote que todo tiempo el *multiplicador* deve ser menor y el nombre que quieres multiplicar deve ser mayor (Ortega 1512: fol. 14v).

2.7 Duplicar

Tomado del lat. DŬPLĬCĀRE 'doblar' (*DECH*), se documenta en 13 ocasiones en que se realiza como 'multiplicar por dos una cantidad' (*DRAE*[22]):

> Y porque los números assí hallados son los mismos de su proporción, poderlos emos *duplicar*, y triplicar y por qualquier número que quisiéremos multiplicar, y ternemos quantos quisiéremos que guarden la misma proporción (Núñez 1567: fol. 76v).

2.8 *Duplicado*

Procedente del lat. DŬPLĬCĀTUS, A, UM (Gaffiot), se presenta en 24 ocurrencias, en las que como participio adjetivo equivale a 'aquello que es dos veces una misma cosa' (*Autoridades,* s.v.):

> Y tal proporción como ay del 1º al 3º, ay del 1º al 2º *duplicada* (que es multiplicado en sí) por la 10ª definición del 5º de Euclides (Aurel 1552: fol. 19r).

2.9 *Duplicación*

Tomado del lat. DŬPLĬCĀTĬŌ, -ŌNIS (Gaffiot), este latinismo, recogido, sin documentar en el *DECH*, se encuentra en seis ocasiones entre los textos del corpus. Equivale a lo que el *DRAE*[22] define como 'acción y efecto de duplicar', tal y como se comprueba en el ejemplo siguiente:

> Cap. 4. Trata de la partición de los círculos y crecimiento de quadrados. Contiene 4 figuras:
> 1 Círculo partido en dos. / 2 Un círculo, cómo se parte en otros menores. /
> 3 *Duplicación* del quadrado. / 4 *Duplicación* del círculo y quadrado por otra manera (Arphe 1585-87: fol. 35v- 36r).

2.10 *Duplar*

Tomado del lat. DŬPLĀRE 'doblar' (*OLD*), no recogido en el *DECH*, en nuestro corpus aparece en 298 ocurrencias, como sinónimo de *duplicar* y *doblar* formas culta y popular que expresan 'multiplicar por dos una cantidad' (*DRAE*[22], s.v. *duplicar*):

> Porque *duplaremos* el mínimo, que es 2, y haremos 4 (Núñez 1567: fol. 86r).

2.11 *Triplar*

Tomado del lat. TRĬPLĀRE (Gaffiot), esta forma, no documentada en el *DECH*, se atestigua en nuestro corpus en ciento sesenta y cuatro ocasiones. Sinónimo de *triplicar*, su significado es el de 'multiplicar por tres una cantidad', como se comprueba en el siguiente ejemplo:

> Pues veniendo al propósito de la mesma cuenta encima escrita, *tripla* tu raíz, que son 26, y monterán 78, los quales pon aparte (Ortega 1512:fol. 31v).

2.12 *Triplamiento*

Derivado de *triplar* mediante el sufijo *-miento* (Pharies 2002: 403-405), se trata de un sustantivo que no figura en ninguno de los repertorios examinados. Aparece en seis ocurrencias exclusivamente en la obra de Ortega y se podría definir como el 'producto o resultado de multiplicar por tres', tal como se desprende del siguiente ejemplo:

> La qual figura que se a de añedir es 6. Pues ponlos delante los 45 y monterán 456; los quales, multiplicados por el *triplamiento* de los 45, que son 135, monterán 61560, los quales torna a multiplicar con el 6 que añediste a los 45 y monterán 36936 (Ortega 1512: fol. 30v).

2.13 *Tripladamente*

Formado a partir del participio pasado de *triplar> triplado* y *-mente* (Pharies 2002: 398-399), este adverbio no se halla documentado en ninguno de los repertorios revisados. En el corpus del *DICTER* encontramos un único ejemplo, de nuevo en el matemático catalán Juan de Ortega, con un significado que se podría glosar como 'triplicadamente', 'triplemente', 'de manera triple':

> Agora torna a multiplicar los mesmos 5 por sí *tripladamente* o cúbicamente y serán 125 (1512: fol. 30r).

2.14 *Triplicar*

Tomado del lat. TRĬPLĬCĀRE (*OLD*), este cultismo latino, recogido en el *DECH*, se testimonia en nueve ocurrencias en nuestro corpus, donde se realiza como sinónimo de *triplar*, en tanto que 'multiplicar por tres una cantidad':

> Los números assí hallados son los mismos de su proporción, poderlos emos duplicar, y *triplicar* y por qualquier número que quisiéremos multiplicar (Núñez 1567: fol. 76v).

2.15 *Triplicado*

Participio pasado de *triplicar*, no recogido en el *DECH*, aparece en veintiuna ocasiones en el corpus, con valor que se puede definir como 'multiplicado por tres':

> Y la proporción que ay del 1º al 4º (de quatro números continuos proporcionales) es como la del primero al 2º *triplicado* (que es cubicar). Esto por la 11ª definición del dicho 5º (Aurel 1552: fol. 19r).
>
> La demostración d'esto es que las esferas se an en *triplicada* proporción que sus diámetros, como lo demuestra Euclides en la proporción 18 del duodézimo libro (García de Céspedes 1606: fol. 54v).

2.16 Cuadruplicar

Tomado del lat. QUĂDRŬPLICĀRE (*DECH*), este verbo presenta dos ocurrencias en una misma obra y autor de nuestro corpus, con la variante *quadruplicar*, que se define en el *DRAE*[22] como 'multiplicar por cuatro una cantidad':

> Pues este número 21 nos servirá de fundamento para conocer todos los números que, partido por tres y siete, no sobra nada, lo qual se hará duplicando o triplicando o *quadruplicando* el dicho número 21 [...]. El dicho número 21 como si le *quadruplicamos* haze un número de ochenta y quatro, el qual, si le partiéremos por tres o por siete, no sobrará nada (García de Céspedes 1606: fol. 63v).

2.17 Cuadruplar

Tomado del lat. QUĂDRŬPLĀRE (*OLD*), forma no recogida en el *DECH*, Gaffiot, *DRAE*[22] y demás repertorios lexicográficos analizados, aparece en el corpus del *DICTER*, con la variante *quadruplar*, en once ocasiones, con un significado equivalente a 'multiplicar por cuatro una cantidad', sinónimo de *cuadruplicar*:

> *Quadruplarás* el dicho producto, que tanto es *quadruplar* el quadrado o potencia, como doblar la raýz (Aurel 1552: fol. 44v).

2.18 Quintuplar

Derivado de *quíntuplo*, este verbo no se encuentra recogido en ninguno de los repertorios revisados; sí se documenta, en una única ocasión, en nuestro corpus con el significado de 'multiplicar por cinco una cantidad':

> Éstos has de *quintuplar* por el 1/5 que el segundo pide al tercero, y vernán 20 co (Aurel 1552: fol. 95v).

3. Formas Populares

A continuación, pasamos revista a las voces de origen patrimonial.

3.1 Doblar

Del lat. tardío DŬPLĀRE 'hacer [algo] doble' (*DECH*), aparece este verbo en nuestros textos en ciento doce ocurrencias, como sinónimo de los cultismos latinos previamente examinados –*duplar* y *duplicar*–, para la expresión de la operación 'multiplicar por dos una cantidad' (*DRAE*[22], s.v. *duplicar*), como certifican estos ejemplos:

> Es una tierra quadrada, que tiene por cada quadrángulo 8 canas; la qual tierra tiene un passadizo de la una esquina a la otra. Demando que quántas canas tiene de largo el dicho passadizo. Farás ansí: las canas que tienen las 2 fazes, multiplica las unas por las otras, diziendo: 8 vezes 8 son 64, y después *dobla* estos 64 y montarán 128, de los quales quita la raíz quadrada, que es 11 y 7/23, y tantas canas tiene el un cornijal al otro, como veis figurado (Ortega 1512: fol. 193r).
>
> Agora, torna a *doblar* todo aquello que está detrás de la raya travessada, que son 90, y serán 180, que es el doble de toda la raýz (Aurel 1552: fol. 41v).

Ahora bien, este verbo va a servir de base o núcleo para la creación de otras formas populares mediante la anteposición de numerales cardinales. Este esquema compositivo (adj. [numeral cardinal] + V), poco frecuente, no se recoge en la *Gramática* de Bosque y Demonte (1999), ni en la *Nueva Gramática* de la RAE (2010). Surgen, de este modo, los compuestos *tresdoblar*, *cuatrodoblar*, *cincodoblar*, etc. En cuanto al significado, este verbo, mediante un proceso de desemantización, pasa de designar 'multiplicar por dos', a 'multiplicar' y el numeral designa la cantidad concreta por la que se debe realizar dicha operación (cfr. Molina Sangüesa 2012: 33).

3.2 Doblado

Participio pasado del verbo *doblar*, presenta cuatrocientas sesenta ocurrencias en nuestro corpus. En tanto que adjetivo, funciona como sinónimo de las formas cultas –*duplado* y *duplicado*–, para expresar el concepto 'multiplicado por dos':

> Quiere dezir que está el 3 con el 6 debaxo de *doblada* proporción (Pérez de Moya 1562: 377).

3.3 Dobladamente

Adverbio formado a partir de *doblado* y el sufijo *-mente* (Pharies 2002: 398-399), aparece en una única ocasión, avanzada la centuria, en un texto que, curiosamente, no es de índole matemática. Su significado es 'duplicadamente', 'al doble' (*DRAE*[22], Terreros):

> Ni se engañe nadie con pensar que, aunque el caxón vaya bañado de açogue, si tiene material bastante, irá seguro d'este inconveniente, porque antes está sugeto a mayor pérdida haziendo lis, como es forçoso con los repassos, si sucede, como puede, por algún accidente, consumirse el material, quedando la que era lis d'él en lis de açogue; porque es fuerça quede *dobladamente* más sutil y deshecha, pues, considerado en una parte mínima de lis que el material también tiene allí su pedaço, si éste se le consume o quita, en mucho menor cuerpo quedará el açogue (Alonso Barba 1640: fol. 51r).

3.4 *Tresdoblar*

Compuesto formado mediante el numeral cardinal *tres* y el desemantizado verbo *doblar*, se recoge, por lo general, en los repertorios lexicográficos analizados, como *Autoridades*, Terreros o el *DECH*, que no lo data. Generalmente no se define, sino que se remite a su correspondiente forma culta (*triplicar*, s.v.) de la que es sinónimo, puesto que ambas significan 'multiplicar por tres una cantidad'. En el corpus del *DICTER*, aparece empleada por un único autor en once ocasiones:

> Y si dixesse 300000 maravedís, ¿qué reales hazen?, toma la partida de 100000 y *tresdobla* los reales que saliere, porque 300000 es trestanto que cien mil (Pérez de Moya 1589: fol. 229r).

Aunque también se documenta en obras redactadas por otros autores posteriores, como Juan Bautista Corachán:

> Como si pensaron 4, haganse *tresdoblar*, y serán 12. Cuya mitad de 6, la qual *tresdoblada*, hace 18. Donde hay dos nueves, pues tomando 2 por cada uno, hacen 4, que es el número que se pensó (1699: 471).

3.5 *Tresdoblado*

Participio pasado que deriva del verbo *tresdoblar*, se registra en ciertos repertorios examinados (s.v. *Autoridades*, Terreros), aunque tampoco se proporciona datación en el *DECH*. Se documenta en nuestro corpus en diez ocurrencias, entre las cuales, únicamente tres expresan un uso propiamente adjetivo, ya que el resto son ablativos absolutos o corresponden a otras formas verbales. Para su definición se hace referencia siempre al adjetivo culto *triplicado*, del que es sinónimo, ya que se puede glosar como 'multiplicado por tres':

> Como si el palo fuesse de 6 pies y AF no tuviesse más de dos pies, la línea propuesta AB ternía tres vezes los seys pies del palo, que serían todos 18, porque la proportión de seys a dos es *tresdoblada* (Fineo 1553: 72-73).

3.6 *Cuatrodoblar*

Compuesto formado mediante el numeral cardinal *cuatro* y la base constituida por el verbo *doblar*, se halla representado bajo la forma *quatrodoblar*, que aparece en diecisiete ocurrencias en nuestro corpus. Recogida, pero no documentada en el *DECH*, esta forma popular, no aparece en los repertorios lexicográficos revisados, a excepción del *DRAE*[22]. Los textos renacentistas confirman que se empleaba este numeral con relativa frecuencia para designar la operación aritmética que consiste en 'multiplicar por cuatro una cantidad', como sinónimo de *cuadruplar* y *cuadruplicar*:

> Y si el real es de a tres, tresdoblar, y si de a 4, *quatrodoblar*, y si de a 8, ochodoblar (Pérez de Moya 1562: 418).

3.7 *Cuatrodoblado*

Participio pasado del verbo *cuatrodoblar*, este adjetivo no se registra en ninguno de los repertorios examinados. En nuestro corpus tiene una representación en siete ocasiones, con la variante gráfica *quatrodoblado*. Se puede definir como 'multiplicado por cuatro':

> Siendo, pues, *quatrodoblada* proportión la de 60 a 15 (Fineo 1553: 64).

3.8 *Cincodoblar*

Compuesto formado mediante el numeral cardinal *cinco* y el desemantizado verbo *doblar*, aparece en nuestro corpus en 3 ocurrencias empleadas por un mismo autor. Esta expresión patrimonial no aparece recogida en ninguno de los repertorios examinados, por lo que nos hallamos, de nuevo, ante un neologismo presente en textos matemáticos del Renacimiento hispano, sinónimo de la forma culta *quintuplar*, en tanto que designan ambas 'multiplicar por cinco una cantidad':

> Nota lo que hazes con el dos para doblar, que lo mismo harás con el tres para tresdoblar, y con quatro para quatrodoblar y con cinco para *cincodoblar* (Pérez de Moya 1562: 470).
> Advierte lo que has hecho con el 2, porque, si fuere 3, tresdoblarás y añadirás los zeros que vinieren con el tres. Y si fuere 4, quatrodobla; y si 5, *cincodobla*, y assí hasta llegar al 9, que nuevedoblarás (Pérez de Moya 1589: fol. 55r-55v).

Estos ejemplos, además, ponen de manifiesto la productividad y analogía de este recurso lingüístico examinado, dado que se empleaba para crear toda una serie o paradigma hasta llegar a 'multiplicar por diez', es decir, a *diezdoblar*.

3.9 *Cincodoblado*

Participio pasado del verbo *cincodoblar*, se trata, al igual que *cuatrodoblado*, de una forma no atestiguada en los repertorios lexicográficos revisados. En el corpus textual del *DICTER*, se documenta, a lo largo de una misma obra, en 2 ocasiones, como adjetivo en forma femenina, ya que se antepone y califica a la voz *proporción*. Al igual que el resto de la serie de formas populares examinadas que expresan multiplicación, *cincodoblado* puede definirse como 'multiplicado por cinco'.

> Y pues que de 60 a 12 hay *cincodoblada* proportión, se notará el 5, qu'es el denominador (Fineo 1533: 95).

4. Conclusiones

De entrada, hemos constatado la existencia de un conjunto de vocablos no registrados en el *DECH*: *multiplicado*, *multiplicamiento*, *multiplicante*, *duplar*, *triplicado*, *cuadruplar*, *quintuplar*, *cuatrodoblado*, *cincodoblar*, *cincodoblado*.

Otro grupo está conformado por voces recogidas, pero sin documentar en el *DECH*, para las cuales proporcionamos una primera datación: *duplicación*, *tresdoblar*, *tresdoblado*, *cuatrodoblar*.

En cuanto al origen de estos vocablos, reseñamos la existencia de una predominante serie culta: *multiplicar*, *multiplicación*, *duplicar*, *duplicación*, *duplar*, *triplar*, *triplicar*, *cuadruplicar*, *cuadruplar*.

Frente a ella, se constata la pervivencia de otra minoritaria de índole patrimonial: *multiplicador, duplicado, doblar.*

Por lo que respecta a la estructura morfológica, se comprueba la proliferación de derivados: *multiplicado*, *multiplicamiento*, *multiplicante*, *triplamiento*, *tripladamente*, *triplicado*, *quintuplar*, *doblado*, *dobladamente*, *tresdoblado*, *cuatrodoblado*, *cincodoblado*.

Los compuestos son menos abundantes: *tresdoblar*, *cuatrodoblar*, *cincodoblar*.

En cuanto a las categorías léxicas, predominan los verbos, núcleos de las respectivas familias, que designan las operaciones aritméticas: *multiplicar, duplicar, duplar, triplar, triplicar, cuadruplicar, cuadruplar, quintuplar, doblar, tresdoblar, cuatrodoblar, cincodoblar*. A continuación, vendrían los adjetivos, preferentemente provenientes de participios de pasado: *multiplicado, duplicado, triplicado, doblado, tresdoblado, cuatrodoblado, cincodoblado.* De ellos se forman algunos adverbios testimoniales, como *tripladamente* o *dobladamente*. Hay que resaltar la existencia de algunos adjetivos formados con determinados sufijos que permiten la sustantivación: *multiplicante* o *multiplicador*, para indicar los factores que intervienen en las operaciones. Por último, los sustantivos son deverbales: *multiplicación*, *multiplicamiento*, *duplicación*, *triplamiento*, constituidos mediante los potentes sufijos *-ción* y *-miento*, que representan también las ramas culta y patrimonial. Designan fundamentalmente acciones, pero en un típico caso de polisemia propia de los términos en el comienzo del cultivo vernáculo de ciertas disciplinas, pueden pasar a designar cada uno de los elementos participantes en las propias operaciones.

En síntesis, una aproximación a este conjunto de voces permite obtener datos imprescindibles para un mejor conocimiento del vocabulario especializado del ámbito matemático en el Renacimiento y de la propia historia del léxico hispano.

Referencias bibliográficas

Fuentes primarias

ALONSO BARBA, Álbaro (1640): *Arte de los metales*. Madrid: Imprenta del Reyno.

ARPHE Y VILLAFAÑE, Joán de (1585-87): *De varia commensuración para la Esculptura y Architectura*. Sevilla: Andrea Pescioni y Juan de León.

AUREL, Marco (1552): *Libro primero de Arithmética algebrática*. Valencia: Joán de Mey.

BAUTISTA CORACHÁN, Juan (1699): *Arithmetica demonstrada theorico-practica, para lo mathematico y mercantil*. Valencia: J. Bordázar.

BELVEDER, Joán de (1597): *Libro general de las reduciones de plata y oro*. Lima: Antonio Ricardo.

FINEO, Oroncio (mss.1553): *Los dos libros de la Geometría práctica*, trads. Hierónimo Girava y Pedro Juan de Lastanosa.

GARCÍA DE CÉSPEDES, Andrés (1606): *Libro de instrumentos nuevos de Geometría*. Madrid: Juan de la Cuesta.

NÚÑEZ, Pedro (1567): *Libro de Álgebra en Arithmética y Geometría*. Anvers: Herederos de Arnoldo Birckman.

ORTEGA, Juan de (1512): *Conpusición de la arte de la Arismética y de Geometría*. León de Francia: Maistro Nicolau de Benedictis (por Joannes Trinxer).

PÉREZ DE MOYA, Juan (1562): *Arithmética práctica y speculativa*. Salamanca: Mathías Gast.

PÉREZ DE MOYA, Juan (1589): *Manual de contadores*. Madrid: Pedro Madrigal.

Estudios

BOSQUE, Ignacio y Violeta DEMONTE (eds.) (1999): «La composición», *Gramática Descriptiva de la Lengua Española*. Madrid: Espasa-Calpe, vol. 1, cap. 11, 735-787.

DECH = COROMINAS, Joan y José Antonio PASCUAL (1980-1991): *Diccionario Crítico Etimológico Castellano e Hispánico*. Madrid: Gredos.

DICTER = MANCHO DUQUE, M.ª Jesús (dir.) (2012): *Diccionario de la Ciencia y de la Técnica del Renacimiento* (*DICTER*): http://dicter.eusal.es [Consulta: 12 de julio de 2012].

DRAE = REAL ACADEMIA ESPAÑOLA (2001[22]): *Diccionario de la lengua española*. Madrid: Espasa Calpe. También en su versión on-line: http://buscon.rae.es/diccionario/drae.html [Consulta:12 de julio de 2012].

MANCHO DUQUE, M.ª Jesús (dir.), Mariano QUIRÓS (coord.) (2005): *La ciencia y la técnica en la época de Cervantes: textos e imágenes*. Salamanca, Ed. Universidad, [CD-ROM].

MANCHO DUQUE, M.ª Jesús (2012): «Aproximación a una serie de numerales multiplicativos en textos técnicos renacentistas», en Mar Campos, Ramón Mariño, José Ignacio Pérez Pascual y Antonio Rifón (eds.): *«Assí como es de suso dicho». Estudios de morfología y léxico en homenaje a Jesús Pena*. San Millán de la Cogolla: Cilengua, pp. 307-321.

MOLINA SANGÜESA, Itziar (2012): *De la cantidad al número: estudio léxico de los paradigmas numerales del Renacimiento hispano*, Trabajo de Investigación. Salamanca: Universidad de Salamanca.

OLD = GLARE, P. G. W. (1968-1982): *Oxford Latin Dictionary*. Oxford: Clarendon Press.

PHARIES, David (2002): *Diccionario etimológico de los sufijos españoles*. Madrid: Editorial Gredos.

REAL ACADEMIA ESPAÑOLA (1726-39 [1990]): *Diccionario de Autoridades*. Madrid: Editorial Gredos.

REAL ACADEMIA ESPAÑOLA (2010): «La composición», *Nueva Gramática de la Lengua Española. Manual*. Madrid: Espasa Libros, vol. 1, cap. 73, 4758-4839.

TERREROS Y PANDO, Esteban (1786-1793 [1987]): *Diccionario Castellano con las voces de las Ciencias y las Artes*. Madrid: Arco/Libro.

El vocabulario médico en el XIX, entre la prensa y el diccionario*

José Ignacio Pérez Pascual
Universidade da Coruña

En otro momento (Pérez Pascual 2012) me he demorado en el análisis de lo que algunos denominan *tecnolectos* –utilizando un término especializado propio de nuestra jerga (véase Haensch 1983, Moreno Fernández 1999 y Rodríguez Díez 1981 y 1996)–, pero que prefiero designar, de modo más tradicional, como lenguajes de especialidad científico-técnicos (véase Guerrero 1999: 882)[1], propios de determinados grupos profesionales: el lenguaje de la medicina, el de la economía, el de la filología, etc.[2].

A lo largo de la historia, estos lenguajes científico-técnicos se han ido configurando a raíz de la especialización profesional de sus usuarios y, como indica Teresa Cabré, son un tipo de registro determinado por la temática, los interlocutores, el medio en que se produce el intercambio comunicativo, etc. (1993: 129). Sin duda, es el vocabulario el aspecto que mejor los caracteriza, y es que su léxico ha venido incrementándose a lo largo del tiempo debido al constante avance que experimentan los diferentes campos del saber. Ello ha obligado a una permanente creación de *términos* (o *unidades terminológicas*), denominación que abarca a las palabras y acepciones propias de las distintas especialidades[3]; a veces no son exclusivas de ellas (como las bien conocidas voces de la informática, *ratón*, *programa* o *menú*), pero sí en muchos casos, como los términos propios de la medicina *hemeralopía*, *discromatopsia*, *hipertiroidismo*, *lupus*, *carcinoma* o *sarcoidosis* (todos ellos, excepto el último, presentes en la más reciente edición del diccionario académico).

---

* Esta ponencia se integra en el marco de la investigación de los proyectos «Diccionario del español de la *Edad de Plata*» (continuación) del Ministerio de Ciencia e Innovación (FFI2011-23085) y «Léxico de la vida cotidiana (1868-1936» de la Xunta de Galicia (referencia 10 PXIB 104 235 PR), de los que soy investigador principal.

1 Puede verse un comentario sobre las confusiones acerca de los diferentes términos utilizados en Santiago Guervós (1999).

2 Aunque podemos encontrarnos con la denominación *lenguaje de especialidad*, «lo que hay no es un lenguaje especializado sino más exactamente un número considerable de distintos lenguajes especializados» (Arntz y Picht 1995: 28).

3 Téngase en cuenta que esos contenidos especializados pueden transmitirse también mediante otras unidades: elementos no lingüísticos (símbolos, fórmulas…), elementos lingüísticos (así, en el lenguaje de la medicina, sufijos como *-itis*, *-osis* u *-oma*) o unidades fraseológicas (*realizar* o *practicar una intervención*).

Esos términos designan aquellos nuevos conceptos que surgen de la mano de los descubrimientos científicos y técnicos –cosa que no sucede con el léxico común–; por ello resulta extremadamente difícil precisar el número de voces propias de cada especialidad, pues no existen diccionarios ni bases de datos que den cuenta de todos ellos. Podemos recordar que, según distintos cálculos, entre un 25 y un 40% de las entradas de nuestros diccionarios –con un porcentaje más elevado, naturalmente, en los de corte enciclopédico– corresponden a unidades léxicas ya marcadas en esos repertorios como propias de las diferentes disciplinas científicas; se trata, pues, de un léxico especializado que puede parecer esotérico para los no iniciados, pero cuya utilización no responde a una intencionalidad críptica.

La enumeración de las diferentes ciencias, técnicas, profesiones, etc., susceptibles de disponer de vocabularios especializados oscila en una horquilla muy amplia que no siempre encuentra un reflejo exacto en los diccionarios: nos movemos entre clasificaciones restrictivas, que establecen unas trescientas especialidades, y otras, notablemente más amplias, que optan por descender al detalle hasta catalogar cerca de siete mil; sus respectivos vocabularios pueden llegar a ser enormemente ricos. Por poner un ejemplo revelador, podemos comprobar que el reciente *Diccionario de términos médicos* (en adelante *DTM*), publicado por la Real Academia Nacional de Medicina, ofrece 52 000 entradas; podría parecernos que todo el léxico médico de especialidad figuraría en ese repertorio, pero del propio director de la institución, Manual Díaz-Rubio García, ha estimado ya en alguna entrevista que un «teórico diccionario ideal» constaría de unas 110 000 entradas[4], cifra que todavía queda corta frente a los 200 000 términos que Bertha Gutiérrez Rodilla estima existen; otros repertorios son igualmente amplios, como el de la física, con unos 80 000 términos, o el de la química, con unos 300 000 (Ahumada 2002: x, Contreras 2008: 101-102, Gutiérrez Rodilla 1998: 88). He optado por centrarme en esta ocasión en el análisis del léxico médico porque la medicina desempeña un papel mucho más cercano al común de la ciudadanía que otros mundos de la ciencia, como las citadas física o química, y, por ello, nos da mucho más juego a la hora de allegar materiales de la época en que me centraré, el siglo XIX.

Y es que la comunicación especializada requiere un nivel de precisión más alto que la comunicación general, por lo que precisa una terminología estable y sin ambigüedad en la que, teóricamente, una única denominación corresponde a cada concepto. Sin embargo, esto no suele suceder en las primeras fases de formalización lingüística de una disciplina, de suerte que una misma noción puede ser expresada de varias formas; así, en la medicina del período clásico, por ejemplo, se multiplicaban las denominaciones para una misma patología y, por ejem-

4 Así lo declara en una entrevista con Virginia Ródenas (*ABC*, 28/09/2011).

plo, la inflamación de la mucosa de las vías respiratorias fue denominada *destillatio* (Plinio), *infusio* (Cassius Felix), *influxio* (Caelius Aurelianus), *catarrhus* (Marcellus Empiricus), o *rheuma* (San Jerónimo) (Callebat 1997-1998: 145).

Este tipo de situaciones pueden considerarse normales cuando comienza a desarrollarse el vocabulario de un ámbito especializado, pues suele acudirse simultáneamente a diversos mecanismos para la formación de esos términos, pero tampoco son infrecuentes en nuestros días. Así, la terminología médica, que debería ofrecer siempre relaciones biunívocas entre significante y significado, suele presentar casos de sinonimia[5], entre los que llama especialmente la atención una larguísima serie que se utiliza para el *mieloma múltiple*, descrito por William MacIntyre, que,

> con pequeñas matizaciones que ni los propios especialistas saben diferenciar, se conoce en los ámbitos lingüísticos del alemán, español, francés, inglés e italiano, además de como *síndrome de MacIntyre*, como *enfermedad de Bozzolo*, *enfermedad de Kahler*, *síndrome de Kahler*, *enfermedad de Kahler-Bozzolo*, *síndrome de Bence Jones*, *enfermedad de Huppert*, *síndrome de Huppert*, *enfermedad de Rustitskii* y *síndrome de von Rustitskii*, denominaciones a las que se añaden otras no eponímicas: *mieloma linfocítico*, *mieloma múltiple*, *mielomatosis mieloide*, *mielomatosis pseudoleucémica*, *albuminuria mielopática*, *meloma plasmocítico*, *sarcoma plasmocítico*, *plasmocitoma*, *síndrome del plasmocitoma múltiple* y *osteítis sarcomatosa*, entre otros (Gutiérrez Rodilla 2005: 70-71)[6].

Es cierto que la mayor parte de los sinónimos que nos ofrecen los diccionarios únicamente lo son en ciertos contextos, con lo que no se podrían catalogar dentro de los casos de sinonimia absoluta; así ocurre en ejemplos como *glóbulo blanco/leucocito* o *almorranas/hemorroides*, pues si bien el significado denotativo de cada par de términos resulta idéntico, se aprecian diferencias de matiz en el uso,

---

5 Como ha señalado Gutiérrez Rodilla, las causas de esta situación son muy variadas; hay «complicadas razones de adscripción a una escuela de pensamiento, a una corriente ideológica, conflictos de intereses entre diversas especialidades, etc., que pueden determinar la elección de los términos con que se elabora un discurso e, incluso, la lucha entre los mismos hasta conseguir la imposición de uno de ellos». Esta investigadora cita el revelador caso de las expresiones *asma bronquial* y *alergia respiratoria*, sinonimia cuyas razones un profano no alcanza a entender, pero que, como nos explica, responden a que han sido «utilizadas como armas arrojadizas por neumólogos y alergólogos, como fiel reflejo del combate que se está librando entre ellos para delimitar el territorio y establecer quién y cómo se hace cargo de los enfermos asmáticos» (2005: 24). Otra serie interesante nos la proporciona el *DTM* con algunas aclaraciones sobre su uso por medio de reveladoras marcas (*s. v. obesidad*): «**Sin**: adiposidad, adiposis, sobrepeso; coloq. gordura; desus. lipomatosis, liposis, pimelosis, polisarcia adiposa».

6 El *DTM* incluye una relación notablemente más breve, pero con alguna anotación en forma de marca: «**Sin**. Enfermedad de Kahler, mielomatosis múltiple; *desus*. Enfermedad de Bozzolo, enfermedad de Huppert, plasmocetoma múltiple, seudoleucemia mielógena, síndrome de Kahler» (*s. v. mieloma múltiple*).

pues los primeros integrantes de cada par resultan voces más comunes, mientras sus sinónimos son más propios del lenguaje técnico.

Debe tenerse en cuenta también que en las lenguas de gran extensión, como el castellano, son frecuentes los geosinónimos, incluso en el campo de la terminología científica; podemos ilustrar este hecho con las diversas voces que, de acuerdo con el diccionario académico[7], sirven para designar a la *sarna*, «Afección cutánea contagiosa», que en América se denomina también mediante la voz de origen quechua *caracha* o *carache*, aplicada tanto a la sarna o roña de los animales como a la de las personas[8], mientras que se ciñen a áreas más reducidas *chanda* (Colombia)[9], *zarate* (Honduras) o *arestín*, que según el *DRAE* se utiliza como sinónimo de *sarna* a ambos lados del Atlántico: en Málaga y Sevilla, pero también en Chile y Ecuador. Podríamos añadir todavía a esta serie aquellas voces que se emplean para designar un tipo de sarna localizada en un punto del cuerpo: la *codera* («Sarna o erosión cutánea en la piel del codo»), el *galgo* («Erupción cutánea [...] que sale frecuentemente en el cuello por falta de aseo») o el *usagre* («Erupción pustulosa [...] que se presenta en la cara y alrededor de las orejas»).

Además, aunque reclamamos una fuerte *estabilidad* para este tipo de voces, pues los términos han de mantenerse a lo largo del tiempo, lo cierto es que los avances que experimentan las diversas disciplinas científicas –y la medicina no es una excepción– hacen que deban revisarse periódicamente, de suerte que expresiones que en su momento fueron utilizadas profusamente hoy forman parte de la historia de estas ciencias, bien sea porque las tesis en las que se inscribían han sido superadas por completo, bien porque los avances científicos hayan llevado a adoptar una nomenclatura mucho más detallada[10].

---

7 Si no se incluye ninguna precisión, ha de entenderse que las definiciones académicas han sido tomadas del *DRAE*-2001; siguiendo convenciones habituales en los trabajos lexicográficos, empleamos *DA* para referirnos al *Diccionario de Autoridades* y *DRAE* y *DM*, seguido de la indicación del año, para las diversas ediciones de los diccionarios usual y manual de la Real Academia, consultados a través del *NTLLE*.

8 «**carachento, ta**. adj. *Am. Mer.* **sarnoso** (‖ que tiene sarna)»; «**carachoso, sa**. (De *caracha*). adj. *Bol.* y *Perú*. **sarnoso** (‖ que tiene sarna)». Dejamos aparte el *carare* de Venezuela y el más general *carate* («**carate.** m. Enfermedad tropical caracterizada por lesiones pigmentarias en la piel, de color blancuzco, rojizo o azul oscuro»), pues aunque alguna definición lo conecta con la sarna («**caratoso, sa**. adj. *Col.* y *Ven.* Que padece carate, o alguna enfermedad cutánea semejante. ‖ **2.** *Hond.* Dicho de un animal, generalmente de un perro: **sarnoso** (‖que tiene sarna). ‖ **3.** *Hond.* Dicho de una persona: Que lleva sucia la cara»), se trata de la treponematosis o pinta.

9 «**chanda.** (de or. Quechua). f. *Col.* **sarna** (‖ afección cutánea)».

10 La versión en papel del *DTM* alude a la naturaleza dinámica del diccionario «abierta a futuras actualizaciones», mientras que la versión electrónica en línea «va a ser un instrumento vivo capaz de aportar agilidad [...] y a permitir que puedan agregarse al mismo todas aquellas incorporaciones que, en el curso del tiempo, se consideren necesarias entre las sucesivas ediciones en papel» (*DTM*: vi); por su parte, la versión electrónica incide en que el lenguaje médico «es cambiante y se

Esa rapidez en la transformación del léxico científico provoca que no resulte fácil su adecuada representación en los diccionarios generales; y ello no solo porque sea difícil establecer una frontera precisa entre el léxico general (compuesto por palabras) y el especializado (compuesto por términos), sino porque en no pocas ocasiones una palabra se incorpora finalmente al diccionario general en el momento en que su empleo entre especialistas comienza a decaer[11].

Sin duda la extensión de la enseñanza obligatoria ha favorecido la divulgación de las materias especializadas y la difusión de sus terminologías (y con ello su progresiva incorporación a los diccionarios generales), pero probablemente ha hecho mucho más en esa dirección la creciente irrupción en nuestras vidas de los medios de comunicación de masas; en las últimas décadas se ha reservado en ellos espacio a las noticias de interés científico, y sobre todo a las de contenido médico, por lo que un hablante conoce de un modo aproximado el significado de un buen número de términos como *sida*, *clonación* o *genoma*, por ejemplo.

Hoy en día parece aceptarse que el vocabulario científico más difundido ha de figurar en el diccionario general de la lengua, mientras que el léxico ultraespecializado debe quedar reservado a los repertorios específicos dedicados a cada una de las áreas científico-técnicas; como indica sobre las *voces técnicas* la última edición del *DRAE*:

> El Diccionario da cabida a aquellas voces y acepciones procedentes de los distintos campos del saber y de las actividades profesionales cuyo empleo actual [...] ha desbordado su ámbito de origen y se ha extendido al uso, frecuente u ocasional, de la lengua común y culta (*DRAE*-2001: xxxiv).

Sin embargo, no es una tarea sencilla, pues si bien es fácil discriminar aquellos «términos que son palabras absolutamente integradas, familiares para la mayor parte de los hablantes de una lengua»[12] (como *estómago*, *suma*, *sal*, *alcohol*, *corazón*, *ansiedad* o *fiebre*)[13], del léxico ultraespecializado, conocido exclusivamente por los profesionales de una determinada área (*idiotipo*, *opsonización*, *coisogenia*, *gesneriáceo*, *coledoquitis*, *neurotmesis*), existen numerosos términos «que pueden ser conocidos por más o menos hablantes no especialistas, dependiendo de su nivel cultural y de sus circunstancias personales»: *feldespato, leucocito*, *derivada*, *hipotenusa*, *clorofila*, *glucosa*, *ozono*, *fimosis...*(Gutiérrez Ro-

modifica al ritmo, cada vez más vertiginoso, de los nuevos avances científicos», por lo que la versión electrónica «contará con actualizaciones periódicas, correcciones y mejoras, contenidos estos que complementan a los incluidos en la versión en papel»;

11 En otro lugar habremos de volver sobre este punto.

12 En otro lugar lo denomina «léxico especializado banalizado» (Gutiérrez Rodilla 1998: 106).

13 Ofrecemos los mismos ejemplos que proporciona Gutiérrez Rodilla, en buena parte pertenecientes al universo de la medicina.

dilla 2005: 29)[14]. De hecho, precisamente dos de las seis voces calificadas por Bertha Gutiérrez Rodilla como ultraespecializadas figuran en el *DRAE*-2001: *idiotipo* y *gesneriáceo*[15].

Es preciso preguntarse cómo deben proceder los redactores del diccionario académico. Sin duda existen varias alternativas, pero debe existir coherencia a la hora de realizar la elección: actuar guiados por los mismos parámetros al ocuparnos de las diferentes áreas científicas. No hay duda de que en la actualidad determinadas zonas de la ciencia despiertan más nuestro interés y, por consiguiente, aportan un mayor número de elementos al léxico común (además de la medicina, la informática, la economía, o la ecología, por ejemplo), pero incluso en estos casos debemos evitar una acumulación caprichosa o arbitraria de términos. Creo que algunos de los que hemos citado no tienen mucha razón de ser en un diccionario usual. ¿Qué ha sucedido?

Para entenderlo es preciso revisar, muy brevemente, la tradición académica española; para ello, he optado por examinar, dentro del léxico propio de la medicina, el vocabulario que designa las diferentes enfermedades, un grupo de palabras importante para la mayor parte de la población y que, por tanto, habrá obtenido más fácil acceso al diccionario. He buscado en el *DRAE*-2001 todas aquellas voces, estén o no marcadas como de especialidad, que incluyen en su definición la palabra *enfermedad* o algún sinónimo (*afección*, *dolencia*, *achaque*…); a ellas he podido añadir algunas otras obtenidas a partir de la información de las primeras entradas seleccionadas. A continuación he comprobado en qué edición se han incluido por vez primera o, en su caso, cuándo se registra la acepción como enfermedad; ofrezco en la tabla los datos así obtenidos:

---

14 Anteriormente, Gutiérrez Rodilla (1998: 106) había propuesto la división de este último apartado en dos: *léxico especializado de tronco común* (el que manejan los hablantes como usuarios, pero no como productores; ej. «a mi madre la tratan con *diuréticos*») y *léxico especializado fundamental o básico* (el que aprenden los estudiantes de bachillerato de una materia; ej. *hematíe* o *leucocito*).
Ha de tenerse en cuenta, además, que los términos científicos gozan «de una gran movilidad, tanto en sentido "horizontal" – es decir, pasan de unas áreas de conocimiento a otras, con el mismo o con distinto significado –, como en sentido "vertical" –hasta los más superespecializados pueden llegar a convertirse en palabras utilizadas a diario por todos los hablantes–» (Gutiérrez Rodilla 2005: 29).

15 «**idiotipo.** (De gr. ἴδιος, propio, particular, y *tipo*). m. *Biol.* Conjunto de todos los factores hereditarios, constituido por los genes del núcleo celular y los genes extranucleares, que se transmiten a través de estructuras citoplásmicas, como las mitocondrias» (registrado desde el *DRAE*-1992, por donde citamos).
«**gesneriáceo, a.** (De *Gesneria*, nombre de un género de plantas y *-áceo*). adj. *Bot.* Se dice de las plantas angiospermas dicotiledóneas, herbáceas, rara vez leñosas, afines a las escrofulariáceas y orobancáceas, de las que difieren por ciertos caracteres morfológicos de sus ovarios. Casi todas viven en países intertropicales, y muchas son ornamentales y muy apreciadas en jardinería; como la gloxínea. U. t. c. s. f. **2.** f. pl. *Bot.* Familia de estas plantas. ORTOGR. Escr. con may. inicial» (registrado desde el *DRAE*-1956, por donde citamos).

DA	*albarazo, alferecía, alfombra, alfombrilla, arestín, asma, carbunclo, carbunco, cocoliste, cólera, cólica, culebrilla, cáncer, diabética, elefancia o elefancía, empeine, epilepsia, escorbuto, estangurria, fuego, fiebre, gota, herpes, hipocondría, hidropesía, ictericia, lactumen, lamparón, lepra, melancolía, muermo, neguijón, opilación, pelo, parálisis, podagra, peste, pestilencia, rabia, reumatismo, ronquera, sarampión, sarna, tabardete, tabardillo, tiña, tísica, viruela*
DRAE-1780	*cegajez, chapetonada, disentería, cólico, raquitis, tisis*
DRAE-1803	*caries, celiaco, hidrofobia, hormiga, sufusión*
DRAE-1817	*vejiga*
DRAE-1832	*escarlatina*
DRAE-1837	*cólera-morbo*
DRAE-1843	*plica*
DRAE-1852	*avispero, tétanos, tifo*
DRAE-1869	*baile, clorosis, colerina, corea, diabetes, favo, nefritis, neurosis, raquitismo, tifus*
DRAE-1884	*afonía, alcoholismo, amenorrea, anemia, ántrax, caracha o carache, coleriforme, cretinismo, daltonismo, difteria, dispepsia, dermatosis, eclampsia, elefantiasis, histerismo, íleo, neumonía, nictalopía, pasmo, pelagra, pénfigo, rafania, rubeola o rubéola, rupia, sífilis, tabes, tos, triquinosis, tuberculosis, tuberculización, varicela, varioloide*
DRAE-1899	*dengue*[1], *gripe, septicemia, sufusión*
DRAE-1914	*cirrosis, esclerosis, estenosis, paludismo, prurigo*
DRAE-1925	*andancio, calambre, carate, caratea, casmodia, escrofulismo, hidrargirismo, lupus, melanuria, saturnismo, tabaquismo, tracoma*
DRAE-1936	*acromegalia, equinococosis, esclerodermia, espondilosis, esquizofrenia, heliosis, helmintiasis, hemofilia, hemopatía, leucoplaquia, leucemia, neumoconiosis, psicopatía, psicosis, psitacosis, silicosis, tetania, zoonosis*
DRAE-1947	*avitaminosis, calcicosis*
DRAE-1956	*actinomicosis, adenopatía, anquilostomiasis, artropatía, acné, beriberi, bronquiectasia, cardiopatía, cisticercosis, craneopatía, eccema, filariosis, gonococia, micosis, parálisis, pediculosis, pitiriasis, poliomielitis, sicosis, virosis*
DRAE-1970	*alalia, botulismo, chanda, glaucoma, histeria, parálisis, psoriasis, tromboangitis, tromboflebitis*
DRAE-1984	*drepanocitosis, frenopatía, hidropatía, pian, sicosis*[2]
DRAE-1992	*asbestosis, chapa, nefrosis, pitiriasis, polio*[2], *respigón, sida, tripanosomiasis*
DRAE-2001	*alzheimer, anosognosia, amebiasis, brucelosis, carare, carbón, ectima, encefalomielitis, filariasis, gargolismo, gastropatía, hidatidosis, legionelosis, nefropatía, neuropatía, oncocercosis, pálido, párkinson, parasitosis, paratifus, timpiriche, toxoplasmosis, zarate*

La tabla proporciona una visión general y nos permite extraer ciertas conclusiones. Sin embargo, en ocasiones la historia de estas voces es mucho más compleja de lo que el simple examen del cuadro hace suponer; podemos comprobarlo examinando *arestín*, que figura desde el *DA* y que en la última edición aparece definida así:

> **arestín**. (De *aresta*). m. Planta perenne de la familia de las Umbelíferas, de unos tres decímetros de altura, con tallo ramoso y hojas partidas en tres gajos y llenas de púas en sus bordes, así como el cáliz de la flor. Toda la planta es de color azul bajo. ‖ **2**. *Veter*. Excoriación que padecen las caballerías en las cuartillas de pies y manos, con picazón molesta. ‖ **3**. m. *Veter*. En algunos otros animales, **fuego** (‖ encendimiento de sangre). ‖ **4**. *Mál*., *Sev*., *Chile* y *Ecuad*. **sarna** (‖ afección cutánea) (*DRAE*-2001).

El *DA* solo ofrecía la acepción correspondiente a *sarna* («Sarna seca que despide el humor a modo de salvado, o caspa semejante a las aristas, de que pudo tomar el nombre, o bien del latín *Aresco*, que significa secarse o estar seco»), que ya no aparece en *DRAE*-1770, donde, en cambio, entra la segunda acepción actual, con la marca *albeitaría*: «Escoriación del cuero que padecen las caballerías en las quartillas de pies y manos del brazo, con picazón molesta». Desde el *DRAE*-1817 figura la primera acepción que hoy recoge el *DRAE* («Planta perenne indígena de España. El tallo, que es ramoso, crece a la altura de un pie; las hojas están partidas en tres gajos y llenas de púas en sus bordes, así como el cáliz de la flor: toda la planta es de un color azul bajo») y desde el *DRAE*-1925 la tercera («Veter. En algunos otros animales, fuego, 7ª acep. [encendimiento de sangre con alguna picazón]»). El *DRAE*-1936 incluye «*Fig*. Desazón, molestia», definición que todavía figura en el *DRAE*-1984 y falta en el *DRAE*-1992, edición donde reaparece, en cambio, la primigenia acepción «Sarna», que hoy figura como la cuarta, aunque limitada por marcas geográficas correspondientes a Andalucía, Argentina y Chile.

Algo más sencilla es la historia de *calambre*, que hoy define el *DRAE*-2001 de esta manera:

> **calambre.** (Del fr. *crampe,* y este quizá del franco **kramp*; cf. *rampa*[1]). m. Contracción espasmódica, involuntaria, dolorosa y poco durable de ciertos músculos, particularmente de los de la pantorrilla. ‖ **2.** Estremecimiento producido por una descarga eléctrica de baja intensidad. ‖ **3.** Enfermedad caracterizada por el espasmo de ciertos grupos de músculos, generalmente de la mano, que dificulta o impide el ejercicio de la función de esta en algunas profesiones y oficios, como los de escribiente, telegrafista o pianista. ‖ **~ de estómago.** m. *Med.* **gastralgia**.

En un primer momento el *DA* recogía una única acepción: «Pasmo o encogimiento de nervios o cuerdas, causado de frío que se introduce en ellos o en los poros, lo que motiva grandes dolores cuando se quieren extender los miembros [...]»; algunos cambios se introducen en las sucesivas ediciones: «Pasmo, o encogimiento de nervios, o cuerdas, que hace sentir grandes dolores» (*DRAE*-1780), «Pasmo repentino y poco durable de algunos músculos, acompañado de grandes dolores» (*DRAE*-1832), o «Contracción espasmódica, involuntaria, dolorosa y poco durable de ciertos músculos, particularmente de los de la pantorrilla»

(*DRAE*-1869). La última definición se mantiene hasta hoy como la primera de las acepciones (y como la única hasta el *DRAE*-1914). En el *DRAE*-1925 entran dos nuevas:

> ‖ **de estómago**. *Pat.* Gastralgia; dolor muy fuerte de estómago, generalmente causado por lesión en el mismo ‖ **de los telegrafistas**. Achaque que contraen a veces los telegrafistas y les impide algunos movimientos de la mano.

La entrada se modifica en el *DRAE*-1936, donde el término *achaque* fue sustituido por *enfermedad* y se amplió el campo de esa dolencia profesional:

> Contracción espasmódica, involuntaria, dolorosa y poco durable de ciertos músculos, particularmente de los de la pantorrilla. **2.** Enfermedad caracterizada por el espasmo de ciertos grupos de músculos, generalmente de la mano, que dificulta o impide el ejercicio de la función de esta en algunas profesiones y oficios, como los de escribiente, telegrafista, pianista, etc. ‖ **de estómago**. *Pat.* Gastralgia; dolor muy fuerte de estómago, generalmente causado por lesión en el mismo[16].

Será en el *DRAE*-1992 cuando toda esta información se sintetice y se incluya la acepción «Estremecimiento producido por una descarga eléctrica de baja intensidad».

Si repasamos a grandes líneas lo que sabemos sobre la tradición académica española y lo contrastamos con la información que nos ofrece la relación de palabras que designan enfermedades, podemos comprobar que hay un buen número de ellas que figuran ya en el *DA*. Y es que, como es bien sabido, en un primer momento la Academia anunció el proyecto de redactar un diccionario específico de tecnicismos («De las voces próprias pertenecientes à Artes liberales y mechánicas ha discurrido la Academia hacer un Diccionario separado, quando este se haya concluído»); por ello los académicos indicaron que solo figurarían en el *DA* aquellas voces «que han parecido mas comúnes y precisas al uso y que se podían echar menos» (*DA*: v)[17]. No me demoraré en la abundante presencia de voces propias de la medicina en esa primera obra académica, pues contamos con un excelente trabajo sobre ello (Gutiérrez Rodilla 1993)[18].

---

16 Sin embargo, las definiciones del *DRAE*-1925 pasan sin modificación al *DM*-1927 y, más extrañamente, al *DM*-1950 (aunque ya no al *DM*-1984).

17 No hemos de entrar ahora en lo que esto ha significado dentro de la lexicografía académica y en el papel complementario de la labor de Terreros. Puede verse Freixas (2010: esp. 140-163).

18 Lo cierto es que el *DA* incluyó finalmente numerosos tecnicismos: «En este Diccionario se ponen generalmente todas las voces de la lengua, estén o no en uso, con algunas pertenecientes a las Artes y Ciencias» (*DA*: ii), con una postura que se prolonga en la segunda edición («De las voces de ciencias, artes y oficios solo se ponen aquellas que están recibidas en el uso común de la lengua, sin embargo de que la Academia pensó antes ponerlos todos [...]. La razón de haber variado consiste, en que este no es un Diccionario universal [...] y así no deben entrar en él las de las ciencias, artes y oficios que no han salido del uso peculiar de sus profesores» (*DA*-1770: v).

Si ojeamos la tabla antes ofrecida, podemos comprobar que son muy pocos los nombres de enfermedad que entran en algunas ediciones (la quinta, de 1817, la octava de 1837, la novena de 1843, o la 10ª de 1852) y que incluso varias de ellas (la 2ª de 1783, la 3ª de 1791, la 6ª de 1822...) no conocen ninguna aportación léxica de este tipo. En cambio, se incrementa su número en la décimo primera, de 1869 y, muy especialmente, en la décimo segunda, de 1884.

Esta situación puede explicarse por el conocimiento de los grandes avances científicos y técnicos que se fueron sucediendo a lo largo del XIX, que hicieron necesaria la aparición de diccionarios y vocabularios especializados (véase Gutiérrez Rodilla 1999); se sintió entonces la necesidad de incluir también muchas de las voces del nuevo universo científico en los diccionarios generales de la lengua y, entre ellos, en el de la Academia. En ese camino, la decimosegunda edición del *DRAE*, de 1884, representa un verdadero hito, como ha demostrado Cecilio Garriga (2001: 308; *vid.* Álvarez de Miranda 2000: 54-55), debido a los cambios en su estructura y al «considerable aumento de palabras técnicas con que se la ha enriquecido. Por la difusión, mayor cada día, de los conocimientos más elevados» (*DRAE*-1884: v).

En esta ocasión, por cuestión de espacio, vamos a detenernos únicamente en algunas de esas palabras que entran en el *DRAE*-1884. Mediante la consulta del *CORDE*, podemos obtener unas fechas determinadas para las primeras documentaciones de estos términos, que habremos de contrastar con los datos que nos proporcionan las publicaciones periódicas del XIX, tanto las especializadas en el campo de la medicina como las de carácter general. Podemos avanzar ya que, en líneas generales, hemos podido comprobar la presencia de estas voces en la prensa mucho antes de lo que la documentación del *CORDE* de la Academia hacía sospechar, dato que no puede perderse de vista en la redacción del *Nuevo Diccionario Histórico*.

Y, para empezar, vamos a examinar unas cuantas voces que guardan relación con problemas de la visión, dos de las cuales aparecen por vez primera en esa significativa edición de 1884, *daltonismo* y *nictalopía* y que en la última edición académica no portan la marca de especialidad *Med.*

Aunque las voces científicas y técnicas recogidas eran consideradas en principio como «comunes», su especificidad quedaba reconocida desde el momento en que los redactores de la segunda edición tenían instrucciones para marcar este y otros tipos de vocabulario: «Las notas de ser una voz peculiar de alguna ciencia y arte ó provincia se ponen entre paréntesis antes de la definición, y después de las palabras que explican en abreviatura la calidad de la voz» (*DA*-1770: IX-X).

daltonismo. (De J. *Dalton*, 1776-1844, físico y químico inglés que padecía esta enfermedad). m. Defecto de la vista, que consiste en no percibir determinados colores o en confundir algunos de los que se perciben (*DRAE*-2001)[19].

nictalopía. (Del lat. *nictalopĭa,* y este del gr. νυκταλωπία). f. Cualidad o carácter de nictálope (*DRAE*-2001)[20].

En cuanto a *nictalopía*, el *CORDE* recoge un único ejemplo anterior a 1900, de 1880 (y bastante extraño): «Mi sed es sofocante, y para mí no existe la nictalopía; pero en cambio, ya lo has oído, este pertinaz caballero es capaz de todo para obtener el pronto despacho del asunto en que se interesa» (Antonio Barreras, *El espadachín: narración histórica del motín de Madrid en 1766*, 1880). Añade otro algo posterior de *nictálope*:

Todos los albinos de la especie humana tienen la vista débil, el oído tardo, con frecuencia son nictalopes, es decir que no ven sino con poca luz, que si es viva les molesta y obliga á mover continuamente los párpados para cubrir la pupila, y, en general, son poco inteligentes (Justo Egozcue, *Discurso leído ante la Real Academia de Ciencias Exactas, Físicas y Naturales*, 1893).

Sin embargo, hemos podido comprobar que este término aparece casi cuarenta años antes en revistas especializadas, como el *Boletín de Medicina, Cirugía y Farmacia*: «en los ojos, la amaurosis, la diplopia, hemeralopia, nictalopia, la conjuntivitis ó palpebritis, según el tejido ó elemento que con preferencia hubiese atacado el virus», (12/07/1846), o no especializadas, como *El Genio de la libertad* (03/07/1851): «**Nictalopia**, ó sea ceguera diurna, permanente»[21].

Por lo que hace referencia a *daltonismo*, el *CORDE* apenas nos proporciona ocho casos en seis documentos, y de ellos solo dos son del XIX, del argentino Manuel T. Podestá en 1889 («desaparecía entonces el daltonismo que le cambiaba los colores reales»). El examen de revistas decimonónicas nos permite nuevamente anticipar a 1867 la aparición de este término en castellano: un un interesante artículo de la *Revista General de Ciencias Médicas y de Sanidad Militar* hace referencia a «las hemeralopías, el daltonismo y algunas otras neurosis oculares» (10/08/1867). La segunda documentación, ya de 1874, procede de *La Gaceta de los Caminos de Hierro* (04/01/1874): en un artículo en el que se defi-

19 Esta voz ya no llevaba la marca *med.* en su primera aparición en el diccionario de la Academia: «**daltonismo.** (De *Dalton*, físico inglés del siglo XVIII que padecía esta enfermedad). m. Enfermedad de la vista, que hace confundir los colores a quien la padece» (*DRAE*-1884).

20 «**nictalopía.** (Del gr. νυκταλωπία). f. Defecto del nictálope» (*DRAE*-1884); el nictálope es «la persona que ve mejor de noche que de día» (*DRAE*-1884), mientras que el *DRAE*-2001 aplica adjetivo a personas y animales.

21 Documentamos el adjetivo *nictálope* en un folletín algo anterior a la fecha de la primera aparición del nombre de la enfermedad: «cual si el hábito de dormir de día y vagar de noche le hubiera vuelto nictálope, como son todas las fieras» (folletín «Martín el expósito», incluido en *El Español*, 23/06/1846).

ne la enfermedad («El *Daltonismo* es una especie de aberración de la vista, que hace que aquellos á quienes afecta no perciban los colores como todo el mundo. Unos ven azul lo que es rojo, verde lo que es amarillo; y otros, á quienes afecta en menor grado, toman por punzó lo que es violado, y por anaranjado lo que es de color de chocolate») se hace referencia a sus posibles inconvenientes a la hora de desempeñar diversos oficios relacionados con el ferrocarril (maquinista, guardabarreras,…).

El artículo de 1867, que acabo de caracterizar como «interesante», lo es porque cita además una serie de enfermedades visuales cuyas denominaciones se incorporan relativamente tarde al diccionario académico; una de ellas es la *hemeralopía*, que no aparece hasta la edición académica de 2001 (y con la marca *Med.*: «**hemeralopía.** (De *hemerálope*). f. *Med.* Pérdida de visión cuando la iluminación es escasa»), aunque ya lo recoge el *DM* desde su primera edición (*DM*-1927). En el *CORDE* figura ya bien entrado el siglo XX en Gregorio Marañón (1943) y en Díaz Rubio (1964); con anterioridad a 1867, *hemeralopía* se recoge en el *Repertorio Médico Extrangero* de José Lletor Castroverde, en una fecha tan remota como 1832, y en otras publicaciones generalistas como *El Genio de la Libertad*, ya en 1851: «Nictalopia, ó sea ceguera diurna, permanente. 30. Hemeralopía» (03/07/1851).

En cuanto a *discromatopsia*, el término solo se incorpora al diccionario académico (y con la marca *Med.*) a partir del *DRAE*-1992: «**discromatopsia.** (De *dis-*^{2}, el gr. χρῶμα, -ατος, color, y ὄψις, vista). f. *Med.* Incapacidad para percibir o discernir los colores». El *CORDE* no recoge ningún ejemplo, aunque figura desde 1874 en revistas médicas como *El Criterio Médico* (10/12/1874) y cuenta también por esas fechas con algunas apariciones en publicaciones de corte no especializado, como la madrileña *Revista Contemporánea* (aunque se trata de un artículo de divulgación médica, 00/11/1877), *El Imparcial* (con un artículo acerca de las enfermedades visuales relacionadas con el daltonismo en los trabajadores del ferrocarril, 13/11/1880) o incluso *La Ilustración Artística* (07/05/1894).

Existen, además, otras voces que figuran ya en el *DRAE*-1884 y que, sin embargo, el *CORDE* no documenta hasta el siglo XX y, en alguna ocasión, no documenta en absoluto; tal sucede con *amenorrea*:

> **amenorrea**. (De a^{2}, el gr. μήν, μηνός, mes, y *-rrea*). f. *Biol.* Enfermedad que consiste en la supresión del flujo menstrual (*DRAE*-2001)[22].

El *CORDE* localiza cerca de sesenta ocurrencias dispersas en ocho documentos, todos ellos de corte científico, el más antiguo de 1912 (el manual *Organoterapia*

22 La definición actual es prácticamente la misma que figuraba en el *DRAE*-1884: «Enfermedad que consiste en la supresión del período menstrual» (aunque allí falta la marca y hay modificaciones también en la propuesta etimológica).

y Opoterapia de Salvador Albasanz). No obstante, las revistas del XIX dan cuenta de la utilización de este término casi un siglo antes, al menos desde 1821, tanto en publicaciones especializadas («El matrimonio regulariza el flujo menstruo y precave o disipa los accidentes nerviosos que resultan de la amenorrea ó dismenorrea», *Décadas Medico Quirúrgicas*, 5, 1821; «Pastillas emenagogas [...] se han celebrado para la curación de la amenorrea y de la leucorrea», *Diccionario General de las Ciencias Médicas*, 00/10/1829), como no especializadas; así, el *Diario de Avisos de Madrid* se vale de *amenorrea* en un texto que hace publicidad de las capacidades benéficas de las aguas del Molar, que resultan ser útiles y muy provechosas:

> en las erupciones cutáneas de la piel, herpes y sarna, en los vahidos y neuralgias, en los dolores nerviosos, en la epilepsia, en el baile de san Vito, asma espasmódica, desarreglos nerviosos de la dijestion, gastralgias, gastrodinias, clorosis, amenorrea, infartos crónicos del mensenterio, hígado, bazo, en las hidropesías jenerales y parciales que no están sostenidas por una inflamación visceral, en el reuma de todas clases, en los resultados de las calenturas intermitentes y en sus consecuencias cuando afectan los caracteres de cronicidad inveterada, en el vicio escrufuloso, en los tumores blancos de las articulaciones y en la cistitis crónica, en cuyas dolencias surten mayores ventajas cuanto más bien marcada es su cronicidad (18/06/1839)[23].

Incluso alude a esta enfermedad por esas fechas el Conde de Villalobos, cuando solicita la creación en Madrid de un gimnasio modelo y expone las muchas virtudes benéficas de la gimnasia: «¿Y qué no debe esperar la delicada mitad del género humano de la jimnasia terapéutica, si se halla atormentada de la amenorrea?» (*El Heraldo*, 02/01/1842). En algún caso el artículo de prensa llega a ofrecer información de tipo lexicográfico: «Amenorrea, ó falta de menstruo» (*El Clamor Público*, 25/11/1845).

Una situación similar se da en términos como *dermatosis* («**dermatosis**. (De *dermat-* y *-osis*). f. *Med.* Enfermedad de la piel, que se manifiesta por costras, manchas, granos u otra forma de erupción»; *DRAE*-2001)[24], en el que el *CORDE* remite a un texto especializado de 1906 («El uso del azufre contra la sarna y demás dermatosis parasitaria», Juan R. Gómez Pamo, *Discurso de contestación al Sr. D. José Rodríguez Carracido*); existe abundante documentación acerca de este término en publicaciones periódicas, desde el *Repertorio Médico Extrangero* de José de Lletor Castroverde, en 1832.

---

23 Aunque si hemos de hacer caso de la publicidad de los periódicos de la época, son igualmente eficaces las aguas minerales de los baños santanderinos de la Hermida, a orillas del Deva: «Se usan en bebida, en baño y en chorro, y causan efectos verdaderamente asombrosos en el reuma, en las neuralgias, en los dolores venéreos, en las parálisis, en las hidropesías, en los catarros crónicos, en la amenorrea, en las calenturas intermitentes rebeldes, en las úlceras inveteradas y en otros muchos males» (*El Espectador*, 14/06/1844).

24 También en este caso la definición del *DRAE*-1884 se ha mantenido sin transformaciones sustanciales.

Algo parecido sucede con *triquinosis* («**triquinosis**. f. *Med.* Enfermedad parasitaria, a veces mortal, provocada por la invasión de las larvas de triquina que penetran en las fibras musculares y producen dolores agudos», *DRAE*-2001[25]) que el *CORDE* documenta tardíamente, en la *Zoología* de Ignacio Bolivar, de 1909; podemos aportar no pocas muestras de esta voz extraídas de la prensa especializada desde 1866: «La triquinosis cuenta ya centenares de víctimas: es relativamente rara en los cerdos, pero uno solo basta para contaminar á un gran número de personas si comen de su carne» (*Revista de Sanidad Militar y General de Ciencias Médicas*, 25/02/1866) y en la prensa general desde un poco después (*La Discusión*, 25/04/1873).

Tampoco hay en el *CORDE* ejemplos de *pelagra* («**pelagra**. (Del it. *pellagra*). f. *Med.* Enfermedad con manifestaciones cutáneas, digestivas y nerviosas, producida por falta de vitamina B_1 en la alimentación», *DRAE*-2001[26]) anteriores a 1936, año en que la palabra es empleada en un poema de Vicente Aleixandre: «Con este abrigo hecho de pelasan o de ternura o pelagra/–aunque no sé bien lo que es esta palabra–,/me voy a recorrer ahora las diferentes formaciones,/a ver si todo está en orden». Y, sin embargo, la voz se encuentra ya en 1825 en el *Diario de Avisos de Madrid*, en un anuncio de la publicación de un tomo del *Diccionario de Ciencias Médicas*[27]: «Los suscritores á la traducción del diccionario de Ciencias médicas acudirán a recoger el tomo xxix en Madrid á la librería de Calleja frente á la Imprenta Real y en las provincias á los puntos donde se hubieren suscrito. Este tomo contiene muchos artículos importantes, como peste, pestilencial, pelagra, pelo (patología), pénfigo, percusión [...] y otros. El tomo xxx se halla en prensa, y se dará á la mayor brevedad» (22/08/1825)[28].

Como podemos ver, en el texto que acabamos de citar figura también el *pénfigo* («**pénfigo**. (Del gr. πέμφιξ, -ιγος, ampolla). m. *Med.* Nombre que se da a varias enfermedades caracterizadas por la formación de ampollas cutáneas llenas de una sustancia amarilla», *DRAE*-2001[29]), término con el que sucede algo pare-

---

25 Se incorporó al *DRAE*-1884, esta vez acompañada por la marca *Med.*: «**triquinosis**. f. *Med.* Enfermedad ocasionada por las triquinas».

26 En el *DRAE*-1884 (dejamos de lado la propuesta etimológica) lleva la marca *med.* y se define como «Enfermedad cutánea, casi siempre mortal, caracterizada por inflamación escamosa en las partes del cuerpo expuestas al aire y al sol, y que se reproduce y agrava en las primaveras».

27 Se trata del *Diccionario de Ciencias Médicas por una Sociedad de los más Célebres Profesores de Europa traducido al castellano por varios facultativos de esta Corte*, publicado en Madrid en la Imprenta de don Mateo Repullés desde 1821.

28 En efecto, se concede a esta enfermedad un amplio espacio (pp. 7-19), con informaciones sobre su carácter endémico en Asturias (llegan incluso los traductores a expresar ciertas dudas acerca de su correcta definición).

29 En *DRAE*-1884: «**pénfigo**. (Del gr. πέμφιξ, πέμιγος, ampolla). m. *Med.* Enfermedad cutánea caracterizada por ampollas cuyo volumen varía desde el de una lenteja hasta el de un huevo de paloma, transparentes, a veces amarillentas y llenas de un líquido seroso que fluye por la apertura espontánea que se hace en ellas».

cido, pues el *CORDE* remite al *Manual de diagnóstico etiológico* de Gregorio Marañón, de 1943 («embolias dérmicas, roséola, pénfigo; otitis supurada; nefritis aguda o nefritis»); lo cierto es que figura también con anterioridad en otras muchas publicaciones especializadas (así, como *pénfigo varioloide*, en el *Diario General de las Ciencias Médicas*, 00/10/1829).

Todavía más tardía es la documentación que el *CORDE* nos proporciona de *rafania* («**rafania**. (Del lat. *raphănus*, rábano). f. *Med.* Enfermedad frecuente en Suecia y Alemania, que consiste en contracciones musculares muy violentas y dolorosas, ocasionada por la semilla del rábano silvestre cuando se come por haberse mezclado con el trigo», *DRAE*-2001[30]), pues se vale del conocido volumen *Plantas medicinales* de Pío Font Quer, de una fecha tan próxima a nosotros como 1962, cuando *rafania* aparece ya en 1826, en el citado *Diario General de las Ciencias Médicas* («La rafania se ha observado solamente, desde 1581 en Alemania», 00/09/1826).

El universo de las publicaciones periódicas es muy rico y es necesario examinarlo con cuidado, sin descartar ninguno de los ámbitos temáticos, por lejanos que a priori parezcan sus contenidos. Por citar únicamente un caso, podemos recordar que de la voz *dispepsia* («**dispepsia**. (Del lat. *dyspepsĭa*, y este del gr. *δυσπεψία*). f. *Med.* Enfermedad crónica caracterizada por la digestión laboriosa e imperfecta», *DRAE*-2001[31]), que el *CORDE* localiza por primera vez en 1807 (en la *Explicación de la farmacopea de España* de José M.ª de la Paz Rodríguez: «Algunos elogian este bálsamo en las constituciones débiles y en las flaquezas de estómago como un buen remedio fortificante y atenuante, y por esta razon lo prescriben en la dispepsia, en el espasmo. &c.»)[32], presenta otras ocurrencias ese mismo año en el *Semanario de Agricultura y Artes Dirigido a los Párrocos* (26/11/1807), si bien alguna otra publicación, como el *Memorial Literario o Biblioteca Periódica de Ciencias, Literatura y Artes* nos retrotrae al último año del XVIII:

> No he limitado la aplicación de este remedio á solas las hidropesías, [...] lo he usado igualmente contra otros males, en los que sospechaba pudiera ser útil, por residir la enfermedad en aquellas vísceras, á las que afecta el remedio de un modo especial. [...] lo he administrado en los casos de dispepsia, y aun en alguna bastante antigua (10/02/1800).

---

30 En esta ocasión apenas ha cambiado la definición que figuraba en el DRAE-1884: «**rafania**. (Del lat. *raphănus*, rábano). f. *Med.* Enfermedad que consiste en contracciones musculares muy violentas y dolorosas, ocasionada por la semilla del rábano silvestre cuando se come por haberse mezclado con el trigo. Es frecuente en Suecia y Alemania».

31 El *DRAE*-1884 marca esta voz como propia de la medicina y la define como «Digestión laboriosa e imperfecta de carácter crónico».

32 Dejamos a un lado su presencia en el *Vocabulario español-latino* de Nebrija de 1495: «Digestion mala en griego. dispepsia .ae».

No sorprende que numerosas revistas de corte femenino citen el nombre de una enfermedad infantil como la *tos ferina* o *tosferina*, que se incorpora al lema *tos* a partir del *DRAE*-1884[33]. Si el *CORDE* la recoge en 1872[34], casi un siglo antes aparece en periódicos como *El Diario de Madrid* («la dyspnea, ó dificultad de respirar, el asma, la tos ferina, y el coqueluche, ó romadizo maligno», 13/3/1790) y en todo tipo de publicaciones (dejamos aparte las especializadas en materia médica), como el *Periódico Ministerial Intitulado Correo Político y Económico de las Provincias de la Península* (1814), *El Universal* (1820), *El Espectador* (1821), *El Heraldo* (1851), *La Época* (1852), *La Madre y el Hijo* o *La Moda Moderna*, entre otras muchas.

He centrado este estudio en el examen de algunos términos médicos, prestando atención especialmente a su presencia en publicaciones periódicas que pudiesen aportar datos más precisos acerca de su introducción en nuestra lengua, con vistas especialmente a la redacción del proyectado *Nuevo Diccionario Histórico del Español*. Sin duda es posible, a partir de estos datos, profundizar en otras facetas de la problemática concerniente al léxico de especialidad. Es posible, por ejemplo, que en futuras ediciones del *DRAE* haya que suprimir algunos de los términos médicos que hoy figuran en él[35]; es probable también que haya que incorporar otros, pero en todo caso convendría que un cierto rigor presidiese la selección. Además, como señala Gutiérrez Rodilla, no acaban ahí las dificultades, pues una vez seleccionados los términos deben figurar, hay que decidir «cómo definirlos en un diccionario dirigido al gran público, que no queda satisfecho cuando se le ofrecen definiciones propias de especialistas que él no comprende»[36].

Pero todo ello ya es otra historia.

---

33 «**Tos.** (Del lat. *tussis*). f. Esfuerzo ruidoso y violento de la respiración, para arrojar lo que la embaraza y molesta. ‖ **convulsiva**, o **ferina**. *Med.* La que da por accesos violentos, intermitentes y sofocantes. Se padece más frecuentemente en la infancia» (*DRAE*-1884). En el *DRAE*-2001 leemos (*s. v. tos*): «*Med.* Enfermedad infecciosa, caracterizada por un estado catarral del árbol respiratorio, con accesos de **tos** convulsiva muy intensos».

34 Figuran las variantes *tosferina* y *tos ferina* en los *Cuentos inverosímiles* de Carlos Coello: «Como los médicos no sabían qué recetar para aquella verdadera trilogia de enfermedades, temerosos de que un remedio eficaz contra el garrotillo ó la tos ferina metiera dentro el sarampion, permanecieron en una actitud espectante (ó lo que es lo mismo, cruzados de brazos), y el poeta se puso bueno á los pocos dias».

35 En otro momento habré de ocuparme de *rupia*[2] y algunas otras voces.

36 «De ahí se desprende que la sociedad necesite buenos materiales de divulgación científica, entre los que deben encontrarse los diccionarios especializados divulgativos que, además de permitir a los diccionarios generales y a los de lengua liberarse de una buena parte de la terminología científica, presenten la información relacionada con ese vocabulario de una manera adecuada para las personas que no son especialistas en cada una de las materias. Es decir, diccionarios que sepan encontrar el equilibrio entre la precisión científica y la accesibilidad general» (Gutiérrez Rodilla 2004: 29).

Referencias bibliográficas

AHUMADA, Ignacio (coord.) (2002): *Diccionarios y lenguas de especialidad. V Seminario de Lexicografía Hispánica*. Jaén: Universidad de Jaén.

ÁLVAREZ DE MIRANDA, Pedro (2000): «La lexicografía académica de los siglos XVIII y XIX», en Ignacio Ahumada (coord.), *Cinco siglos de lexicografía del español*. Jaén: Universidad de Jaén, pp. 35-61.

ARNTZ, Reiner y Heribert PITCH (1995): *Introducción* a *la terminología*. Madrid: Fundación Sánchez Ruipérez-Pirámide.

CABRÉ, M.ª Teresa (1993): *La terminología. Teoría, metodología, aplicaciones.* Barcelona: Antartida-Empúries.

CONTRERAS, Narciso M. (2008): *El diccionario de lengua y el conocimiento especializado en la sociedad actual*. Jaén: Universidad de Jaén.

DRAE-2001 = REAL ACADEMIA ESPAÑOLA (2001): *Diccionario de la lengua española*. Madrid: Espasa-Calpe, 21ª ed.

DTM = REAL ACADEMIA NACIONAL DE MEDICINA (2012): *Diccionario de términos médicos*. Madrid: Editorial Médica Panamericana [versión electrónica en http://dtme.ranm.es/index.aspx].

FREIXAS, Margarita (2010): *Planta y método del Diccionario de Autoridades. Orígenes del método lexicográfico de la Real Academia Española (1713-1739)*. A Coruña: Universidade da Coruña.

GARRIGA, Cecilio (2001): «Sobre el diccionario académico: la 12ª ed. (1884)», en Antonia M. Medina Guerra (ed.), *Estudios de lexicografía diacrónica del español*. Málaga: Universidad de Málaga, pp. 263-315.

GUERRERO RAMOS, Gloria (1999): «¿Tecnolectos, lenguajes (lenguas) específicos, especiales, especializados o de especialidad?», en J. Fernández González *et al.* (ed.), *Lingüística para el siglo XXI*. Salamanca: Universidad de Salamanca, pp. 879-888.

GUTIÉRREZ RODILLA, Bertha (1993): «Los términos relacionados con la medicina en el *Diccionario de Autoridades*», *Boletín de la Real Academia Española*, LXXIII, pp. 463-512.

GUTIÉRREZ RODILLA, Bertha (1998): *La ciencia empieza en la palabra. Análisis e historia del lenguaje científico*. Barcelona: Península.

GUTIÉRREZ RODILLA, Bertha (1999): *La constitución de la lexicografía médica moderna en España*. Noya: Toxosoutos.

GUTIÉRREZ RODILLA, Bertha (2004): «Los diccionarios, instrumentos importantes en la reconstrucción del lenguaje científico», en Bertha Gutiérrez Rodilla (ed.), *Aproximaciones al lenguaje de la ciencia*. Salamanca: Instituto Castellano-Leonés de la Lengua, pp. 453-463.

GUTIÉRREZ RODILLA, Bertha (2005): *El lenguaje de las ciencias*. Madrid: Gredos.

HAENSCH, Günther (1983): «Les llengues d'especialitat o *tecnolectes*», *Revista de Llengua i Dret*, 1, pp. 9-16.

MORENO FERNÁNDEZ, Francisco (1999): «Lenguajes de especialidad y variación lingüística», en Sebastián Barrueco, Esther Hernández y Lina Sierra, (ed.), *Lenguas para fines específicos (VI). Investigación y enseñanza*. Alcalá de Henares: Universidad de Alcalá, pp. 3-13.

NTLLE = REAL ACADEMIA ESPAÑOLA (2001): *Nuevo tesoro lexicográfico de la lengua española*. Madrid, Espasa-Calpe [DVD].

PÉREZ PASCUAL, José Ignacio (2012): «El léxico de especialidad», en Luis Luque Toro, José Francisco Medina Montero y Rocío Luque (eds.), *Léxico español actual III*. Venecia: Università Ca'Foscari, pp. 203-233.

RODRÍGUEZ DÍEZ, Bonifacio (1981): *Las lenguas especiales. El léxico del ciclismo*. León: Colegio Universitario de León.

RODRÍGUEZ DÍEZ, Bonifacio (1996): «Argot y lenguaje coloquial», en Antonio Briz *et al.*, (ed.), *Pragmática y gramática del español hablado. Actas del II Simposio sobre análisis del discurso oral*. Valencia: Universidad de Valencia-Libros Pórtico, pp. 225-239.

SANTIAGO GUERVÓS, Javier de (1999): «Sobre lenguas especiales», en *Lingüística para el S. XXI. Actas del III Congreso de Lingüística General*. Salamanca: Universidad de Salamanca, pp. 1483-1490.

La melancolía y los médicos: humores y pasiones en la Ilustración española

José Luis Peset
IH - CCHS - CSIC

A Vicente Peset Mancebo

1. Un mundo de elementos y humores: la herencia clásica

En el *Diccionario castellano con las voces de ciencias y artes* de Esteban de Terreros y Pando, se identifica la melancolía con la cólera negra, en latín *melancholia* y *atrabilis*. Tras remitirnos a «hipocondría» y a «bilis», es definida así: «En términos de Medicina, se toma por un delirio sin furor, ni calentura; pero por lo común con temor y tristeza, sin causa aparente». De nuevo, tras afirmar que hay «tristeza» tras alguna desgracia, o pérdida, y remitirnos a este término, insiste en que «por lo común dicen que la *Melancolía* solo se entiende cuando se ignora la causa, o proviene del humor melancólico, y la tristeza cuando se sabe la causa: v. g. alguna pérdida o pesadumbre». (Terreros y Pando 1787: 558) Nos encontramos, por tanto, en el terreno del estudio del alma, en el paso de los humores a los sentimientos, entre la herencia de Hipócrates y Galeno y la novedad de Cullen y Pinel. Se trataba de un tema con antiquísima tradición, que ahora se renovaba: la vivencia de la pesadumbre por muchos personajes, entre ellos algunos muy distinguidos. A este sentir de la tristeza, a su vivencia, dedico estas páginas.

Vicente Requeno, otro jesuita en el exilio, escribía para una noble italiana un texto jocoso-moral sobre los locos: *Saggio d'un' Esame Filosofico intorno Alla Natura, al Numero, e alla Qualità De' Matti*. Al estilo de Tomaso Garzoni (2000) utiliza la literatura o la ciencia para edificar y entretener a su poderosa señora, empleo frecuente en muchos eclesiásticos y moralistas. Señala el peligro de la unión del espíritu y el cuerpo orgánico –que Descartes también temía– y atribuye la enfermedad tanto a la revuelta de los humores como al desconcierto de las pasiones, excitadas por los objetos, apoyándose siempre en la constitución natural. Esa doble explicación, reúne el mundo de las pasiones, las ideas clásicas sobre la materialidad del cuerpo y las modernas en el mismo sentido. El cartesianismo dual –separación de alma y cuerpo– está presente tanto en la preocupación por las pasiones humanas, como por el mecanicismo que explicaba la vida del hombre y de la naturaleza. Algunas de sus ideas son notables, así la referencia a los órganos del cerebro, a la actuación mecánica ante estímulos, a los humores en cada estación, también a la falta de meditación. Pero asimismo considera en esos sujetos un falso principio de conducta, que los domina, un extraordinario afecto que ha arruinado las fibras del cerebro, un acceso de sangre calentada, o un reumatismo de cabeza, que impiden las operaciones de la reflexión. Llega incluso a la irritabilidad de las fibras sensoriales o nerviosas, acercándose a Haller o Spallanzani. Si son agitados deben ser conducidos y encerrados «nelle case o negli ospedali».

Se burla de las clasificaciones *more botanico* tipo Boissier de Sauvages, cuando muestra los géneros de «pazzie», o los caracteres de los «pazzarelli». *El misántropo* de Molière le sirve también de guía y muestra sus conocimientos de arte, literatura, filosofía y medicina. Se ocupa sobre «De' matti Filosofi» y «De' matti Dottori» al retomar el tema de las enfermedades de los hombres de letras en la línea que va de Ficino a Tissot, «Matti nella cura della sanità» en relación con la hipocondría, que empieza a hacerse camino en las clasificaciones médicas, «De' matti d'Amore» que reúne medicina y moral, «De' Matti Elastici» que se refiere a temas de educación, en fin «De' matti nel vestire alla moda» en que se burla de los afectados en el vestir (Requeno 1782; Batllori 1966). Se trata de un divertimiento, un ejercicio de erudición y un tratado de costumbres y moral.

Era el interés por este padecimiento una viejísima tradición que hunde sus raíces en el mundo clásico, allí Aristóteles relacionaba este sentir –el padecer melancólico– con el vino y la poesía (Aristóteles 1996; Aristóteles 2004), Hipócrates con el malestar y el pronóstico del enfermo (Laín Entralgo 1970) y Galeno con los humores y órganos (García Ballester 1972). Y, como base, esos viejos elementos de Empédocles que con sus cualidades formaban y movían la naturaleza. Ahora, los médicos, quienes ya habían tenido importante papel en el Renacimiento (Peset 2010), toman de nuevo la palabra en la Ilustración. El interés por el clasicismo y la clínica de la Universidad de Alcalá de Henares de aquella época, ahora pasaría a la valenciana, donde también el humanismo es importante, junto al hipocratismo de la observación médica (Hipócrates 1773: 30, 36, 87 y 104; Segarra 1596: 338 y 470-481). La melancolía fue por ello estudiada con cuidado en esta escuela, en la que sus cultivadores se preocupan además de una buena enseñanza con libros modernos, propios o extranjeros. La melancolía buscaba acomodo en el Siglo de las Luces; el diálogo que Roger Bartra presenta al comentar algunas historias clínicas mexicanas entre humores y pecados, se va a establecer, a la larga, entre lesiones y pasiones (Bartra 2004; Peset 1983).

Sigue la melancolía interesando mucho a los universitarios, a los médicos y pronto a los alienistas. Nos encontramos a la enfermedad encerrada en los capítulos de los libros de estudio y texto, conociendo así las novedades de la medicina de la época. En primer lugar, la influencia de las ciencias modernas, en especial la física y la química, que además inspiran la nueva filosofía. Por tanto, la repercusión de científicos, filósofos y médicos es grande, entre estos los llamados «grandes sistemáticos» (Knoeff 2002; Ceglia 2009). Se quiere encontrar una explicación científica de la fisiología y la patología del cuerpo humano, de la psicología y psicopatología también. Pero los resultados son difíciles y dudosos, en el terreno de la clínica y de la enseñanza, por lo que pronto toma el relevo un claro y fuerte empirismo, que es acompañado de un conveniente eclecticismo. Junto a la preocupación por la clínica, surgen explicaciones tomadas de varios autores y tendencias, uniendo interés por la enseñanza y por la curación. Autores como Sydenham, Boerhaave, Cullen y Pinel serán de primera importancia (Peset 2010).

Señaló y marcó Michel Foucault (2012) el interés de esa época para la historia de la medicina, pues sin duda es el momento en que termina el dominio del pensamiento galénico. En ella centró sus monumentales estudios sobre los enfermos mentales, los hospitales y la nueva razón médica. Cuando empezó sus investigaciones, dos mundos se le ofrecían, el médico que buscaba en el cuerpo y las lesiones patológicas su razón, y el psiquiátrico que se dirigía hacia las pasiones. El universo de estas era dominado por la herencia de Descartes, pero a su vez los médicos como Daquin, Willis o Pinel empezaban a escuchar a los enfermos. El origen estaba en los filósofos y los escritores, los confesores y los tribunales. A su vez el mundo psiquiátrico se escindirá entre quienes encuentran lesiones en la base de la enfermedad, así en la PGP, y los que interrogan el alma, como hará el psicoanálisis.

Como mostraron López Piñero y Morales Meseguer en *Neurosis y psicoterapia*, estas ideas vienen de atrás (López Piñero y Morales Meseguer 1970). Tras el interés de Willis y Sydenham por las enfermedades mentales, Hoffmann y Sthal les confieren entidad propia. Se encuentran en estos autores observaciones certeras, así como explicaciones desde la ciencia física o química. Georg Ernst Sthal sabe reunir la plétora intestinal (estancamiento de la sangre en la porta), con trastornos en el curso de los espíritus animales y con sus ideas sobre el principio vital o «anima». Pronto los libros del holandés Hermann Boerhaave –el tercero de la tríada capitolina de los denominados sistemáticos- dominarán la escena universitaria. Aunque mecanicista, también da entrada a ideas humorales antiguas y modernas iatroquímicas. Define con estilo galénico la melancolía, ese delirio sin fiebre, fijado en ideas constantes.

Sobre la etiología, admite tres posibilidades. En primer lugar, nos habla en estilo heredado de Marsilio Ficino sobre los abusos en el estudio, las pasiones, vigilias, soledades o los miedos, así como la histeria, que se dirigirían contra el cerebro y sus fluidos. Pronto Tissot retomará estos temas, al advertir a los estudiosos de sus peligros (Tissot 1775). En segundo, señala como los galenistas un mal ciclo de la sangre, desde su elaboración a su excreción, que relaciona con un mal tratamiento de enfermedades agudas, o también con las teorías de las *sex res non naturales*, con esa mala dieta, que afecta a los hipocondríacos. En fin, en tercero, acepta causas constitucionales, que en cierto modo recuerdan a Juan Huarte de San Juan (Peset 1999) e incluso a don Quijote. Se refiere a hombres de mediana edad, con cualidad oscura, hirsuta y seca, con ingenio agudo pero agrio. Como se afirmará con frecuencia, su agravamiento origina males y sufrimientos; al parecer admite tres grados, al fin en el furor aparece la manía (Boerhaave 1798-1801: II, 236-254).

2. La escuela de Valencia y la melancolía

La enseñanza universitaria se hacía por textos clásicos en viejos tratados, con sus comentaristas. La Universidad de Valencia buscó renovar sus libros, adecuado momento para que Mariano Seguer –en el círculo mayansiano– publicase un breve tratado de patología iatroquímica, el *Enchiridion medicum theorico-practicum* de Joseph Jackson (Jackson 1734; Peset y Peset 1974; Peset 1975). Seguer fue un buen clínico, lector de Hipócrates, Sydenham y Boerhaave, siempre ecléctico pues si Jackson afirma que la melancolía se debe a la acidez de los espíritus animales, él encuentra la causa en los sólidos, que no dejan pasar a los fluidos. El fuerte mecanicismo valenciano –encabezado por Tosca y Seguer en física y medicina (Jiménez Girona 1955; Balaguer Perigüell 1974; Navarro 1985)– se encuentra también en Ignacio Catalán, quien trasladado a Madrid, mantendrá contactos con profesionales de la misma tendencia, algunos procedentes de Alcalá, y también buena relación con médicos reales, a quienes llamaría a consulta para atender a una mujer aquejada de melancolía. Enferma robusta y sanguínea, de probada conducta, afectada por un delirio melancólico, fiebre y ardor de estómago, causado por una proposición deshonesta hecha por alguien a quien consideraba venerable.

Si bien las pasiones de ánimo (ira, temor, miedo o también alegría), pueden causar enfermedades, incluso quitar la vida, Catalán señala la impresión de los agentes externos sobre los sentidos: la luz o el sonido en ojo y oído, así soeces palabras. A través de la membrana auditiva y de los nervios, llegan estas y afectan al cerebro, alterando partes sólidas y líquidas, las meninges extienden así la alteración mecánica al resto del cuerpo. Según Vicente Peset, eran más una *causa* que un *motivo*, pues las pasiones entraban en las hipocráticas (y galénicas) *sex res non naturales*, eran más un mecanismo del cuerpo que del alma. El caso iba a tener buen pronóstico y curación, pese al pesimismo sobre la marcha de este mal. Busca relajar y ordenar las partes sólidas, con medicinas adecuadas y sangría; actúa para recuperar el sueño, debiendo estar al despertar la enferma rodeada de gentes amables y agradables, que hablasen con cariño y de forma grata. Se trataría de una sencilla psicoterapia, concluía Vicente Peset, así la enferma sanó, tal vez olvidaría las atrevidas palabras (Peset 1987: 175-189).

Muy ecléctico y también conocido en las aulas es Johannes de Gorter. No duda de la causa humoral de la melancolía, pero añade las *sex res non naturales*, uniendo los alimentos, las tristezas y pasiones, los estudios, vigilias y vida sedentaria, también la vejez. Pero es interesante y novedoso su hincapié en la herencia, también en la localización en órganos, cerebro, hígado y vena porta, sin olvidar ni los problemas de vientre ni las hemorroidales. Humores y órganos conviven, sin dejar de lado ni la herencia ni la vida poco conforme a las normas médicas. La higiene y la patología se centran en el paso del siglo XVIII al XIX en los órganos. Además se advierte mayor precisión en las enfermedades y su clasificación, juntando la melancolía, la hipocondría y la histeria, surgiendo cercana la dispepsia. El rico cuadro clínico muestra problemas neurológicos y psíquicos, junto a digestivos, gástricos e intestinales, admitiendo el paso entre enfermedades. (Gorter 1752, 58-59 y 137; Gorter 1778, 363-364 y 392-393).

El generoso eclecticismo de Andrés Piquer reúne saberes científicos (física, química, historia natural) al estudio médico y la observación hipocrática. Entran para beneficio de las aulas universitarias las principales doctrinas científicas y médicas, así en sus *Institutiones Medicae* (Piquer 1790; Peset y Cervera 1934). Define la enfermedad en estilo galénico, si bien acepta las reglas de observación de Thomas Sydenham (Laín Entralgo y Albarracín Teulón 1961), insistiendo en los síntomas y siguiendo el curso de la enfermedad, en la que considera leyes permanentes. El ojo del médico clínico se acomoda al del naturalista, mostrando en las enfermedades los movimientos y acciones de la naturaleza, concluyendo con leyes seguras y determinadas. En sus varias ediciones ejemplifica este libro el paso del mecanicismo al vitalismo, buscando explicar la materia viva no solo desde la física y la química, sino desde las leyes de la vida.

Señala Vicente Peset su atenta descripción de la melancolía, que relaciona con la manía (Peset 1987: 191-203), nexo que ya Andrés Velásquez apuntó al afirmar que «manía, y melancolía solo diffieren (como quiere la común escuela de los médicos) en más, o menos» (Velásquez 1996: 56r; Granjel 1994). Si bien las dos enfermedades eran consideradas distintas, se relacionan desde mucho tiempo atrás, así Areteo de Capadocia y Alejandro de Tralles las acercan por sus síntomas, su clasificación o bien su evolución. Si en Hoffmann y Boerhaave la manía es una melancolía agravada, para Richard Mead –al mediar el siglo– hay diferencia de grados, se mueve entre el empeoramiento y la mejoría. «Porque la melancolía cambia muy frecuentemente, antes o después, a la enfermedad maníaca, y, cuando la furia es abatida, la tristeza generalmente retorna más fuerte que antes» (Hunter y Macalpine 1970: 385-388, cita en 387). Se interesa Piquer en la melancolía desde la teoría y la práctica, en sus tratados –*Institutiones* y *Praxis*– y al atender como médico real a Fernando VI. La melancolía borbónica, convertida en grave enfermedad en los últimos años de este monarca, fue serio problema en la corte y el imperio, igual que la locura de Jorge III en Gran Bretaña. Con debates en el Parlamento británico sobre la posibilidad de una regencia, se recurre al clérigo médico Willis. El francés Pinel se refiere a estos problemas, comparables a los de una familia ante la enfermedad del padre –cabeza de la familia, como el rey del imperio, símbolos que fortalecerán la profesión de alienista. (Hunter y Macalpine 1970: 509-514; Pinel 1965: 286-290; AA. VV. 1973)

Philippe Pinel señala que en la manía y la melancolía –especies distintas– es posible entre ellas el paso, sea cambio o agravación. «Algunos (melancólicos), dotados de un carácter más móvil, pasan a un estado declarado de manía, por la sola costumbre de ver u oír alienados furiosos o extravagantes; otros sufren tras varios años, una especie de revolución interior por causas desconocidas, y su delirio cambia de objeto o toma una forma nueva» (Pinel 1965: 145). De ahi la separación de enfermos distintos, en las clasificaciones de los libros, o en las salas de los hospicios, proyecto que Esquirol confiará a la piedra para el nuevo manicomio de Charenton, modelo de muchos europeos. Para Vicente Peset la posición de Andrés Piquer es distinta, al afirmar: «Melancolía y manía son dos términos que designan una misma enfermedad, acompañada de diversos afectos de ánimo; pues cuando la mente enferma es conmovida por el temor o la tristeza, llamamos melancólico al enfermo, y cuando lo es por furor o audacia, maníaco; sin embargo, la misma enfermedad afecta las mismas partes, supone el mismo vicio preternatural y, con vicisitudes alternantes, produce unas veces furor, otras temor, con daño de la razón» (Peset 1987: 200). Serían manía y melancolía una sola enfermedad, que denomina «afecto melancólico-maníaco». Le interesan en su estudio los síntomas, la herencia y la cronicidad, los intervalos lúcidos, la variación estacional… siendo clarividente en esa identificación de ambos estados.

Al acercarse el fin de siglo, es publicada la traducción de *Elementos de Medicina Práctica* de William Cullen, hecha del francés por Bartolomé Piñera. Figura muy importante del vitalismo escocés, sigue el eclecticismo de los grandes autores. Llevado a Francia por Bosquillon y Pinel, estimado por médicos y cirujanos, es un texto moderno, embebido en las ciencias y la clínica médica, difundido en lenguas nacionales para las aulas y el ejercicio médico. Mantiene los tres niveles de almas y funciones clásicas, vitales o naturales, animales e intelectuales, siguiendo el estilo de clasificación *more botanico* de las enfermedades, al estilo de Boissier de Sauvages. Puede ser útil la lectura de sus clasificaciones, si bien son siempre difíciles y no siempre de interés, como se puede ver en sus páginas y en el mencionado libro de López Piñero y Morales Meseguer. Son un complejo balance de observación y teoría, es la época de enciclopedias y diccionarios, de intentar meter en una lista o estadística la naturaleza, lo que vale para animales, enfermedades o palabras.

Colocar, como Cullen propone, la hipocondría (junto a la dispepsia) y la histeria entre las afecciones de las funciones naturales o vitales, muestra la herencia galénica –y anterior– de la relación de la melancolía con las vísceras, así con el hipocondrio o con el útero. Es importante señalar –salvando un error mío anterior (Peset 2010: 207)– que la melancolía se sitúa en su clasificación en las vesanias. Situarla junto al entendimiento y la imaginación, ratifica el legado aristotélico –y renacentista– de vinculación con la poesía y el saber, que pronto el Romanticismo retomará como privilegiada. La lucha entre arte y humanismo, por un lado, y ciencia y medicina, por otro, se plantea de forma enérgica en la Ilustración. Los médicos tratan de retener la melancolía, pero siempre cabalga en otros campos, tal como hizo con el caballero y el escudero cervantinos. De todas formas, todavía en Sigmund Freud y en Kraepelin la melancolía sigue tentando a los psiquiatras. Y para ellos, todavía, su origen y patogenia son de difícil conocimiento. Seguía siendo una enfermedad de dioses y de personas señaladas.

Afirma que «se debe limitar la clase de las vesanias a las lesiones de la facultad de juzgar» y al iniciar las afecciones del intelecto define el delirio. «Se puede, pues, definir el delirio en menos palabras, un juicio erróneo producido en una persona que está despierta por las percepciones de la imaginación, o por un recuerdo falso, y que ocasiona las más veces emociones que no tienen relación con el objeto que las ha motivado. Este delirio es de dos especies, se halla combinado con la pirexia y las affecciones comatosas, o está enteramente exento de esta combinación. La última especie, que yo llamo *locura*, es la única de que voy a hablar aquí» (Cullen 1788-1791: III, 332-347). Asegura antes que es el delirio un juicio falso o errado en una persona despierta, «sobre las relaciones de los objetos que se encuentran con más freqüencia en el curso de la vida, y sobre los que todos los hombres forman el mismo juicio; el delirio es evidente, principalmente quando este juicio es muy diferente del que la misma persona acostumbraba formar habitualmente». Con precisión caracteriza la presencia en ellos de falsas percepciones sin vicio en los órganos sensoriales, también la abundancia de ideas, así como de emociones o pasiones del alma, sean ira o miedo.

Incluye la melancolía en las vesanias, se acerca a ella con prudencia, como un padecer «cubierto y confuso con una teórica dudosa» (Cullen 1788-1791: III, 84-85). Sin duda siguen vivas viejas ideas con siglos de prestigio y elaboración, legado aristotélico, hipocrático y galénico, enriquecido por Marsilio Ficino en el Renacimiento. Puede hablar en el mismo sentido que Philippe Pinel, al distinguir sus observaciones, científicas o filosóficas, de las ideas heredadas, o populares. En cualquier caso, los médicos quieren deslindarse de esa pesada herencia cultural en torno a la melancolía. William Cullen diagnostica esta enfermedad por el humor y el temperamento melancólicos, los miedos y por no centrarse como en la hipocondría en problemas de salud, o en trastornos digestivos como en la dispepsia. Nos dice que presenta el paciente carácter serio y pensativo, «desvarío parcial», «la imaginación o el juicio falsos», también inconsecuencias en otras operaciones del entendimiento y gradación entre locura parcial y universal. Y plantea dudas «ya se considere la melancolía como una locura parcial, o ya como un empeño, o aplicación contumaz a un solo objeto» (Cullen 1788-1791: III, 367-381, citas 375 y 353). Hay en esta y otras enfermedades lesiones cerebrales en los cadáveres, en lo que sigue a Malpighi. Señala rigidez de los sólidos simples, que se muestra en la que presenta el cuerpo y en las disecciones. Además dominio de las venas en el sistema sanguíneo, sequedad del cerebro, y dificultad en la acción de la potencia nerviosa sobre la sensación y la volición. El principio vital del sistema nervioso se manifiesta en el tono de las fibras, por su «atonía» o «espasmo». Por agravamiento (afección orgánica, pasiones y emociones) y «excitamento» se llega a la manía, enfermedad distinta, por este empeoramiento de la melancolía. El mecanicismo está siendo superado por el vitalismo, así se anuncia el pensamiento de Albrecht von Haller, Brown y Broussais. A través de la irritabilidad y sensibilidad se primará la explicación fisiológica a las clasificaciones.

Ante el enfermo, no deben considerarse falsos ni imaginarios los recelos y sensaciones, evitando las chanzas y los razonamientos. Gusta el paciente de cambiar de médico con frecuencia, sobre todo el hipocondríaco, porque piensa que no se le hace caso y se siente desatendido. Son «avaros de medicamentos», es conveniente algún «remedio inocente», nos dice adelantándose al tratamiento con placebos. El médico pierde algunos de estos pacientes, hay que complacer a esos enfermos recelosos y que gustan cambiar, se teme la pérdida de clientela sin duda. «Consiste, pues, particularmente la curación en interrumpir la atención del enfermo, o inclinarla sobre otros objetos distintos de los que la ocupan» (Cullen 1788-1791: III, 343-353, 88-89). Una vez más aparecen las ideas de Ficino y Tissot. Hay que evitar el ocio, la vida indolente, los excesivos placeres en estas vidas de ricos; también proporcionar ocupaciones sin inquietud, emoción o fatiga, pues siempre deben adaptarse a su lugar biográfico y social. La vieja dieta hipocrática se renueva.

3. Un mundo de pasiones: Dios, el pecado y la revolución

Lector de William Cullen, para Philippe Pinel (Postel 1981; Weiner 1999; Pigeaud 2001) la alienación mental supone lesiones del entendimiento, cuyas facultades y funciones han de ser conocidas, a través de Locke y Condillac, para averiguar los tipos de enfermedades (Pinel 1813: III, 97-98, 36-56). Retoma de aquel autor y del vitalismo de la escuela de Edimburgo la consideración de la melancolía como vesania o el interés por las clasificaciones. La melancolía supone delirio centrado en un objeto, o una serie, mostrando el enfermo aire soñador y taciturno, con sospechas tenebrosas y búsqueda de la soledad. En el camino hacia la monomanía de Esquirol, no hay agresividad, salvo en la quimera que lo domina (Pigeaud 2005). Posee el enfermo ejercicio libre del entendimiento, con variable humor, desde la alegría a la desesperación. Siempre estos cambios en los afectos y sentimientos están en la base de esta enfermedad, oscilante y proteiforme, por desgracia siempre recurrente.

Su excelente formación, primero en temas clásicos y humanistas, luego en ciencia y medicina, le permite conocer el hipocratismo clásico y renovado en la Ilustración, el mecanicismo y el vitalismo (Peset 1993 y 2003). Alterna explicaciones científicas de la enfermedad con la descripción de los síntomas y el curso de las enfermedades (en espera de encontrar lesiones en el cuerpo), encauzadas por la naturaleza, en el camino heredado de Sydenham. Pero a las dudas sobre las clasificaciones y la esencialidad de la enfermedad, se une la introducción arrolladora de las pasiones en el estudio de las enfermedades del alma. López Piñero y Morales Meseguer atribuyen al fracaso en los estudios fisiopatológicos y anatomopatológicos esa «pura descripción externa de fenómenos» (López Piñero, Morales Meseguer 1970: 48-52, cita en 50). Pero ese interés por los síntomas psíquicos supone la gran novedad de Philippe Pinel. Orientado ante todo a la curación de los enfermos, se preocupa de las observaciones clínicas de herencia hipocrática y sydenhamiana, del tratamiento, de las reglas y cuidados a dispensar en los hospicios en que son encerrados.

Aunque del mundo británico tome este interés por las pasiones, no menos procede de la herencia en lengua francesa. Estos movimientos del alma deben ser dominados para Descartes, mimados para Rousseau, pues son nuestra naturaleza. La difícil adaptación en la educación y en la vida a la sociedad, se refleja en un mundo de pasiones y emociones. La consideración de la edad y el sexo, el trabajo y la modernidad, la revolución y la guerra son la principal aportación de Philippe Pinel, muestra de su admiración por Rousseau, quien tanto se ocupó de enfrentamientos y conflictos del individuo en la naturaleza y en la sociedad. El tratamiento moral, que combina pecado con moral y política fue su tema segundo, controlando la vida del enfermo en los nuevos hospitales, que él reformó y mejoró y que Esquirol diseñaría y cimentaría a partir del nuevo Charenton (Thompson y Goldin 1975). Se produce también de forma paralela el nacimiento de la higiene pública, que continúa a la privada, como herencia del escrito hipocrático *Sobre los aires, las aguas y los lugares*. Es momento de redescubrimiento del padre de la medicina, en el mundo universitario de Montpellier y

París y en el filológico en las ediciones del médico y estudioso griego Coray (Andréani, Michel y Pélaquier 2000; Coray 1808).

Al comenzar la presentación de sus observaciones de la enfermedad, se deja arrastrar por la tradición, pues el Romanticismo se acerca. Así introduce gentes distintas, sabias y poderosas en un apartado de su *Traité* que denomina «Acepción vulgar del término de melancolía», mencionando personajes importantes de la historia, sea por su tiranía como reyes y emperadores (Luis XI o Tiberio), sea por sus elevadas cualidades y contribuciones. Junto a ellos, se añadirán los enfermos que día a día amargan a familiares y amigos. Se centra su interés luego en el capítulo «La melancolía considerada como vesania», siguiendo la enseñanza de William Cullen, donde recoge casos observados en los hospitales. Resulta muy interesante, que al retomar el tema en *Nosographie philosophique* dedique abundantes páginas a relatar, en el estilo de Tissot, las desgracias de esos reyes, sabios, escritores y artistas. Nos sorprende pasando rápido sobre la tradición clásica, así los escritos de Areteo o las doctrinas de Galeno, dando escaso interés a un posible temperamento melancólico, o a una disposición primitiva. Le interesa en esos enfermos el frecuente carácter agrio y salvaje, la misantropía: se ocultan, permanecen aislados en el fondo de su celda... Otros, presentan sin embargo un aspecto normal, pero solo hasta que el delirio estalla. La melancolía no cura bien, insiste Philippe Pinel, manifestando la misma opinión que se repite una y otra vez en los escritos médicos.

Acerca de la etiología de la enfermedad, en la misma *Nosographie philosophique* repite los temas heredados: junto a una disposición primitiva, señala tristezas, disgustos, trabajos y esfuerzos, obligaciones y empeños, miedos, ocio y estudios, abusos venéreos o de drogas y bebidas, enfermedades mal tratadas (Pinel 1813: III, 91-96). En sus historias clínicas se resaltan dos grandes temas causales de la melancolía, lógicos en los tiempos que se viven, en que el régimen absolutista y religioso está siendo sustituido por otro democrático y laico. La religión y la revolución estarían alterando las mentes de los personajes que el psiquiatra contempla. Uno de ellos, al ir a ser liberado por los revolucionarios, firmó como «Cristo» en el papel, en una emulación real de la historia que nos cuenta el barbero en casa de Alonso Quijano (*Quijote*, segunda parte, cap. 1), cuando este andaba preparando su segunda salida. Un loco en el hospital de Sevilla, al ir a ser liberado por mandato del arzobispo, ante las amenazas de otro que afirma ser Júpiter, responde que él mismo era Neptuno. Si uno intimida con sequías, el otro bendice con lluvias.

Como enemigo del Antiguo Régimen, en su *Traité* las ideas religiosas son agravantes en la enfermedad. Así en un viticultor obsesionado por predicaciones y ansias de martirio, que mataría creyendo ser una cuarta persona de la Trinidad. Fracasa intentando curarlo con clásicos literarios que hablan de la religión natural (Racine y Voltaire), y con el ejemplo de hombres ilustres (Trajano, Marco Aurelio o Tito). Hace remontar en *Nosographie philosophique* a Epicteto, Platón, Séneca y Plutarco la relación entre medicina y filosofía moral, ambas enseñan el necesario dominio de las pasiones (Pinel 1813; III, 54-55). La relación entre la idea moral de la locura y el tratamiento moral ha sido analizada con cuidado por Gladys Swain (2009: 103-120). Pero la lección de clasicismo, ética y estoicismo, dada por alguien que conocía bien esas lecturas, va a ser inútil para el pobre paciente, tan sólo aumenta su furia el alienado, y entonces lo abandona. También con la razón enferma por la devoción, un enfermo que ha sido monje sueña una noche con la Virgen María y algunos espíritus bienaventurados, se convence de matar a un compañero incrédulo, lo que habría de valerle una dura reclusión (Pinel 1965: 255, 72-78, 141-142; Queneau 2004: 227-238).

Sin duda se vive el resurgir de diablos y saturnos en las pinturas negras de Goya, que nos remiten a los «desastres» bélicos. Los demonios llenan las crueles y devastadoras guerras que van de la Revolución francesa –y antes la norteamericana– a las revueltas liberales de 1848, sin olvidar desde luego las napoleónicas. Si Benjamin Rush había señalado que con la Guerra de Independencia de las colonias americanas había aumentado el sufrimiento, sea por influjo de las pasiones, sea por falta de higiene en la asistencia en tiendas y hospitales (Rush 1792), pronto en Francia y en Europa esta doctrina se hará canónica. En este incremento, sin embargo, no podemos olvidar el aumento de la población y de la longevidad, así como la mejora de la psiquiatría (teoría y profesión), tal como sucede en nuestros tiempos con el cáncer. Sin duda, emociones y pasiones son esenciales para comprender la enfermedad, en la Ilustración y más en el Romanticismo. Pueden estos hechos y teorías recordarnos el aumento de neurosis de guerra en el siglo XX con sus terribles conflictos bélicos. Así, uno de los casos de Pinel será el de unos soldados austriacos prisioneros de guerra, que morirán encerrados ante el horror de la guillotina.

4. Guerras y revoluciones: reyes, nobles, burgueses y artistas

Tras caer en el patíbulo el rey Luis, su imagen de monarca es permanente eje de las obsesiones. Así en la historia clínica de un intendente arruinado y aprisionado en la Revolución: aterrado por su posible condena es enviado al hospicio de Bicêtre, donde termina pensando ser rey de Francia. Otro paciente asimismo empobrecido, se sienta en el trono del emperador. Un abogado que pierde a su hijo y con ello la razón, se considera rey de Córcega. Los terribles cambios sociales, políticos y bélicos, con las persecuciones y condenas, tienen paralelo en los enfermos observados por Philippe Pinel. También en el apartado dedicado a la manía sin delirio, vemos escenas terribles, que el médico aconseja olvidar. Hordas bárbaras, que califica de bandidos, tras matanzas en las prisiones entran en los hospicios buscando víctimas del despotismo, encuentran un enfermo que razona y quieren soltarlo. Sin embargo, con la emoción el paciente cogerá un sable y se lanzará al ataque. Las guerras –y sus diablos– enloquecen a los hombres. Si bien la Revolución, en su revuelta de ideas, lugares o fortunas pudo disipar los vapores melancólicos en la historia clínica de una dama (Pinel 1965: 153-155, 139-141).

Resultan enormemente sugestivas las páginas que dedica en *Nosographie philosophique* al tratamiento de la melancolía en el antiguo Egipto, donde según nos dice abundaban los templos de Saturno. Los sacerdotes con sus ritos, ceremonias, músicas, ejercicios y adornos conducían a los enfermos en un ambiente alegre a la curación. «Los cantos más agradables, los sonidos más melodiosos encantaban a menudo sus oídos; se paseaban por jardines floridos, en bosquecillos adornados con cuidada arte; tan pronto se les hacía respirar un aire fresco y salubre en el Nilo, en barcos decorados en medio de conciertos campestres, como se los conducía a islas alegres donde, bajo el símbolo de alguna divinidad protectora, se les procuraba espectáculos nuevos e ingeniosamente preparados, con compañías agradables y escogidas; en fin, en todo momento estaban dedicados a alguna escena alegre, a danzas grotescas, a un sistema de diversiones variadas y sostenidas por ideas religiosas». Esta interesante reunión de temas clásicos con modernos, de influencias médicas y religiosas es de enorme interés. También la acción de la naturaleza o bien la belleza en la curación, en especial de la melancolía. El mismo Pinel irá aceptando en el futuro el posible papel de las ideas religiosas como paliativo, así como el efecto que algunas ceremonias sagradas tenían sobre los presuntos poseídos por el diablo. Así en el *Traité* nos proporciona la espectacular ceremonia del Santo sudario en Besançon (Pinel 1813: III, 99-100; Pinel 1965: 245-248).

Médicos y escritores se deleitan con la versatilidad de un mal tan proteiforme, cuyas fases son conocidas desde el Renacimiento, incluso desde la Antigüedad. Pinel señala esos cambios en la enfermedad, que ya están mostrados en Timothy Bright, pero también en Hamlet y en Alonso Quijano (Bright 2004; Hunter y Macalpine 1963: 36-40; Bartra, 2001: 168-169 y 178-180). Esas variaciones de talante se emplean en el arte (escrito, hablado o plástico), mientras los teóricos los relacionan con el estudio y la creación, con distintas formas de diferencia. En el Romanticismo los pintores insistirán en dichos contrastes, así en el cuadro de François-Marius Granet (Museo Fabre, Montpellier) que muestra a Michel de Montaigne visitando a Torcuato Tasso (1820). Se presenta la pena consolando a la furia, en dualidad resaltada por los contrastes de luz. En otra pintura de mano de Fleury-François Richard (1821) –en el Musée des Beaux-

Arts de Lyon– ese mismo encuentro se efectúa en un subterráneo, bajo una escalera que desciende desde brillante luz, significando la caída al averno del poeta enfermo. Sin duda, en el paso del siglo XVIII al XIX la locura es motivo principal de muchas imágenes románticas. Incluso más allá, interesará la prisión de Tasso a Delacroix, interés que recogerá Baudelaire y a su través Odilon Redon (Redon 2012). Con alegría descubro, leyendo con mayor cuidado la *Nosographie philosophique*, que también Pinel retoma el caso de la enfermedad del gran poeta (Pinel 1813: III, 95-98; Tasso 2007).

Con enorme interés para la medicina y el arte, esa sorprendente alteración del comportamiento se presenta con causas visibles o no, terrenales o trascendentes. Se relaciona casi siempre con pérdidas y duelos, muertes y desamores, miedos y terrores, ruinas, revoluciones y guerras. Se oscila entre orgullo, riqueza y poder y pesadumbre y desesperación; entre humor estable y alegría y cambios y disgustos, con acritud y misantropía, en busca del suicidio a veces. En enfermos encerrados hasta treinta años, su delirio cambia de forma o de objeto, o bien otros caen en la manía por contemplar a pacientes agitados (Pinel 1965: 142-148). Recomendará Pinel por todas estas razones su clasificación y separación por enfermedades distintas, lo que Esquirol modelará al proponer en el manicomio de Charenton salas separadas para cada diagnóstico. Se quiere alejar las ideas obsesivas con formas distintas de vida, en el hospital y lejos del medio familiar y social del enfermo. Siempre se prefiere un severo régimen moral y físico en la etapa de acceso, luego en intervalos de calma y en la convalecencia una vida muy activa y ocupada. En enfermos que tienden al suicidio (mal británico y francés), con el tratamiento moral sus violentas pasiones deben ser contrarrestadas con emociones fuertes y consolidadas. Una impresión enérgica y brusca –por ejemplo, los baños– podría rectificar la mente melancólica (Pinel 1813; III, 98-100). También el mismo miedo que sufren ante sus intentos de muerte, a veces actúa rectificando la mente. En fin, el trabajo o el cambio de aires y gentes son formas de curación.

5. De nuevo en Valencia: fin de una época

Fue importante en la Universidad de Valencia la enseñanza de Medicina Clínica de Félix Miquel, profesor dotado de profesionalidad, vocación ecléctica y deseo de novedad. Sus lecciones sobre melancolía, recogidas por un discípulo, son bifrontes: «Consiste en un delirio primitivo, constante, y limitado a un objeto favorito, sin calentura aguda, y acompañado de desconfianza y pasiones llevadas al extremo». Si Galeno está presente, también la medicina de las pasiones: la enfermedad se debería, entre otras causas, a «pasiones de ánimo», a «meditaciones profundas», «deleites sensuales» y «abuso de narcóticos». Ciertamente, Hipócrates, Rousseau y sus admiradores Tissot y Pinel están presentes en sus lecciones. La mención del cruel Tiberio nos recuerda a Pinel, la de don Quijote a Cervantes. Son personajes flacos, con color aplomado, propensos a la cólera y las pasiones. «Forman juicios falsos sobre un objeto particular, y raciocinan con mucho tino sobre los demás: son taciturnos y aman ciegamente la soledad» (Sanz Muñoz 1820: III, 80-89, citas en 80; Navarro 1998; Novella 2012) Tiene etiología semejante a la hipocondría, pero asienta en sujetos predispuestos, con temperamento y constitución heredados y adecuados a esta patología. Para la curación deben preferirse los tratamientos morales, viajes, música, cualquiera que combata la idea quimérica y exclusiva. Si hay retención de vientre, se recurre a otros como lavativas y purgantes, a la sangría en casos de plenitud o falta de evacuaciones sanguíneas. Además baños sorpresa, mejor tibios –no fríos– de agua termal o natural, pues moderan la rigidez. Las enseñanzas de Cullen también están presentes.

Hipócrates y Sydenham son sus guías fundamentales en la observación; en la práctica docente quiere establecer una clasificación de enfermedades que las relacione con las lesiones que producen en el cuerpo. Están presentes en sus enseñanzas la mentalidad anatomo-clínica, la escuela de Viena, las nosotaxias ilustradas e incluso el sistema de Brown. Toma como guía –en el camino entre Boissier de Sauvages y Esquirol– la primacía del objeto que al paciente obsesiona. Así en la melancolía hipocondríaca o parcial, hay juicio falso sobre el cuerpo y su salud; suelen ser gentes ricas u ociosas, de talante y temperamento hipocondríaco, con reveses de fortuna, o dedicados al estudio, como señalan Ficino o Tissot. Los clásicos médicos griegos, la literatura del siglo de oro están presentes, en quienes se creen de paja, barro o vidrio, o bien ser gallos, lobos, perros… temen el veneno, a criminales asesinos o a la justicia. El miedo a los accidentes de salud, «les hace ver abierto el sepulcro» (Sanz Muñoz 1820: III, 83). Gustan de quietud y soledad, pero frecuentan a los médicos. Por el contrario, la melancolía moria, aporta la felicidad de creerse reyes, ricos, o bien dioses. La que denomina atónita lleva a la inacción y al olvido de obligaciones, incluso del alimentarse; muestran quietud, silencio: no responden, encerrados en sus ideas, en un medio social sin embargo agradable e incluso alegre. El melancólico errático, muestra por el contrario inquietud, cambios de postura, huidas pues son temerosos, vagando en especial en la noche.

Notable es la melancolía amorosa, con amplia tradición cultural y distinta de la satiriasis y la ninfomanía. Amantes no correspondidos o celosos, que en sueños ligeros y tristes ven al ser amado; poco aseados, taciturnos y distraídos, cambian de color y se acelera el pulso al contemplar o bien oír hablar de su amor. Tal vez es cita de la tradición de Hipócrates, de quien se asegura trató al hijo de

Alejandro advirtiendo en esos síntomas la pasión del joven (Coray 1808: 31-32). Puede haber además recuerdo de don Quijote, pues afirma que reverencian a sus queridas como divinidades, que consideran en cualquier mujer. También enlaza con la historia de la melancolía, al señalar en el matrimonio el remedio, no olvidemos a Lope y sus médicos recomendando en *Los locos de Valencia* el matrimonio (si bien fingido para enfermos fingidos) ante la enfermedad mental. Si no es posible, hay que señalar los defectos del ser amado, o bien recurrir a actividades físicas o morales, trabajos, cansar el cuerpo o distraer la atención. La regulación de la actividad sexual es tema médico, que comienza con las *sex res non natuales* y que llega a la higiene moderna, en Tissot o bien entre nosotros en Monlau. La medicina (psiquiatría, higiene, medicina legal) se orientará al control de la sexualidad femenina, así como al de las pasiones en el interior del matrimonio.

La melancolía que llama religiosa supone tristeza y temor, miedo a la condena eterna, incluso peligro de suicidio. Se agrava en las predicaciones de las misiones, «la pintura minuciosa que en ellas se hace de la multitud de pecados, del juicio riguroso de un Dios irritado, y de los eternos tormentos de los condenados, bastan para trastornar la cabeza de las mugeres, y otras personas muy sensibles y tímidas» (Sanz Muñoz 1820: III, 84-85). El tratamiento puede ser medicamentoso, o bien confiar en la esperanza divina. La melancolía suicida es considerada propia de ingleses, repite tal vez con Pinel, pero lo es de pusilánimes con infortunios en cualquier parte, despreciando el vivir. La nostálgica supone amor por la nación, la familia o los amigos. Pena, desvelos, inapetencia… frecuente entre gallegos y asturianos… también en los ejércitos. Tiene que ver con la educación y las costumbres, menos con el origen social. En sujetos educados en el lujo y con afeminación se presenta en casos de ruina, también cuando habitan con gentes extrañas y poco acogedoras, o bien viven en sujeción añorando la libertad, a los familiares y amigos. Quienes proceden de orígenes rústicos la padecen por tedio y languidez, en una vida ociosa y sedentaria, recordando anteriores ocupaciones, o bien su país de origen. Conviene allí devolverlos, o proporcionarles sociedad alegre, con convites, espectáculos, comodidades, para unos; para los que son trabajadores y están ociosos, mejor el trabajo corporal.

Su tratamiento es pues moral, amable con los enfermos (incluso los maníacos), alejando al enfermo de parientes y amigos, dosificando y alternando ocupaciones, encierros y privaciones, mejor sin duda que golpes y ligaduras. En agitados conviene aislamiento oscuro y silencioso, en tranquilos aumentar la amabilidad, «mayor humanidad y benevolencia». En el camino a la curación, aumentar la libertad, la cortesía y las buenas respuestas, el trabajo corporal, esperando a la salud para permitir el retorno con las familias. Se recomienda también dieta y la bata o camisa estrecha, tal como se hace en las «naciones cultas». Sus palabras hablan de contrarrestar pasiones: «Nada se omitirá para inspirarles afecciones morales enteramente opuestas a su pasión dominante...» (Sanz Muñoz 1820: III, p. 96) El desorden de la vida humana, que se aleja de la naturaleza, está en el origen de la enfermedad (Esquirol y Daquin 2000). Son temas moralizantes que se reflejan en la medicina y también en el arte. Así en las páginas de la ópera Eugenio Oneguin –a partir de Pushkin– se puede ver esta destrucción por la vida disoluta y ciudadana, frente a la moralidad rural.

No me resisto a hacer un paralelo con un ilustre oficial de marina nacido en Oliva, Gabriel Ciscar y Ciscar, quien tras ocupar primeros puestos en la armada y en la política, tiene que exiliarse a Gibraltar perseguido por el rey absoluto y los franceses. En la publicación tardía de sus poemas, se nos muestra como un mal poeta clasicista, enamorado de la antigüedad y de la lengua castellana. Toma de Horacio y Ovidio sentencias morales, en las que se prescribe el dominio de las pasiones, siguiendo sin saberlo las enseñanzas de Pinel. También las de Tissot cuando nos habla del peligro del exceso de trabajo y la necesaria distracción con estas ligeras obras. «La composición de estos versos desaliñados proporcionó, durante la juventud, una distracción honesta que separando el entendimiento de meditaciones profundas contribuyó poderosamente a que conservase la cabeza en un estado regular hasta la edad de cincuenta y cuatro años; y espero que su publicación me proporcionará un entretenimiento, no menos inocente, necesario para no acabar de perderla, con la consideración de mis padecimientos, a los sesenta y cinco muy cumplidos» (Ciscar 1825: Prólogo, s.p.). Los versos permiten descansar al arco siempre tensado de su vida, siempre sin descanso y empleada en materias intrincadas. Unos malos versos –que recordaban sus lecturas, amores, patria y saberes– permitieron tal vez la muerte apacible en el exilio de un hombre bueno.

Referencias bibliográficas

AA. VV. (1973): *Moi, Pierre Rivière, ayant égorgé ma mère, ma soeur et mon frère...* París: Gallimard, Julliard. [Présentation Michel Foucault].

ANDREANI, Roland, Henri MICHEL y Elie PELAQUIER (eds.) (2000): *Hellénisme et Hippocratisme dans l'Europe méditerranéenne: autour de Coray.* Université Paul-Valéry Montpellier III.

ARISTÓTELES (1996): *El hombre de genio y la melancolía.* Barcelona: Quaderns Crema, S.A. [Introducción Jackie Pigeaud, traducción Cristina Serna].

ARISTÓTELES (2004): *Problemas.* Madrid: Editorial Gredos [Introducción, traducción y notas de Ester Sánchez Millán].

BALAGUER PERIGÜELL, Emilio (1974): *La introducción del modelo físico-matemático en la medicina moderna*. Valencia/Granada: Facultad de Medicina de Valencia/Granada, Facultad de Medicina de Granada.

BARTRA, Roger (2001): *Cultura y melancolía. Las enfermedades del alma en la España del siglo de Oro*. Barcelona: Editorial Anagrama.

BARTRA, Roger (2004): «Doce historias de melancolía en la Nueva España», *Frenia. Revista de Historia de la Psiquiatría*, 4, 1, pp. 31-52.

BATLLORI, Miguel (1966): *La cultura hispano-italiana de los jesuitas expulsos Españoles – Hispanoamericanos – Filipinos 1767 – 1814*. Madrid: Editorial Gredos.

BOERHAAVE, Hermann (1798-1801): *Aphorismi de cognoscendis, et curandis morbis*. 2 partes, Madrid: Ex Typographia Villalpandea [Edición de Juan Bautista Soldevilla].

BRIGHT, Timothy (2004): *Un tratado de melancolía*. Madrid: AEN [Notas Mauricio Jalón, traducción M.ª José Pozo y Esteban J. Calvo, revisión Rosario Ibañes].

CEGLIA, Francesco Paolo de (2009): *I fari di Halle. Georg Ernst Stahl, Friedrich Hoffmann e la medicina europea del primo Settecento*. Bolonia: Societá editrice il Mulino.

CISCAR, Gabriel (1825): *Ensayos poeticos*. Gibraltar: Librería Militar.

CORAY, Doctor (1808): *Tratado de Hipócrates de los ayres, aguas y lugares*. Madrid: Imprenta de la Calle de la Greda.

CULLEN, Guillermo (1788-1791): *Elementos de Medicina Práctica*, 4 vols. Madrid: Benito Cano [Traducido de la 4ª. edición inglesa al francés por Bosquillon y al castellano por Bartolomé Piñera y Siles].

ESQUIROL, Étienne (2000): *Sobre las pasiones consideradas como causas, síntomas y remedios de la alienación mental*, y Joseph Daquin, *La filosofía de la locura*. Madrid: AEN [Prólogo de José Luis Peset, traducción M.ª José Pozo].

FOUCAULT, Michel (2012): *Un peligro que seduce*. Valladolid : Cuatro Ediciones. [Texto establecido y presentado por Philippe Artières, traducción Rosario Ibañes y Julián Mateo Ballorca, entrevista con Claude Bonnefoy].

GARCÍA BALLESTER, Luis (1972): *Alma y enfermedad en la obra de Galeno. Traducción y comentario del escrito* Quod animi mores corporis temperamenta sequantur. Valencia, Granada: Facultad de Medicina de Valencia, Facultad de Medicina de Granada.

GARZONI, Tomaso (2000): *El teatro de los cerebros. El hospital de los locos incurables*. Madrid: AEN [Int. Mauricio Jalón, trad. Marciano Villanueva Salas].

GORTER, Joannis de (1752): *Praxis medicae systema. Editio prima Italica ab Auctore ipso emendata atque aucta*. Padua: Typis Seminarii, Apud Joannem Manfrè.

GORTER, Joannis de (1778): *Medicina Hippocratica exponens Aphorismos Hippocratis (...) Editio quinta Italica*. Padua: Typis Seminarii, Apud Joannem Manfrè.

GRANJEL, Mercedes (1994): «Tristeza sin causa: la melancolía según Andrés Velásquez», en *Historia y Medicina en España. Homenaje al Profesor Luis S. Granjel*. Valladolid: Junta de Castilla y León, pp. 105-118.

HIPÓCRATES (1773): *Hippocratis Aphorismi, atque Praesagia latine versa Cum Recognitione, et Notis Andrae Pastae*. Valencia: Typis Salvatoris Faulì.

HUNTER, Richard e Ida MACALPINE (1963, rep 1970): *Three Hundred Years of Psychiatry 1535-1860*. Londres: Oxford University Press.

JACKSON, Joseph (1734): *Enchiridion medicum theorico-practicum*. Madrid: Antonio Marín.

JIMÉNEZ GIRONA, José (1955): *La medicina de Baglivi*. Madrid: CSIC.

KNOEFF, Rina (2002): *Hermann Boerhaave (1668-1738). Calvinist chemist and physician*. Amsterdam: Koninklijke Nederlandse Akademie van Wetenschappen.

LAÍN ENTRALGO, Pedro (1970): *La medicina hipocrática*. Madrid, Revista de Occidente.

LAÍN ENTRALGO, Pedro y Agustín ALBARRACÍN TEULÓN (1961): *Thomas Sydenham*. Madrid: CSIC.

LÓPEZ PIÑERO, José M.ª y José M.ª MORALES MESEGUER (1970): *Neurosis y psicoterapia. Un estudio histórico*. Madrid: Espasa-Calpe.

NAVARRO, Jorge (1998): *La introducción de la clínica en Valencia. Félix Miquel y Micó 1754-1824*. Valencia: Ayuntamiento.

NAVARRO, Víctor (1985): *Tradició i Canvi Científic al País Valencià Modern (1660-1720)*. Valencia: Tres i Quatre, Eliseu Climent, Editor [Prólogo J. M.ª López Piñero].

NOVELLA, Enric J. (2012): «Locura, opinión pública y medicina mental en los orígenes de la España contemporánea», *Medicina e Historia*, nº 1, quinta época, pp. 3-18.

PESET, José Luis (1983): *Ciencia y marginación*. Barcelona: Crítica.

PESET, José Luis (1993): *Las heridas de la ciencia*. Valladolid/Salamanca: Junta de Castilla y León/Consejería de Cultura y Turismo.

PESET, José Luis (1999): *Genio y desorden*. Valladolid: Cuatro ediciones.

PESET, José Luis (2003): «Philippe Pinel's Hippocratic Revolution», en Filiberto Fuentenebro, Rafael Huertas y Carmen Valiente (eds.), *Historia de la Psiquiatría en Europa. Temas y tendencias*. Madrid: Frenia, S. C., pp. 93-106.

PESET, José Luis (2010): *Las melancolías de Sancho. Humores y pasiones entre Huarte y Pinel*. Madrid: AEN.

PESET, Mariano y José Luis PESET (1974): *La Universidad española*. Madrid: Taurus.

PESET Y CERVERA, Vicente (1934): *Andrés Piquer (recuerdo apologético de la excelsa figura del siglo XVIII)*. Valencia: Imprenta Hijo de F. Vives Mora.

PESET, Vicente, (1975): *Gregori Mayans i la cultura de la Il.lustració*, Barcelona, Valencia, Curial, Tres i Quatre [Prólogo de Antonio Mestre].

PESET, Vicente (1987): *Estudios históricos sobre la Psiquiatría española*. Valencia: Edicions Alfons el Magnànim/Institut d'Estudis Juan Gil-Albert [Int. J. M.ª López Piñero y J. A. Micó Navarro].

PIGEAUD, Jackie (2001): *Aux portes de la psychiatrie*. París: Aubier.

PIGEAUD, Jackie (2005): «La mélancolie des psychiatres. Esquirol: De la lypémanie ou mélancolie», en Jean Clair (dir.), *Mélancolie génie et folie en Occident*. París: Gallimard, pp. 386-395.

PINEL, Philippe (1965): *Traité médico-philosophique sur l'aliénation mentale, ou la manie*. París, An IX, Chez Richard, Caille et Ravier. Edición facsimilar. París: Monumenta Medica, Cercle du Livre Précieux.

PINEL, Philippe (1813): *Nosographie philosophique, ou la méthode de l'analyse appliqué a la medicine*. 3 vols., 5ª. ed. París: Chez J. A. Brosson.

PIQUER, Andrés (1790): *Institutiones Medicae ad usum Scholae Valentinae*, 3ª. ed. Madrid: Ibarra.

POSTEL, Jacques (1981): *Gènese de la psychiatrie: les premiers écrits de Philippe Pinel*. París: Le Sycomore.

QUENEAU, Raymond (2004): «El Diablo y la Revolución francesa (1802)», en *En los confines de las tinieblas. Los locos literarios*. Madrid: AEN [Int. Madeleine Velguth, trad. Julián Mateo Ballorca].

REDON, Odilon (2012): *Baudelaire, Poe, Mallarmée, Flaubert Interpretados por…* Barcelona: Ediciones de La Central [Edición Alexandra Strauss, trad. Manuel Arranz].

REQUENO Y VIVES, Vincenzo (1782): *Saggio d'un' Esame Filosofico intorno Alla Natura, al Numero, e alla Qualità De' Matti sempre essistenti Nella Civile Società, Composto pell'intertenimento della Nobilissima e Savissima Sig. Marchesa Rosa Colloredo Gavassini*, Bologna 1º di Luglio 1782 (tachado 1792, 1802). Biblioteca Nazionale Centrale di Roma, Mss. Gesuitici: 226.

REQUENO Y VIVES, Vicente (2008): *Escritos filosóficos*. Zaragoza, Huesca, Teruel: Prensas Universitarias de Zaragoza, Departamento de Educación, Cultura y Deporte del Gobierno de Aragón, Instituto de Estudios Altoaragoneses, Instituto de Estudios Turolenses [Edición, introducción y notas de Antonio Astorgano Abajo, prólogo Jorge M. Ayala Martínez].

RUSH, Benjamin (1792): «Recherches et observations de médecine», *Journal de Médecine, Chirurgie, Pharmacie*, t. 91, pp. 92-100 [Notas tomadas de *Medical Inquiries*, Filadelfia, 1791].

SANZ MUÑOZ, Ángel (1820): *Compendio de medicina practica arreglado a las explicaciones del doctor don Felix Miquel*. 3 vols., 2ª. ed. ampliada. Valencia: Imprenta de Estévan.

SEGARRA, Jaime (1596): *Iacobi Segarrae Alonensis, commentarii physiologici*. Valencia: Ex Typographie Petri Patricii Mey.

SWAIN, Gladys (2009): *Diálogo con el insensato*. Madrid: AEN [Trad. Julián Mateo Ballorca].

TASSO, Torquato (2007): *Los mensajeros*. Valladolid: Cuatro Ediciones. [Edición Mauricio Jalón, trad. Marciano Villanueva Salas].

TERREROS Y PANDO, Esteban de (1787): *Diccionario castellano con las voces de ciencias y artes y sus correspondientes de las tres lenguas francesa, latina é italiana*. Vol. II. Madrid: Viuda de Ibarra, hijos y compañía.

THOMPSON, John D. y Grace GOLDIN (1975): *The Hospital: A Social and Architectural History*. New Haven, London: Yale University Press.

TISSOT, M. (1775): *De la santé des gens de lettres*. Lausanne: Franç. Grasset & Comp.

VELÁSQUEZ, Andrés (1996): *Libro de la melancholia* (1585). Madrid: Extensión [Con transcripción y y edición facsimilar del ejemplar en The Hispanic Society of America, ofrecido por Janssen Farmacéutica].

WEINER, Dora (1999): *Comprendre et soigner. Philippe Pinel (1745-1826). La médecine de l'esprit*. París: Fayard.

Los tratados de mecánica franceses traducidos al español (siglo XIX)

M. Julia Pinilla
Universitat de València-IULMA-TRADCYT
Antonia Montesinos
Universitat de València-TRADCYT
M. Elena Jiménez
Universidad de Sevilla-TRADCYT

Introducción

Como es sabido, durante el siglo XVIII y gran parte del XIX la lengua francesa tuvo un papel relevante en Europa y por ende en España. Las traducciones de obras francesas llevadas a cabo en ese periodo fueron tan numerosas que abarcaron todos los campos especializados, tanto de la ciencia como de la técnica. Muchas de ellas tuvieron como finalidad la formación de ingenieros y artesanos impartida en las escuelas industriales. En este trabajo, presentaremos un repertorio de traducciones de mecánica y analizaremos las traducciones de tres autores franceses: L.B. Francoeur (1773-1849), S.D. Poisson (1781-1840) y Ch. Delaunay (1816- 1872).

Desde mediados del siglo XVIII, la inquietud por el desarrollo de la industria y de la agricultura como motores capaces de mejorar la economía del país se manifestó de distintas maneras. Por un lado, el ministro Campomanes (1723-1803) inspiró leyes reformistas para implantar una educación popular que contemplase la formación de los artesanos[1].

Por otro lado, según Cano Pavón (1996) las industrias recién creadas procuraban igualmente dar formación especializada a determinados trabajadores:

> En las nuevas industrias creadas por iniciativa regia en diversos lugares del país a lo largo del siglo XVIII se adoptó el modelo de fábrica-escuela, en las que se procuraba la formación de personal especializado siguiendo las etapas previstas en la estructura gremial (1996: 14).

El siglo XIX desarrolló la labor formativa iniciada en el XVIII. En 1802, Agustín de Betancourt (1758-1824) ingeniero español, después de su paso por l'*École des Ponts et Chaussées* de París, creó y dirigió la Escuela de Caminos en los jardines del Buen Retiro de Madrid. La formación técnica se impartió principalmente en los Reales institutos industriales creados para tomar el relevo de los Conservatorios cuya enseñanza iba destinada a los artesanos.

---

1 *Vid.* Rodríguez Campomanes (2009).

En 1850 vio la luz el Real Instituto Industrial de Madrid y se instituyó la Escuela industrial de Barcelona mediante el Real Decreto de 4 de septiembre[2]. Ese mismo año nació la Escuela industrial de Sevilla, de corta andadura ya que se cerró en 1856 (Cano Pavón 1996). Dos años más tarde (1852) se fundó la Escuela Industrial de Valencia para sustituir el Conservatorio de Artes dedicado, como ya hemos dicho, a la formación de artesanos. La Escuela como tal ejerció hasta 1858 en que se transformó en Escuela Superior de Ingenieros (Cano Pavón 1997). Los profesores de estos establecimientos necesitaron manuales para llevar a cabo la enseñanza. Algunos fueron elaborados por los propios profesores y otros fueron traducciones de textos foráneos, especialmente franceses. A continuación, presentamos algunas de las traducciones que sirvieron para la enseñanza de la mecánica. Unas tuvieron como finalidad instruir a los ingenieros, otras a los artesanos y a los obreros.

2. Las traducciones

Para elaborar este breve repertorio hemos consultado los catálogos en línea de la Bibliothèque Nationale de France (BNF), la Biblioteca Nacional de España (BNE), REBIUN, el Catálogo Colectivo del Patrimonio Bibliográfico Español (CCPB) y Googles book. Hemos recurrido, asimismo, a los fondos bibliográficos de la Biblioteca Histórica de la Universitat de València.

2.1 Los textos para la formación de ingenieros

Las dos primeras traducciones repertoriadas[3] aquí tuvieron la función de formar a los ingenieros de la recién creada Escuela de Caminos. En la primera publicada en 1803 y cuyo traductor desconocemos queda patente dicha finalidad en el título « para el uso de los estudios de la inspección general de caminos».

- *Tratado de mecánica elemental para los discipulos de la Escuela Politécnica de París / ordenado según los métodos de R. Prony por L. B. Francoeur; traducido al castellano para el uso de los estudios de la inspección general de caminos*. Madrid: Imprenta Real.

El autor del texto fuente fue Louis-Benjamin Francoeur (1773-1849) profesor de la Facultad de Ciencias y miembro de la Academia de las Ciencias de París. Su

2 Historia de la industria. 150 años de Ingeniería industrial en España. http://www.webaero.net/ingenieria/varios/Expo%20Industria/Historia%20Industria/escuela_barcelona.htm [Consultado: 03/09/2012].

3 Estas dos obras son estudiadas en los apartados 2 y 3.

obra, como vemos *infra*, iba destinada igualmente a sus alumnos de la Escuela Politécnica.

- *Traité de mécanique élémentaire à l'usage des elèves de l'École Polytechnique, rédigé d'après les méthodes de R. Prony, l'un des instituteurs de cette École ; par L. B. Francœur, Répétiteur d'analyse à l'École Polytechnique.* Seconde édition considérablement augmentée. 1802. París: H.L. Perroneau.

A mediados del siglo, en 1845, Jerónimo del Campo (1802-1861) matemático español e ingeniero de Caminos, Canales y Puertos publicó la traducción del tratado de Poisson para uso de la Escuela de Caminos.

- *Tratado de mecánica / por S. D. Poisson; traducido de la segunda edición francesa por Jerónimo del Campo.* Madrid: Imprenta Nacional, 1845, 2 v.

El autor del texto fuente, Siméon Denis Poisson (1781-1840) fue profesor en la Escuela Politécnica y en la Facultad de Ciencias de París. Su obra tuvo tres ediciones. La primera editada en París por Courcier en 1811:

- *Traité de mécanique / par S. D. Poisson*, Paris : Courcier, 1811, 2 v.

La segunda «considerablemente aumentada» en 1833 (París: Bachelier imprimeur-libraire) y la tercera « revisada por J.G. Garnier » en 1838 (Bruxelles: Société Belge de Librairie, etc. Hauman et Compagnie)

2.2 Los Textos para la formación de los artesanos

El segundo grupo de traducciones tiene como lectores finales a los artesanos y a los manufactureros, a saber, las artes y las industrias.

Es el caso de las dos traducciones de Juan López de Peñalver y la Torre (1763-1835) publicadas en 1827 y 1830-35 y que como indica en los títulos iban destinadas a los artesanos.

- *Programa de un curso de geometría y mecánica: aplicada a las artes, para uso de los artesanos... / por el baron Carlos Dupin; traducido del frances por Juan Lopez de Peñalver y La Torre.* Madrid: Imprenta Real, 1827.
- *Geometría y Mecánica de las Artes y Oficios y de las Bellas Artes [Texto impreso]: Curso Normal... / por el Baron Carlos Dupin... Traducido al castellano... por Don Juan López Peñalver de la Torre...* Madrid: José del Collado, 1830-35

El autor fuente, Charles Dupin (1784-1873), fue un ingeniero francés, miembro de la Academia de Ciencias y profesor en el Conservatorio de artes y oficios. La obra,

- *Géométrie et mécanique des arts et métiers et des beaux-arts : cours normal a l'usage des artistes et des ouvriers... / par le Baron Charles Dupin.* Bruxelles: C.J. de Mat Fils et H. Remy, 1825-1826

tuvo tres ediciones, las dos primeras en la misma fecha (1825-1826) pero en ciudades distintas, a saber, Bruselas (C.J. de Mat Fils et H. Remy) y París (Bachelier). En esta última y con el mismo editor vio la luz la tercera en 1828.

En 1847, José Canalejas Casas (1827-1902) Director del periódico madrileño *El Eco Agrícola* y uno de los primeros profesores del *Real Instituto Industrial de Madrid* publicó sus

- *Lecciones de mecanica practica / escrita en francés por Arturo Morin; y traducidas al castellano por José Canalejas y Casas.* Madrid: Mariano Diaz y compañia editores, 1847,

traducción de la obra del francés Arthur Jules Morin (1795-1880), general y físico, Director del Conservatorio de Artes y Oficios del que fue asimismo profesor y miembro de la Academia de las Ciencias desde 1843. El autor fuente manifestó claramente los destinatarios de este manual: los artesanos, los suboficiales y los obreros. No así el traductor que no ofrece indicación alguna aunque intuimos que iba dedicado a los mismos destinatarios. El titulo de la obra fuente es explícito a este respecto como observamos *infra*.

- *Leçons de mécanique pratique: à l'usage des auditeurs des cours du conservatoire des arts et métiers et des sous-officiers et ouvriers d'artillerie / par Arthur Morin.* París : Librairie scientifique-industrielle de L. Mathias, 1846-1853 (Imprimerie de Guibaudet et Jonaust), 5 v[4].

Francisco Arau y Sampons (1797-1867)[5] llevó a cabo la traducción siguiente:

- *Tratado de Mecánica industrial ó esposicion (sic) de la ciencia de la Mecánica deducida de la esperiencia (sic) y de la observación; principalmente para uso de los manufactureros y artistas, por Mr. Christian, director del Observatorio real de París.* ***Traducido libremente***[6] *del francés por D. Francisco Arau.* 2 vol. Barcelona: Ignacio Estivill, 1848-1849.

Esta última se distingue de las anteriormente presentadas por la licencia que se toma el traductor respecto de la obra fuente como él mismo indica en el título. El autor Gérard-Joseph Christian (1778-1832), profesor de física y de matemáticas en Bruselas y Director del conservatorio de artes y oficios, elaboró este tratado a partir de los cursos que él mismo impartió en el Conservatorio.

- *Traité de mécanique industrielle ou Exposé de la Science de la mécanique déduite de l'expérience et de l'observation. Principalement à l'usage des Manufacturiers et des Artistes; par M. Christian Directeur du conservatoire des Arts et Métiers à Paris.* París: Bachelier, 1822-1825 (Imprimerie de Fain)

---

4 Existe otra edición de 1853 (Paris: Librairie de L. Hachette et Cie).

5 Catedrático de mecánica, profesor y socio fundador de la escuela industrial de Barcelona.

6 El subrayado es nuestro.

Desconocemos el autor de la traducción siguiente, sin embargo suponemos que pueda tratarse de algún profesor o ingeniero como el autor fuente, Charles Armengaud, (1813-1893). En cuanto a los destinatarios, queda patente en el título de la obra fuente y de la meta como observamos *infra*:

- *El obrero mecánico: Guía de mecánica práctica... / por Ch. Armengaud le Jeune; traducido de la última edición francesa por J.A.* Oviedo: [s.n.], 1869 (Imprenta de la Viuda de Pedregal e Hijos)
- *L'Ouvrier-mécanicien : guide de mécanique pratique: précédé des notions élémentaires d'arithmétique décimale, d'algèbre et de géométrie indispensables pour l'intelligence et la solution des diverses applications qui y ont rapport : à l'usage des mécaniciens et conducteurs de travaux, contre-maîtres et directeurs de filatures, architectes, ingénieurs, manufacturiers et industriels en général par Ch. Armengaud jeune. 2e éd., entièrement rev., corr. et augm.* París: Librairie scientifique-industrielle de L. Mathias (Aug.): chez l'auteur, 1843[7].

En 1831 y 1846 se editaron asimismo dos traducciones cuyo objeto de estudio fueron las máquinas, piezas clave para la implantación de los nuevos métodos de trabajo y del desarrollo industrial. La primera fue traducida por Gerónimo de la Escosura (1774-1855), militar y escritor español así como traductor de obras científicas y técnicas del francés y del inglés. La obra que presentamos aquí es una traducción hecha a partir de la versión francesa realizada por François-Noël Mellet de la obra inglesa de Thomas Tredgold (1788-1829) como figura en el título[8].

- *Tratado de las máquinas de vapor y de su aplicación [Texto impreso] / traducido del inglés al francés por F. N. Mellet y de este idioma al castellano por D. Gerónimo de la Escosura.* Madrid: [s.n.], 1831 (Imp. de Amarita)[9].
- *Traité des machines à vapeur et de leur application à la navigation, aux mines, aux manufactures etc.*, 1828. París: Bachelier.

De la segunda desconocemos el traductor, probablemente un profesor de Escuela industrial, ya que gran parte de las traducciones que presentamos pertenecen a los manuales de dichos establecimientos[10]. Jean-Victor Poncelet (1788-1867), ingeniero francés, plasmó en este manual sus clases sobre las máquinas industriales para uso de las artes.

---

7 Esta obra tuvo al menos cuatro ediciones más: París: [s.n.], 1854 (Imp. Mnie Ve Dondey-Dupré); París: A la Librairie Scientifique Industrielle et Agricole Lacroix et Baudry, 1859 (Imprimerie J. Claye) ; París: Les principaux Librairies et chez l'auteur, 1872 (Imprimerie J. Claye); París : [s.n.], 1881 (Imprimerie J. Claye).

8 La lengua francesa, como sabemos, fue la vía de entrada de un número importante de obras científicas y técnicas foráneas.

9 Para saber más sobre esta traducción, *vid.* Rodriguez Ortiz (2012).

10 *Vid.* Cano Pavón y López-Cepero (2002).

- *Tratado de mecánica aplicada á las máquinas [Texto impreso] / por J.V. Poncelet.* Madrid: [s.n.], 1864[11].
- *Traité de mécanique appliquée aux machines par J.V. Poncelet* [...] Lieja: A. Leroux, 1845.

De Charles-Eugène Delaunay (1816-1872) astrónomo y matemático francés, hemos hallado dos obras traducidas, cada una de ellas por un traductor diferente. La primera fechada en 1866 es obra de Juan Clemencín como vemos a continuación:

- *Tratado de Mecánica racional [Texto impreso]/ traducido de la 3ª edición francesa por D. Juan Clemencín.* Segovia:D. Pedro Ondero 1866.
- *Traité de mécanique rationnelle / par M. Ch. Delaunay.* París: V. Masson 1851.

Hemos localizado igualmente en los catálogos bibliográficos dos traducciones llevadas a cabo por Clemencín de la *Mécanique rationnelle* de Delaunay. Se trata de un programa de estudios basado en la obra anterior y sin fechar:

- *Programa de la primera parte de mecánica racional / Testo [sic] de Delaunay; traducción de Clemencin.* Segovia: Academia de Artillería, [s.a.].
- *Programa de segunda parte de mecánica racional / Testo [sic] de Delaunay; traducción de Clemencin.* Segovia: Academia de Artillería, [s.a.].

La segunda, editada en 1867, tiene como traductor José Canalejas y Casas[12] y está dirigida a docentes, estudiantes e industriales.

- *Curso elemental de Mecánica teórica y aplicada [Texto impreso]/ escrito en francés por M. Ch.Delaunay... traducido por José Canalejas y Casas.* Madrid: Bailly Baillière, 1867.
- *Cours élémentaire de mécanique théorique et appliquée par M. Ch. Delaunay, membre de l'Institut (Académie des Sciences), ingénieur en chef des mines, professeur à l'École polytechnique et à la Faculté des Sciences de Paris.* Paris: Garnier Frères. 1862.

Finalmente, destacaremos aquí un tipo de obras próximas en su concepción a la traducción pero que, en nuestro opinión, no lo son realmente. Estas se basan en trabajos de algún científico o científicos foráneos que el autor recoge para elaborar un nuevo tratado. En algunos casos el autor de esta nueva obra es asimismo traductor. Es el caso de Arau y Sampons quien escribió un manual de mecánica industrial a partir de las obras de Arthur Jules Morin y que fue editado en dos ocasiones en 1857 y en 1858:

- *Curso completo de mecánica industrial: que contiene las nociones de mecánica con datos esperimentales, resistencia de materiales, maquinas de vapor, hidraúlicas, etc. / según las obras publicadas por M. A. Morin; aumentadas y anotadas por Francisco*

---

11 La referencia ha sido tomada del catálogo de la BNE.

12 Esta obra se analiza en el apartado 4 por lo que no nos detendremos aquí.

Arau y Sampons. Barcelona: Librería Nacional y Estrangera de Salvador Manero, 1857 (Imp. El Porvenir, de Buenaventura Bassas)

En cambio, Celestino del Piélago (1792-1880)[13] recurrió a varios autores, entre los que destaca el físico e ingeniero de Caminos francés Henri Navier (1785-1836).

- *Teoría mecánica de las construcciones, para los estudios de la Academia Especial de Ingenieros [Texto impreso]: sacada de las obras de M. Navier y de varios autores / por Celestino del Piélago.* [S.l.]: [s.n.], 1837 (Madrid: Imp. de Miguel de Burgos)[14].

3. El *Traité de mécanique élémentaire* de L. B. Francœur

En 1801 edita L. B. Francœur su *Traité de Mécanique élémentaire*, para uso de los alumnos de la Escuela Politécnica de París. En 1802 se publica una segunda edición, que se anuncia como «considerablemente aumentada». Esta segunda edición es la que se traduce y se publica en España en 1803 en la Imprenta Real.

La obra original de Francœur aparece precedida, tanto en la primera como en la segunda edición, por un prólogo del autor, que es el mismo y sin ninguna modificación en ambas ediciones. En las páginas jx-x de dicho prólogo señala el autor: «Le Conseil de perfectionnement arrêta, au commencement de cette année, que les leçons des instituteurs seroient imprimées,...». Al traducir el prólogo, el traductor especifica entre paréntesis el año de la edición francesa que está traduciendo: «El Consejo de Perfeccion decretó al principio de este año (1802) que se imprimiesen las lecciones de los profesores,...», sin tener en cuenta que dicho decreto se produjo, en realidad, un año antes, como se afirma en la primera edición de la obra de 1801.

Tanto por este dato como por la comparación de la traducción española con ambas ediciones francesas, sabemos que la versión castellana se hizo sobre la francesa de 1802.

Sobre quién fuera el traductor, en la versión española no consta dato alguno que pueda aclararlo. Sin embargo, sí se dice que la traducción se hizo «de orden superior» y específicamente «para el uso de los Estudios de la Inspección General de Caminos», en la Escuela creada en 1802 y que dirigía Agustín de Betan-

---

13 General de Ingenieros, director de Obras Públicas y Académico de la de Nobles Artes de San Fernando y miembro fundador de la Real Academia de Ciencias Exactas Físicas y Naturales.

14 http://books.google.es/books?id=RBdYQb95E3YC&printsec=frontcover&dq=teor%C3%ADa+mec%C3%A1nica+de+las+construcciones&source=bl&ots=I0F8lha7dE&sig=YZ4Z_JQ-kcqM2rTGM_3m2XEXHaA&hl=es&sa=X&ei=A51ZUNzcJMaQhQfws4DIBw&ved=0CDEQ6AEwAA#v=onepage&q=teor%C3%ADa%20mec%C3%A1nica%20de%20las%20construcciones&f=false.

court y Molina. El plan de estudios que había elaborado el propio Betancourt para la Escuela abarcaba dos años, en el primero de los cuales se enseñaba la mecánica. El tratado de Francœur se tradujo para ser usado como manual fundamental para la formación de los alumnos. La traducción, por tanto, probablemente fue realizada por alguno de los profesores de la escuela: José María de Lanz, Juan López de Peñalver o José Chaix.

La obra original empieza con una *Préface* o prólogo del autor. Sigue el *Traité de mécanique élémentaire*, que se compone de las siguientes partes:

- *Définitions et notions préliminaires.*
- Livre Ier. *Statique.*
- Livre II. *Dynamique.*
- Livre III. *Hydrostatique.*
- Livre IV. *Hydrodynamique.*
- Notes.
- Table contenant les pesanteurs spécifiques de différentes substances.
- Table des matières.
- Errata.
- Planches (ocho estampas).

La versión española reproduce esta segunda edición salvo unas pequeñas diferencias.

Así, tras el prólogo del autor, el traductor incluye una *Advertencia*, para «mayor comodidad de los lectores», que consiste en una tabla con las letras griegas y su nombre correspondiente. Esta tabla se justifica, según el traductor, en «lo poco comunes que son aún los previos conocimientos de griego, necesarios para la lectura de los cálculos en que se usan letras griegas».

En cuanto al Tratado en sí, encontramos leves diferencias, en primer lugar, en la *Tabla de materias*. Cada uno de los «libros» se divide en capítulos, y estos en secciones; las secciones, a su vez, se dividen en artículos que van numerados (289 en total), pero algunos de estos artículos no figuran en la *Table des matières*: por ejemplo, los números 73, 90, 166 y 185. Sin embargo, el traductor español sí incluye todos los artículos en la *Tabla de materias*, inventando un título para aquellos que no estaban en la *Table* de la obra original: los números 75, 92, 167 y 185.

En segundo lugar, respecto al cuerpo del Tratado, cuatro son las divergencias entre el original y la versión castellana. La primera la encontramos en el *Libro Primero. Estática*, en el que se incluyen dos artículos –el 59 y el 60– que en la obra original constituyen la primera y segunda *Notes* respectivamente; en el caso del artículo 59 o primera *Note*, se especifica que dicho artículo se había omitido por error y por ello se incluye al final (p. 411). Lo mismo puede suponerse para el artículo 60 o «Recapitulacion general de los principios fundamentales de la Estática». Por tanto, el traductor, con buen criterio, los coloca en el lugar que les corresponde, subsanando el error de la edición francesa.

La segunda diferencia es la supresión de un artículo completo de la obra original, el 103 «Autres formes données aux équations précédentes; équations (J")» (pp. 127-128).

La tercera se debe a que, en un caso, el traductor amplía uno de los artículos de la obra original. Así, al artículo 166 de la edición francesa (pp. 224-226) corresponde la primera parte del 167 en la versión española (pp. 202-203), pero ya no la prolongación al final de la página 203 y en las páginas 204 y 205.

Asimismo, al final de las Notas, el traductor añade «la demostración que el célebre la Grange ha dado en el quinto cuaderno del diario de la escuela politécnica del principio de las *velocidades virtuales*».

Por último, con el fin de adaptar algunas medidas a sus lectores españoles, en el artículo 159 el traductor proporciona la equivalencia de algunas magnitudes dadas en metros con las varas castellanas, y el valor para Madrid de ciertas magnitudes. Después, incluye a pie de página una nota al respecto.

El traductor sólo ha incluido dos notas a pie de página. La primera de ellas, en la p. 157: «(a) En el Real Gabinete de máquinas de Madrid hay un modelo de estos carros, cuya invencion es tan ingeniosa como útil.» La segunda, en la p. 191 –marcada con (*)– en la que proporciona las equivalencias entre unidades de medida: el metro y el kilogramo con las varas de Burgos y las libras castellanas, respectivamente, y estas últimas con la libra antigua de Francia.

4. El *Traité de mécanique* de S. D. Poisson

El *Traité de mécanique* de S. D. Poisson se publica en 1811. En 1833 se vuelve a editar, y esta segunda edición –como se indica en la primera página de la versión– es la que traduce y publica en 1845 Jerónimo del Campo, Ingeniero de caminos, canales y puertos, y profesor de dicha Escuela.

En este caso, fue el traductor el que decidió realizar una versión de la obra francesa, adaptada a las necesidades de la Escuela en la que enseñaba. Anteriormente ya había traducido y publicado los *Elementos de Cálculo* de Bourcharlat (1834), también para que pudiera usarse como manual en la misma Escuela. Campo ofreció las dos traducciones a sus superiores y consiguió que fueran imprimidas a cargo de los fondos del ramo.

En un breve prólogo, Campo explica las razones que lo decidieron a traducir la mecánica de Poisson. Así, afirma que, cuando estudió por él la mecánica (1821-1823), tuvo ya la idea de traducirlo «creyendo prestar con ello un servicio al adelanto de los buenos estudios en España» (p. VII), y que lo que lo llevó finalmente a realizar la traducción fue el hecho de que siguiera siendo, como en su época de estudiante, «el texto de la clase de Mecánica racional de la Escuela especial del Cuerpo de Ingenieros de Caminos, Canales y Puertos» (*ibíd.*)[15].

El prólogo va precedido de tres oficios relacionados con la traducción. En el primero, el traductor ofrece su versión para que se use en la Escuela y solicita que se imprima a costa de los fondos del ramo. Tanto en este oficio como en el prólogo, Jerónimo del Campo declara que ha suprimido algunas partes de la obra original, y ello por dos razones: por disminuir el volumen y por eliminar las digresiones o partes extrañas a la mecánica o más propias de tratados específicos (pp. VII-VIII).

El *Tratado de mecánica*, al igual que la segunda edición del *Traité de mécanique* de 1833, se publicó en dos tomos. En este trabajo, nos limitaremos a comparar el primero de ellos. La obra original empieza con un « Avertissement » del autor: señala algunos aspectos de la obra relacionados con la posibilidad de que se use para la enseñanza, e indica que este tratado formará parte de uno más extenso que tiene proyectado publicar.

Al igual que el de Francœur, el tratado se organiza en *libros* que se dividen en capítulos, y estos en secciones; las secciones, a su vez, se organizan en artículos que van numerados. Así, el primer tomo de la obra original consta de un total de 349 artículos. El tratado en sí comprende las siguientes partes:

- Table des matières
- Introduction (n°s 1 a 23)
- Livre Premier. Statique, première partie (n°s 24 a 109)
- Livre Deuxième. Dynamique, première partie (n°s 110 a 255)
- Livre Troisième. Statique, seconde partie (n°s 256 a 349)
- Planches (cuatro estampas con 85 figuras)

La versión de Jerónimo del Campo viene precedida por los tres oficios y el prólogo, como hemos dicho. Por lo que respecta a la traducción propiamente dicha, no se incluye el «Avertissement» del autor. Y, como veremos a continuación, se suprime un total de cincuenta artículos de la obra original.

En la Introducción, no se incluyen cuatro artículos: los numerados del 12 al 15 en la obra original.

El Libro primero se traduce íntegramente (en el índice hay un error de numeración, puesto que se repite el número 102).

En el Libro segundo, que está dividido en siete capítulos, es donde se suprimen más artículos, un total de cuarenta y seis:

15 Las fechas de ambas traducciones están claramente relacionadas con los avatares que sufrió la Escuela de Ingenieros: fue cerrada tras los hechos violentos de 1823, cuando Campo empezaba a ejercer en ella como «profesor de cálculo diferencial e integral». Se reabrió en 1834, y Campo fue nombrado «profesor de álgebra trascendental, geometría analítica y cálculo infinitesimal» (*Revista de obras públicas*, 1861, tomo I: 299).

- Del capítulo III, toda la sección §.III *Digression sur le mouvement de la lumière* (n°s 162 a 168 del original).
- Del capítulo VI, toda la sección § II. *Mouvement des planètes* (n°s 217 a 233) y toda la sección § III. *Mouvement d'un point matériel* n°s 234 a 240)
- Todo el capítulo VII. *Digression sur l'attraction universelle* (n°s 241 a 255 del original)
- El libro tercero se traduce completo, al igual que el primero.

Por último, también son cuatro las láminas, aunque sólo con 74 figuras, puesto que no están las correspondientes a los artículos suprimidos.

En este primer tomo únicamente hay tres notas del traductor a pie de página, marcadas igual que las del autor con (*). En la primera, incluye un breve ejemplo: «(*) Dos verticales distantes entre sí 1000 pies, forman en el centro de la tierra un ángulo de 9".» (p. 69). En las otras dos –pp. 72 y 260– el traductor adapta distintas magnitudes físicas a las unidades de medida españolas y a la latitud y altura de Madrid.

Tras el análisis expuesto *supra*, observamos que las traducciones de estos tratados de mecánica se debieron a la necesidad de disponer de manuales accesibles para los alumnos de la Escuela de Ingeniería de Caminos, Canales y Puertos. En ambos casos, fueron profesores de la propia Escuela los que, como expertos en la materia, realizaron la versión, aunque en el primero por orden superior y en el segundo por iniciativa del propio traductor

5. El *Curso elemental de mecánica teórica y aplicada* (1864) de José Canalejas Casas.

En 1864 José Canalejas Casas (1827-1902)[16] publicó la traducción de un texto de Charles Eugène Delaunay (1816-1872)[17] titulada:

- *Curso elemental de mecánica teórica y aplicada escrito en francés por M. Ch. Delaunay, Miembro del Instituto (Academia de Ciencias), Ingeniero en jefe de minas, profesor de la Escuela Politécnica y de la Facultad de ciencias de París. Traducido al español de la última edición francesa y completado en su testo y láminas, con cálculos, tablas, estudios teóricos y nuevas aplicaciones admitidas en la práctica industrial por*

---

16 Ingeniero industrial español, nacido en Barcelona el 4 de diciembre de 1827, hermano mayor del catedrático de filosofía Francisco de Paula Canalejas Casas. Director del periódico madrileño *El Eco Agrícola*, en 1847 tradujo del francés las *Lecciones de mecánica racional* de Arturo Morin (Mariano Díaz, Madrid 1847). En 1850, al crearse en Madrid el *Real Instituto Industrial* (e iniciarse en España la carrera de Ingeniero industrial), fue uno de sus primeros profesores. En el verano de 1850 se presentó a la oposición convocada para poner en marcha la *Escuela de Maquinistas de la Armada* del Ferrol.

17 Delaunay fue un astrónomo y matemático francés. Sus estudios del movimiento de la luna fueron importantes tanto para la teoría del movimiento planetario como para la matemática.

José Canalejas y Casas. Obra acomodada á las necesidades de las Escuelas y de los establecimientos públicos[18].

De esta traducción existe una segunda edición de 1867, publicada como la primera en la imprenta de Carlos Bailly-Baillière[19] de Madrid. Respecto al texto francés, su título completo es el siguiente:

- *Cours élémentaire de mécanique théorique et appliquée par M. Ch. Delaunay, membre de l'Institut (Académie des Sciences), ingénieur en chef des mines, professeur à l'École polytechnique et à la Faculté des Sciences de Paris*. Paris: Garnier Frères[20].

Como señala Canalejas y Casas, y veremos más adelante, el *Cours élémentaire* de Delaunay fue editado en numerosas ocasiones: 1851, 1853, 1854, 1857, 1862, 1863, 1867, 1870, 1872, 1873, 1878, 1885. Tanto la edición de 1862 como la de 1863 se presentan como la «quinta edición», por lo que deducimos que en 1863 se llevó a cabo una reimpresión de la anterior. Este texto de 1862 fue el que tradujo Canalejas y Casas, cuya obra menciona «traducido de la última edición francesa» en su título (*supra*).

Como es sabido, los elementos del paratexto constituyen a menudo una fuente de información valiosa desde nuestro punto de vista. En el caso del *Curso elemental de mecánica*, dicho paratexto se compone únicamente de un «Prefacio del traductor» en el que José Canalejas indica en primer lugar los motivos por los que tradujo la obra de Delaunay:

> Las numerosas ediciones que cuenta en Francia el Tratado Elemental de Mecánica de M. Delaunay, el éxito no menos brillante con que se ha acogido en Inglaterra y en otros países su traducción, y los ejemplares que de la misma obra andan en manos de los estudiantes é industriales españoles, nos han movido a verterlo al castellano, correspondiendo a la invitación de nuestro Editor, al consejo de autorizados Profesores y al ruego de varios industriales que, por desconocer el idioma francés, se veían privados del estudio de una obra que tanta utilidad puede prestarles (1864: v).

18 http://books.google.es/books?id=_Z8W3ziewEYC&pg=PA1&lpg=PA1&dq=Curso+de+mec%C3%A1nica+te%C3%B3rica+y+aplicada&source=bl&ots=JefTjEXdVH&sig=b0DYpfMV3Dd84uBbf2I0L0WO3Yo&hl=es&sa=X&ei=hY9gUP_EPIaIhQe9zYAo&ved=0CDgQ6AEwAA#v=onepage&q=Curso%20de%20mec%C3%A1nica%20te%C3%B3rica%20y%20aplicada&f=falsehttp://books.google.es/books?id=_Z8W3ziewEYC&pg=PA1&lpg=PA1&dq=Curso+de+mec%C3%A1nica+te%C3%B3rica+y+aplicada&source=bl&ots=JefTjEXdVH&sig=b0DYpfMV3Dd84uBbf2I0L0WO3Yo&hl=es&sa=X&ei=hY9gUP_EPIaIhQe9zYAo&ved=0CDgQ6AEwAA#v=onepage&q=Curso%20de%20mec%C3%A1nica%20te%C3%B3rica%20y%20aplicada&f=false [Consulta: 01/09/2012].

19 En la portada de la obra consta la siguiente información sobre la imprenta « Librero de la Cámara de SS.MM. de la Universidad Central, del congreso de los señores Diputados, y de la Academia de Jurisprudencia y legislación ».

20 http://books.google.es/books?id=M24JREv-QJsC&printsec=frontcover&hl=es&source=gbs_ge_summary_r&cad=0#v=onepage&q&f=false.

Como podemos apreciar en este párrafo, son varios los motivos por los que la traducción española vio la luz: la obra francesa tuvo éxito no sólo en Francia, donde ya se habían publicado varias ediciones de la misma, sino también en otros países como Inglaterra, entre otros. Por otra parte, Canalejas indica aquí que la versión española respondía a un encargo del editor, y que tanto profesores como industriales le aconsejaron llevar a cabo esta traducción. Al mismo tiempo, este fragmento nos permite saber que los destinatarios de la obra eran por un lado profesores y estudiantes y por otro industriales.

El prefacio del traductor nos proporciona también información de índole traductológica, dado que Canalajes anuncia ya en estas páginas que Delaunay omitió en su obra cálculos, datos y tablas, que él considera convenientes y que ha añadido en su traducción sin alterar por ello el orden de exposición del ingeniero francés. Se deduce por consiguiente que las aportaciones del traductor han sido incluidas en el texto sin variar el esquema que éste presentaba en francés, y que destaca –según Canalejas– por su claridad (1864: v). Al final del prefacio el traductor indica al respecto (1864: XII): «Las adiciones al texto de la última edición francesa se han marcado con un * al principio de las mismas o de los párrafos en los cuales se han incluido», aspecto formal que permite localizar fácilmente estas aportaciones. La presencia de los cálculos, datos y tablas añadidos por el traductor, que no desvela sus fuentes, se debe a la necesidad de adecuar la obra a « los programas que se exigen en los establecimientos públicos, y que al mismo tiempo contenga todos los estudios y datos que requiere la profesión del ingeniero »[21]. De esta manera, Canalejas considera la lectura de la obra provechosa para todos los profesionales de establecimientos industriales, ferrocarriles («caminos de hierro» [sic]), de la navegación por medio del vapor, etc. En definitiva, en cualquiera de las aplicaciones de la mecánica. Es de notar por tanto el doble objetivo del traductor: práctico ya que tiene en cuenta las necesidades de la enseñanza de la ingeniería, y a la vez divulgador puesto que la obra va dirigida a cualquier lector que se interese por la mecánica. A continuación, veremos brevemente en qué consisten esas aportaciones del traductor.

Desde el punto de vista de la macro-organización del texto, cabe señalar que la extensión de la traducción es de 753 páginas frente a las 711 del texto fuente. La versión española del *Curso elemental* incluye por tanto unas 42 páginas más[22].

---

21 Señalemos aquí que Delaunay incluyó en las partes preliminares de su obra el «Programme du cours de mécanique des lycées, Classe de rhétorique, Section des sciences» seguido de una indicación «Les editeurs ont indiqué, par des numéros de renvoi, les pages où sont traitées les matières de ce programme» (1862: v-viii). Como la traducción de Canalejas, el texto fuente estaba destinado a docentes y estudiantes.

22 Debemos tener en cuenta que este número es orientativo y no puede considerarse como un valor absoluto. En efecto, el tamaño de los caracteres tipográficos de la traducción es menor que los empleados en el texto de Delaunay.

Como hemos comentado anteriormente, Canalejas mantuvo la organización externa de la obra que, al igual que el texto francés, consta de una «Introducción» que ofrece un repaso de las propiedades generales de los cuerpos, una «Primera parte» sobre los movimientos, sus leyes y su representación, y una «Segunda parte» que trata de la mecánica de los fluidos. La diferencia entre los dos textos estriba en la presentación de un «Apéndice» (1864: 721-753), añadido por el traductor al final de la obra, y que versa sobre la resistencia de los materiales y la cinemática. Este apéndice ocupa 32 páginas, por lo que representa aproximadamente las tres cuartas partes de los elementos añadidos por Canalejas.

Desde el punto de vista de la micro-organización de la traducción, el título ya anuncia el tipo de contenidos «cálculos, tablas, estudios teóricos y nuevas aplicaciones admitidas en la práctica industrial» con los que el traductor español completó la obra francesa. En las primeras páginas de su traducción llama la atención la cantidad de párrafos precedidos por el asterisco y que –como indicó el propio Canalejas– corresponden a datos añadidos por él. Estos párrafos recogen apuntes teóricos, principalmente definiciones y/o observaciones sobre determinados conceptos de la mecánica. Por ejemplo, encontramos las definiciones de «cinemática», «estática» y «dinámica» que constituyen las tres subdivisiones de la «mecánica racional» (1864: 1), las de «abscisas» y «ordenadas» (1864: 5), las de los «esfuerzos de comprensión, tracción, flexión, torsión» (1864: 7), o las de la «velocidad inicial» y «proyectil». El concepto de «trayectoria», por ejemplo, es objeto de una definición y a la vez de una observación:

> La trayectoria, ó sea la linea que describe un cuerpo en el espacio, no debe confundirse con la línea que representa gráficamente la ley del movimiento de los cuerpos, de la cual nos hemos ocupado en el párrafo 8 (1864: 12).

Más adelante en el texto de la traducción seguimos encontrando observaciones y definiciones que no figuran en la obra francesa. Por ejemplo, la siguiente observación acerca de las máquinas de vapor (1864: 50): «En las máquinas de vapor marítimas, lo propio que en las locomotoras, se recurre igualmente al empleo de masas adicionales ó de contrapesos, para regularizar» o la definición de algunos conceptos como «fuerzas motoras», «resistencias útiles», y «resistencias pasivas», por citar tan sólo unos ejemplos.

Los «cálculos» corresponden a las fórmulas matemáticas que salpican el texto tanto en la primera parte como en la segunda sobre mecánica de los fluidos. Podemos citar algunos ejemplos como la «Fórmula de Simpson» (1864: 5), la del «equilibrio de la polea» (1864: 58), las fórmulas relativas al trabajo de las fuerzas, los «cálculos y fórmulas relativas al choque de los cuerpos», o la fórmula del «equilibrio dinámico de una máquina soplante» (1864: 586) que reproducimos a continuación:

En una máquina soplante, el equilibrio dinámico se expresa en cada minuto por la fórmula:

$$Tm = Tu + Tr$$

En la cual representan:

Tm, el trabajo motor que se consume en cada minuto sobre el vástago del émbolo soplante.
Tu, el trabajo absorbido para comprimir el aire á la presión P en el cilindro y para hacerle salir de este cilindro
Tr, el trabajo absorbido por el rozamiento de la guarnición del émbolo y para levantar las válvulas

La mayoría de las fórmulas introducidas por Canalejas van acompañadas por algún comentario ya sea para dar a conocer los progresos técnicos (1864: 587): «En la actualidad, las maquinas soplantes que alimentan los altos hornos y los cilindros metalúrgicos, son de cilindro horizontal, de acción directa y de gran velocidad...», o para explicar que los especialistas siguen buscado fórmulas más adecuadas, como en el caso del «equilibrio del ariete hidráulico»:

La teoría no ha establecido hasta hoy una expresión satisfactoria del equilibrio dinámico del ariete hidráulico, en virtud de las reacciones que en la misma se producen; así es que en la práctica se han conseguido resultados discordantes, que se oponen igualmente al establecimiento de una fórmula general, asaz exacta [...]. Sin embargo, fundándose en las experiencias de Eytelwein, d'Aubuisson ha establecido la fórmula práctica que sigue:

En la cual representan:

$$ph = 1,20P(H - 0,2\sqrt{Hh})$$

p, el peso del agua que se eleva
h, la altura de ascenso
P, el peso del agua consumida
H, la altura del salto (1864: 573).

Como se aprecia en este ejemplo, en ocasiones la presentación de las fórmulas nos permite conocer la evolución de la teoría de la mecánica. En otros casos, el traductor se hace eco de la teoría o de las nuevas aplicaciones sin exponer fórmula alguna. Recogemos aquí un solo ejemplo sobre los ventiladores aspirantes:

Según Mr. Combes, los ventiladores aspirantes de paletas rectas solo procuran el 50 por 100 del efecto útil [...]. Ateniéndose á las experiencias de Mr. Dolfus, pueden admitirse los datos que siguen para la construcción de los ventiladores que se emplean para aspirar ó inyectar el aire [...] (1864: 589).

En cuanto a las tablas, el texto francés ya incluía algunas, como por ejemplo la que representa la vaporización de una masa de aire en función de la temperatura que Delaunay diseñó a partir de los experimentos llevados a cabo por Regnault (1862: 621) y que figura en la traducción de Canalejas (1864: 611). Sin embargo, el traductor añadió otras tablas de su propia cosecha, como la que extrajo también de

Regnault (1862: 608). Esta tabla también está relacionada con el vapor de agua, mientras otras tienen que ver con otros puntos del estudio de la mecánica, como por ejemplo la «Tabla de los valores del coeficiente de rozamiento de los ejes, al moverse sobre sus cojinetes, ó muñoneras» (1864: 178).

Por último, las «figuras» que incluyó Delaunay en su obra también se encuentran en la versión española de la misma, como la que representa el «cabestrante» (1864: 61). Esta ilustración va acompañada por la numeración «76», mientras que en el texto francés era la «fig. 65» (1862: 50). Este desfase en la numeración se debe a que Canalejas, además de conservar las figuras de Delaunay, introdujo algunas complementarias, como la del estudio de los efectos de las fuerzas, (1864: 6). Hemos contado un total de 29 «figuras» que como ésta fueron incluidas por el traductor. En efecto, le *Cours élémentaire* presenta 548 ilustraciones frente a las 577 de la traducción española.

A modo de conclusión, destacaremos por un lado la aportación de las traducciones en este subcampo científicotécnico para el desarrollo y funcionamiento de la enseñanza del mismo. Fue la necesidad de manuales la razón primera por la cual se tradujeron las obras francesas destinadas a los alumnos de las distintas escuelas. Sin embargo, no debemos olvidar que algunas de estas obras iban dirigidas igualmente a los industriales deseosos de progreso. En cuanto a los traductores y a los autores, todos ellos comparten una característica común, a saber, eran profesores lo que nos lleva a concluir que los traductores anónimos pertenecían a alguna de las escuelas en que se impartía el contenido de la obra.

El breve estudio comparado de las tres obras, nos ha permitido poner en evidencia los cambios que los traductores hicieron en sus obras para adaptarlas a sus necesidades. En las dos primeras se suprimieron o añadieron artículos, en cambio José Canalejas y Casas realizó un trabajo una transformación más amplia del texto fuente. Pues por su experiencia como profesor nuestro traductor era consciente de la necesidad de adaptar la obra original a las necesidades de los estudiantes españoles en función del programa establecido y dicha experiencia le permitía saber qué puntos debían ser completados.

Fuentes bibliográficas

BOUCHARLAT, J. L. (1834): *Elementos de cálculo diferencial y de cálculo*. Madrid: En la imprenta real.

DELAUNAY, Charles Eugène (1862): *Cours élémentaire de mécanique théorique et appliquée par M. Ch. Delaunay, membre de l'Institut (Académie des Sciences), ingénieur en chef des mines, professeur à l'École polytechnique et à la Faculté des Sciences de Paris*. Paris: Garnier Frères.

DELAUNAY, Charles Eugène (1864): *Curso elemental de mecánica teórica y aplicada escrito en francés por M. Ch. Delaunay, [...]. Traducido al español de la última edición francesa y completado en su testo y láminas, con cálculos, tablas, estudios teóricos y nuevas aplicaciones admitidas en la práctica industrial por José Canalejas y Casas. Obra acomodada á las necesidades de las Escuelas y de los establecimientos públicos.* Madrid: Carlos Bailly-Baillière.

FRANCŒUR, Louis Benjamin. (1802): *Traité de mécanique élémentaire.* Paris: H. L. Perronneau.

FRANCŒUR, Louis Benjamin (1803): *Tratado de mecánica elemental.* Madrid: Imprenta Real.

POISSON, Simon Denis (1833): *Traité de mécanique.* Paris: Bachelier.

POISSON, Simon Denis (1845): *Tratado de mecánica.* Madrid: Imprenta Nacional.

Referencias bibliográficas

CANO PAVÓN, José M. (1996): *La escuela industrial sevillana (1850-1866): historia de una experiencia frustrada.* Sevilla: Secretariado de Publicaciones de la Universidad de Sevilla

CANO PAVÓN, José M. (1997): «La Escuela industrial de Valencia (1852-1865)», *Llull*, 20, pp. 117-142.

CANO PAVÓN, José M. y José M. LOPEZ-CEPERO BORREGO (2002): «La Física en las Escuelas Industriales españolas en la época isabelina», *Llull*, 25, pp. 595-620.

Revista de obras públicas, 1861, t. I, p. 299.

RODRÍGUEZ CAMPOMANES, Pedro (2009 [1774]): *Discurso sobre el fomento de la industria popular.* Oviedo: Instituto Feijoo de estudios del siglo XVIII: KRK.

RODRÍGUEZ ORTIZ, Francesc (2012): «Traduciones francés-español de los primeros textos técnicos del ferrocarril (1826-1831)», *Quaderns. Estudis lingüistics, 17.* Valencia: Universitat de València.

La huella de Avicena en la medicina medieval castellana

M.ª Nieves Sánchez González de Herrero
M.ª Concepción Vázquez de Benito
Universidad de Salamanca

Introducción

Es bien conocido, al menos en sus rasgos fundamentales, el proceso de transmisión de la ciencia grecolatina a la Europa occidental en la Edad Media gracias a los árabes y a la profunda reelaboración de las fuentes que llevaron a cabo. Las médicas en concreto, coincidiendo con las demás materias objeto de estudio, fueron revisadas y reconstruidas sobre base aristotélica en su consideración de la teoría de la ciencia y la organización general de los saberes. Y si bien Aristóteles no consideraba la medicina como una ciencia sino como una *techné*, los árabes se esforzaron por colocarla entre las ciencias (García Ballester 2001: 144 y Jacquart 2005: 38-39). Al margen de su base aristotélica, la medicina árabe es sin duda deudora de Hipócrates y Galeno, cuyos escritos fueron reinterpretados críticamente por el mismo Avicena en el *Canon* y posteriormente por Averroes, a pesar de lo cual la fisiología, la patología y la terapéutica árabes son básicamente galénicas (Jacquart 2005: 44-45).

En este proceso de traspaso y revisión de saberes llevado a cabo a lo largo de varios siglos, vamos a destacar un aspecto que se nos revela fundamental desde el punto de vista lingüístico, la importancia de las traducciones medievales. Por lo que se refiere a la actividad peninsular, en palabras de García Ballester (2001: 82), el fenómenos de las traducciones toledanas durante los siglos XII y XIII, especialmente las médicas del siglo XII, «fue, sin duda el movimiento científico de más envergadura y trascendencia en el que ha participado la minoría intelectual castellana y extranjera asentada en el territorio más o menos permanente». En este tiempo se tradujeron del árabe al latín y al castellano textos de astronomía, medicina y filosofía natural desconocidos hasta entonces en la Europa cristiana. El traslado al latín del corpus médico griego, sobre todo Galeno, y del elaborado por autores árabes, el *Canon* de Avicena o el *Continens* de Razes, hizo posible el acceso de intelectuales europeos a contenidos médicos nuevos, con una terminología también novedosa, y en definitiva produjo una auténtica renovación en el modo de abordar el problema de la salud y de la enfermedad. Entre estas traducciones se halla, como acabamos de señalar, la del científico persa Avicena, cuya enciclopedia médica, el *Canon*, tradujo Gerardo de Cremona en Toledo, en el último tercio del siglo XII (García Ballester 2001: 83-84 y Jacquart 2005: 88-89).

La obra de Avicena representó la culminación del saber médico del mundo antiguo y fue fundamental para la medicina de la Europa latina hasta bien entrado el siglo XVI. Su didactismo y el equilibrio entre teoría y práctica explican que se convirtiera en modelo de la medicina académica (Schipperges 1989: 104). Por lo que se refiere concretamente a Castilla, recordemos que la traducción latina del *Canon* fue el texto sistemático fundamental de la medicina escolástica arabizada bajomedieval y su dominio se extendió hasta las tres primeras décadas del siglo XVI (Lindberg 2002: 416 y López Piñero 2002: 659).

1. Objetivo y corpus empleado

No parece necesario insistir en la importancia de la obra para la historia de la medicina ni en la influencia que ejerció, pues se trata de un hecho de sobra conocido y recogido por numerosos historiadores.

Partiendo de dicho reconocimiento, nuestro objetivo en esta ocasión es muy concreto y está centrado en el análisis de la huella de Avicena en tratados médicos medievales castellanos, no tanto en lo que se refiere al contenido sino sobre todo en sus posibles manifestaciones lingüísticas, es decir, hasta dónde podemos rastrear la presencia y la influencia de los modelos subyacentes. La tarea no es sencilla, porque estamos ante obras de autoría variada, de traductores desconocidos en la mayor parte de los casos en que los testimonios son fruto de traducción y con procesos de transmisión muchas veces complicados. No obstante, creemos que un análisis comparado de los testimonios y sus posibles fuentes puede aportar algunos datos de interés.

En este trabajo nos vamos a centrar en cuatro obras médicas medievales de distinta cronología, estructura y forma, el *Tratado de las apostemas* (1412) de Diego el Covo, el *Sumario de la Medicina* (1498) de Francisco López de Villalobos, un *Tratado de patología* (XV), anónimo, y la versión castellana de 1495 del *Lilio de Medicina* de Bernardo de Gordonio[1]. Las dos primeras se escribieron en castellano y en verso; las otras dos, mucho más extensas, son en cambio tra-

1 Con relación a la cronología, conviene precisar que el *Tratado de las apostemas* nos ha llegado en una copia manuscrita de 1493. El *Tratado de patología* se halla en un manuscrito del XV, aunque la traducción es posiblemente anterior, quizá del XIV. Utilizamos para las citas de los distintos testimonios, las transcripciones contenidas en Herrera y González de Fauve (1997); también haremos referencia a los estudios que acompañan a las siguientes ediciones impresas: Anónimo (XIV- XV), Diego el Covo (1493 [1412]), Bernardo de Gordonio (1495 [1305]) y López de Villalobos (1498). En las citas empleamos las siglas de los textos tal y como aparecen en Herrera y González de Fauve (1997) y en el *DETEMA*, es decir, CIR = *Tratado de las apostemas* de Diego el Covo; SUM = *Sumario de la medicina* de López de Villalobos; TRM = *Tratado de patología*, anónimo y GOR = versión castellana del *Lilio de medicina* de Bernardo de Gordonio.

ducciones, posiblemente del árabe en el caso de la Patología, y de fuente latina el *Lilio*.

Los cuatro tratados, que describimos brevemente a continuación, muestran una clara dependencia de las fuentes grecolatinas y árabes, pero no son los únicos; la selección es en este sentido arbitraria, pues hay otros testimonios que nos habrían permitido un análisis similar. La causa de la elección se halla sobre todo en que hemos buscado géneros y manifestaciones de orígenes diferentes en una cronología relativamente temprana.

Si nos fijamos, como primera aproximación, en las fuentes que citan, observamos que en el *Tratado de las apostemas* se menciona a Avicena en once ocasiones y a Galeno, *Galieno*, en veinticuatro. El *Sumario de la medicina* recurre de manera explícita a la autoridad de Avicena treinta y seis veces y solo siete a Galeno. En el *Lilio*, tratado de extensión notablemente más amplia que los dos anteriores, se nombra a Avicena en ciento treinta y tres ocasiones y a Galeno en doscientas diecisiete. Sorprende por ello, al menos a primera vista, que en el *Tratado de patología* no se cite ni una sola vez a Avicena y sí a Galeno cuarenta y cuatro veces[2]; frente a los tres primeros, que mencionan la fuente con detalle en muchas ocasiones, especificando libro, capítulo y hasta fen, el *Tratado de patología* habla de «el que compuso este libro»:

> Hize un sumario que comprende todas las enfermedades universales y particulares según que las puso *Avicena* con el cual ligeramente podrá, quien quiera que en la dicha ciencia tenga principios, acordarse de las pesquisas que deve hazer en cualquiera enfermedad y de las formas con que la cure, SUM fol. 1v
>
> Fenece el *libro tercero de Avicena* reportado por el dicho licenciado. Síguese el libro cuarto. *Libro cuarto, fen I*, de las fiebres, SUM fol. 18r
>
> La fiebre efimera *segund Avicena* es ligera de curar e mala de conocer, GOR, fol. 5r
>
> E en aquesto acostémonos al dicho de *Avicena* que dize *en el capítulo de la sangría* que se tarde cuanto fuere possible, GOR fol. 7v
>
> Segund por *Abicena* es puesto, la apostema es morbo de tres morbos compuesto, CIR fol. 2r
>
> E desto usa en estas apostemas tales así en las del cuerpo como en las capitales, ca comúnmente vale a todas como lo departo, segund que lo dize *Avicena en su libro cuarto*, CIR fol. 42r
>
> Dixo *el que compuso este libro* que la figura desta postema se muda segunt la cosa que lo faz, TRM fol. 130v
>
> E una manera de la formiga que llaman colovreta; dixo *el que compuso este libro*: esta dolencia una manera de la formiga que semeja mijo, TRM fol. 133r

---

2 No en todos los casos la mención a uno de estos autores apunta a su sanción directa como fuente o autoridad en determinada materia; a veces el nombre forma parte de una composición médica que se le atribuye, lo que no deja de ser también un reconocimiento de autoridad; por ejemplo, leemos en el *Tratado de patología*: «La su cura, purga al cuerpo de las humidades dañosas flemosas con *gera priga galieni* e con estomaticón e lo que les semejare de las purgas», fol. 3v. En los ejemplos expuestos a lo largo de todo el trabajo, usamos las ediciones mencionadas en la nota anterior, aunque evitamos su paleografismo y las adaptamos a una lectura interpretativa.

1.1 Tratado de las apostemas de Diego el Covo

Tal y como destacó García Ballester (2001: 780), el *Tratado de las Apostemas* es la única parte de la *Cirugía rimada* de Diego el Covo que ha llegado hasta nosotros. Dicha *cirugía* sería, además, la única escrita originalmente en castellano, en 1412, según consta en la copia manuscrita de 1493 que nos ha transmitido el *Tratado*.

No tenemos más noticias del autor que las contenidas en la propia obra; posiblemente fue un médico y cirujano que ejerció la práctica quirúrgica por lugares del sur de la Corona de Castilla a finales del XIV y primer tercio del XV. A pesar de que algunos estudiosos han defendido que estamos ante un resumen hecho a partir de varias fuentes misceláneas, creemos que esta obra, escrita en pareados, con pequeñas excepciones, es básicamente un resumen en verso del libro IV del *Canon* de Avicena, cuyo fenn tercero versa sobre las apostemas y los botores en tres maqálas, con un orden de exposición que sigue el autor castellano. Cita las fuentes griegas a través del *Canon*, *qatagenos*[3], y añade a los andalusíes Abulcasis y Averroes.

Desde el punto de vista diatópico, consideramos que el registro lingüístico del testimonio que nos ha llegado puede relacionarse con las manifestaciones escritas de variedades orientales medievales, posiblemente con el castellano de Aragón o de Navarra y Aragón[4].

1.2 Sumario de la medicina de Francisco López de Villalobos

El *Sumario de la medicina* fue el primer libro de Villalobos, escrito en 1498, cuando ejercía la medicina en Zamora, provincia en la que había nacido en el seno de una familia de estirpe judía[5]. La obra, escrita en verso, consta de tres partes: en la primera el autor expone los motivos por los que la escribe; en la segunda se ocupa de las enfermedades y su tratamiento, según el esquema *a*

---

3 *Perì sunqésewv farmákwn* es el nombre en griego del libro de Galeno que en árabe se conoce como *Qatágenos*, transcripción del griego *katá génos* título que se refiere a los libros 11-17 de la obra de Galeno; cfr. Ullmann (1970: 42, 295, 289 y 300)

4 Hemos hecho recientemente un estudio más detallado de la obra del Covo (Vázquez de Benito y Sánchez González de Herrero: en prensa) en el que se analizan varios aspectos lingüísticos y se exponen los argumentos que nos llevan a defender que se trata de una variedad lingüística oriental.

5 Tal y como recoge Granjel (1997: 18), todos los que se han ocupado del estudio de la obra de López de Villalobos han insistido en su condición de judeoconverso. Él mismo no ocultó nunca su condición de confeso, necesaria para mantener su estatus tras el decreto de expulsión por parte de los Reyes Católicos, e hizo en más de una ocasión declaración pública de su linaje.

capite ad calcem; la tercera está dedicada al estudio de las *pestíferas bubas* (Granjel 1997: 18 y 28).

Coincide en buena medida, en el tema que plantea, con el *Tratado de las apostemas* de Diego el Covo; la diferencia entre ambos reside en que la composición de Villalobos toma como fuente los libros tercero y cuarto del *Canon*, que contenían la práctica médica, mientras que la del Covo corresponde exclusivamente al último.

Por otro lado, los dos autores coinciden en escribir su obra en verso; siguen así una tradición árabe, pues fueron muchos los médicos árabes que compendiaron en verso sus propios tratados en prosa, para facilitar el aprendizaje y la memorización. Avicena, por ejemplo, compuso su *Urŷūza fī-l-Tibb* o *Poema de la medicina*, llamado *Cantica* por los médicos occidentales, de igual estructura y contenido que su extensa obra en prosa, *Liber Canonis Medicinae*, para el aprendizaje del futuro médico[6].

1.3 Tratado de patología. Anónimo

Este tratado nos ha llegado en un solo testimonio manuscrito del siglo XV. El texto comienza truncado con unas primeras líneas dedicadas a la curación de una enfermedad de la cabeza y, a partir de aquí, sigue la exposición de las enfermedades, también según el orden *a capite ad calcem*; a continuación hay breves tratados de pediatría, de geriatría y de apostemas, más un breve capítulo de cirugía (de álgebra en el *Canon*)[7] para terminar con otro de los daños producidos por sustancias minerales o vegetales y por picaduras o mordeduras de animales (Herrera y Sánchez 1997: 9).

El contenido vuelve a ser fundamentalmente un resumen de los libros tercero y cuarto del *Canon* de Avicena, con los añadidos señalados, resúmenes de otras partes de la misma fuente.

---

6 Hay noticias de otras *urŷūzas* o poemas didácticos compuestos con idéntico fin por médicos andalusíes: entre otros, pueden citarse los poemas sobre medicina de Sa'īd ibn 'Abd Rabbihi, Ibn Tufayl, Ibn al-Jatīb, Ibn al-Azraq; en la *madrasa* granadina se leía el *Poema* de Avicena, y también en la de Zaragoza en el siglo XV; y el único manuscrito árabe de medicina que se conserva perteneciente a la minoría musulmana de Valencia contiene el *Poema de la medicina* de Avicena según el *Comentario* de Averroes con anotaciones en latín, que indican su carácter didáctico. El tema de la *Urŷūza* en la medicina árabe, su finalidad, descripción y empleo, se trata ampliamente en Coullaut Cordero *et al.* (2010: 23-24). No obstante, no es una tradición exclusiva del mundo árabe.

7 *DETEMA*, s.v. *álgebra*, 'parte de la cirugía que se ocupa de la reducción de fracturas'. El *Canon*, tras el libro cuarto, introduce un capítulo sobre dislocaciones, fracturas y luxaciones, al que sigue otro que trata de venenos y picaduras de animales, como en la obra que nos ocupa.

Desde el punto de vista lingüístico, nos resulta difícil llegar a alguna conclusión, pues hallamos elecciones netamente castellanas junto a otras propias de textos orientales, particularmente aragonesas, e incluso occidentales. Al editar el texto planteamos la posibilidad de que el punto de partida fuera oriental[8] «encubierto por una capa occidental posterior y *occidental* tiene aquí un valor muy amplio, el territorio leonés y su expansión hacia el sur, llegando a la Andalucía occidental, que puede ser la de nuestro copista» (*ibíd.*: 14-15). Además la traducción, redacción o la copia, al menos en algunas partes, parece anterior al siglo XV (Vázquez de Benito 2009: 70).

1.4 La versión castellana del Lilio de medicina de Bernardo de Gordonio

Bernardo de Gordonio, que ejerció su profesión de médico y catedrático durante casi toda su vida en Montpellier, escribió su *Practica dicta Lilium medicine* entre 1303 y 1305[9]. Concibió la obra como un manual en el que el practicante no experimentado pudiera hallar en compendio el arte de diagnosticar y curar todas las enfermedades comunes; la dividió, como los pétalos del lilio, en siete libros que contienen un número variable de capítulos en los que se recogen los conceptos básicos de la medicina medieval establecidos por Hipócrates y Galeno, tal y como los organizó Avicena en el *Canon* (Dutton y Sánchez 1993: 9-10). La obra se tradujo al castellano, aunque desconocemos quién hizo la traducción y cuántas hubo. No sabemos si debe atribuirse a un hecho casual o no, pero lo cierto es que quienes trasladaron textos médicos al castellano coincidieron en no dejar constancia de su identidad ni del modo en que trabajaban.

Manejamos la edición de 1495, la misma que utilizamos en la elaboración del *DETEMA*.

Desde el punto de vista diatópico, podemos hablar de nuevo de castellano con presencia de algunos usos aragoneses (*ibíd.* 29-30), lo que confirma, por repetición, la importancia de la vía oriental en la penetración de textos científicos en Castilla.

---

8 En el texto, a propósito de la experiencia de quien escribe, se menciona la ciudad de Zaragoza en dos ocasiones: «El escaras [...] ya veyemos uno destos en Çaragoça en sus aldeas que lo ovo en el un pie que se negreció su pie», fol. 137v. «Por quemamiento en el aire segunt de aire de mortandat o por propiedat de la villa así como acaece en Çaragoça que maduran ý mal las dolencias tardan las postemas de sanar», fol. 140v.

9 Conocemos muy pocos datos de la vida de Gordonio y la mayoría proceden de sus propias obras; posiblemente nació en el Midi francés, no sabemos en qué fecha. Entre 1283 y 1308 ejerció el cargo de maestro en el *studium* de Montpellier enseñando las doctrinas médicas de la escuela de Salerno; posiblemente murió hacia 1318-1320; cfr. Dutton y Sánchez (1993: 7-8).

2. Aspectos lingüísticos

2.1 Presencia de léxico árabe

Como ya hemos señalado en trabajos anteriores, la presencia de arabismos es constante en los tratados médicos medievales castellanos, aunque su abundancia puede variar notablemente de unos a otros. Entre los factores que más influyen se sitúa el origen del texto, si se trata o no de una traducción y la lengua de partida[10]. La inmensa mayoría de los arabismos que recogen estos tratados penetraron por vía culta y escrita y no trascendieron más allá de círculos especializados y minoritarios; un número importante de ellos desapareció con posterioridad del castellano, como sucedió en otros campos de la ciencia medieval (Sánchez y Vázquez en prensa). En general, los traductores de las versiones al castellano fueron fieles a las fuentes, al igual que quienes tradujeron del árabe al latín, y la fidelidad incluye el uso de arabismos; su empleo o no, incluso la proporción en que se nos muestran, depende en buena medida de la fuente.

En este sentido tres de los textos que estudiamos contienen un número importante de vocablos procedentes del árabe que se hallan en el *Canon* de Avicena, por lo que parece razonable atribuir su presencia a la fuente; nos referimos al *Tratado de las apostemas,* el *Sumario de la medicina* y el *Tratado de patología.* La versión castellana del *Lilio de medicina* contiene una proporción notablemente más baja, tal y como sucede en la versión latina; y ello a pesar de las numerosas referencias a Avicena en el texto. Es el caso de *adubela, adubeila, adubaila,* 'apostema ulcerosa' (CIR, TRM), del árabe *dubayla*, 'tumor blando, apostema que se abre y que puede localizarse en cualquier parte del cuerpo' (Vázquez y Herrera 1989: 84-85)[11]; *albaras*, 'albarazo, especie de lepra' (SUM, TRM), de *al-ṭā*, 'lepra' (*ibíd.* 119-120); *aldubul*, 'marasmo, extremado adelgazamiento como consecuencia de pérdida de humedad del cuerpo' (SUM), de *ḏubūl*, 'marasmo, delgadez, debilidad' (*ibíd.* 126); *algarab*, *garap*, 'fístula del lagrimal' (GOR, SUM), de *al-garab*, 'abceso' y 'fístula en el lagrimal' (*ibíd.* 89)[12]; *altarfatí*, 'man-

10 Destacamos también que el argumento no funciona en doble sentido o con carácter de exclusividad; hay textos compuestos directamente en latín que presentan un número significativo de arabismos, pues, en definitiva, algunos autores de tratados compuestos en latín, como Guy de Chauliac, acudieron a numerosas fuentes árabes.

11 En esta obra se recogen testimonios árabes de los vocablos que citamos, entre ellos el del *Canon.* Fragmentos de los textos en que aparecen las voces pueden verse en el *DETEMA*.

12 Resulta significativa en este caso la diferencia de presentación del vocablo en las dos obras citadas, pues mientras el *Sumario de medicina* lo introduce directamente «*algarab* es fístula en el lagrimal causada de algún apostema rompido», fol. 5r, en el *Lilio de medicina* se deja constancia de la fuente y origen de la voz: «la apostema que se llamava *garap* cerca de Avicena, la cual se engendra en el lagrimal a la parte de la nariz», fol. 145r.

cha roja de sangre en el ojo herido' (SUM), de *al-ṭarfa* , 'mancha de sangre en el ojo' (*ibíd.* 110); *alintisar*, 'hinchazón, dilatación' (SUM), de *al-intišār*, 'dilatación', junto con *entesadura* (TRM) y *entesamiento* (CIR, TRM), 'id.', (*ibíd.* 96); *esere*, 'pústula nudosa que produce comezón' (SUM), de *al-šarā*, 'clase de inflamación, erupción' (*ibíd.* 98); *fonga, fondas* (CIR), *nabta* (TRM), 'nafja, apostema carnosa', de *nafáj*, 'ampolla' (*ibíd.* 129); *fulfo, fufol, fufo*, 'pimienta' (TRM), de *fulful*, (Corriente 2008: s.v. *forforí*); *fen*, 'capítulo, apartado' (GOR, SUM)[13]; *sirsen*, 'frenesí, delirio furioso', (SUM), *sirzen, circen, xercin, xerci* (TRM), de *širsām*, 'inflamación cerebral' (Vázquez y Herrera 1989: 65-67); *soda*, 'dolor de cabeza' (SUM, TRM), de ṣudā ', 'cefalea, dolor de cabeza', (*ibíd.* 140-141); *subet*, 'letargo, sueño no natural' (GOR, SUM) y *subet saharí*, 'clase de subet en que se emzclan frenesí y letargo' (SUM), de *al-subāt al-saharī*, 'sopor insomne' (*ibíd.* 142-143); *taón*, 'especie de ántrax muy venenoso, de materia muy corrosiva' (CIR, TRM), *alchoboin* (SUM), de *al-ṭawa'in , al-ṭā'ūn* , 'tumores pestíferos, bubones' (*ibíd.* 113-114).

La nómina podría alargarse sin dificultad, pero pensamos que estos ejemplos bastan como muestra. Únicamente añadiremos la voz *alanbre*, presente en el *Tratado de patología:*

> Cuando se mudare la complisión del cuero de la cabeça e se mesaren sus cabellos, llámanla los sabios antigos dolencia del raposo por dos cosas. La primera porque ha cabellos delgados color de *alanbre* e que cuando se buelca por tierra mésanse sus cabellos. E la otra cosa que lo más faze esta dolencia es a los raposos e llámanla las gentes en nuestra tierra tinia, TRM fol. 8v

Interpretamos esta palabra, junto a *aranbre* y *aramre*, también presentes en la obra, como una de las variantes procedentes del latín tardío AERAMEN; la lectura comparada del fragmento con el *Canon* nos asegura que se trata de una adaptación del árabe '*ánbar*, 'ámbar'[14].

2.1.1 Desdoblamientos léxicos y aclaraciones en los que intervienen arabismos

Es bien conocida la presencia de sinónimos, pares o desdoblamientos léxicos en los textos científicos del siglo XV, unidos generalmente mediante la conjunción

13 La palabra *fen* no se recoge en el *DETEMA*, aunque se registra en los dos textos mencionados. En el *Sumario de la medicina* repite las divisiones del *Canon*: «*Fen* II. De las passiones de los nervios y primero de parlesía», GOR fol. 4v. «*Fen* X. De las passiones del pulmón y pecho y primero de asma», SUM fol. 8r. «E aquesto que dize Avicena en el cuarto del Canon, *fen* primo, capítulo primo, porque de las tales se corrompe la virtud del figado digestiva», GOR fol. 146r.

14 En el DCECH, s.v. ámbar, hallamos las variantes medievales *ambra, lambre, alanba, alámbar, ámbar*. En el *DETEMA* s.v. *ámbar, alámbar, ámbar, ambra, ambre*. En Corriente (2008, s.v. *ámbar*), *alámbar, ambra, lambre* y *andalusí alanba*.

o, más raramente *y*. No se trata desde luego de un recurso novedoso, pues enlaza con una larga tradición presente en textos narrativos, jurídicos, históricos y científicos o didácticos en sentido muy amplio. Su finalidad es clara: poseen un valor funcional, no meramente retórico (Gutiérrez Cuadrado 1993: 345), y pretenden ayudar al lector en su interpretación. Con la misma finalidad autores y traductores coinciden en el empleo de aclaraciones, entre otras las terminológicas (Sánchez y Vázquez 2010: 81-87). Estos recursos aparecen también cuando se trata de vocablos árabes:

> *Frenesís o sirsén* nel celebro es furor. Su causa fue cólora o humor muy caliente, SUM fol. 3r
>
> De *vigilia y sahara*[15]. Vigilia es defecto de sueño que tura, que o viene de gran congoxa y cuidado o de indigestión que tiene natura, SUM fol. 3v
>
> Tome cada día xarope de prunas o xarope de las dos *milgranas o aliraleb*[16] o xarope de violas o ocsimel o lo que a estos semeja de los xaropes, TRM fol. 1r

Aunque no hay un patrón definitivamente fijado, es habitual que el segundo elemento sea el que se introduce como aclaración, a diferencia de lo que sucede en los ejemplos anteriores.

En cuanto a las aclaraciones, el *Tratado de patología* presenta numerosas notas marginales con llamadas de atención al inicio de las distintas partes de los capítulos, con correcciones a lagunas o errores de contenido y también con sinónimos para las enfermedades que describe, especialmente en los títulos de capítulo. A veces estas notas tratan de explicar un término árabe:

> En la apostema calliente que se faz en la la cabeça que á nombre xercí [*Nota marginal*: frenesís], TRM fol. 11v
>
> La adruba[17] [*Nota marginal*: corcoba], TRM fol. 128v
>
> Las postemas que llaman palgamoní[18] [*Nota marginal*: flemón]. Es nombre griego que demuestra ardor e tiene Galieno que es nombre que demuestra toda postema calliente de sangre o de cólera o en ambos o en uno, TRM fol. 130r

Sin embargo, son varios los casos en que es un vocablo árabe el que aparece en la nota, referido tanto a un término romance como árabe:

> Llagas mortales malas. Landres pestelenciales, bubo [*Nota marginal*: tahón]. Estas son de muchas naturas e son en lo más mortales; della son negras, verdes e bermejas e pavonadas e cenizientas, TRM fol. 134r
>
> La cáncer, XV [*Nota marginal*: çaratán non llagado][19]. Llamáronle cáncer porque semeja cáncer marisco e será de tres naturas, TRM fol. 135v

15 Del árabe *sahar*, insomnio' (Vázquez de Benito 2009: 76).

16 Del árabe *alif al-habb*, 'granada, fruto' (Vázquez de Benito 2009: 75).

17 Del árabe andalusí *ha/ udúbba*, 'gibosidad, joroba' (Vázquez de Benito 2009: 74).

18 Del árabe *falgamúní*, procedente a su vez del griego *flegmón* (Vázquez de Benito 2009: 75).

19 Del árabe andalusí *saratán*, 'cáncer' (Vázquez de Benito 2009: 75).

El lobiniello mayor, XXII [*Nota marginal*: nabta]. Esta es postema que se faze en el cuerpo de su color e ceral so el cuero como bolsa que semeja de tela, TRM fol. 137v

E si fuere la boca de la llaga angosta, ponle la melezina del ungento agudo o el ungento del egiepto [*Nota marginal*: meçry][20] e la manteca fasta que se ensancha o parezca su fondón, TRM fol 140r

Toma harmel [*Nota marginal*: alharmal], una libra e remójalo en treinta libras de vino añejo e fierva fasta que mengue el cuarto e beva de lo el de la eplisia cada día, TRM fol. 21v

La dolencia que dizen vides. [*Nota marginal*: varizes][21]. Esta dolencia es venas llanas bermejas o negras reboltas que se fazen en la pierna, TRM fol. 129r

[*Nota marginal*: la dolencia del elefante] La dolencia del marfil. Esta dolencia es apostemamiento de la pierna e el pie fasta que crece mucho, TRM fol. 129v

La vena que colga. [*Nota marginal*: medaní, id est, cibdadanon][22]. La señal desta dolencia que se faga en la pierna o en el pie o en lo ál del pie cuerpo como grano e fazerse á con ello grant ardor e dolor, TRM fol. 129v

La adubaila [*Nota marginal*: adubelat]. Es postema que coze muchas umidades de muchas naturas, TRM fol. 136r

La postema que faz el miembo muerto, XX [*Nota marginal*: antras, id est, antarahe][23], TRM fol. 137v

Las explicaciones son también habituales en el *Lilio de medicina*, con una diferencia; pueden aclarar un vocablo árabe (*subet, jectigación*) pero, si este aparece como segunda parte, ya no se trata de un arabismo transmitido exclusivamente por vía escrita, como sucedía en los ejemplos vistos hasta aquí; muestra de ello son *axaqueca, aljófar* y *habarrás* (*cfr.* *DCECH*, s.v. *jaqueca*, *aljófar*, *albarraz*):

Esta enfermedad o fiebre de buenamente viene con muchos bostezos e aleviamientos e con una manera de estupor e con poca sed e amarillura de la cara e con finchazón de la cara e de ligero caen en *subet, que es sueño profundo*, e son con dolor continuo del estómago, GOR fol. 11v

Capítulo treinta. De la *jectigación, que es del latir del miembro*, GOR fol. 71r

El dolor [...] Si es en meitad de la cabeça llámase *emigránea, que es axaqueca*. E si en alguna parte llámase clavo e entonce los vulgares dizen que estan enfechizados o aojados cuando veen que con clavos o con agujas lo punçan en la cabeça, GOR fol. 47r

Recepta: vitreolo e sal armoniaque, sarcacola, aloe, pimienta, encienso, cobre quemado, coral, *margaritas, que es aljófar*, alquitira, goma arábiga [...] Sea todo molido GOR 74v

Fagan emplasto con estiércol de palomas e cuexcos de duraznos, gálvano, bedelio e *estafisagria, que es habarras*, e aspalto e tútanos de ciervo, GOR fol. 144r

---

20 Nisba, literalmente 'egipciaco', es decir 'ungüento egipcio'.

21 Estamos aquí ante un calco del árabe *dawáli*, 'viñas', 'variz' (Vázquez de Benito 2009: 76).

22 Otro calco o creación inducida a partir del árabe *'irq madaní*, 'vean de Medina o ciudadana' (Vázquez de Benito 2009: 75).

23 Posiblemente *antarahe* sea una variante más de *taón* y sus numerosas alteraciones de transmisión escrita. En Vázquez y Herrera (1989: 113-114) se recogen *althaun, thahaum, taon, taaon, thabun, althoin, alchoboin, althohoin, althoboin.* En *DETEMA*, s.v. *taón, alchoboin, alttoin* y *tahon.*

2.2 *Otras huellas lingüísticas. Traducciones inducidas*

Ya hemos visto en el apartado anterior, a propósito de los pares léxicos y las explicaciones, que contamos con calcos o creaciones inducidas como resultado de las traducciones más o menos literales de las fuentes. Según Álvarez de Miranda (2009: 146-147) estamos ante una modalidad neológica a caballo entre el léxico adquirido y el léxico multiplicado, resultado de un proceso especialmente frecuente y fecundo en el terreno del vocabulario culto, intelectual, científico-técnico.

La lectura conjunta de los textos castellanos que estudiamos y el *Canon* nos ha permitido observar los paralelismos que vamos a exponer a continuación, que afectan a distintos niveles lingüísticos y van más allá del léxico.

2.2.1 *Calcos léxicos*

Distinguiremos en este apartado entre vocablos y sintagmas.

Entre las voces motivadas por los procesos de traducción y transmisión de la fuente árabe, el *Canon* en este caso, tenemos la apostema *esponja*, 'variedad de apostema con varias aberturas' (TRM), del árabe *isfunch*, 'esponja' (Vázquez 2009: 76)[24]; *cuerda* como 'tendón' o 'nervio' (CIR, GOR, SUM, TRM), es paralelo al árabe *al-awtár*; *mola*, 'masa carnosa e informe que en algunos casos se produce dentro de la matriz, ocasionando las apariencias de la preñez' (GOR, SUM, TRM), traduce el árabe *al-rahá* 'muela', calco a su vez del griego *myle* 'enfermedad del útero' (*ibíd.* 72); el *porciello*, 'lobanillo, bulto superficial y por lo común no doloroso, que se forma en la cabeza y en otras partes del cuerpo' (TRM), del árabe *al-janāzír*, 'cerdos'[25].

También *culebreta*, 'enfermedad cutánea, a modo de herpes, que se extiende formando líneas onduladas' (TRM) es traducción del ár. *al-hanash*, 'pústula'[26].

---

24 No figura en el *DETEMA*, a pesar del siguiente testimonio: «Palgamoní [...] si fuere en logar carnuno tomará mayor logar e más ancho e será la dolor menos un poco. E si fuere el logar desnudo de carne, así como el pie e la espalda de la mano e la rodiella, será la postema menor e el dolor mayor e la fiebre más rezia. E si fuere en las espaldas, e será muy grande; e cuando madurar, avrá muchas bocas que semeja a la esponja e por ende la llamaron la postema *esponja*; e es grave de guarecer cuanto más en los viejos», TRM 130v. En CIR fol. 5v *apostema espongiosa*, « E por ventura esta apostema sanguina fará forados que semejen esponja marina e de los forados de los panares por do corre su vegnino como por canales, por do se nombra el *apostema espongiosa* segund Albucasin o la panalosa».

25 Con el mismo significado, *cochinillo* y *porquezuelo* en otros textos castellanos, *DETEMA*, s.v. *cochinillo* y *porquezuelo*; la fuente árabe es el *Canon* IV: 1940.

26 En el *Tratado de patología* aparece la *culebreta* con la *hormiga* y el *fuego pérsico*. Sin embargo, a diferencia de estas denominaciones, también traducciones del árabe, no lo atestiguamos en el Canon; sí la llama así Abú-l-Qasis al-Zahrawi, cirujano del siglo X cuyo libro XXX influyó en toda la cirugía posterior occidental. En el *DETEMA* se atestiguan también *culebrilla* y *culebro* en el mismo sentido.

Si observamos una serie de comidas ácidas que suelen recomendarse en los regímenes que acompañan a determinadas dolencias, *agracía, sumaquía* o *zumaquía* y en ocasiones *romanía*, vemos cómo se han trasladado los nombres abstractos de cualidad, identificados en árabe por la terminación *-iya*, presentes en el *Canon*; se trata del árabe *sumaquía* o *zumaquía*, de *summáqiyya*, 'plato de comida en el que se cuecen el zumaque y sus semillas'; *romanía*, de *rummániyya*, 'plato de comida en el que se cuecen granadas'; en cambio traduce, con adaptación de la terminación, *agrazía*, *gracía,* del árabe *hisirmiyya*, 'plato de comida elaborado o que contiene entre sus ingredientes vinagre de agraz'[27]:

> Sus comeres, milgrana e *sumaquía e gracía* e lo que·l semeja, adobados con culantro seco, TRM fol. 62v
>
> Governa·l con las cosas agras así como *sumaquía e agracía* e cañamones con milgranas e los cueros asados de la carne bermeja TRM fol. 63r
>
> Escuse las mugeres, el afán e el vino e toda cosa que faz urinar. E su govierno *sumaquía e la agrazía e la romanía* e con mançanas. E en el libro de los comeres escrevimos mucho d'esta razón, TRM fol. 64v
>
> Su govierno, *çumaquía e agrazía e romanía*, TRM fol. 66v
>
> Toma *la çumaquía e la agrezía* e use ante que venga el tiempo la sangría de la basálica, TRM fol. 71v
>
> Recebta de *çumaquía* muy sabrosía que presta a la menazón: toma cuantos quisieres de los razimos del çumaque e remójalo e remoja en una poca de agua e en un calderón limpio e aferviéntalo en un fervor. Desí cola el agua e toma carne joven o un pollo o una perdiz e tájala e lávala e ponlo en una olla con sal e azeite e especias. Cuando fuere medio cocho, pon ý cebolla e alverengena e troncos de acelgas sin fojas e, cuando coziere, pon ý al çumaque e dexa·l fasta que sea bien cocho e cómanlo e es muy sabroso, TRM fol. 69r

Para los sintagmas tenemos como ejemplos *jarabe de oximiel esquilítico*, 'jarabe cuya base es el oximiel con cebolla albarrana'[28] (GOR, SUM, TRM), traducción del sintagma calificativo árabe *sakanyabín isquilí* (Vázquez 2009: 72); *píldoras áureas*, 'píldoras, así llamadas por su color amarillo como el oro y por ser excelentes entre las demás, cuya base es el aloe' (GOR, SUM, TRM), traducción del complemento determinativo *habb al-dhahab*, 'píldoras de oro' (Vázquez 2009: 72); *ungüento apostolicón*, 'ungüento formado por doce elementos simples' (GOR) o *apostoligón* (TRM), traslada el árabe *marhan al-hawárin*, 'ungüento de

---

27 En el *DETEMA* las tres voces aparecen definidas directamente como 'zumaque', quizá 'granada, fruto' y 'uva agraz', es decir como el ingrediente base, porque no interpretamos ni la terminación de los sustantivos ni la fuente. Allí se recoge también, s.v. *adrami*, el arabismo *hadraamj*, 'uva agraz'. El *Diccionario* de Alonso y Ruyzes de Fontecha recoge *humadich*, variante de *hadrami*, 'comida con agraz'. En Sánchez y Vázquez (en prensa) pueden verse otros ejemplos de creaciones inducidas en CIR y SUM.

28 El *DETEMA*, s.v. *oximiel*, señala que se trata de una mezcla de vinagre, sal marina, agua y miel, cocidas y después enfriadas.

los apóstoles, o de los mensajeros' (Vázquez y Herrera 1989: 234-235)[29]; la *rosa ampollada*, un tipo de exantema o erupción de la piel, (TRM), es una traduccion exacta del árabe *al-humra dhawát al-nafájat wa-l- naffáthát*, es decir 'rojez de vejigas o ampollas'[30]; las *carnes de cuatro pies*, o sea de animal cuadrúpedo (GOR), encuentran su paralelo en *luhúm dhawát al-arba'*; las *obras espirituales*, 'facultades o potencias del espíritu' (TRM), en *al-a'adá al-nafsaniyya*; *la pesadumbre en la cabeza, en vaguido y lóbrega en los ojos* (TRM), en *thaql fil al-ras, duwwár wa-thulma fí-l-'ayn*, etc.

El árabe *laban cháriya*, 'leche de mujer que amamanta a una niña', se traslada en el Tratado de patología como *leche doncal, leche de las mancebas* o *leche de mujer a que mame moza*[31]:

> La cura del estendijar seco quel pongas en la cabeça e en el cuerpo *leche doncal* con olio de sísamo fresco, TRM 17r
>
> Unte la cabeça con olio de narcisus o olio de lirio o de camomila o sínsamo con el ovieres pon la *leche de las mancebas* en su cabeça a las vezes, TRM fol. 12v
>
> Si fuere el non dormir, úntale mucho en las sienes con *leche de muger* negra a *que mame moça* e con olio violado, TRM fol. 12v

El sintagma *pipas del pulmón*, 'bronquios' (TRM), árabe *qasaba al-ria*, 'flauta de pastor' y 'caña', refleja la costumbre de la medicina árabe de nombrar algunas partes del cuerpo a través de elementos cuya forma evocan (Vázquez de Benito 2004: 211). Y son asimismo paralelas otras comparaciones en las descripciones de síntomas, como «Las señales de la postema flematica [...] La señal por la ventosidat es que sea blanda e blanca e fofa; cuandol apretares con la mano, non abaxa; e cuandol firieres *suena como atambor e es inchado como odre*» (TRM), presentes en la base árabe *istisqá al-tabalí*, 'como tambor', y *ziqq manfúj*, 'como el odre hinchado'.

2.2.2 Acusativos internos y repeticiones

No faltan muestras de construcciones características de la lengua árabe como los acusativos internos, en ocasiones acompañados de adjetivos, y las repeticiones.

---

29 En el *Diccionario* de Alonso y Ruyzes de Fontecha, s.v., *vnguentum alhabarin*, vngüento apostolorum.

30 Mientras el *Canon* (IV 1909) usa este tipo de construcción, 'de / con vejigas', al-Shafrá utiliza un sintagma con participio.

31 En el mismo tratado encontramos la *leche de tardança*: «Dentera [...] recepta de melezina que esmenuça los dientes: toma farina de trigo e amásalo con *leche de tardança* e pégalo al doliente e pon de suso una foja de correuela mayor», TRM fol. 42v. No hemos encontrado paralelo para este sintagma, que quizá pueda explicarse como sentido contrario al muy frecuente *leche rezien-te*, en árabe *laban halíb*, 'leche recién ordeñada'.

Ejemplos tomados del *Tratado de las apostemas* de Diego el Covo son: «se foradó de tanto foradamiento», «non lo pudiendo conbertir de todo conbertimiento», «si las tajas de entero tajamiento», «será blanco de toda blancura», «cúralo con todo debido curamiento», «xarrétale de profunda xarretadura», «lávala con alguna lavadura», «se transforma de toda transformança», «estiéndese de grand estendimiento», «envermejece de vermejura clara», «sano de todo sanamiento», «amansa de toda mansedad», «mezclen algund mezclamiento», «te amonesta esto de grand amonestamiento»[32].

En el *Tratado de patología*: «sea el doliente quedo e non de bozes nin se quexa grant quexa e mucho umidat e friura de su complisión», «sin que se mude grant mudamiento», «quiçá que aficará fasta que seque grant sequedat», «ponla a fuego de carbón fasta que fierva el olio dos fervores o tres», «purgar con la purga», «si saliere con esta cura; si non, puja en pujar con la cala», «comiença a gexar la gexadura».

Estas construcciones son más escasas en el *Sumario de la medicina* e inusuales en el *Lilio de medicina.*

2.2.3 Duales

En el *Tratado de patología* y con menos frecuencia en el *Tratado de apostemas* se reflejan literalmente duales árabes:

Faz emplasto con siemprebiva o con *los dos emplastos sándalos* e destos emplastos dixiemos en el libro de los emplastos complimiento e tómelo dende, TRM fol. 61v

De las melezinas que fazen la obra del fuego es el azech e *los dos arsénicos* e la cal e el agua del xabón la primera; e la melezina de cal todo es mejor cosa para curarlo, TRM fol. 133v

Toma el xarope de *las dos milgranas* o xarope de agraz o de violas o de aljuleb. E meta sus pies en agua callente, TRM fol. 9v

Tome después las purgas del latuario alegrador o diamargaritón con decoción de raízes e olio de *las dos almendras, amargas e duces,* e su semejante, TRM fol. 19r

Beva çumo de apio e del finojo fervido e colado con olio de *las dos almendras* e beva agua de miel, TRM fol. 51r

E pez e quemia desleídos con los vedilios judiaico e ceciliano en los *dos olios de los lilios,* CIR fol. 63v

E sevo e miel e polvo de *los dos arsenicales* los disuelve e escusa obras cirugicales, CIR 64r

32 En el *Tratado de las apostemas* también hallamos repeticiones de indeterminación del tipo: «E si en los forados quedan algunas concavidades tájalas, ca mejor se limpian las suziedades, en tal manera que el suelo de la profundidad descubras *de cada concavidat e concavidad*», CIR fol. 14v; «Abén Reduán diziente podrá ser la natura, terná allí del espíritu vital mucha mensura. E esto *en cada arteria e arteria* a son defensivo de la enemistat de la materia», CIR fol. 17r, etc. No obstante, nos resulta difícil valorar estas construcciones puesto que las exigencias del verso son determinantes en los usos morfológicos y sintácticos de la obra.

Solo en una ocasión el Tratado de patología especifica que las dos almendras son la amarga y la dulce; habitualmente nombra sin más las dos almendras, igual que los dos sándalos, los dos arsénicos, las dos milgranas o los dos lilios[33].

2.2.4 *Idafas*

En el *Tratado de patología* son abundantes las traducciones literales del fenómeno conocido como idafa, o anexión, del árabe, mucho más escasas o desconocidas en los otros textos. De nuevo nos hallamos ante una construcción posible en castellano, en convivencia con otras quizá más usuales[34]. Algunos ejemplos son los siguientes:

Si non lo vedare, como diximos, *la hedat del doliente e su fuerça*, TRM fol. 2r

De medecinas que obran con propiedat así como *meollo de grúa e su fiel*, buelto con olio muy bueno, TRM fol. 15v

Tome *uñas de raposo e su pie siniestro* e ponlo en un paño de lino e átagelo en el braço diestro, TRM fol. 15v

Eplisia [...] Sil colgaren *el rabo del raposo e su cuero* sobre ellos, prestarle ha, TRM fol. 21v

La complisión del doliente e su edad, atal será más cierto, TRM fol. 40r

Devedes entender que dos son los que indiferentemente acostumbraron en todo caso provocar la orina, conviene a saber, *la enxundia del conejo e su pelleja*, si sobre el pendejo e la verga la pusieren, GOR fol. 164v

2.2.5 *Frases teófonas*

Todos los tratados médicos, al igual que muchas otras obras medievales, coinciden en pedir la ayuda de Dios para llevar adelante la tarea, especialmente al inicio, y agradecerla cuando llegan al final. Al margen de estas menciones habituales, encontramos en los testimonios médicos que manejamos frases teófonas similares a las de las fuentes árabes:

Guarecerá *si Dios quisiere*, TRM fol. 19r

Fará todavía tales obras *con la merced de Dios*, TRM fol. 119v

---

33 En el *DETEMA*, s.v. *sándalo*, y en Laguna (1555: 28) se habla de tres tipos de sándalo: *blanco, bermejo* y *cetrino* o *moscatelino*. Para el arsénico, el *DETEMA*, s.v. *arsénico*, recoge el *amarillo* o *cetrino*, el *bermejo* o *colorado* y el *sublimado*. Con relación a las *milgranas* o *granadas*, los textos suelen diferenciar entre la *agra* o *ácida* y la *dulce*. Por lo que se refiere al *lilio* o *lirio*, en el *DETEMA*, s.v. *lilio*, y en Laguna (1555: 337) se recogen varias clases de lirios: *blanco, amarillo, rojo, cárdeno o iris*. En ocasiones el *Tratado de patología*, en vez de usar *las dos milgranas*, escribe *agras e dulces*.

34 Es mucho más frecuente en los tratados médicos mismos la construcción «si no lo vedaren la edat e la fuerça del doliente», etc.

> En las apostemas ya he acabado e trataré en quebraduras e en dislocaciones, *Dios ayudando*. E esto porque segund lo más los cirugianos lo abran mediante medecina e manos e a la cual cosa, con plegaria caritativa, *ruego a Dios que cumpla la mi eletiva*, CIR fol. 80v
>
> *En el nombre de Dios misericordioso* e de la su bendicta madre. Aquí comiença la práctica del muy excelente maestro doctor monarca de medicina Bernardo de Gordonio, GOR fol. 4v
>
> Por eso, la generación, *Dios bendito y ensalçado* crio el macho e la fembra, GOR fol. 165r

Parece significativa en este sentido la importancia que el *Tratado de patología* otorga a la fe y a la formación religiosa en la educación, con una referencia explícita al *profeta de Dios*:

> Por cuál manera castigarán al moço e danle a los maestros. De primero deven dar el moço al maestro que le muestre la fe e que sea el maestro verdadero e piadoso de bonas maneras e muéstrenlo de primero en el libro de Dios e la ley de la profeta de Dios. E desí amuéstrenle la nuestra gramática [...] E cuando se raiga en su fe e en sus carreras denle con maestro quel mostro apismética e gometría e desí estrología e música, TRM fol. 119v

3. Conclusiones

La huella de Avicena perduró durante siglos; todavía es perceptible en el *Diccionario* de Alonso y de los Ruizes de Fontecha (1606), de comienzos del siglo XVII. En los textos médicos medievales su nombre, junto al de Galeno, que se cita en muchos casos a través de la obra del propio Avicena, aparece constantemente como autoridad. Pero aquí hemos tratado de ver no ya la importancia y el reconocimiento de su indiscutible autoridad, sino la posible huella lingüística o cómo se manifiesta a través de la lengua en algunos tratados.

Podemos ordenar la huella de mayor a menor: mucho más abundante en el *Tratado de patología*, muy significativa en el *Sumario* y el *Tratado* del Covo, mucho más débil en la versión castellana del *Lilio de medicina*, a pesar de que la fuente se rastrea bien en muchas partes del texto.

Esta situación podría apuntar en la siguiente dirección: el *Tratado de Patología* sería una traducción directa de los libros tercero y cuarto del *Canon* fundamentalmente, que incorpora además otras partes más breves que van a continuación; quien hizo la traducción no lo cita nunca, solo se refiere a su fuente como *el que compuso este libro*[35].

35 En el *Tratado de patología* leemos: «Hidropesía [...] El autor de este libro dijo que el que quiera tratar alguna de las especies de esta enfermedad [...] no debe intentar la curación, pues como dijo Galeno [...]», fol. 53v. En el *Canon*, Libro III, 1390, en el apartado dedicado al tratamiento de la hidropesía *zaqqí*, es decir 'de odre', leemos lo siguiente: «Es necesario que observes lo que dice Galeno sobre el tratamiento de la hidropesía, que escribimos literalmente [...]».

El *Sumario de medicina* parte de una versión latina del *Canon*, tal y como se declara en el mismo texto. No obstante recordemos que no todas las noticias, escasas por otra parte, que nos transmiten autores y traductores de obras medievales son fiables; están determinadas por varios condicionamientos entre los que destaca el prestigio del latín. En este caso, a pesar de las numerosas huellas lingüísticas árabes del texto, su sintaxis marcadamente latinizante da la razón al autor.

Sin noticias directas, la situación del *Tratado de las apostemas* podría ser la misma, es decir, puede partir de una versión latina del *Canon*. La huella del árabe, aun siendo importante, no parece tan acusada como en el *Tratado de patología*, aunque mayor en algunos aspectos sintácticos que en el *Sumario*; sin embargo, hay que hacer la salvedad de que en esta obra la morfología y la sintaxis, incluso el léxico de determinadas posiciones, están fuertemente condicionados por el verso y el uso que de él hizo su autor.

Finalmente el *Lilio de medicina*, como la gran mayoría de los textos médicos coetáneos, es una muestra clara de la huella de Avicena en el desarrollo de la medicina medieval, aunque la influencia lingüística es mucho menos perceptible que en los tratados anteriores; esta influencia se manifiesta sobre todo en la presencia de arabismos.

Referencias Bibliográficas

ALONSO Y DE LOS RUYZES DE FONTECHA, Juan (1606): *Diccionario*. M.ª Purificación Zabía Lasala (ed.). Madrid: Arco/Libros, 1999.

ÁLVAREZ DE MIRANDA, Pedro (2009): «Neología y pérdida léxica», en Elena de Miguel (ed.), *Panorama de la lexicología*. Ariel: Barcelona, pp. 133-158.

ANÓNIMO (XIV-XV): *Tratado de Patología, (M. 10051 Biblioteca Nacional, Madrid*). M.ª Teresa Herrera Hernández y M.ª Nieves Sánchez González de Herrero (eds.). Madrid: Arco/Libros, 1997.

AVICENA, (S. XI): *Qánún fi-l-tibb*. Idwár Al-Qashsh y 'Alí Zay'úr (eds.). Beirut: Muassasa 'Izz al-dín, 1987, vol. II.

CORRIENTE, Federico (2008): *Dictionary of Arabic and Allied Loanwords Spanish, Portuguese, Catalan, Gallician and kindred Dialects*. Leiden/ Boston: Brill / HDO.

COULLAUT CORDERO, Jaime, Emiliano FERNÁNDEZ VALLINA y M.ª Concepción VÁZQUEZ DE BENITO (2010): *Averroes Avicennae Cantica (Versión trilingüe: castellano, latín, árabe*). Salamanca: Publicaciones de la Universidad de Salamanca [CD-ROM].

COVO, Diego el (1493 [1412]): *Tratado de las apostemas*. M.ª Teresa Herrera (ed.) Salamanca: Universidad de Salamanca,1983

DCECH = Joan Corominas y José Antonio Pascual (1980-1991): *Diccionario crítico etimológico castellano e hispánico*, 6 vols. Madrid: Gredos.

DETEMA = M.ª Teresa Herrera Hernández (dir.) (1996): *Diccionario español de textos médicos antiguos*, 2 vols. Madrid: Arco/Libros

GARCÍA BALLESTER, Luis (2001): *La búsqueda de la salud*. Barcelona: Península.

GORDONIO, Bernardo de (1495 [1305]): *Lilio de medicina*. Brian Dutton y M.ª Nieves Sánchez González de Herrero (eds.). 2 vols. Madrid: Arco/Libros, 1993.

GUTIÉRREZ CUADRADO, Juan (1993): «Sobre algunos desdoblamientos léxicos del siglo XV», en *Antiqva et Nova Romania. Estudios lingüísticos y filológicos en honor de José Mondéjar en su sexagesimoquinto aniversario*, vol. I. Granada: Universidad de Granada, pp. 331-345.

HERRERA, M.ª Teresa y M.ª Estela GONZÁLEZ DE FAUVE (eds.) (1997): *Textos y concordancias electrónicos del Corpus Médico Español*. Madison: Hispanic Seminary of Medieval Studies [CD-ROM].

JACQUART, Danielle (2005): l'*épopée de la sience arabe*. París: Gallimard.

LAGUNA, Andrés (1968 [1555]): *Pedacio Dioscórides Anazarbeo*, 2 vols. Madrid: Instituto de España [Reimpresión facsimilar].

LINDBERG, David C. (2002): *Los inicios de la ciencia occidental*. Barcelona: Paidós.

LÓPEZ DE VILLALOBOS, Francisco (1498): *Sumario de la medicina*. Luis S. Granjel (ed.) con la colaboración de Mercedes Granjel, M.ª Teresa Herrera y Concepción Vázquez de Benito. Salamanca: Universidad de Salamanca, 1998.

LÓPEZ PIÑERO, José María (2002): «La Medicina», en José María López Piñero (dir.), *Historia de la ciencia y de la técnica en la Corona de Castilla III. Siglos XVI y XVII*. Salamanca: Junta de Castilla y León. Consejería de Educación y Cultura, pp. 639-680.

SÁNCHEZ GONZÁLEZ DE HERRERO, M.ª Nieves y VÁZQUEZ DE BENITO, M.ª Concepción (2010): «La traducción de textos médicos medievales. Cuestiones en torno al léxico», *Cuadernos del Instituto Historia de la Lengua*, III, 4, pp. 77-103.

SÁNCHEZ GONZÁLEZ DE HERRERO, M.ª Nieves y VÁZQUEZ DE BENITO, M.ª Concepción (en prensa): «Del árabe al latín y a los romances: el largo camino de la ciencia medieval», en *Actas del V Coloquio Internacional sobre la historia de los elnguajes iberorrománicos de especialidad: Comuni-*

cación y transmisión del saber entre lenguas y culturas (*Universidad de Leipzig, 27-30 de mayo de 2010*).

SCHIPPERGES, Heinrich (1989): *La medicina árabe en el Medievo latino*. Toledo: Real Academia de Bellas Artes y Ciencias Históricas de Toledo.

ULLMANN, Manfred (1970): *Die Medizin im Islam*. Leiden / Köln: Brill.

VÁZQUEZ DE BENITO, M.ª Concepción (2004): «Traducción y transmisión de las ciencias y las técnicas árabes, la medicina y la dietética», en Mikel de Epalza y M.ª Jesús Rubiera (coords.), *Traducir del Árabe*. Barcelona: Gedisa, pp. 165-214.

VÁZQUEZ DE BENITO, M.ª Concepción (2009): «La fidelidad al original árabe de las traducciones castellanas de la medicina», en Eva Martha Eckkrammer (ed.), *La comparación en los lenguajes de especialidad*. Leipzig: Frank & Timme, pp. 69-77.

VÁZQUEZ DE BENITO, M.ª Concepción y M.ª Teresa HERRERA HERNÁNDEZ (1989): *Los arabismos de los textos médicos latinos y castellanos*. Madrid: Consejo Superior de Investigaciones Científicas.

VÁZQUEZ DE BENITO, M.ª Concepción y M.ª Nieves SÁNCHEZ GONZÁLEZ DE HERRERO (en prensa): «Creaciones inducidas en la medicina medieval castellana. El *Tratado de las apostemas* de Diego el Covo», en *Actas del V Congreso Internacional de Lexicografía Hispánica (Universidad Carlos III de Madrid, 25-27 de junio de 2012).*

Análise do alcance da transmissão do saber nas *Memórias Económicas* da Academia das Ciências de Lisboa

Carsten Sinner
Universität Leipzig

1. Introdução

Nos últimos anos têm sido divulgados muitos trabalhos sobre diferentes facetas da escrita científica de distintas línguas românicas em diferentes épocas, à exceção do português que quase não foi objeto de estudo, neste âmbito.

A história e a constituição das linguagens de especialidade portuguesas ainda não foram analisadas de maneira satisfatória e, quando o foram, os investigadores limitaram-se à terminologia, pois é considerada o critério fundamental que caracteriza o grau de especialização e, portanto, também as linguagens de especialidade.

De facto, faltam descrições históricas da língua portuguesa que permitam estimar, ainda que de modo aproximado, o papel e a prática das linguagens técnicas portuguesas durante os oito séculos que passaram desde que se começou a escrever em língua portuguesa. Esta situação não conheceu alterações significativas desde a visão global apresentada por Verdelho há mais de quinze anos, no colóquio internacional sobre a história das linguagens ibero-românicas de especialidade celebrado em Barcelona (Verdelho 1998, cf. já Verdelho 1994), estando também por fazer uma história integral do léxico português, e particularmente do léxico específico (cf. Monjour 1999: 119).

No século XVIII, e como em outros países europeus, é notória a influência da modernização tecnológica na língua portuguesa e, como em outros países europeus (cf. Slaughter 1982), essas inovações são acompanhadas pela tentativa de classificar e sistematizar as novas áreas de trabalho e os novos conhecimentos e resultados científicos, sendo a lexicografia portuguesa uma prova disto (v. Verdelho 1994: 345). A evolução nas ciências foi acompanhada por uma empiricidade cada vez maior, o que implicou uma abordagem caracterizada pela observação e a comparação crítica, que influiu sobre o desenvolvimento da comunicação científica e divulgativa, sobre os novos conhecimentos e, assim, sobre a evolução das linguagens de especialidade. Esta tendência tornou necessária uma maior precisão e inequivocidade linguística, bem como uma ampliação dos meios expressivos da língua, o que levou a um aumento da terminologia por meio dos procedimentos de ampliação do léxico: formação de palavras, mudanças semânticas e empréstimos a outras línguas. A mudança dos conteúdos transmitidos é acompanhada pela mudança do modo de os obter e justificar (por exemplo, através de provas científicas e referência às fontes), o que se reflete nos textos da época, também em uma mudança terminológica.

Além das terminologias das ciências técnicas, experimentais e naturais, nos finais do século XVIII e inícios do século XIX, foram enriquecidas particularmente as linguagens especializadas –a nível terminológico– das ciências económicas emergentes, da administração e da organização política (Verdelho 1981; 1994: 346-347).

Mas lemos frequentemente que a influência principal, tanto de carácter cultural como de carácter linguístico, veio da França. O problema é que o estado da investigação deste aspeto é bastante insuficiente.

Muitos autores defendem a influência francesa. Telmo Verdelho acha que as linguagens científicas tiveram um papel primordial na passagem do latim para o português no século XVIII, dizendo a este respeito que:

> constituíram, provavelmente, neste momento, também um ingrediente da vivência barroca da língua portuguesa, e o factor preponderante da ultrapassagem da tutela latina e a criação de novas dependências de importação lexical em relação aos idiomas modernos e nomeadamente ao francês (Verdelho 1994: 345; idêntico em Verdelho 1998: 118).

O autor sublinha ainda que se tratam de hipóteses ainda não provadas e que faltam análises práticas que o permitam confirmar. Não obstante, a influência massiva do francês, apesar de constituir uma opinião ainda meramente impressionista, é geralmente aceite como facto científico. Segundo Teyssier, a influência cultural francesa é predominante em Portugal apartir sobretudo de 1750:

> Il va en résulter des conséquences linguistiques très importantes: [sic] le galicisme va se répandre de mille façons dans le portugais, non seulement au niveau du vocabulaire, mais aussi à celui de la morphologie et de la syntaxe. Ce *francesismo* intéresse bien entendu tous les aspects de la vie portugaise: [sic] l'art de vivre, la mode, l'histoire d'idées, la politique, la littérature, etc. (Teyssier 1994: 468).

Quanto às consequências linguísticas deste *francesismo* cultural, o mesmo autor admite, não obstante, que «Il n'existe malheureusement aucune étude d'ensemble sur cette question, pourtant très importante» (1994: 468). Messner fala de influência comprovada do francês sobre a gramática portuguesa do século XVIII, admitindo, no entanto, que ainda não foi estudada de maneira satisfatória («noch viel zu wenig untersucht», Messner 2003: 707). De facto, os estudos da influência francesa limitam-se, essencialmente, à análise do francesismo na literatura (Machado 1984), centrando-se, além disso, em poucos autores importantes como Eça de Queirós (1845-1900) ou o teatro da segunda parte do século XVIII (ante tudo, o chamado *teatro de cordel*, cf. Teyssier 1994: 468-469). Dispomos, além disso, de alguns trabalhos pontuais sobre linguística e gramaticografia; por exemplo, Gerda Haßler (2001) trabalhou sobre as teorias linguísticas dos seculos XVII e XVIII e a receção dos modelos franceses e comprovou as consequências claras do

Iluminismo francês e da gramaticografia e lexicografia portuguesas por trabalhos franceses; Schäfer-Prieß (2000), na sua análise da influência exercida pelas gramáticas francesas chega à notável conclusão que o modelo das gramáticas portuguesas do século XVIII deve ter sido, sobretudo, o modelo de Sanctius e da gramática latina.

A opinião sobre a forte influência da língua francesa e o debate sobre neologismos e arcaísmos são considerados, por vários autores contemporâneos, um aspeto característico do século XVIII (Mühlschlegel 2000: 30), pois encontramos infinitos exemplos de opiniões negativas e juízos sobre a influência nociva da língua francesa na literatura nas publicações periódicas da época. Segundo Teyssier (1993: 73), os empréstimos de termos de línguas europeias foram numerosos e «principalmente de origem francesa» e por isso a caça aos galicismos era «um dos temas preferidos dos puristas» (1993: 74). A intensidade do debate, porém, não é necessariamente um indicador de uma influência igualmente intensa, pois o debate não era motivado só por aspetos linguísticos. Em particular, com o começo dos conflitos com a França tornou-se cada vez mais manifesta a posição antifrancesa ou crítica relativamente aos galicismos, como vemos pela publicação de artigos com títulos tão programáticos como «Guerra às palavras afrancesadas!», escrito por Luís de Sequeira Oliva no diário lisboeta *Telegrafo Portuguez* de 1812 e que contém uma lista de galicismos considerados condenáveis (Boisvert 1983-1985), ou «Glossario Das Palavras e Frases da Lingua Franceza, que por descuido, ignorancia, ou necessidade se tem introduzido na Locução Portugueza moderna ; com o juizo critico das que são adoptaveis nella», escrito por Francisco de São Luís (1766-1845) em 1812 e publicado em 1816 no volume IV de *Historia e Memorias da Academia R. das Sciencias de Lisboa.* Também nestes trabalhos, falta uma indicação de quem usava estes galicismos ou como entraram no português.

Há também autores que veem mais criticamente a questão dos galicismos e da influência francesa. Acerca da influência francesa sobre o português no século XVIII, escreve Pessoa (2001: 207): «Um rápido levantamento de alguns autores revela uma idéia comum que tem sido tradicionalmente transmitida, ou seja, a de que o século XVIII representou a influência francesa». O autor menciona Camara Jr. (1977: 139) que, em um trabalho sobre a história externa da língua portuguesa, caracteriza o século XVIII como século da influência francesa, criticando o facto de o autor não indicar de que tipo de influência se trata: «Essa influência se dá no léxico? Na estrutura da frase? Na ordem? O autor não esclarece» (Pessoa 2001: 207)[1]. Para Pessoa (2001: 208) «fica claro que existe, mesmo que não assumida clara-

1 Como anota Castro (2001-2002: 356), Pessoa só acompanha a sua posição de duas citações para justificar a sua hipótese, de Mattoso Camara Jr. (1977) e Mário Barreto (1982), e, por essa razão, diz não estar de acordo com Pessoa. Acho, porém, que a limitação a duas citações terá a ver com as limitações usuais em atas de congressos, pois o texto só tem nove páginas e o autor dificilmente poderia ter-se extendido mais.

mente, uma aceitação da tese da influência francesa na língua portuguesa, que em muitos autores fica como atitude genérica sem identificação precisa». Isso explica, do seu ponto de vista, que nem sequer se tenha tentado comprovar o peso da influência francesa e analisar as vias de penetração dos galicismos.

Quais foram, então, as fontes e como entraram, por um lado, conhecimentos novos, e como se chegou, por outro lado, ao aumento da capacidade expressiva das linguagens científicas, e à ampliação terminológica? A influência francesa, tanto no que concerne à influência linguística como, também, ao conteúdo, deve analisar-se sob uma base empírica, textual, e deve, necessariamente, esclarecer-se qual foi o papel e a importância das fontes francesas. Isso far-se-á com base em textos científicos de finais do século XVIII e inícios do século XIX, uma época que, como vimos, é considerada crucial para a substituição do latim pelo português, a criação e evolução de novas linguagens científicas portuguesas, bem como a mudança da linguagem científica portuguesa já existente.

Analisei esta questão com base em um corpus de 75 *Memórias económicas* publicadas pela Academia das Ciências de Lisboa[2] entre 1779 e 1821, com um total de 2071 páginas, escritas por 39 autores diferentes[3]. Estes textos *económicos* representam de maneira muito especial o saber de toda uma geração de intelectuais portugueses, sendo trabalhos fundamentais na história das ciências portuguesas (Nunes 1994: 87) e constituindo, segundo Cardoso (1987: 12), «um testemunho documental exemplar sobre as características da sociedade portuguesa no período a que se reportam» que «permitem aprofundar o estudo de uma época de importância crucial para a compreensão do nosso trajecto histórico nos dois últimos séculos». Além disso, representam os desejos e ambições fundamentais da Academia: «estas memórias consubstanciam aquela que foi, porventura, a vocação institucional da Academia das Ciências de Lisboa nos primórdios do seu funcionamento» (Cardoso 1987: 12). São consideradas *Obras Clássicas do Pensamento Económico Português* e ponto de partida da história social, da economia e da agricultura do país (Cardoso 1987, 1990-1991; Nunes 1986, 1990), e, como diz Francisco António Correia (1929/1939)[4], «um vastíssimo repertório de elementos para o estudo da economia nacional, na segunda metade do século XVIII». Para Cardoso (1987: 12),

> estas memórias são um testemunho documental exemplar sobre as características da sociedade portuguesa no período a que se reportam [...], quer pelos factos e problemas económicos e sociais que retratam, quer pela forma como tais factos são estruturados e pensados; por isso, permitem aprofundar o estudo de uma época de importância crucial para a compreensão do nosso trajecto histórico nos dois últimos séculos.

---

2 O nome e a maneira de escrever o nome da *Academia das Ciências de Lisboa* mudou várias vezes durante a sua história (*Academia das Sciencias de Lisboa, Academia Real das Sciencias de Lisboa, Academia das Ciências, etc.*).

3 Para uma descrição pormenorizada do corpus, v. Sinner (2012).

4 Francisco António Correia (1929/1930): *História Económica de Portugal*. Lisboa: Tip. de Emprêsa Nacional de Publicidade; cit. por Monteiro (1945: 3).

Escolhemos textos publicados como memórias *económicas* devido ao facto de Portugal ter sido, na época estudada, um país fundamentalmente agrário no qual a atividade económica mais importante era, precisamente, a agricultura (cf. Nunes 1994: 7), o que implica que temas relacionados com esta área de atividade apareçam em muitas das publicações científicas e divulgativas (Nunes 1994: *passim*). Portugal era um país «em mutação histórica, inflamado por debates ideológicos em torno da propriedade, da terra, do proprietário, do agricultor» (Nunes 1994: 7), e este discurso refletia-se na maneira de como o conhecimento sobre agricultura se difundia. O objetivo central das memórias analisadas foi, da perspetiva da Academia, e como bem se lê no título das *Memórias económicas* o «adiantamento da agricultura, das artes, e da industria em Portugal, e suas conquistas». Este objetivo de melhorar a situação económica de Portugal e suas conquistas em todas as suas facetas aparece também mencionado nos textos dos prémios académicos publicados pela Academia, e devido a estes objetivos, são muito multifacetados os trabalhos publicados e bastante interessantes, também, ao nível das fontes e terminologia, os textos aqui tratados.

As questões primordiais da nossa análise serão: (1) Por que aspetos se orientaram os autores das *Memórias*: que autores, que textos podem identificar-se como pontos de referência fundamentais? (2) É possível determinar o *horizonte de retrospeção* –no sentido do termo que lhe dá Auroux (1996: 31)– por meio de aspetos técnicos e quanto ao conteúdo e por meio das estratégias de textualização associadas à representação daqueles conhecimentos? (3) Identificam-se as fontes?

O foco da presente contribuição serão, no entanto, as fontes francesas. Como a relação entre Portugal e França na época aqui estudada –como também a que houve com Espanha e, em parte, com Inglaterra– foi muito tensa, discriminando-se ou perseguindo-se os chamados *afrancesados* ou qualquer um suspeito de o ser, interessa especialmente a questão de saber o modo como são tratadas as fontes nos textos analisados: se são citadas abertamente ou de forma encoberta, se os autores, nomes de informantes são mencionados, etc.

2. Os textos de referência

Quando analisamos o corpus para obtermos uma visão dos textos de referência, temos que ter em conta a possibilidade de censura dos textos, particularmente apertada já desde 1750 (cf. Marques 1984: 333), que sem dúvida intervinha nas publicações periódicas e que seguramente teve influência na representação, por exemplo, da responsabilidade dos proprietários das terras, na crítica a determinadas leis agrárias, etc. É sabido que os textos publicados pela Academia não só passavam pela censura, mas também por um processo de edição que, certamente e como foi comprovado, permitia a manipulação dos textos quando os editoras o achavam necessário (cf. Sinner 2012: 189-190). A indicação das fontes é um indício da integração dos investigadores em redes de comunicação científica, e, por isso, as referências extratextuais são fontes importantes sobre o intercâmbio científico e o horizonte de retrospeção dos autores. Temos que ter em conta, porém, que é possível a ocorrência de uma omissão de fontes devido à censura ou ao temor aos censores, por um lado, mas também uma indicação de fontes não consultadas, por mor de considerações não técnicas, como a vontade de demostrar ter lido muito ou o desejo de fazer crer que determinada literatura foi consultada, nomeadamente textos recomendados ou explicitamente requeridas pela Academia.

Comecemos pelos autores de referência e obras de referência mais importantes no corpus. Vemos que quase 95% de todas as *Memórias* contêm um total de 1275 referências que podem ser atribuídas a determinados autores, obras, países ou línguas (v. quadro. 1).

	percentagem das *Memórias*	percentagem de dados/referências
fontes claramente atribuíveis (total)	94,6%	1275 (100%)
trabalhos dos próprios autores	28,6%	7%
autores portugueses ou que escreviam em português	64,3%	40,3%
autores (clássicos) romanos ou que escreviam em latim	42,9%	17,4%
autores (clássicos) gregos ou que escreviam em grego	22,6%	3,5%
autores franceses ou que escreviam em francês	57,1%	16,6%
autores ingleses/americanos ou que escreviam em inglês	21,4%	2,6%
autores alemães ou que escreviam em alemão	21,3%	3,3%
autores espanhóis ou que escreviam em espanhol	14,2%	1,7%
autores suecos	28,5%	3,8%
autores italianos ou que escreviam em italiano	5%	0,6%
autores neerlandeses ou que escreviam em neerlandês	2,1%	0,2%
outros	16%	3%

Quadro 1. Referências: procedência dos autores de referência

Há uma série de autores citados ou mencionados com particular frequência nas *Memórias*, sendo notável a alta percentagem de autores estrangeiros ou que publicavam em outras línguas. As referências a autores portugueses, ou que escreviam em português, como Domingos Vandelli ou Guilherme (Wilhelm) Eschwege e a trabalhos próprios, escritos, regra geral, em português ou, às vezes, em latim, constituem 40,3% e 7%, quase metade das fontes registadas[5]. O valor mais alto de referências a obras não escritas em português é alcançado pelos autores

5 Só é no caso de autores que não tinham o português como língua materna que as referências a trabalhos próprios não apontam, necessariamente, para textos escritos em português ou latim.

(clássicos) romanos/latins, com 17,4% em um total de 1275 referências atribuíveis; o que com as referências a autores gregos representa uma percentagem de 20,9% de autores clássicos, no total.

Temos que diferenciar, ainda, entre os autores clássicos mencionados individualmente ou de maneira global, como *os autores antigos*, *os Antigos*; estes últimos diferenciam-se ainda em autores romanos e gregos estando, em parte, em oposição direta a autores *Modernos* (também nem sempre nomeados com grande exatidão):

> Porém o grande Linneo lhe dá o nome Gossypium mais frequentado dos Autores Latinos , e dos Modernos (#2:33).
>
> A esta producçaõ vegetal chamáraõ os antigos Gregos Xylon (#2:33).

Não contamos este tipo de referências globais como indicação de autores, o que teria aumentado a percentagem das fontes clássicas para o dobro. Além do elevado número de autores clássicos mencionados, também chama a atenção a exatidão das citações de autores gregos e latinos (cf. Sinner 2012: 365), revelando que, ainda nos últimos tempos do século XVIII e nos começos do século XIX, para alguns dos autores, os clássicos constituíam, ainda, o *non plus ultra*, como demonstra a seguinte citação onde Cícero é mencionado como o «Principe dos Oradores»[6] é citado para provar a importância da agricultura:

> Ver-se-ha que ella [a Agricultura] he a mais honorifica , e necessaria de todas as Artes , (*) como sabiamente affirmou o Principe dos Oradores.
>
> ---
>
> (*) Omnium rerum ex quibus aliquid exquitur, nihil est Agricultura melius , nihil uberius , nihil dulcius, nihilhomine libero dignius. Cic. lib. 1. de Offic (#2:39).

Vemos, nas *Memórias*, que ainda "transparecem" as tradições dos textos clássicos, latinos, como, por exemplo, o tratamento tão esmerado e cuidadoso das citações, apesar de o latim só se usar muito escassamente nas *Memórias*, o que corrobora o significado e a importância do latim, ainda depois das reformas pombalinas, e torna visível a continuidade dos conteúdos das obras em latim, tal como Schäfer-Prieß (2000) pôde constatar no âmbito das gramáticas da língua portuguesa (cf. Sinner 2012: 65). Em comparação com as fontes clássicas, nas citações de autores estrangeiros contemporâneos, abundam imprecisões, omissões e erros, indicações incompletas das fontes, variação na escrita dos nomes, dos títulos, etc., que até no caso de referências a textos portugueses são quase sempre a regra.

---

6 Não vamos indagar aqui sobre o facto de Cícero só ter referido e compilado as obras de outros autores pelo que as declarações contidas nos seus trabalhos em princípio não lhe podem ser atribuídas.

n=266	percentagem		percentagem		percentagem
Plínio maior[7]	14,6%	Cícero	6,4%	Estrabão	3,4%
Columela	13,5%	Tito Lívio	5,3%	Homero	3,0%
Platão	10,9%	Quintiliano	4,1%	Outros	38,8%

Quadro 2. Fontes latinas e gregas.

A exatidão e a possibilidade de comprovar o exposto, como desejava a Academia, aplicam-se sobretudo no caso dos textos clássicos, o que, no entanto, terá menos a ver com as instruções da Academia do que com o conhecimento profundo dos clássicos e devido à relevância que tinham ainda os autores latinos e gregos e as línguas clássicas, apesar da reforma pombalina. Bom exemplo de diligência e previsão no tratamento das fontes clássicas é uma nota de rodapé do texto #10, onde o autor menciona várias fontes latinas e gregas (v. ilustração 1). Mencionam-se, nesta nota, Tito Lívio, Plínio maior, Sílio itálico e o geógrafo e historiador Estrabão. Além das abreviaturas as referências são, relativamente à prática moderna, quase perfeitas. A exatidão da citação é também notável, pois o desvio do original é mínimo. Notável é também o facto de o autor ter usado o latim também nas partes em que liga as citações. É um dos poucos momentos onde encontramos o uso da língua latina por parte dos autores das *Memórias*.

(*b*) Do ouro de Portugal falaõ muitos antigos Autores. E Luſitania auri, et argenti copiam Romani in ærarium tranſtulerunt. Cajus Calpurnius, qui de Luſitanis, et Celtiberis triumphavit, *coronas aureas tulit octoginta tres, et XII millia pondo argenti. L. Quinctius Criſpinus ex iiſdem Luſitanis, Celtiberiſque triumphavit tantumdem auri, atque argenti in eo triumpho translatum.*
(1) Lucius Poſthumius Albinus de Luſitanis, aliiſque ejuſdem Regionis Hiſpanis *in triumpho viginti millia argenti pondo tranſtulit.* (2) Tagus, ut inquit Plinius, valde celebratur ab arenis aureis (3), ut quoque *Durius*, de quo Silius Italicus. (4) *Heic certant, Pactole tibi, Durinſque, Taguſque.* Adde Strabonem (5), qui Durium ait ψηγμα του χρυσυπλειςον *auri fragmenta plurimma de vehere.* Aurum enim non effoditur modo, ſed καταφερδσ, δ' οι ποταμοι και χειμαρροι την χρυσιτιν αμμυν *et flumina, et torrentes auro permiſtam arenam volvunt.* (6) Tanta ac immenſa erat opulentia et fertilitas auri in Luſitania, in Gallæcia, ac magis in Aſturia, ut *auri vicena millia pondo ad hunc modum annis ſingulis Aſturiam atque Gallæciam, et Luſitaniam præſtare quidam tradiderint: ita ut plurimum Aſturia gignat: neque in alia parte terrarum tot ſæculis hec fertilitas.* Plinius XXXIII. 4.

(1) Liv. XXXIX. 42. (2) Liv. XI. 1. 7. (3) IV. 22. (4) Pun. L. 234. (5) III. p. 153. (6) Strab. III. p. 146.

Ilustração 1. #10:233.

7 Só em #7:181 não fica claro se o autor faz referência a Plínio maior ou Plínio menor, uma vez que não se indica o título, ainda que pelo contexto pareça mais provável que se trate de Plínio maior.

Em segundo lugar, estão as referências a autores franceses ou obras escritas em francês, com 16,6% do total das fontes atribuíveis. Podemos salientar, além das numerosas referências a Sage, Duhamel de Monceau, Rozier, Aublet, Tournefort e La Condamine, que escreveram obras de grande importância para a agricultura ou descrições de viagens muito conhecidas da época, menção a Colbert e Montesquieu e referências à *Encyclopédie* (v. quadro 3).

n=212	Percentagem		percentagem		percentagem
Duhamel	16,0%	Rozier	7,5%	Montesquieu	2,4%
Encyclopédie	13,7%	Aublet	7,1%	Outros	22,2%
Sage	12,7%	Tournefort	5,2%		
Colbert	9,0%	La Condamine	4,2%		

Quadro 3. Fontes francesas.

Apesar de todas as referências e indicações na literatura acerca do forte impacto da influência do francês, temos que ter em conta que o uso de galicismos, quer fossem palavras ou estruturas emprestadas sem modificação alguma, quer se tratassem de palavras ou estruturas adaptadas de alguma forma à fonética ou grafia portuguesa, não era bem visto na época aqui analisada. De facto, nas *Memórias* quase não encontramos elementos léxicais identificáveis diretamente como galicismos, e sem que ficassem dúvidas sobre a sua procedência; mas as fontes francesas foram, sem dúvida, um intermediário importante para termos de outras línguas, entre elas as línguas ameríndias que entraram no português através do francês. Muitas vezes, o papel mediador do francês ou a possível origem francesa da terminologia só foram detetados devido à menção de uma fonte francesa.

Das fontes identificáveis, 3,3% são de autores alemães, ou escritas por autores que escreviam em esta língua, entre eles, são feitas menções a Pallas e Georg Eberhard Rumf, o *Plinius Indicus*. Só 2,6% das fontes identificáveis são de autores de língua inglesa, treze delas de Tull, nove de Stephens e quatro de Bacon. Uma comparação entre as referências inglesas e alemãs mostra que as referências inglesas se distribuem entre poucos autores, citados repetidas vezes, enquanto as referências a autores de língua alemã se dispersam mais. O autor italiano mais importante citado nas *Memórias* é o «Abbade Fortis célebre Naturalista» (#1:8), Alberto Fortis (1741-1803), que é mencionado pelo nome ou cuja obra *Viaggio in Dalmazia* de 1774 é referida várias vezes. As fontes italianas constituem, porém, uma exceção, com apenas 0,6% de todas as referências. É notável, em comparação com 1,7% para autores espanhóis ou obras em língua espanhola, a elevada percentagem de referências a autores suecos, com 3,8%, o que se explica sobretudo pela importância de Carlos Lineu. As referências atribuíveis a autores suecos devem-se essencialmente à menção de Lineu com quase 40 referências e de

Wallerio (Waller)[8] com menos de dez casos. Como só contabilizámos as referências explícitas à obra de Lineu, a percentagem é mais reduzida do que se tivéssemos contado todas as menções do nome, que aparecem também no contexto da classificação lineana mas que não se referem necessariamente a obras do autor sueco, de forma direta. Bom exemplo disso é o seguinte caso em que se menciona Lineu, através da referência a Rozier, que aplicou a nomenclatura do sueco:

> [...] não obstante o macho por cauza das suas azas pareça pertencer ao genero do *Chermes* de Linneo , como o determina o Abbade Rozier *Cours d'Agriculture*. Tomo VII., pag. 265 (#1:8).

Desde a tradução das taxonomias de Lineu para o português por Vandelli no seu *Diccionario dos termos technicos de historia natural* (1788a) e por Brotero (1788) no *Compendio de Botanica, ou Noçoens Elementares desta Sciencia, segundo os melhores Escritores modernos, expostas na lingua Portugueza*, aparecida no mesmo ano, a menção de Lineu pode atribuir-se a uma consulta destas obras e não às obras do próprio Lineu, mas antes da aparição das obras em português, possivelmente, as referências a Lineu também não se deviam ao conhecimento da obra do autor sueco, mas à consulta de obras de outros autores que se serviam das suas taxonomias, como o *Cours d'Agriculture* de Jean-Baptiste François Rozier (1734-1793) aparecido entre 1785 e 1789 ou a obra *Florae Lusitanicae* do próprio Vandelli (1788b). Vemos, então, que devido a este tipo de referência de segundo grau nem sempre podemos saber qual é a fonte real das informações que fornecem os autores das *Memórias*, como ilustram os exemplos seguintes:

> Esta especie de insecto parece pertencer ao genero *Coccus* de Linneo (#1:8).
>
> Porém o grande Linneo lhe dá o nome Gossypium mais frequentado dos Autores Latinos , e dos Modernos (#2:33).
>
> Eu tenho observado por muitas vezes a flor desta planta nas terras da Asia , e de Africa , e achei sempre conforme com o que ensina Linneo , e só com alguma differença menos essencial (#2:33).

No exemplo seguinte, mencionam-se as obras de Saussure e Priestley através de uma *Memória* de Manoel Joaquim Henriques de Paiva –#71 do corpus–, mas sem identificar este autor pelo seu nome:

> Ved. Experiencias de Saussure , Priestley , e outros citados nas Memorias da Agricultura coroadas pela Academia Real das Sciencias em 1788. pag. 112, e seguintes até 117 (#16:358, n. 2).

É essencial termos em conta esta diferença entre os tipos de menção, além da motivação de mencionar determinadas obras ou autores, o que, como já sublinhámos,

---

8 Trata-se do químico e minerólogo Johan Gottschalk Wallerius, *Juan Wallerius* ou *Wallerio* (1709-1785), primeiro investigador a ocupar a cátedra de química aberta em 1749 na Universidade de Uppsala; e que 1751 nomeou a diferença entre as formas «pura» e aplicada da ciência (*chemia pura* vs. *chemia applicata*).

não só se fazia para justificar posições ou hipóteses (v. *supra*). A Academia requereu explicitamente, nos seus programas, a utilização de determinadas obras de autores estrangeiros, como foi, por exemplo, o caso das *Memórias* sobre a viticultura e a produção do vinho, nas quais se queria a consideração das obras do Abbade Rozier ou Duhamel de Monceau (v. Serra 1789: 5-6), ou o caso da exigência de formular a «Historia dos tres Reinos da Natureza [...] segundo o systema de Linneo» (Serra 1791: 1-2)[9]. As referências requeridas pela Academia provam claramente que a Academia estava bem informada sobre as publicações no estrangeiro, como mostra também o programa publicado em 1820 de um prémio para uma história das leis agrárias em Portugal na qual se exige, explicitamente, que os autores se orientem por uma obra publicada em França no ano de 1819:

> A dita Obra deve ser composta segundo o methodo seguido por Mr. Fournel na que imprimio em Paris no anno de 1819 com o titulo *Les Loix rurales de la France , rangées dans leur ordre nature* (Trigozo 1820: 2).

A menção relativamente frequente a autores de renome como Lineu, Duhamel de Monceau, Pallas, Rozier, Sage etc. tem a ver, então, com a sua importância para o desenvolvimento das ciências naturais e agrárias e pelo reconhecimento e recomendação também por parte da Academia; pelo que constituem um caso à parte por serem obras quase de referência obrigatória, fundamentais nas áreas de conhecimento e particularmente recomendadas, também, pela própria Academia em alguns dos seus programas de prémios por trabalhos científicos. Como exemplo da posição particular destas obras de referência, que foram quase de referência obrigatória em alguns campos, fontes *por excelência*, podemos mencionar o seguinte caso de uma *Memória* em que se faz referência à obra de Duhamel de Monceau, recomendada explicitamente a todos os economistas capazes de ler a língua francesa:

> Mr. Duhamel du-Monceau (14) aconselha , de vêr , se a palha está tambem secca no seu pé.
>
> ---
>
> (14) *Eléments d'Agriculture , par Mr. Duhamel du Monceau , de l'academie Royale des Sciencies de Paris &c. Nouvelle , edition à Paris* 1770. Tom. I. Liv. IV. chap. 1. Art. II. Todo o Economista , que souber a Lingoa Franceza , fará bem de ler os Elementos de Agricultura deste grande Economista , e achará alli huma lição utilissima , no capitulo , que trata da ceifa do pão , e por isso recommendo esta leitura (#57:19).

---

9 O sistema de Lineo usava-se também na Universidade. Brotero (1788: VI) justifica a explicação do sistema de Lineo no seu *Compendio de Botanica* da seguinte maneira: «exponho o systema de Linneo , e dou huma idea geral da sua praxe , por ser hoje o mais seguido na Europa, e o que se adoptou na nossa Universidade».

3. A determinação das fontes: problemas acrescentados

Como as citações muitas vezes não se encontram assinaladas como tal, e não são distinguíveis das paráfrases, normalmente é difícil distinguir a informação retirada de outros autores das partes de própria autoria. Vejamos o exemplo de uns termos que, em português, não são usuais; e só a comparação com textos franceses, sobre o mesmo tema, permite ver que, de facto, se trata de uma tradução; sem esta comparação, nem poderia saber-se que o autor português se baseou em outro texto, do qual copiou palavra por palavra. No seguinte exemplo, as formas *brotar* e *germinar* usam-se como sinónimos, pois se assim não fosse, estaríamos diante de um erro de conteúdo, o que, tendo em conta o conhecimento que o autor mostra no resto do texto em questão, seria realmente surpreendente[10]:

> vieraõ para a Ilha de França 400 arvoreszinhas , e dez mil nozes muscadas , já brotadas ou proximas a germinar (#5:155).

Se *brotar* realmente não fosse, aqui, o mesmo que *germinar*, então *brotar* deveria seguir, cronologicamente, o processo de *germinar*, pois primeiro a semente deve germinar, e depois aparece o rebento. Para chegar a este estado, a semente –no exemplo, a noz moscada– deveria ter germinado já. Com isso –seria pouco provável–, entre as nozes moscadas mencionadas no exemplo, deveriam ter-se encontrado só exemplares ainda sem germe e outros já com rebentos. Não há uma distinção entre os verbos ou a relação explícita dos dois verbos; não fica claro que são sinónimos. Com *germinar*, temos um latinismo empregado junto à palavra herdada, da língua popular, *brotar*.

A comparação com a fonte francesa –Fusée-Aublet (1775c: 92) cita, em língua francesa, uma «derniere édition d'un Ouvrage, qui est curieux & bien écrit , & à qui il ne manque , pour être lu avec confiance, que d'avoir cité les Auteurs dont sont tirés la plupart de récits»– demonstra que nesta frase do texto #5 temos uma tradução exata do francês[11]:

> il a été porté dans l'Isle de France 400 plants de de Muscadier 10000 noix muscades ou germées ou propres à germer (Fusée-Aublet 1775c: 92).

No original temos duas vezes *germer*, ficando claro que o autor português usou 'brotar' e 'germinar' como sinónimos. Não usou, porém, um galicismo de verdade, pois não usa *germer*, mas emprega uma forma latinizante, *germinar*, que provavel-

---

10 Houaiss (2001: s. v. *germinar*) define *germinar* como 'começar a desenvolver-se (sementes, tubérculos, bulbos); brotar, desabrochar, grelhar' e em significado figurativo 'ter origem ou desenvolvimento em; evoluir, desenvolver-se, difundir-se', *brotar* como 'gerar ou lançar de si (a planta); germinar, desabrochar', 'criar, produzir', 'ter origem, nascer', 'provir, originar-se' (Houaiss 2001: s. v. *brotar*).

11 Cf., sobre Fusée-Aublet, Sinner (2012: 353-357 e 535-537).

mente já conhecia. Houaiss (2001: s. v. *germinar*) data *germinar* a 1836, sendo o nosso exemplo (de #5) 45 anos mais antigo.

Fica claro, então, que o autor português não só menciona a fonte, mas realmente a usou, para não dizer, copiou.

Além disso, nem aspas ou cursiva, que parecem marcar citações, são uma garantia de que as citações correspondem ao original. Vê-se isso especialmente pela prática de traduzir citações sem indicar que não se está a citar na língua original. Isso dificulta a determinação de quando é que se faz referência a outros autores, se só se mencionam ou se realmente se tiveram em conta. Às vezes é só possível saber pelo contexto que se trata de uma tradução de uma citação retirada de uma fonte estrangeira, como é o caso no exemplo seguinte:

> O Mercurio de Hespanha do mez de Outubro de 1796 , no artigo noticias de França , pag. 120 diz : = O cultivo do cravo de especie, e da nóz muscada na Ilha de França , excede muito as esperancas que tinhamos : devendo-se este novo manancial de riquezas para as nossas Colonias , e para a nação (Franceza) [...] ao zelo , e vigilancia de Mons. Poivre , Intendente da Ilha de França , e á intrepidez de Mons. de Etchevery , o qual no anno de 1770 foi buscar com risco da sua vida sementes e plantas das ditas nozes , e cravos na Ilha de Gueby , huma das Molucas, habitada unicamente por Malayos , inimigos da Naçaõ Hollandeza. = Esta mesma noticia se repitio depois com circunstancias mais claras na gazeta de Lisboa de 1787. num. 10. supplem. segundo (#5:154).

Aqui, não fica claro se o autor traduz o original espanhol ou se cita uma tradução aparecida na *Gazeta de Lisboa*, tanto mais quando escreve, explicitamente, que lá o texto aparecera «com circunstancias mais claras». Não obstante, depois, o autor corrige o nome de uma ilha mencionada no texto dizendo que se trata de um erro do *Mercurio de Hespanha*, o que poderia interpretar-se como indício de o texto ser, de facto, uma tradução do original espanhol:

> Que as taes plantas , e sementes se alcançaraõ todas por vias dos Regulos das Ilhas de Gebi (e naõ Gueby , como escreve o Mercurio Hespanhol) e de Patani , Soberanos independentes dos Hollandezes (#5:155).

Se não temos informação sobre o lugar de publicação, ou se não se menciona o autor de um texto, ou o título exato ou aproximativo, é muito difícil a determinação da fonte ou, como neste caso, a identificação de um texto como tradução.

Às vezes, porém, é possível detetar o emprego de informação de outros autores, quer seja de fontes diretas, quer de fontes *secundárias*, traduções, etc. Ao mesmo tempo, a comprovação das fontes pode contribuir para determinar que uma fonte não só foi mencionada, como efetivamente consultada.

Por exemplo, o uso de 'vanilha' em vez da forma portuguesa *baunilha*, seguindo o francês *vanille*, em #5, permite concluir que a obra mencionada com o título *Memoria das observações da Vanilha* do autor francês, «Mons. Aublet», realmente foi usada pelo autor da *Memória* em questão. Vejamos o caso pormenorizadamente. Os espanhóis encontraram-se com a baunilha nas Ilhas Antilhas e a forma portuguesa, documentada pela primeira vez em 1719 (Houaiss 2001: s. v. *baunilha*), vem do espanhol *vainilla*, diminutivo de *vaina*. O nome do género em latim é *vanilla*. No corpus, encontra-se o uso de *baunilha* de acordo com isso:

> *Da Baunilha* (1).
>
> A baunilha , todos o sabem , he a segunda materia componente do chicolate [!] , ainda que muita parte d'elle a naõ contenha , por ser assás cara.
>
> ---
>
> (1) Epidendrum Vanilla (#15:323).

Notável é a definição, pouco útil para quem não a conheça já. Mas em outras *Memórias* encontramos, em vez de *baunilha*, 'vanilha', como no seguinte caso:

> Os Aromas.
>
> A Canela (*o*) , Pimenta (*p*) , Cravo do Maranhaõ (*q*) , Puchary grande, e pequeno (*r*) , Vanilha (*s*).
>
> ---
>
> [...] (s) Epidendrum Vanilla (#10:229).

Ainda que fosse possível pensar em uma nova formação portuguesa partindo do nome latim, ou num empréstimo do espanhol, outra explicação parece provável, ao compararmos com outro texto do corpus, onde se faz referência a uma obra do autor francês «Mons. Aublet», que deve ser Jean Baptiste Christian Fusée-Aublet:

> Mons. Aublet na Memoria das observações da Vanilha refere quasi o mesmo (#5:154).

Se bem que a obra é citada como *Memoria das observações da Vanilha*, o título da obra não traduzida para o português era, sem dúvida, em língua francesa: numa nota marginal em #5:154 faz-se referência ao anexo do segundo volume da *Histoire des plantes de la Guiane Françoise* de Fusée-Aublet (1775b). Trata-se das «Observations Sur la Nature de la Vanille, la maniere de la cultiver, les moyens de la préparer pour la rendre commerçable» (Fusée-Aublet 1775c). O título e o próprio texto contêm só uma forma, a francesa, *vanille*. O uso de *vanilha* por *baunilha* em #5 remonta-se inequivocamente à forma francesa *vanille* em Fusée-Aublet.

Também nos seguintes exemplos, só podemos dar com a origem do termo comparando o texto português com o texto de Fusée-Aublet (1775c), o que permite determinar que o texto francês não só se menciona nas *Memórias*, mas efetivamente se usou e serviu, não só, de inspiração e fonte de informação, mas também como modelo para a formação de terminologia portuguesa. O exemplo do *cauchu* ilustra muito bem a orientação nas fontes francesas, e que até leva o autor a formar nova terminologia não necessária em português. O uso de «rezina elastica» ilustra como formas portuguesas para *realia* do Novo Mundo podiam construir-se sobre um modelo francês sem que esse papel de mediador da língua francesa fosse evidente (ou evidenciado) para o leitor. No caso de «*Caout chouc*», a mesma grafia <aou> revela o empréstimo do francês, mas o autor não diz em que língua –se é português ou outra língua, ou qual das línguas poderia ser– é que se usa essa forma que põe em itálico:

> Da rezina elastica (*g*) ou *Caout chouc* , se poderiaõ tirar maiores utilidades.
>
> ———————
>
> (*g*) Vide Flor Guian (#8:197).

Com a indicação de «Flor Guian.» na nota de rodapé, o autor refere-se a um texto, sem dúvida, em francês; o facto de o número da nota se encontrar depois de «rezina elastica», e não depois de «*Caout chouc*», confunde. O itálico pode interpretar-se como marcação de uma forma estrangeira, mas não foi pensado necessariamente assim (cf. Sinner 2012: 5.3.10).

Em #10, o mesmo autor, no contexto de uma série de plantas que produzem «rezinas gomo-rezinas, gomas», em referência à mesma fonte, já só menciona «rezina elastica»:

> Alguns Vegetaes subministraõ rezinas gomo-rezinas , gomas como a de Copal (*s*) , de Cajú (*t*) (he goma) , Almecega (*u*) [...].
>
> A rezina elastica (*b*) para oleados , e outros uzos Economicos , e Cirurgicos.
>
> ———————
>
> (*s*) Rhus copallinum. (*t*) Anacardium occidentale. (*v*) Amyris elemifera Piauhy. [...] (*b*) Vide. Flor : Guian : nas Minas Geraes o Doutor Vellozo tem descuberto outra especie da dita rezina elastica (#10:225-226).

Uma publicação com o título «Flor Guian», a que se poderia ter feito referência, não é se encontra. A comparação prova que deve ser o trabalho «Hist. des plant. de la Guienne» mencionado na *Memória* #5:154 como trabalho de «Mons. Aublet», isto é, a *Histoire des plantes de la Guiane Françoise* de Jean Baptiste Christian Fusée-Aublet (1775a).

Obviamente, Vandelli adota «rezina elastica» de Fusée-Aublet: em um parágrafo sobre *Hevea Guianensis –cauchu–*, Fusée-Aublet fala de uma «résine molle, roussatre & élastique» (1775b: 873). Isso explica também a nota a rodapé em #8, já depois de «rezina elastica». Vandelli também terá adotado a forma «caout chouc», se bem que mudando a grafia, de Fusée-Aublet, que introduz a planta como «Le caoutchou de la guiane» (1755a: 871). Vandelli não usa a forma «caoutchou» –em vez da forma *cauchu* usada em português até hoje–, mas emprega outra forma, que se encontra em Fusée-Aublet numa lista de nomes da árvore em diferentes línguas (ameríndias e portugués), «caoutchouc» dos «Maïnas»[12]:

———————

12 Será que faz referência aos índios maina que viviam no território de uma missão jesuíta chamada assim por eles: «Los indios mainas, que en los primeros tiempos dieron su nombre a las famosas misiones del río Marañón, fueron conocidos muchos años antes que los padres de la Compañía

> Cet abre est nommé *SIRINGA* par les Garipons ; *HEVE* par les habitans de la province d'Esmeraldas au nord-ouest de Quito , & *CAOUTCHOUC* par les Maïnas ; *PAO SERINGA* par les Portugais du Para (Fusée-Aublet 1775b: 872).

O que é surpreendente é que Vandelli não dê, nas suas explicações nos textos #8 e #10, os nomes latinos apesar de fazê-lo, nessas duas *Memórias*, na maior parte das plantas mencionadas e apesar do facto de se encontrar, em Fusée-Aublet, a classificação exata da planta, incluindo o seu nome em latim. E é ainda mais surpreendente que não mencione o nome português da planta, pois em Fusée-Aublet encontramos a forma portuguesa tanto na mencionada lista de nomes da planta –«*PAO SERINGA* par les Portugais du Para» (1775b: 872)– como também despois da descrição botânica feita em latim: «Nomen Caribæum *HEVÉ*; Lusitanorum *PAO SERINGA*.» (Fusée-Aublet 1775b: 871).

Essa forma «Pao seringa» não é mencionada por Vandelli nas *Memórias* que escreveu, como também não faz uso ou menciona a forma «siringa» dos *Garipons*[13]. O emprego da forma ««rezina elastica», tradução da expressão que empregou, em francês, Fusée-Aublet, não pode impor-se em português.

Para a rezina, além de *seringa* e *látex* no Brasil, usa-se hoje também o termo *goma-elástica*. Em português, a substância fabricada da rezina da árvore designa-se, normalmente, por *borracha* e *seringa*, as árvores que dão a matéria prima para a produção do látex –sobretudo *Hevea brasiliensis*– chamam-se, na língua coloquial brasileira, *seringueira,* que é considerada, por Houaiss, *a* «denominação vulg» (2001: s. v. *siring(o)-*). O termo *caucho* (também na forma *cauchu*) usa-se tanto para os diferentes géneros *Hevea*, *Castilloa ulei* e *Sapium bogotense* como também para a substância que fornecem:

> **caucho** *s.m.* 1. [...] árvore que atinge mais de 35 m [...] 4. [...] BORRACHA. ('substância') · ETIM de um idioma indígena americano (prov. do Peru) *káutxuk*, pelo esp. *caucho* (1653 sob a f. *cauchuc*, 1738 sob a f. *caucho* 'id.'), segundo Pio Corrêa, 'pau que dá leite'; Corominas rejeita a hipótese de proveniência tupi ou do quíc (Houaiss 2001: s. v. *caucho*).

Mais frequente do que o «pau que dá leite» que menciona Pio Corrêas é a explicação de *caoutchouc* como 'árvore que chora' ou 'lágrima da árvore', nome que supostamente vem das formas *caa*, *cao*, *cau* etc. 'lágrima' ou 'chorar' e *tschu*, *ochu* 'madeira', que procedem, segundo as opiniões de diferentes autores, de uma ou outra língua ameríndia (até se diz que do quechua ou do taíno!). A forma francesa *caoutchouc* parece vir de Charles Marie de La Condamine (1701-1774), que enviou, em 1736, uma prova da planta etiquetada com esse nome de Caiena

---

entrasen a predicarles el Evangelio. Ya en 1595, las Cartas Anuas de la Provincia del Perú hacen mención de estos indios, como recientemente descubiertos» (Jouanen 1941: 334).

13 Parece que se trata do povo dos *karipuna,* como atualmente chamado no Brasil; cf. Tassinari (1998) sobre a história do nome.

(Cayenne, que hoje corresponde à Guiana francesa) para França, o primeiro a descrever a planta com este nome (La Condamine 1745). É, contudo, discutível se realmente é uma forma ameríndia ou já uma forma alterada na transcrição para o espanhol.

Segundo diz Houaiss, alguns autores, como Coromines, não aceitam a origem ameríndia de *caucho* e espanhola *caucho*; no DEEH (1954: s. v. *caucho*) refere-se, junto à designação *caucho*, muito vagamente «voz americana», o PETIT ROBERT regista a palavra como «mot d'o[origine]. péruv[ienne], esp[agnol]. *chaucho*» (Robert 1990: s. v. *caoutchouc*). A mediação da palavra *caucho* ocorreu, sem dúvida, em várias fases e através de várias línguas, sendo que as informações que encontramos nas *Memórias* se nutrem claramente da transmissão, pelo francês, de uma forma provavelmente emprestada de uma língua ameríndia. «Rezina elastica» é um decalque da construção «résine élastique» obviamente empregue por Fusée-Aublet (1755a) de forma descritiva. Tendo em conta a existência de nomes em português já usados no Brasil, e tendo em conta o facto de esses termos serem mencionados, explicitamente, por Fusée-Aublet, o trato que se dá à terminologia nas *Memórias* é superficial e pouco consequente quanto à unificação terminológica a que aspirava a Academia.

É igualmente importante questionar as razões que levaram os autores a omitirem determinadas fontes ou a preferirem anonimizar os autores mencionados ou citados. Temos que ter em conta a possibilidade de o autor não querer parecer minucioso demais (um vício condenado na época) e, por isso, não mencionar fontes que, aos contemporâneos, poderiam ter parecido óbvias, como os trabalhos de historiadores portugueses no seguinte exemplo:

> sobre os modos de vencella [a acçaõ da natureza] , quasi naõ dizem nada os nossos Historiadores , ou as Memorias que elles nos deixaraõ para huma mais bem formada Historia (#4:124).

Se pensamos que a omissão da fonte foi intencional, podemos interpretar que o autor achava desnecessário mencionar uma fonte que, por haver poucos estudos recentes sobre a história e por encontrar-se bem acessíveis nas bibliotecas portuguesas e poder considerar-se *literatura obrigatória,* não fazia falta mencionar pelo nome ou título.

Temos o mesmo caso no texto #11 onde, sem mais explicações, se fala dos «Homens Celebres», entre eles do «maior nome na Litteratura e Politica» e de «hum famozo autor»:

> Todos os Homens Celebres , e do maior nome na Litteratura e Politica , que tem considerado a influencia das Minas nos metaes preciozos na industria das Nações que as possuem , as tem reputado como a primera cauza da decadencia das mesmas Nações , e da ruina da sua industria.
>
> As rapidas fortunas , e quasi sem trabalho que ellas procuraõ, saõ a cauza (dizem elles) d'huma despovoaçaõ (#11:237).

> Do que tenho dito se conclue evidentemente a pouca razaõ , com que hum famoso Autor aconselha as Nações que tem Minas , que abandonem as Manufacturas (#11:240).

O autor indica o que esses «Homens Celebres» escrevem nos seus trabalhos («dizem elles»), mas prescinde de mencionar nomes ou fontes. Como o autor critica a postura dos outros, a omissão da fonte também poderia explicar-se com a intenção de não ofender ninguém de forma direta. No caso da citação #11:240 deveria tratar-se de Montesquieu, autor do qual se diz no texto que se pronunciara de forma negativa sobre a mineração (#11:239). É possível que o autor de #11, Rodrigo de Souza Coutinho, não queira criticar Montesquieu de forma expressa, entendendo que a referência em um contexto de uma posição negativa do francês relativamente à exploração mineira (#11:239) seria suficiente para que os leitores pudessem relacionar a crítica a um «famozo Autor» com Montesquieu.

A omissão das fontes também pode estar relacionada com o fundo político; autores espanhóis, por exemplo, como já vimos, quase nunca são citados, ainda que encontremos informações sobre Espanha e as colónias espanholas nas *Memórias* analisadas. Então, é bem possível que as fontes não fossem reveladas por temor a perseguição política, pois se analisarmos pormenorizadamente as referências à realidade das colónias espanholas, vemos que poderiam ter relação, por exemplo, com fontes jesuíticas, o que, pouco tempo depois da expulsão da ordem de Portugal, poderia não ter sido visto com bons olhos. No seguinte exemplo, as informações sobre a produção do cacau nas colónias espanholas de México e Venezuela são atribuídas a um «Filozofo» não identificado:

> Esta arvore , que em Caracas , e em muitos lugares do Mexico dá fructos duas vezes por anno , donde exportaõ os Hespanhões huma somma tao consideravel , que conforme os calculos do Filozofo, a quem tem merecido mais contemplaçaõ a America , e seus productos , excede á somma do oiro extrahido , e exportado das nossas minas (#15:310).

Esse anonimato poderia explicar-se pela nacionalidade espanhola do autor, relações com os jesuítas, etc. Essa parece ser, também, a razão pela qual se omite a fonte exata de informação sobre o cravo do Maranhão no seguinte exemplo:

> As ultimas noticias , que tive da America por hum Naturalista , que viajou grande parte d'esta Comarca , me certificaõ que alli , bem como no Maranhaõ , se encontra grande quantidade d'esta especiaria ; sendo certa esta noticia , o que naõ duvido , este genero fará mais rica a Comarca. [...] O mesmo Naturalista me avisa , que encontrou muita Salça parrilha nas margens do Rio das contas (#15:326-327).

As informações sobre o naturista sem nome se encontram precisamente em um parágrafo sobre o Cravo do Maranhão, tendo sido o Maranhão o centro do estado jesuítico no Brasil destruído pelos portugueses. O mero contacto com jesuítas, e ainda lendo os seus livros, poderia ter tido consequências negativas e poderia ter parecido melhor não revelar as fontes.

4. Conclusão

Concluindo, quero sublinhar a importância de determinar as verdadeiras fontes dos trabalhos contemporâneos, dos modelos tomados no processo de desenvolvimento das linguagens técnicas e científicas portuguesas e sua terminologia: determinar, por um lado, as fontes, os textos de referência, os autores, comprovando quais foram as fontes mencionadas, quais delas realmente se tiveram em conta e as que apenas foram mencionadas para satisfazer as exigências da Academia, e investigar, por outro lado, se houve outras fontes que, por diversas razões, não foram referidas, identificadas ou só foram insinuadas pelos autores das *Memórias*. Vimos que o trabalho de identificação dos textos de referência, das fontes, dos modelos da terminologia, às vezes, requer uma comparação minuciosa das fontes diretas e das fontes *secundárias*, e que, por vezes, pode ser mera sorte ou coincidência encontrar os rastos das fontes, dos caminhos de transmissão da informação, e da terminologia empregada para este fim.

Referencias bibliográficas

BARRETO, Mário ([3]1982 [[1]1916]): *Fatos da Língua Portuguesa*. Rio de Janeiro: Presença / Instituto Nacional do Livro / Fundação Casa Rui Barbosa.

BOISVERT, Georges (1983-1985): «"Guerra às palavras afrancesadas!". Une polémique linguistique dans la presse lisbonnaise en octobre 1812», *Bulletin des Études Portugaises et Brésiliennes*, 44/45, pp. 243-271.

BROTERO, Felix Avellar (1788): *Compendio de Botanica, ou Noçoens Elementares desta Sciencia, segundo os melhores Escritores modernos, expostas na lingua Portugueza Por ~*, 2 ts. Paris: [Vende-se em Lisboa, em caza de Paulo Martin, Mercador de Livros].

CAMARA Jr., Joaquim Mattoso ([7]1977): *Dicionário de Lingüística e* Gramática referente à língua portuguesa. Petrópolis: Vozes.

CARDOSO, José Luís (1987): «Introdução», em Academia das Ciências de Lisboa, *Memórias económicas inéditas (1780-1808)*. Prefácio de Manuel Jacinto Nunes. Introdução e Notas de José Luís Cardoso. Lisboa: Academia das Ciências de Lisboa/Publicações do II Centenário da Academia das Ciências de Lisboa, pp. 11-29.

CARDOSO, José Luís (ed.) (1990-1991): *Memórias económicas da Academia Real das Ciências de Lisboa, para o adiantamento da agricultura, das artes, e da indústria em Portugal, e suas conquistas (1789-1815)*. 5 ts. Lisboa: Banco de Portugal.

CASTRO, Ivo (2001-2002): Resenha de Thielemann (ed.) (2001). *Revista Portuguesa de Filologia* XXIV, pp. 353-357.

DEEH = García de Diego, Vicente (1954): *Diccionario etimológico español e hispánico*. Madrid: S.A.E.T.A.

FUSEE-AUBLET, Jean Baptiste Christian (1775a): *Histoire des plantes de la Guiane Françoise, rangées suivant la méthode sexuelle, avec plusieurs Mémoires Sur différens objets intéressans, relatifs à la Culture & au Commerce de la Guiane Française, & une Notice de Plantes de l'Ille de France. Ouvrage orné de près de quatre cents planches en taille-douce, Où sont représentées des Plantes qui n'ont point encore été décrites ni gravés, ou qui ne l'ont été qu'imparfaitement*. 4 tomos. A Londres, & se trouve A Paris: Chez Pierre-François Didot jeune, Libraire de la Faculté de Médecine, Quai d'Augustins.

FUSEE-AUBLET, Jean Baptiste Christian (1775b): «Seconde partie», em Jean Baptiste Christian Fusée-Aublet (1775a).

FUSEE-AUBLET, Jean Baptiste Christian (1775c): «Quatriéme Mémoire. Observations Sur la Nature de la Vanille, la maniere de la cultiver, les moyens de la préparer pour la rendre commerçable», em Jean Baptiste Christian Fusée-Aublet (1775a), Supplement «Mémoires sur divers objets intéressans», pp. 77-94.

HAßLER, Gerda (2001): «O problema da significação das palavras e as teorias linguísticas dos séculos XVII e XVIII». In: Thielemann (ed.), pp. 99-127.

HOUAISS (2001) = HOUAISS, Antônio e Mauro DE SALLES VILLAR (2001): *Dicionário Houaiss da Língua Portuguesa*. Rio de Janeiro: Objectiva.

JOUANEN, José (1941): *Historia de la Compañía de Jesús en la antigua provincia de Quito. 1570-1774. Tomo I. La viceprovincia de Quito*. Quito: Editorial Ecuatoriana.

LA CONDAMINE, Charles Marie de (1745): *Relation abrégée d'un voyage fait dans Pintérieur de l'Amérique méridionale. Depuis la côte de la Mer du Sud, juíqu'aux côtes du Bréfil & de la Guiane, en delcendant la rivière des Amazones; lûe à l'affemblée publique de l'Académic des sciences, le 28. avril 1745*. Paris: Chez la Veuve Pissot.

MACHADO, Álvaro Manuel (1984): *O «francesismo» na literatura portuguesa*. Lisboa: Instituto de cultura e língua portuguesa, Ministerio da Educação.

MESSNER, Dieter (2003): «Werner Thielemann (ed.), Século XVIII: Século das Luzes, Século de Pombal», *Zeitschrift für romanische Philologie*, 119, 4, pp. 706-707.

MONJOUR, Alf (1999): «Wörter, Namen und Sozialgeschichte. Sprachliche Entlehnung im Portugal des 15. bis 18. Jahrhunderts», em Mechtild Bierbach e Barbara von Gemmingen (eds.), *Kulturelle und sprachliche Entlehnung: die Assimilierung des Fremden. Akten der gleichnamigen Sektion des XXV.*

Deutschen Romanistentages im Rahmen von Romania I in Jena vom 28.9.–2.10.1997. Bonn: Romanistischer Verlag, pp. 119-137.

MONTEIRO, Maria Emília Ruas (1945): *Análise da obra de alguns autores fisiocratas das "Memórias Económicas" da Academia Real das Ciências de Lisboa*. Coimbra: Universidade de Coimbra. [Dissertação para licenciatura em Ciências Histórico-Filosóficas]

MÜHLSCHLEGEL, Ulrike (2000): *Enciclopedia, vocabulario, dictionario. Spanische und portugiesische Lexikographie im 17. und 18. Jahrhundert*. Frankfurt am Main/Madrid: Vervuert/Iberoamericana.

NUNES, Manuel Jacinto (1986): «A contribuição das *Memórias Económicas* para o desenvolvimento científico e económico do país», em *História e Desenvolvimento da Ciência em Portugal. II Vol.* Lisboa: Academia das Ciências de Lisboa/Publicações do II Centenário da Academia das Ciências de Lisboa, pp. 1341-1351.

NUNES, M[anuel] Jacinto (1990): «Prefácio», em José Luís Cardoso (ed.) (1990-1991): *Memórias económicas da Academia Real das Ciências de Lisboa, para o adiantamento da agricultura, das artes, e da indústria em Portugal, e suas conquistas (1789-1815)*. 5 tomos. Lisboa: Banco de Portugal, Tomo 1, XV-XVI.

NUNES, Maria de Fátima (1994): *Leitura e Agricultura. A Imprensa Periódica Científica em Portugal (1771-1852)*. 2 ts. Évora: Universidade de Évora. [Dissertação de Doutoramento em História da Cultura Moderna e Contemporânea].

PESSOA, Marlos de Barros (2001): «O século XVIII e a noção de simplificação lingüística», em Werner Thielemann (ed.) (2001), pp. 203-211.

ROBERT, Paul (1990): *Le Petit Robert. Dictionnaire alphabétique et analogique de la langue française*. Redaction dirigée par A. Rey et J. Rey-Debove. Paris: Dictionnaires Le Robert.

ROZIER, Jean Baptiste François (1781[?]-1805): *Cours complet d'Agriculture théorique, pratique, économique, et de médicine rurale et vétérinaire, suivi d'une méthode pour étudier l'Agriculture par principes ou Dictionnaire universel d'Agriculture [Titel ab dem 9. Band: Cours complet d'agriculture théorique, pratique, économique et de médecine rurale et vétérinaire, ou dictionnaire universel d'agriculture]. Par une Société d'Agriculteurs, & rédigé par M. l'Abbé Rozier*. A Paris: Rue et Hôtel Serpente, Libr. d'éducation et des sciences et arts/[puis] Marchant, Drevet, Chapart, Caille et Ravier.

SCHÄFER-PRIEẞ, Barbara (2000): *Die portugiesische Grammatikschreibung von 1540 bis 1822. Entstehungsbedingungen und Kategorisierungsverfahren vor dem Hintergrund der lateinischen, spanischen und französischen Tradition*. Tübingen: Niemeyer.

SERRA, José Corrêa da [Secretario da Academia] (1789): *Programma da Academia Real das Sciencias de Lisboa, de 17 de Janeiro de 1789* [Palacio Real de N. Senhora das Necessidades 17 de Janeiro de 1789]. Lisboa: Na Offic. da Academia Real das Sciencias.

SERRA, José Corrêa da [Secretario da Academia] (1791): *Programma da Academia Real das Sciencias de Lisboa, De 17 de Janeiro de 1791* [Palacio Real de N. Senhora das Necessidades 17 de Janeiro de 1791]. [Lisboa]: Na Offic. da Academia Real das Sciencias.

SINNER, Carsten (2012): *Wissenschaftliches Schreiben in Portugal zum Ende des* Antigo Regime *(1779-1821). Die* Memórias económicas *der* Academia das Ciências de Lisboa. Berlin: Frank&Timme.

SLAUGHTER, Mary. M. (1982): *Universal Languages and Scientific Taxonomy in the Seventeenth Century*. Cambridge: Cambridge University Press.

TASSINARI, Antonella Maria Imperatriz (1998): «'Karipunas' e 'brasileiros'. A trajetória de dois termos. Uma contribuição á história indígena da região do baixo Rio Oiapoque». *XXI Encontro Anual da ANPOCS, Caxambu, 27 a 31 de outubro de 1998*. http://bibliotecavirtual.clacso.org.ar/ar/libros/anpocs/impera.rtf; [página visitada em 6 de março de 2006].

TEYSSIER, Paul (1993): *História da Língua Portuguesa*. 5ª edição portuguesa. Lisboa: Livraria Sá da Costa Editora.

TEYSSIER, Paul (1994): «Histoire externe de la langue», em Günter Holtus, Michael Metzeltin e Christian Schmitt (eds.), *Lexikon der Romanistischen Linguistik. Galegisch, Portugiesisch – Gallego, Português*, vol. VI, 2. Tübingen: Niemeyer, pp. 461-472.

THIELEMANN, Werner (Hrsg.) (2001): *Século XVIII: Século das Luzes, Século de Pombal*. Frankfurt am Main: Teo Ferrer de Mesquita.

VANDELLI, Domingos (1788a): *DICCIONARIO DOS TERMOS TECHNICOS DE HISTORIA NATURAL EXTRAHIDO Das Obras de Linnéo, com a sua explicaçaõ, e estampas abertas em cobre, para facilitar a intelligencia dos mesmos. E A MEMORIA SOBRE A UTILIDADE DOS JARDINS BOTANICOS QUE OFFERECE A RAYNHA D. MARIA I. NOSSA SENHORA DOMINGOS VANDELLI* Director do Real Jardim Botanico, e Lente das Cadeiras de Chymica, e de Historia Natural na Universidade de Coimbra. &c. Coimbra : Na Real Officina da Universidade. [Vende-se na loja de Antonio Barneoud á Sé Velha].

VANDELLI, Domingos (1788b): *Florae Lusitanicae et brasiliensis specimen. Plantae exoticae B. brasilienses. et epistolae ab eruditis viris Carolo a Linné Antonio de Haen ad Dominicum Vandelli Scriptae*. Conimbricæ: Ex Typographia Academico-Regia.

VERDELHO, Evelina (1981): «Lexicografia sinonímica portuguesa». *Biblos* 17, pp. 171-221.

VERDELHO, Telmo (1994): «Tecnolectos», em Günter Holtus, Michael Metzeltin e Christian Schmitt (eds.), *Lexikon der Romanistischen Linguistik. Galegisch, Portugiesisch – Gallego, Português*, vol. VI, 2. Tübingen: Niemeyer, pp. 339-355.

VERDELHO, Telmo (1998): «Terminologias na língua portuguesa. Perspectiva diacrónica», em Jenny Brumme (ed.), *Actes del col·loqui La història dels llenguatges iberoromànics d'especialitat (segles XVII-XIX): solucions per al present*. Barcelona: Institut Universitari de Lingüística Aplicada, pp. 89-131.

Grupos de investigación vinculados a la Red Temática «Lengua y ciencia»

Grupo de Estudio de Documentos Históricos y Textos Antiguos de la Universidad de Salamanca (GEDHYTAS)

Investigador principal:

Mª Nieves Sánchez González de Herrero – Universidad de Salamanca, email: dimes@usal.es

Miembros del equipo:

Jaime Coullaut Cordero – Universidad de Salamanca
Mª Clara Grande López – Universidad de Salamanca
Ana Lobo Puga – Universidad de Salamanca
Vicente Marcet Rodríguez – Universidad de Salamanca
Leyre Martín Aizpuru – Universidad de Salamanca
Laura María Rubio Moreno – Universidad de Salamanca
Raquel Sánchez Romo – Universidad de Salamanca
María Concepción Vázquez de Benito – Universidad de Salamanca

Líneas de investigación:

Edición y estudio de textos históricos. Traducción medieval. Lexicografía. Estudios lingüísticos sobre aspectos gráfico-fonéticos, morfológicos, sintácticos y léxicos de testimonios medievales. Geografía lingüística y dialectología histórica.

Página web del grupo:

http://campus.usal.es/~gedhytas/

Grupo de Investigación «Español Profesional y Académico (EPA_IULMA)»

Investigador principal:

María Antonia Martínez Linares – Universidad de Alicante, email: Antonia.Martinez@ua.es

Miembros del equipo:

Isabel Santamaría Pérez – Universidad de Alicante
Dolores Azorín Fernández – Universidad de Alicante
Carmen Marimón Llorca – Universidad de Alicante
José Joaquín Martínez Egido – Universidad de Alicante
Elisa Barrajón López – Universidad de Alicante

Francisco Gimeno Menéndez – Universidad de Alicante
Susana Pastor Cestero – Universidad de Alicante
Herminia Provencio Garrigós – Universidad de Alicante
Leonor Ruiz Gurillo – Universidad de Alicante

Líneas de investigación:

La especialización investigadora de los miembros del grupo se aúna, en el marco de los fines del IULMA, para el análisis y elaboración de diccionarios de especialidad, para profundizar en las características léxicas, gramaticales, textuales y estilísticas del discurso en diferentes ámbitos de especialidad (médico, jurídico, medio ambiente) así como en los aspectos pragmáticos de la comunicación especializada en diferentes situaciones comunicativas.

Proyecto de investigación *Industria multiterm*: Diseño y elaboración de una base de datos terminológica en español con equivalencias en inglés, en catalán, en árabe y en chino de sectores industriales y artesanales propios de la Comunidad valenciana pero con incidencia en el mercado nacional e internacional. Son los sectores del turrón, chocolate y derivados; el sector del juguete y el sector vitivinícola.

Grupo de Investigación en Historia de la Traducción Científica y Técnica (TRADCYT)

Investigador principal:

M. Julia Pinilla Martínez – Universitat de València, email: m.julia.pinilla@uv.es

Miembros del equipo:

Brigitte Lépinette – Universitat de València- IULMA
Julia Osca Lluch – Universitat de València-CSIC
Ascensión Sierra Soriano – Universitat d'Alacant
M. Elena Jiménez Domingo – Universidad de Sevilla
Antonia Montesinos Oltra – Universitat de València
Nathalie Fernández Cubas – Universitat de València

Líneas de investigación:

Historia de la traducción científica y técnica (francés-español) en España durante los siglos XVIII y XIX. Catálogo de traducciones científicas y técnicas llevadas a cabo en España (siglos XVIII-XIX) así como de las obras fuentes y traductores. Análisis paratextual y terminológico de las traducciones.

Grupo de Investigación en Historia de la Traducción en América Latina (HISTAL)

Investigador principal:

Georges L. Bastin, Université de Montréal, email: georges.bastin@umontreal.ca

Miembros del equipo:
Alvaro Echeverri – Université de Montréal
Angela Campo – Université de Montréal
Aura Navarro – Université de Montréal
Paula Montoya – Université de Montréal
Laura Pérez – Université de Montréal
Gabriela Iturriza – Université de Montréal
Jonathan Crete – Université de Montréal
Sônia Maria de Melo Fernandes – Université de Montréal
Nayelli Castro – El Colegio de México
Líneas de investigación:
Estudiar los aportes que la práctica y la reflexión traductivas han hecho al desarrollo político, social y científico de Latinoamérica. Valorar la labor de quienes hicieron posible el contacto con otras culturas, dieron a los conceptos "importados" un sentido "propio", permitieron el conocimiento de obras de incalculable trascendencia, difundieron parte de nuestro patrimonio, y que se convirtieron en agentes de grandes avances para la región.
Página web del grupo: http://www.histal.ca

Grupo de Investigación en Lengua de la Ciencia y de la Técnica (NEOLCYT)
Investigador principal:
Cecilio Garriga – Universitat Autònoma de Barcelona, email:
Cecilio.Garriga@uab.cat
Miembros del equipo:
Juan Gutiérrez Cuadrado – Universidad Carlos III de Madrid
Francesc Rodríguez Ortiz – Universitat Autònoma de Barcelona
Antoni Nomdedeu Rull – Universitat Rovira i Virgili
Mònica Vidal Díez – Universitat de Barcelona
Sandra Iglesia Martín – Universitat Rovira i Virgili
José A. Moreno Villanueva – Universitat Rovira i Virgili
Mª Luisa Pascual Fernández – Universitat Autònoma de Barcelona
Pilar Pardo Herrero – Universitat Autònoma de Barcelona
Alba Marco de la Mano – Universitat Autònoma de Barcelona
Líneas de investigación:
Diccionario histórico del español moderno de la ciencia y de la técnica, Lexicografía histórica, Historia de la lengua, Lengua de la ciencia, Terminología.
Página web del grupo: http://dfe.uab.cat/neolcyt

Grupo de Investigación en Lengua Española Alfonso X (GLAX)

Investigador principal:

María del Pilar Díez de Revenga Torres – Universidad de Murcia, email: prevenga@um.es

Miembros del equipo:

Miguel Ángel Puche Lorenzo – Universidad de Murcia

Cecilio Garriga Escribano – Universitat Autònoma de Barcelona

Líneas de investigación: Historia de la Lengua Española, Historia del léxico español, Historia del léxico científico y técnico, Historia del léxico de la minería.

Página web del grupo: http://dfe.uab.cat/neolcyt

Grupo de Investigación en Lexicografía (GLEX)

Investigador principal:

José Álvaro Porto Dapena – Universidade da Coruña: lexicogr@udc.es

Miembros del equipo:

Acín Villa, Esperanza – Universidade da Coruña

Conde Noguerol, Mª Eugenia – Universidade da Coruña

Córdoba Rodríguez, Félix – Universidade da Coruña

Cotelo García, Rosalía – Universidad of North Carolina at Chapel Hill / Universidade da Coruña

Fernández Bernárdez, Cristina – Universidade da Coruña

González García, Luis – Universidade da Coruña

González González, Eva – Universidad degli Studi di Milano

González Pérez, Rosario – Universidad Autónoma de Madrid

Loureda Lamas, Óscar – Universidad Heidelberg

Muriano Rodríguez, Mª Montserrat – Universidade da Coruña

Penas Ibáñez, Azucena – Universidad Autónoma de Madrid

Pérez Pascual, José Ignacio – Universidade da Coruña

Veleiro Pérez, Ana María – Universidade da Coruña

Líneas de investigación:

Historia de la lexicografía española. Elaboración de diccionarios. Técnicas lexicográficas. Historia del léxico.

Página web del grupo:

http://www.udc.es/grupos/lexicografia

Grupo de Investigaciones Lexicográficas y Lexicológicas del Español Moderno y Contemporáneo

Investigador principal:

Mª Jesús Mancho – Universidad de Salamanca, email: mancho@usal.es

Miembros del equipo:
Ciriaco Ruiz Fernández – Universidad de Salamanca
Francisco Javier Sánchez Martín – Universidad de Murcia
Francisco M. Carriscondo Esquivel – Universidad de Málaga
Gloria Clavería Nadal – Universidad autónoma de Barcelona
Guillermo Herráez Cubino – Universidad de Graz (Austria)
Itziar Molina Sangüesa – Universidad de Salamanca
José Luis Herrero Ingelmo – Universidad de Salamanca
Rosa Espinosa Elorza – Universidad de Valladolid
Soraya Salicio Bravo – Universidad de Salamanca
Yubero Yubero, José Manuel – Universidad de Valladolid
Líneas de investigación:
Lexicografía Histórica. Lexicografía especializada. Lexicografía electrónica y en la Red. Semántica y Lexicología Históricas de la Lengua Española. Léxico científico-técnico del Renacimiento y Siglo de Oro. Morfología Histórica. Edición de textos especializados el Siglo de Oro. Ediciones informatizadas.
Página web del grupo:
http://campus.usal.es/~cilus

Grupo de investigación LexCi
Investigador principal:
Bertha Gutiérrez Rodilla – Universidad de Salamanca, email: bertha@usal.es
Miembros del equipo:
María Concepción Vázquez de Benito – Universidad de Salamanca
María del Carmen Diego Amado – Universidad de Salamanca
Ángel Poncela González – Universidad de Salamanca
Anastasio Rojo Vega – Universidad de Valladolid
Marta Gómez Martínez – Universidad de La Rioja/Cilengua
Carlos García Jáuregui
Líneas de investigación:
Reconstrucción de la historia del léxico especializado. Historia de la metalexicografía especializada. Búsqueda de glosarios "escondidos" del ámbito especializado. Búsqueda de voces especializadas en documentos de archivo.

Grupo de Investigación en Léxico español de la Economía
Investigador principal:
Mariano Quirós García – Consejo Superior de Investigaciones Científicas, email: mariano.quiros@cchs.csic.es
Miembros del equipo:
José Antonio Pascual Rodríguez – Universidad Carlos III de Madrid
Emma M.ª Falque Rey – Universidad de Sevilla

M.ª Lourdes García Macho – Universidad Nacional de Educación a Distancia
M.ª Jesús Framiñán de Miguel – Universidad de Salamanca
Líneas de investigación:
La actividad del grupo está centrada en el estudio del lenguaje de la Economía, particularmente del siglo XVI, que puede considerarse como el período embrionario de este ámbito de especialidad en España. En este sentido, y ante la inexistencia de trabajos lingüísticos y filológicos anteriores, nuestros objetivos prioritarios son: la delimitación y descripción del discurso económico renacentista, la conformación de un corpus ponderado y su aprovechamiento para investigaciones de carácter lexicográfico.

Grupo de Investigación en Léxico Português da Ciência e da Técnica
Investigador principal:
Graça Rio-Torto – Universidade de Coimbra, email: riotorto@fl.uc.pt
Miembros del equipo:
Alexandra Soares Rodríguez – Instituto Politécnico de Bragança
Ana Vieira Barbosa – Instituto Politécnico de Leiria
Luisa Inês Patrício Soares Sá Morais – Escola Universitária Vasco da Gama
Rui Abel Rodrigues Pereira – Universidade de Coimbra
Sílvia Isabel do Rosario Ribeiro – Escola Superior de Gestão de Águeda
Susana Margarida da Costa Nunes – Escola Superior de Educação e Ciências Sociais
Líneas de investigación:
Léxico de la albeitería, de la farmacia, de la botánica, de la medicina.

Grupo de Investigación «Lexicografía y diacronía»
Investigador principal: Gloria Clavería Nadal – Universitat Autònoma de Barcelona, email: gloria.claveria@uab.cat
Miembros del equipo:
José Manuel Blecua – Universitat Autònoma de Barcelona – Real Academia Española)
Cristina Buenafuentes – Universitat Autònoma de Barcelona
Jessica Córdoba – Universitat Autònoma de Barcelona
Margarita Freixas – Universitat Autònoma de Barcelona
Carolina Julià – Universitat Autònoma de Barcelona – Universiteit Antwerpen
Mar Massanell – Universitat Autònoma de Barcelona
Laura Muñoz – Universitat Autònoma de Barcelona
Ana Paz – Universitat Autònoma de Barcelona
Marta Prat – Universitat Autònoma de Barcelona
Joan Torruella – Universitat Autònoma de Barcelona – ICREA
Sonia Varela – Universitat Autònoma de Barcelona

Líneas de investigación:
La línea de investigación principal del grupo es la aplicación de las nuevas tecnologías al estudio lingüístico con especial atención a la historia de la lengua, al léxico y a la morfología derivativa.
Página web del grupo: http://grupsderecerca.uab.cat/sfi/es

Grupo de Investigación en Lingüística contrastiva español italiano (LICEI)
Investigador principal:
Félix San Vicente – Universidad de Bolonia, email: felix.sanvicente@unibo.it
Miembros del equipo:
Gloria Bazzocchi – Universidad de Bolonia
Pilar Capanaga – Universidad de Bolonia
Hugo Lombardini – Universidad de Bolonia
M. Enriqueta Pérez-Vázquez – Universidad de Bolonia
Felisa Bermejo – Universidad de Turín
Carmen Castillo Peña – Universidad de Padua
Ana Lourdes de Hériz- Universidad de Génova
Florencio Del Barrio de la Rosa – Universidad de Venecia
J.C. Barbero Bernal – Universidad del Aquila
Raffaella Tonin – Universidad de Bolonia
Líneas de investigación:
Lexicografía bilingüe, terminología lingüística contrastiva, historia de la enseñanza del español a italianos, traducción enología y cultura enológica, lenguaje jurídico.
Página web del grupo:
http://www.poloforli.unibo.it/Polo+Forli/Ricerca/Dipartimenti/Gruppi+e+Aree+di+Ricerca/SSLIMIT-SITLEC/LinguisticaContrastiva.htm
http://www.contrastiva.it
http://www.portalehesperia.it

Grupo de Investigación en Sanidad militar, medicina de guerra y humanitarismo en la España del siglo XIX
Investigador principal:
Jon Arrizabalaga – Institut Milà i Fontanals – CSIC, email: jonarri@imf.csic.es
Miembros del equipo:
Carmen Chamizo – Universidad de Oviedo y SESPAS
Juan Carlos García Reyes – IMF-CSIC, Barcelona
Matiana González Silva – CRESIB-Universitat de Barcelona
Pablo Larraz Andía – Osasunbidea-Servicio Navarro de Salud, Pamplona

Líneas de investigación:
Este proyecto de investigación se propone avanzar en el conocimiento del impacto del humanitarismo en la producción de innovaciones tecnológicas y en la construcción de nuevos valores sociales, mediante el estudio del caso de la operatividad de la sensibilidad humanitarista moderna en los cambios producidos, dentro de la España del siglo XIX, en la sanidad militar, en la medicina de guerra y en la consideración de heridos y prisioneros.

Grupo de Investigación «Sciència.cat – La Ciència en la Cultura Catalana a l'Edat Mitjana i el Renaixement»
Investigador principal:
Lluís Cifuentes i Comamala – Universitat de Barcelona, email: lluiscifuentes@ub.edu
Miembros del equipo:
Antònia Carré Pons – Universitat Oberta de Catalunya
Carmel Ferragud Domingo – Universitat de València
Fernando Serrano Larráyoz – Universidad de Alcalá de Henares
Ilaria Zamuner – Università di Chieti-Pescara
Stefano Rapisarda – Università di Catania
Sebastià Giralt i Soler – Universitat Autònoma de Barcelona
Jaume Mensa i Valls – Universitat Autònoma de Barcelona
Michael R. McVaugh – University of North Carolina
Francesco Santi – Università di Cassino
Líneas de investigación:
Ciencia y técnica, especialmente las relativas a la salud, en la cultura medieval y el primer Renacimiento. Su difusión social: ejercicio práctico, vernacularización, obras teórico-prácticas, vocabulario, reflejo literario. A partir del caso catalán, desde una perspectiva comparada. Estudio de la vida, la obra (médica y teológica) y la posteridad de Arnau de Vilanova. Realizaciones concretas: ediciones de fuentes, estudios analíticos, corpus digital (biblioteca digital y bases de datos: Sciència.cat DB y Arnau DB) y divulgación.
Página web del grupo:
http://www.sciencia.cat
http://grupsderecerca.uab.cat/arnau

Grupo de Investigación VCT18
Investigador principal:
Josefa Gómez de Enterría Sánchez – Universidad de Alcalá, email: j.gomezdeenterria@uah.es

Miembros del equipo:
José Luis Ramírez Luengo – Universidad de Alcalá
Natividad Gallardo San Salvador – Universidad de Granada
Carmen Navarro – Università degli Studi di Verona
Francesca dalle Pezze – Università degli Studi di Verona
Elena Carpi – Università di Pisa
Líneas de investigación:
Estudio diacrónico de los lenguajes de especialidad. Trabajos ya consolidados en los vocabularios de Economía (siglos XVI, XVII y XVIII); Filosofía (XVIII); Medicina (XVII y XVIII); Astronomía y Geografía (XVIII). Desarrollo de vocabularios de la ciencia del siglo XVIII del español de España y del español de América.
Página web del grupo:
http://www.eslee.es

Grupo de Investigación WU-Term
Investigador principal:
Franz Rainer, Wirtschaftsuniversität Wien, email: franz.rainer@wu.ac.at
Miembros del equipo:
Johannes Schnitzer – Wirtschaftsuniversität Wien
Joanna Wolborksa-Lauter – Wirtschaftsuniversität Wien
Líneas de investigación: Terminología económica (español-alemán); historia del lenguaje económico; terminología y variación lingüística.
Página web del grupo: http://www.wu.ac.at/roman/for

Grupo de Investigación en Mediación Lingüística
Investigador principal:
Neus Vila Rubio – Universitat de Lleida, email: n.vila@filcef.udl.cat
Miembros del equipo:
Giné Janer, Marta – Universitat de Lleida
Casanovas Catala, Montserrat – Universitat de Lleida
Mateu Serra, Rosa Ma – Universitat de Lleida.
Bargalló Escrivà, Maria- Universitat Rovira i Virgili
Líneas de investigación:
Pragmática de la comunicación lingüística. Las lenguas como medio de cohesión social. La gestión de la competencia plurilingüe. Estudios léxicos: lexicología y lexicografía. Lenguajes especializados. Fundamentos históricos de la lingüística y la lingüística aplicada en el ámbito hispánico.
Página web:
http://quadrati.com/mediacio/

Grupo de Investigación en la Organización del Discurso en Español en Comparación con otras Lenguas

Investigador principal:

María Pilar Garcés Gómez – Universidad Carlos III de Madrid, email: mariapilar.garces@uc3m.es

Miembros del equipo:

Rafael García Pérez. – Universidad Carlos III de Madrid
José Luis Herrero Ingelmo – Universidad de Salamanca
Juan Carlos Díaz Pérez – Universidad Carlos III de Madrid
Martin Hummel – Universität Graz
María Belén Villar Díaz – Université de Lyon

Líneas de investigación:

Semántica, Pragmática, Historia de la Lengua, Lexicografía

Grupo de Investigación «Sociedad, Poder, cultura en el País Vasco (siglos XIV a XVI)»

Investigador principal:

Jose Ramón Diaz de Durana – Universidad del País Vasco / EHU, email: joseramon.diazdedurana@ehu.es

Miembros del equipo:

José Ramón Díaz de Durana – Universidad del País Vasco EHU
Mª Angeles Líbano Zumalacarregui – Universidad del País Vasco EHU
José Ángel Lema Pueyo – Universidad del País Vasco EHU
Carlos Mota – Universidad de Cantabria
José Ramón Prieto – Universidad de Cantabria
Susana Truchuelo García – Universidad de Cantabria
Jon Andoni Fernández de Larrea Rojas – Universidad del País Vasco EHU
Mª Consuelo Villacorta Macho – Universidad del País Vasco EHU
Arsenio Dacosta Martínez – UNED-Zamora
Miguel Larrañaga – Universidad SEK – Segovia
Roberto González Zalacaín – Universidad del País Vasco EHU
Jesús Ignacio Reguera Acedo – Universidad del País Vasco EHU
Rosario Porres Marijuán – Universidad del País Vasco EHU
Milagros Alvarez Urcelay – Universidad del País Vasco EHU
FabrizioTitone – Personal Investigador – Universidad del País Vasco EHU
Pedro Luis Echeverría – Universidad del País Vasco EHU
Goñi José Javier Vélez Chaurri – Universidad del País Vasco EHU

Líneas de investigación:
Historia y documentación. País Vasco (ss. XIV-XVI). Sociedad y conflictos sociales. Espacio lingüístico. País Vasco (ss. XIV-XVI). Espacios de poder y organización político-administrativa. País Vasco (ss. XIV-XVI).
Historia comparada.
Página web del grupo:
http://www.medievalmodernaamerica.ehu.es/s0156-gispchom/es/

También están adscritos a la Red Temática "Lengua y ciencia" los siguientes grupos[1]:

Grupo de Investigación «Anelier de Tolosa»
Investigador principal:
Marcelino Beroiz Lazcano – Universidad Pública de Navarra
Miembros del equipo:
Eloísa Ramírez Vaquero – Universidad Pública de Navarra
Mikel Ramos Aguirre – Universidad Pública de Navarra
Líneas de investigación:
Léxico sobre armamento y utillaje militar medieval

Grupo de Investigación «Cambio mediático y lenguajes de especialidad»
Investigador principal:
Eva Martha Eckkramer – Universität Mannheim,
email: eckkrammer@phil.uni-mannheim.de
Miembros del equipo:
Bettina Lämmle
Verena Thaler
Líneas de investigación:
Cambio textual y lingüístico. Géneros textuales de ámbitos especializados. Medios de comunicación.

Grupo de Investigación «Cultura i literatura a la Baixa Edat Mitjana»
Investigador principal:
Lola Badia Pàmies – Universitat de Barcelona, email: lola.badia@ub.edu
Líneas de investigación:
CODITECAM tiene por objetivo sistematitzar y gestionar a través de instrumentos TIC los resultados de la investigación del grup de investigación Narpan en cuatro de los ámbitos fundamentales en la historia de la literatura catalana medieval.

1 Información extraída de www.lenguayciencia.net [consulta: 17/12/2012]

Integrará las obras y la bibliografía secundaria relacionadas de Ramon Llull, Francesc Eiximenis, los cancioneros catalanes y sus poetas, y los traductores al catalán y sus obras, en una red de bases de datos relacionales (Llull DB, Eiximenis DB, Cançoners DB, Translat DB) que se acompañarán de una Biblioteca Digital on-line, con la ambición de convertirse en un punto de referencia obligado para los estudiosos de la cultura escrita durante la Edad Media en la Corona de Aragón. Asimismo el proyecto incluye el Diccionari del Català Antic, constituido por un vaciado lematizado de las formas léxicas presentes en los textos antiguos que gestiona el proyecto y los textos cedidos por los socios de la Editorial Barcino y de la Fundació Noguera.
Página web del grupo:
http://www.narpan.net

Grupo de Investigación «Diccionario Onomasiológico de Nociones de las Teorías Lingüísticas»
Investigador principal:
Gerda Hassler – Universität Potsdam, email: hassler@nz.uni-potsdam.de
Miembros del equipo:
Cordula Neis
Friederike Spitzl-Dupic
Aino Kärnä
Susanne Giesen
Líneas de investigación:
Conceptos y las nociones básicas del pensamiento lingüístico de los siglos XVII y XVIII.

Grupo de Investigación en Escritura Científica en Portugal a finales del siglo XVIII y principios del siglo XIX
Investigador principal:
Carsten Sinner – Universität Leipzig, email: sinner@uni-leipzig.de
Página web del grupo:
http://www.carstensinner.de/

Grupo de Investigación «La ciencia en las aulas del siglo XIX: libros de texto, prácticas de enseñanza e instrumentos científicos»
Investigador principal:
José Ramón Bertoméu Sánchez – Universitat de València, email: Jose.R.Bertomeu@uv.es
Miembros del equipo:
Antonio García Belmar – Universidad de Alicante

Rosa Muñoz Bello – Universitat de València
Josep Simón Castel – Universitat de València
Mar Cuenca-Lorente – Universitat de València
Líneas de investigación:
Cultura material de la ciencia. Historia de la física. Historia de la química. Instrumentos científicos. Libros de texto. Prácticas de enseñanza. Terminología química.
Página web del grupo:
http://www.uv.es/~bertomeu

Grupo de Investigación en las traducciones de los principales evolucionistas a las lenguas iberorrománicas
Investigador principal:
Jenny Brumme – Universitat Pompeu Fabra, email: jenny.brumme@upf.edu
Página web del grupo:
http://www.upf.edu/dtf/personal/jenbrum/index.htm

Grupo de Investigación en Terminología científica del español
Investigador principal:
Ignacio Ahumada Lara – Consejo Superior de Investigaciones Científicas, email: iahumada@cindoc.csic.es
Líneas de investigación:
Base de datos terminográfica «Quevedo»: catalogación y estudio historiográfico de los diccionarios terminológicos del español.

Studien zur romanischen Sprachwissenschaft und interkulturellen Kommunikation

Herausgegeben von Gerd Wotjak

Band 1 Gerd Wotjak (ed.): Teoría del campo y semántica léxica. Théorie des champs et sémantique lexicale. 1998.

Band 2 Eva Martha Eckkrammer / Hildegund Maria Eder: (Cyber)Diskurs zwischen Konvention und Revolution. Eine multilinguale textlinguistische Analyse von Gebrauchstextsorten im realen und virtuellen Raum. 2000.

Band 3 Monika Gräfe: Untersuchungen zur Konstituentenabfolge spanischer Adverbiale auf Satz- und Textebene mit EDV-gestützter quantitativer Analyse. 2000.

Band 4 Juan Pablo Larreta Zulategui: Fraseología contrastiva del alemán y el español. Teoría y práctica a partir de un corpus bilingüe de somatismos. 2001.

Band 5 Catalina Jiménez Hurtado: Léxico y Pragmática. 2001.

Band 6 Félix Jiménez Ramírez: El español en la Suiza alemana. Estudio de las características lingüísticas e identitarias del español de la segunda generación en una situación de contacto de lenguas. 2001.

Band 7 Gerd Wotjak (Hrsg.): Studien zum romanisch-deutschen und innerromanischen Sprachvergleich. Akten der IV. Internationalen Tagung zum romanisch-deutschen und innerromanischen Sprachvergleich (Leipzig, 7.10.-9.10.1999). 2001.

Band 8 Romanische Sprachen in Amerika. Festschrift für Hans-Dieter Paufler zum 65. Geburtstag. Herausgegeben von Kerstin Störl und Johannes Klare. 2002.

Band 9 José-Antonio Calañas Continente: El dominio léxico *Existencia* en alemán. Diccionario lexemático-funcional alemán-español del lexicón verbal básico. 2002.

Band 10 Gabriele Blaikner-Hohenwart (Hrsg.): Portugiesisch, Papiamentu et al. Salzburger Beiträge zu Prozessen und Produkten der Translation in der Romania. 2003.

Band 11 Juan Cuartero Otal: Cosas que se hacen. Esquemas sintáctico-semánticos agentivos del español. 2003.

Band 12 Michael Schreiber: Vergleichende Studien zur romanischen und deutschen Grammatikographie. 2004.

Band 13 Carmen Mellado Blanco: Fraseologismos somáticos del alemán. Un estudio léxico-semántico. 2004.

Band 14 Henk Vanhoe: Aspectos de la sintaxis de los verbos psicológicos en español. Un análisis léxico funcional. 2004.

Band 15 Susana Azpiazu: Las estrategias de nominalización. Estudio contrastivo del estilo nominal. 2004.

Band 16 Meike Meliss: Recursos lingüísticos alemanes relativos a "GERÄUSCH" y sus posibles correspondencias en español. Un estudio lexicológico modular-integrativo. 2005.

Band 17 Marcial Morera: La Complementación Morfológica en Español. Ensayo de Interpretación Semántica. 2005.

Band 18 Alberto Bustos Plaza: Combinaciones verbonominales y lexicalización. 2005.

Band 19 Jean Peeters (ed.): On the Relationships between Translation Theory and Translation Practice. 2005.

Band 20 María José Domínguez Vázquez: Die Präpositivergänzung im Deutschen und im Spanischen. Zur Semantik der Präpositionen. 2005.

Band 21 Thomas J. C. Hüsgen: Vom getreuen Boten zum nachdichterischen Autor. Übersetzungskritische Analyse von Fernando Pessoas *Livro do Desassossego* in deutscher Sprache. 2005.

Band 22 Gerd Wotjak / Juan Cuartero Otal (eds.): Entre semántica léxica, teoría del léxico y sintaxis. 2005.

Band 23 Manuel Casado Velarde / Ramón González Ruiz / Óscar Loureda Lamas (eds.): Estudios sobre lo metalingüístico (en español). 2005.

Band 24 Celia Martín de León: Contenedores, recorridos y metas. Metáforas en la traductología funcionalista. 2005.

Band 25 Ulrike Oster: Las relaciones semánticas de términos polilexemáticos. Estudio contrastivo alemán-español. 2005.

Band 26 María Teresa Sánchez Nieto: Las construcciones perifrásticas españolas de significado evaluativo y sus equivalentes alemanes en la traducción. Con ejercicios para la clase de español como lengua extranjera. 2005.

Band 27 María Amparo Montaner Montava: Análisis cognitivo-perceptivo de la combinatoria de los verbos de transferencia. Se incluye CD-ROM con actividades para estudiantes de lingüística, lenguas y traducción. 2005.

Band 28 Clara Curell: Contribución al estudio de la interferencia lingüística. Los galicismos del español contemporáneo. 2005.

Band 29 Antonio Pamies / Francisca Rodríguez Simón: El lenguaje de los enfermos. Metáfora y fraseología en el habla espontánea de los pacientes. 2005.

Band 30 Gisela Marcelo Wirnitzer: Traducción de las referencias culturales en la literatura infantil y juvenil. 2007.

Band 31 Elena De Miguel/Azucena Palacios/Ana Serradilla (eds.): Estructuras Léxicas y Estructura del Léxico. 2006.

Band 32 Esteban Tomás Montoro del Arco: Teoría fraseológica de las *locuciones particulares*. Las locuciones prepositivas, conjuntivas y marcadoras en español. 2006.

Band 33 Nicola Matschke: Zeitgenössische französische Bibelübersetzungen: exemplarische textlinguistische und stilistische Übersetzungsprobleme. 2006.

Band 34 Mónica Aznárez Mauleón: La fraseología metalingüística con verbos de lengua en español actual. 2006.

Band 35 Moisés Almela Sánchez: From Word to Lexical Units. A Corpus-Driven Account of Collocation and Idiomatic Patterning in English and English-Spanish. 2006.

Band 36 Marta Albelda Marco: La intensificación como categoría pragmática: revisión y propuesta. Una aplicación al español coloquial. 2007.

Band 37 María del Carmen África Vidal Claramonte: Traducir entre culturas. Diferencias, poderes, identidades. 2007.

Band 38 Maria Eugênia Olímpio de Oliveira Silva: Fraseografía teórica y práctica. 2007.

Band 39 Catalina Jiménez Hurtado (ed.): Traducción y accesibilidad. Subtitulación para sordos y audiodescripción para ciegos: nuevas modalidades de Traducción Audiovisual. 2007.

Band 40 Emilio Ortega Arjonilla (ed.): El Giro Cultural de la Traducción. Reflexiones teóricas y aplicaciones didácticas. 2007.

Band 41 María Álvarez de la Granja (ed.): Lenguaje figurado y motivación. Una perspectiva desde la fraseología. 2008.

Band 42 Kathrin Siebold: Actos de habla y cortesía verbal en español y en alemán. Estudio pragmalingüístico e intercultural. 2008.

Band 43 Germán Conde Tarrío (ed.): Aspectos formales y discursivos de las expresiones fijas. 2008.

Band 44 Carmen Mellado Blanco (ed.): Colocaciones y fraseología en los diccionarios. 2008.

Band 45 Leonor Ruiz Gurillo / Xose A. Padilla García (eds.): *Dime cómo ironizas y te diré quién eres*. Una aproximación pragmática a la ironía. 2009.

Band 46 María Cecilia Ainciburu: Aspectos del aprendizaje del vocabulario. Tipo de palabra, método, contexto y grado de competencia en las lenguas afines. 2008.

Band 47 Susana Rodríguez Rosique: Pragmática y Gramática. Condicionales concesivas en español. 2008.

Band 48 Daniel Veith: Italienisch am Río de la Plata. Ein Beitrag zur Sprachkontaktforschung. 2008.

Babd 49 Gloria Corpas Pastor: Investigar con corpus en traducción: los retos de un nuevo paradigma. 2008.

Band 50 Maurício Cardozo / Werner Heidermann / Markus J. Weininger (eds.): A Escola Tradutológica de Leipzig. 2009.

Band 51 Luis Alexis Amador Rodríguez: La derivación nominal en español: nombres de agente, instrumento, lugar y acción. 2009.

Band 52 José-Luis Mendívil Giró: Origen, evolución y diversidad de las lenguas. Una aproximación biolingüística. 2009.

Band 53 Victòria Alsina / Gemma Andújar / Mercé Tricás (eds.): La representación del discurso individual en traducción. 2009.

Band 54 Sonia Bravo Utrera / Rosario García López (eds.): Estudios de Traducción: Perspectivas. Zinaida Lvóskaya in memoriam. 2009.

Band 55 Carlos Buján López / María José Domínguez Vázquez (eds.): Centros y periferias en España y Austria: Perspectivas lingüísticas y traductológicas. 2009.

Band 56 María Azucena Penas / Rosario González (eds.): Estudios sobre el texto. Nuevos enfoques y propuestas. 2009.

Band 57 Juan Pedro Monferrer-Sala / Àngel Urbán (eds.): Sacred Text. Explorations in Lexicography. 2009.

Band 58 Gerd Wotjak / Vessela Ivanova / Encarnación Tabares Plasencia (Hrsg./eds.): *Translatione via facienda*. Festschrift für Christiane Nord zum 65. Geburtstag / Homenaje a Christiane Nord en su 65 cumpleaños. Herausgegeben von Gerd Wotjak, Vessela Ivanova und Encarnación Tabares Placencia / Editado por Gerd Wotjak, Vessela Ivanova y Encarnación Tabares Placencia. 2009.

Band 59 M. Belén Alvarado Ortega: Las fórmulas rutinarias del español: teoría y aplicaciones. 2010.

Band 60 Louisa Buckingham: Las construcciones con verbo soporte en un corpus de especialidad. 2009.

Band 61 Martin Mehlberg: Weil man es so sagt. Wissenschaftstheoretische und valenzlexikographische Überlegungen zu ausgewählten Aspekten der lexikalischen Variation. 2010.

Band 62 Miguel Albi Aparicio: La valencia lógico-semántica de los verbos de movimiento y posición en alemán y español. 2010.

Band 63 Concepción Martínez Pasamar (ed.): Estrategias argumentativas en el discurso periodístico. 2010.

Band 64 Regina Gutiérrez Pérez: Estudio cognitivo-contrastivo de las metáforas del cuerpo. Análisis empírico del corazón como dominio fuente en inglés, francés, español, alemán e italiano. 2010.

Band 65 Dolores García Padrón / María del Carmen Fumero Pérez (eds.): Tendencias en lingüística general y aplicada. 2010.

Band 66 Aquilino Sánchez / Moisés Almela (eds.): A Mosaic of Corpus Linguistics. Selected Approaches. 2010.

Band 67 Maria Carmen Àfrica Vidal Claramonte: Traducción y asimetría. 2010.

Band 68 Ana Maria Garcia Bernardo: Zu aktuellen Grundfragen der Übersetzungswissenschaft. 2010.

Band 69 María Cristina Toledo Báez: El resumen automático y la evaluación de traducciones en el contexto de la traducción especializada. 2010.

Band 70 Elia Hernández Socas: Las Islas Canarias en viajeras de lengua alemana. 2010.

Band 71 Ramón Trujillo: La gramática de la poesía. 2011.

Band 72 Maria Estellés Arguedas: Gramaticalización y paradigmas. Un estudio a partir de los denominados marcadores de digresión en español. 2011.

Band 73 Inés Olza Moreno: Corporalidad y lenguaje. La fraseología somática metalingüística del español. 2011.

Band 74 Ana Belén Martínez López: Traducción y terminología en el ámbito biosanitario (inglés-español). 2011.

Band 75 Carsten Sinner / Elia Hernández Socas / Christian Bahr (eds.): Tiempo, espacio y relaciones-temporales. Nuevas aportaciones de los estudios contrastivos. 2011.

Band 76 Elvira Manero Richard: Perspectivas lingüísticas sobre el refrán. El refranero metalingüístico del español. 2011.

Band 77 Marcial Morera: El género gramatical en español desde el punto de vista semántico. 2011.

Band 78 Elia Hernández Socas / Carsten Sinner / Gerd Wotjak (eds.): Estudios de tiempo y espacio en la gramática española. 2011.

Band 79 Carolina Julià Luna: Variación léxica en los nombres de las partes del cuerpo. Los dedos de la mano en las variedades hispanorrománicas. 2012.

Band 80 Isabel Durán Muñoz: La ontoterminografía aplicada a la traducción. Propuesta metodológica para la elaboración de recursos terminológicos dirigidos a traductores. 2012.

Band 81 Judith Scharpf Staab: Expresión del tiempo en el lenguaje. Propuestas para una pragmática del tiempo. Estudio contrastive español-alemán. 2012.

Band 82 Lucía Luque Nadal: Principios de culturología y fraseología españolas. Creatividad y variación en las unidades fraseológicas. 2012.

Band 83 Marc Bonhomme / Mariela de La Torre / André Horak (éds / eds.): Études pragmatico-discursives sur l'euphémisme. Estudios pragmático-discursivos sobre el eufemismo. 2012.

Band 84 Virginia de Alba Quiñones: Lexías simples y colocaciones léxicas en la enseñanza de ELE. Análisis e implicaciones didácticas. 2012.

Band 85 Gerd Wotjak / Dolores García Padrón / María del Carmen Fumero Pérez (eds.): Estudios sobre lengua, cultura y cognición. 2012.

Band 86 Pedro Mogorrón Huerta / Daniel Gallego Hernández / Paola Masseau / Miguel Tolosa Igualada (eds.): Fraseología, Opacidad y Traducción. 2013.

Band 87 María Jesús Fernández Gil: Traducir el horror. La intersección de la ética, la ideología y el poder en la memoria del Holocausto. 2013.

Band 88 Gloria Clavería / Cecilio Garriga / Carolina Julià / Francesc Rodríguez / Joan Torruella (eds.): Historia, lengua y ciencia: una red de relaciones. 2013.

www.ingramcontent.com/pod-product-compliance
Ingram Content Group UK Ltd.
Pitfield, Milton Keynes, MK11 3LW, UK
UKHW041825290926
8980IPUK00002B/74

9 783631 626221